"十二五"普通高等教育本科国家级规划教材

Visual FoxPro 基础教程

Visual FoxPro Jichu Jiaocheng

（第4版）

周永恒　主编

刘艳菊　曹建芳　编

高等教育出版社·北京

内容提要

本书是"十二五"普通高等教育国家级规划教材、云南省精品课程"数据库技术与应用"主讲教材。

本书以 Visual FoxPro 关系数据库软件为知识背景，全面系统地讲述了数据库技术的基本原理和应用。全书共 10 章，主要内容包括 Visual FoxPro 系统概述、数据与数据运算、表与数据库、关系数据库标准语言 SQL、查询和视图、程序设计基础、表单设计、建立报表与标签、菜单与工具栏设计、数据库应用程序开发，并用"教学管理"数据库应用系统实例贯穿全书内容，将理论教学与实验教学有机地结合起来。书中每章都包含了详细的操作步骤和丰富的实例，书末附录列出了 Visual FoxPro 6.0 的常用命令、常用函数和文件类型。

本书内容丰富，突出应用，并配有周永恒主编的《Visual FoxPro 基础教程实验指导》(第 4 版)，可作为高等学校数据库公共课教材，也可供从事计算机应用和开发的各类人员学习使用。本书的编写兼顾《全国计算机等级考试二级 Visual FoxPro 考试大纲》的要求，可以作为计算机等级考试参考用书。

图书在版编目（CIP）数据

Visual FoxPro 基础教程 / 周永恒主编；刘艳菊，
曹建芳编. --4 版. —北京：高等教育出版社，2015.3（2018.12 重印）
　ISBN 978-7-04-042017-3

　Ⅰ. ①V… Ⅱ. ①周… ②刘… ③曹… Ⅲ. ①关系数
据库系统 - 高等学校 - 教材 Ⅳ. ①TP311.138
　中国版本图书馆 CIP 数据核字（2015）第 019003 号

策划编辑　耿　芳　　　责任编辑　耿　芳　　　封面设计　张申申　　　版式设计　童　丹
插图绘制　杜晓丹　　　责任校对　刘　莉　　　责任印制　赵义民

出版发行	高等教育出版社	网　址	http://www.hep.edu.cn
社　址	北京市西城区德外大街 4 号		http://www.hep.com.cn
邮政编码	100120	网上订购	http://www.landraco.com
印　刷	大厂益利印刷有限公司		http://www.landraco.com.cn
开　本	787mm×1092mm 1/16		
印　张	24	版　次	1998 年 7 月第 1 版
字　数	590 千字	版　次	2015 年 3 月第 4 版
购书热线	010-58581118	印　次	2018 年 12 月第 7 次印刷
咨询电话	400-810-0598	定　价	34.00 元

前　言

本书第 1 版自 1998 年出版以来，受到广大师生的普遍欢迎和好评，2002 年被评为云南省高等教育优秀教材；2004 年出版的第 2 版成为云南省精品课程"数据库技术与应用"的主讲教材；2006 年出版的第 3 版被评为教育部高等学校非计算机专业计算机基础课程教学指导分委员会推荐教材，并于 2009 年获得云南省政府颁布的省教学成果二等奖和云南省高等教育优秀教材奖，2012 年第 3 版又被评为首批"十二五"普通高等教育本科国家级规划教材。

随着数据库技术的飞速发展，新技术、新知识层出不穷，一本教材的内容不可能一成不变，也不可能包罗万象。为此，作者深入调查了目前许多高校讲授数据库课程的详细情况，参阅和汲取了国内外许多优秀教材的内容，对第 3 版中的部分内容合理取舍，进行了修改、补充和完善。与第 3 版相比，本书体现了以下几方面的特点。

（1）更加符合初学者学习数据库课程的认识规律，进一步体现了概念讲解的逻辑性、条理性，使内容讲解循序渐进，深入浅出，易于教师讲授和读者学习。

（2）完善、扩充了关系运算、数据模型和关系模式的定义，使关系数据库的概念更加明确、清晰，条理性更强。

（3）简明地介绍了关系数据库的基本理论，主要包括函数依赖、关系模式分解及关系模式范式。

（4）进一步丰富了例题，并将所学内容和相关的知识点组织到例题中，使读者能够加深对知识点的理解和掌握。书中设计的"教学管理"数据库及 7 个表充分展示了关系模式、表间关系及数据完整性，深入浅出地诠释了关系数据库规范化理论。

（5）突出可视化的编程技术和面向对象程序设计方法，重点介绍了简单易学的向导、强大的设计器、生成器支持功能及与 Internet 的紧密集成能力，使应用程序的开发变得简单、高效、易行。

（6）涵盖了《全国计算机等级考试二级 Visual FoxPro 考试大纲》的要求和知识点，丰富了各章的习题，满足广大考生学习与应试的实际需要。

为方便读者学习和教师讲课，本书还提供了配套的电子教案，读者可从中国高校计算机课程网（http://computer.cncourse.com）下载。

本书内容全面、深入浅出、概念清晰、条理清楚，不仅适合于教学，也适合于读者自学。本书建议总学时为 64 学时，其中主讲学时 48 学时。由于课程学时的限制，第 10 章的内容可作为选修，实验学时数可适当调整。另外，除实验学时外，最好安排学生自由上机的时间，以加强学生的实际动手能力。

本书由周永恒教授编著，刘艳菊、曹建芳参与了编写工作。云南大学计算机科学与工程系博士生导师刘惟一教授、博士生导师张学杰教授、博士生导师王丽珍教授、岳昆教授对本书给予了悉心指导，在此一并表示深深的感谢！

由于作者水平有限，书中难免有不足或疏漏之处，欢迎广大读者和专家批评、指正。

编　者

2014 年 9 月

目　录

第 1 章　Visual FoxPro 系统概述

当今人类社会已进入信息时代，计算机也已广泛应用于信息处理领域，从这个意义上讲，计算机科学就是研究数据或信息的传输、存储、组织和处理的科学，或者说计算机科学就是研究如何进行数据（信息）处理的科学。数据处理的特点是数据量大、类型多、结构复杂，对数据的存储、检索、分类和统计的要求也较高。为了适应这一要求，把数据从过去附属于程序的做法改变为数据与程序相对独立，并对数据加以组织和管理，使之能被更多的程序所共享，这是数据库系统的基本特点之一。

数据库技术产生于 20 世纪 60 年代末期。由于数据库技术的出现，数据处理能力得以极大提高，可靠性不断增强，成本也不断降低，从而推动了计算机应用的普及。

数据库系统有 3 个重要的组成部分，即经组织后可供多个用户使用的数据库、介于数据库与应用程序之间的数据库管理系统，以及供用户使用的各类应用程序。

本书将介绍关系数据库管理系统——Visual FoxPro，它采用面向对象程序设计技术及可视化技术，以其卓越的数据库处理性能、良好的开发环境赢得了广大用户的喜爱。用户可以通过 Visual FoxPro 的开发环境方便地设计数据库的结构，管理数据库，设计应用程序界面，设计查询、报表及菜单；利用项目管理器对数据库和程序进行管理，生成可执行文件，发布应用程序等。Visual FoxPro 的主要特点体现在以下方面。

① 在 Visual FoxPro 中，系统允许 Access、Assign 类型的自定义方法，这样在询问或修改属性值时可以执行代码。

② Visual FoxPro 提供开放式数据连接（Open DataBase Connectivity，ODBC）功能，它可以通过直接访问或建立连接的方式使用后台数据库。

③ 用户可以创建 ActiveX 文档，该文档是一个基于 Windows 并嵌入浏览器中的非 HTML 应用程序。

④ Visual FoxPro 提供了组件管理库工具（Component Gallery），用以帮助用户组织类库、表单和按钮到对象、项目、应用程序或其他组织中。

⑤ 用户可以使用 GIF 和 JPEG 等图像文件。

Visual FoxPro 除对以前的向导进行了改进之外，还新增了一些向导和生成器，方便用户创建数据库，建立应用程序，在 Web 上发布数据，执行对象模型及创建个人向导等。

目前，很多管理方面的计算机应用系统仍然使用 Visual FoxPro 开发，如财务管理系统、生产计划管理系统、库存管理系统、人事管理系统、图书管理系统等。可以说 Visual FoxPro 对我国办公自动化和管理信息系统的发展起了极大的推动作用。

1.1　数据库基础知识

1.1.1　数据、信息与数据处理

在数据处理中，常用到的基本概念就是数据和信息，两者之间既有联系又有区别。

1．数据

数据（Data）是指某种符号记录，用来描述事物的一些特征。在计算机中，数据又分为许多类型，如表示工资、奖金、价格、税金等的数据称为数值型数据；表示人名、地名和单位名称的数据称为字符型数据。

目前，数据的概念在数据处理领域中已经大大拓宽了。所谓"符号"，不仅指数字、字母、文字和其他特殊字符，还包括图形、图像、声音等多媒体数据；所谓"记录"，不仅可以打印在纸上，还可以记录在磁盘、光盘和半导体存储器中。

2．信息

在信息社会，信息是一种资源，它与能源、材料一起构成客观世界的三大要素。

信息（Information）是事物状态及其运动方式的表现形式。通俗地讲，信息是经过加工处理并对人类社会实践和生产活动产生决策性影响的数据表现形式。各种消息、情报、指令、信号及数据就是人们有意识地对数据进行采集、加工、传递而形成的信息。例如，学生的学号是9607039，姓名是刘洋，性别是男，专业是外贸等，就是关于某个同学的具体信息，是该同学当前状态的反映。

数据与信息在概念上是有区别的。不是所有的数据都能成为信息，只有经过加工处理之后，具有新知识的数据才成为信息。数据经过加工处理之后所得到的信息仍然以数据的形式出现，此时的数据是信息的符号表示或载体，信息则是数据的内涵，是对数据的语义解释。

3．数据处理

数据处理是指将数据转换成信息的过程。在使用计算机对一个单位或部门的数据进行管理时，必须对各种类型的数据进行收集、存储、分类、计算、加工、检索和传输，这一系列的处理过程就是数据处理，通常也称为信息处理。可以用下面的式子简单地表示出信息、数据与数据处理之间的关系：

$$信息=数据+处理$$

数据处理的中心问题是数据管理。计算机对数据的管理是指对数据的组织、分类、编码、存储、检索和维护提供的方法和操作。随着计算机技术的发展，数据管理经历了以下 3 个发展阶段。

（1）程序管理阶段

20 世纪 50 年代中期以前，计算机主要用于科学计算，对数据的管理是由程序员个人考虑和安排的。他们把数据处理纳入程序设计的过程中，除了编制应用程序外，还要考虑数据的逻辑定义和物理组织，程序中包含要处理的数据，需要引用数据时，直接按地址存取。严格来说，这种管理只是一种技巧，是数据的人工管理方式。

程序管理的特点是：没有软件系统对数据进行管理，数据附属于应用程序而且有大量的重复。为了克服这些缺陷，20 世纪 60 年代初期出现了用文件系统管理数据的技术。

（2）文件系统阶段

20 世纪 50 年代后期至 60 年代中期，计算机大量用于信息管理。在软件方面出现了高级语言和操作系统，操作系统中有了专门管理数据的软件，称为文件系统。在这一系统中，按一定的规则将数据组织为一个文件，应用程序通过文件系统对文件中的数据进行存取。

把数据组织成文件的形式后，计算机数据管理方法得到了极大改善。文件中的数据以"记录"的形式存放，记录由某些相关的数据项组成，若干个具有相同性质的记录的集合构成文件。文件可以按不同的组织方法分为顺序文件、随机文件、索引文件、倒排文件等。每一个用户都可以建立一个或几个文件，每个文件都有指定的文件名或文件标识且存储在外部存储介质上。数据被组织成文件之后，就可以离开处理它的程序而独立存在，用户可以在程序中按这个文件标识来引用其中的数据。

文件系统实际上是应用程序和数据之间的一个接口。应用程序通过文件管理系统建立和存储文件；反之，应用程序要存取文件中的数据时也需要通过文件系统来实现。这样使应用程序和数据都有了一定的独立性，数据的重复存储量也有所降低。

文件管理系统虽然与程序管理方式相比有了很大改进，但仍然存在着许多弱点。文件基本上还只是对应于一个或几个应用程序，不同应用程序中仍会出现许多相同的数据。文件仍是一个不具有弹性结构的信息集合，数据之间缺乏有机的联系。文件系统存在数据冗余度大、空间浪费、文件不易扩充和应用程序编写较烦琐等缺点。这些都使数据的统一管理和控制十分困难。

（3）数据库技术阶段

20 世纪 60 年代末期，为满足多用户、多个应用程序共享数据的需求，数据库技术应运而生。数据库技术是在文件系统基础上发展起来的最新技术，它有效地解决了数据的独立性问题，实现了数据的统一管理，达到了数据共享的目的。数据库技术的出现是计算机数据管理的一次历史性飞跃。本书正是从数据库技术的角度讨论基于 Visual FoxPro 的数据建模、存储查询及应用技术。

1.1.2 数据库系统

数据库系统是指引进数据库技术后的计算机系统。它实质上是由有组织地、动态地存储的有密切联系的数据集合及对其进行统一管理的计算机软件和硬件资源所组成的系统。数据库系统将有关各部门中反映客观事物的大量信息进行记录、分类、整理等定量、规范化处理，并以记录为单位存储于数据库中。在数据库系统的统一作用下，用户通过应用程序向数据库发出查询、统计、打印等命令，以得到满足不同层次需要的各种信息。

与文件系统不同，存储于数据库中的大量数据是面向数据库结构的，数据库系统对数据的完整性、唯一性和安全性提供了一套统一而又有效的管理手段；数据库系统还提供了管理和控制数据的各种简单明了的操作命令，使用户程序编写简单，修改容易，便于学习和掌握。

数据库系统主要由数据库、数据库管理系统和数据库应用程序组成。

① 数据库（DataBase）是按一定的数据模型组织、描述和储存的，有组织、可共享的数据的集合，是构成数据库系统的重要部分。

② 数据库管理系统（DataBase Management System，DBMS）是指帮助用户建立、使用和管理数据库的大型软件系统，它由一系列系统软件组成，是数据库系统的核心部分。数据库管理系统通常由以下 8 个部分组成。

a. 数据描述语言（DDL）：用来描述数据库及表的结构，建立数据库与表。

b. 数据操作语言（DML）：用来对表中的数据进行追加、插入、修改、删除、检索、统计等数据维护操作。

c. 动态数据交换（DDE）：把一个应用程序中的数据动态地链接到另一个应用程序中，当数据变化时，可自动更新链接的源数据。

d. 对象的链接与嵌入（OLE）：将不同的对象链接或嵌入到应用程序中，从而可以得到具有图形、图表、文字等各种信息的集合式文件。

e. 结构化查询语言（SQL）：美国国家标准化组织 ANSI 的标准数据语言，是一种非过程化的语言，用于建立查询与视图。

f. 向导程序（Wizards）：用于快速地创建菜单、设计报表和查询等。

g. 数据字典（DD）：用来描述数据库中有关信息的数据目录，包括数据库的三级模式、数据类型、用户名和用户权限等有关数据库系统的信息。数据字典起着系统状态的目录表的作用，帮助用户、DBA 和 DBMS 本身使用和管理数据库。

h. 其他管理和控制程序：实现数据的并发控制、安全控制和完整性控制。

在微机 DBMS 中，DDL 和 DML 常合二为一，成为一体化的语言。

通过数据库管理系统，数据成为用户方便使用的资源，易于为各种用户共享，数据的安全性、完整性和可用性也得到增强。目前最为流行的数据库管理系统有 Oracle、SQL Server 与 Sybase，上述系统也有微机版本。专门在微机上运行的数据库管理系统有 Visual FoxPro、Access 等。

③ 数据库应用程序是由用户编写，用来调用数据库中所存储的数据、面向某一类实际项目的应用软件系统。Visual FoxPro 将过程化程序设计和面向对象程序设计结合在一起，可帮助用户创建出功能强大、灵活多变的数据库应用程序。

第 4 代计算机程序设计语言已经诞生并融入了许多最新的技术。如 Visual FoxPro 语言就是计算机软件技术发展的结果之一，它是专门为数据库应用而设计的一种可视化程序设计语言，是一个自包含的应用程序开发环境。在这种快速开发系统下，数据库应用程序的设计将会越来越简化。

综上所述，数据库系统具备以下主要特性。

（1）数据的独立性

在数据库系统中，数据库管理系统把数据与应用程序隔离开来，使数据独立于应用程序，当数据的存储方式和逻辑结构发生改变时，并不需要改变用户的应用程序。

（2）数据的共享性

存储在数据库中的数据可以做出多种组合，以最优方式满足不同用户的需求。不同的用户可以使用数据库中不同的数据，也可以调用相同的数据。数据共享可以提高数据的利用率，减少数据的冗余度，有利于保持数据的一致性。

（3）可修改与可扩充性

数据库系统在结构和组织技术上是易于修改和扩充的。由于用户需求的不断变化，数据也需要不断地扩充，数据库是逐步建立和完善起来的。

（4）统一管理与控制

数据库系统能对数据进行必要的完整性管理与控制，以确保数据的正确、有效。在多用户环境下，由于多个用户同一时刻访问同一数据库时可能造成数据更新失控及数据可靠性降低等，数据库系统的并发控制功能及事务机制提供了避免出现这种错误的能力。

（5）支持数据模型

数据库系统不仅可以表示实体内部的属性，而且可以表示实体与实体之间的联系，从而反映出现实世界事物之间的联系。任何数据库管理系统都支持一种抽象的数据模型。

1.1.3　数据库的模式结构

模式（Schema）是数据库中全体数据的逻辑结构和特征的描述。模式的一个具体值称为模式的一个实例（Instance），同一个模式可以有很多实例。模式反映的是数据的结构及其关系，而实例反映的是数据库某一时刻的状态。

数据库在其内部具有三级模式和两级映像，三级模式分别是模式、内模式和外模式，两级映像分别是外模式到模式的映像、模式到内模式的映像。

1．三级模式

（1）模式

模式也称逻辑模式、概念模式，是数据库系统中全体数据的逻辑结构和特征的描述。此种描述是一种抽象的描述，不涉及具体的硬件环境与平台，也与具体的软件环境无关。

一个数据库只有一个模式，它是整个数据库数据在逻辑上的视图，即是数据库的整体逻辑结构。模式是对现实世界的一个抽象，是将现实世界某应用环境（公司或单位）的所有信息按一种数据模型、综合考虑用户的需求而形成的一个逻辑整体。

定义模式时不仅要定义数据的逻辑结构，如数据记录由哪些数据项构成，数据项名称、数据类型、取值范围等，而且要定义数据间的联系，定义数据的安全性、完整性约束等。

DBMS 提供了模式定义语言 DDL。

（2）外模式

外模式也称子模式或用户模式，它是用户的数据视图，也就是用户所见到的数据模式，它由概念模式推导而出。概念模式给出了系统全局的数据描述，而外模式则给出了每个用户的局部数据描述。一个概念模式可以有若干个外模式，每个用户只关心与它有关的外模式，这样不仅可以屏蔽大量无关信息，而且有利于数据保护。

用户可根据系统给出的外模式，用查询语言或应用程序去操作数据库中所需要的那部分数据，这样每个用户只能看到和访问所对应的外模式中的数据，数据库中的其余数据对他们来说是不可见的。外模式是保证数据库安全性的一个有力措施。

（3）内模式

内模式也称物理模式，是对数据库存储结构的描述，给出了数据库物理存储结构与物理存取方法，一个数据库只有一个内模式。例如，记录以什么方式存储（顺序存储、B+树存储等）、索引按照什么方式组织、数据是否压缩、是否加密等。内模式对一般用户是透明的，但它的设计将直接影响数据库的性能。

2．两级映像

（1）模式到内模式的映像

该映像给出了模式中数据的全局逻辑结构与数据的物理存储结构间的对应关系，一般由数据库管理系统实现。通过映像功能保证数据存储结构的变化不会影响数据全局逻辑结构的改变，从而不必修改应用程序，确保了数据的物理独立性。

（2）外模式到模式的映像

该映像给出了外模式与模式的对应关系，一般也是由数据库管理系统来实现的。这一映像功能保证了数据的局部逻辑结构不变（即外模式保持不变）。由于应用程序是依据数据的局部逻辑结构编写的，所以应用程序不必修改，保证了数据与程序间的逻辑独立性。

3. 数据库系统的三级模式结构与两级映像的优点

数据库系统的三级模式结构与两级映像使其具有以下优点。

① 保证数据的独立性。外模式和模式分开，保证了数据的逻辑独立性；模式和内模式分开，保证了数据的物理独立性。

② 有利于数据共享。在不同的外模式下可有多个用户共享系统数据，减少了数据冗余。

③ 有利于数据安全。在外模式下，只能对限定的数据进行操作 ，保证了其他数据的安全。

1.1.4 数据模型

数据库研究的对象是客观事物（实体）以及反映客观事物（实体）间相互联系的数据。数据是现实世界符号的抽象，而数据模型是数据特征的抽象。也就是说，数据模型是现实世界的模拟，是用来描述数据、组织数据和对数据进行操作的。

在数据模型中有"型"（Type）和"值"（Value）的概念。型是指对某一类数据的结构和属性的说明，值是型的一个具体赋值。例如，学生记录定义为（学号，姓名，性别，出生日期，专业，入学成绩，贷款否）这样的记录型，而（9607039，刘洋，男，1978-6-6，外贸，666，TRUE）则是该记录型的一个记录值。

1. 数据模型所描述的内容

一般地讲，数据模型是严格定义的一组概念的集合，这些概念精确地描述了系统的静态特性、动态特性和完整性约束条件，为数据库系统的信息表示与操作提供了一个抽象的框架。数据模型所描述的内容有 3 部分：数据结构、数据操作和数据完整性约束。

（1）数据结构

数据结构描述数据库组成对象以及对象间的联系，也就是说，数据结构描述数据对象的类型、内容、性质及数据间的联系。数据结构描述了数据库的静态特性，是数据模型中最基本的部分。

数据结构是数据模型的基础，数据操作与约束均建立在数据结构上。不同数据结构有不同的操作与约束，因此一般数据模型的分类均以数据结构的不同而划分。例如，数据结构有层次结构、网状结构和关系结构 3 种类型，按照这 3 种结构命名的数据模型分别称为层次模型、网状模型和关系模型。

（2）数据操作

数据模型中的数据操作主要描述在相应数据结构上的操作类型与操作方式。数据库主要有查询和更新（包括插入、删除和修改）两类操作。

（3）数据完整性约束

数据完整性约束是指在给定的数据模型中数据及其联系所具有的制约和依存规则。数据完整性约束描述了数据结构内数据间的语法、语义联系，它们之间的制约与依存关系，以及数据动态变化的规则，以保证数据的正确、有效与相容。

2. 数据模型按应用层次的分类

数据模型按不同的应用层次可分为 3 种类型，它们是概念模型、逻辑模型和物理模型。

（1）概念模型

概念模型是一种面向客观世界、面向用户的模型，也称信息模型，它与具体的数据库管理系统无关，与具体的计算机平台无关。概念模型着重于对客观世界复杂事物的结构描述及它们之间的内在联系的刻画，是数据库设计时用户和数据库设计人员之间交流的工具。比较著名的概念模型是实体联系模型（Entity Relationship Model），简称 E-R 模型。

（2）逻辑模型

逻辑模型是一种面向数据库管理系统的模型，或称数据模型，该模型着重于数据库系统一级的实现。概念模型只有在转换成逻辑模型后才能在数据库中表示出来。目前，成熟地应用在数据库系统中的逻辑模型主要有层次模型、网状模型、关系模型和面向对象模型。

（3）物理模型

物理模型是一种面向计算机物理表示的模型，此模型给出了数据模型在计算机上物理结构的表示，它描述数据在磁盘或磁带上的存储方式和存取方法。从逻辑模型向物理模型的转换是由 DBMS 自动完成的。

3. 数据库管理系统支持的数据模型

数据库不仅管理数据本身，而且要使用数据模型表示出数据之间的联系。数据库管理系统支持 3 种数据模型：层次模型、网状模型、关系模型。20 世纪 70 年代是数据库蓬勃发展的时期，当时层次数据库和网状数据库占据了整个市场；20 世纪 80 年代，关系模型对数据库的理论和实践产生了很大的影响，它标志着数据库技术走向成熟。目前，关系数据库成为最流行的。下面先对层次模型、网状模型进行简单介绍。

（1）层次模型

用树形结构表示若干实体及其之间联系的模型称为层次模型，它实际上是由若干个代表实体之间一对多联系的基本层次组成的"树状"结构。在这种模型中，数据被组织成由"根"开始的倒置的"树"，根结点在上，子结点在下，每个实体由根开始沿着不同的分支放在不同的层次上，上级结点与下级结点之间为一对多联系。

层次模型表示了实体之间一对多联系的从属关系结构。支持层次模型的 DBMS 称为层次数据库管理系统，在这种系统中建立的数据库是层次数据库。

（2）网状模型

用网状结构表示若干实体及其之间联系的模型称为网状模型。网状模型突破了层次模型的限制，允许结点有多于一个的父结点，也允许有一个以上的结点没有父结点，网中的每一个结点代表一个实体类型。

网状模型表示了实体之间多对多联系的关系结构。支持网状模型的 DBMS 称为网状数据库管理系统，在这种系统中建立的数据库是网状数据库。

1.2　关系数据库理论

关系数据库系统是支持关系模型的数据库系统。本节将简明地介绍关系数据库的基本理论，主要包括关系模型、关系运算、关系模式的规范式、数据库设计及关系数据库的组成。

1.2.1　关系模型

关系模型是目前最重要的一种数据模型。关系数据库采用关系模型作为数据的组织方式。

1970 年，美国 IBM 公司的研究员 E.F.Codd 首次提出了数据库系统的关系模型，他发表了题为《大型共享数据银行数据的共享模型》（A Relation Model of Data for Large Shared Data Banks）的论文，在论文中解释了关系模型，定义了某些关系代数运算，研究了数据的函数相关性及关系模式的 3 种范式，从而开创了数据库的关系方法和关系数据库规范化理论的研究。为此 E.F.Codd 获得 1981 年 ACM 图灵奖。

关系模型是指用二维表结构来表示实体以及实体之间联系的模型。在关系模型中，数据具有相关性，而非从属性，操作的对象和结果都是二维表，这种二维表就是关系。

关系模型由关系数据结构、数据操作集合和数据完整性 3 部分组成。关系数据结构是一张规范化的二维表；数据操作的对象和结果都是集合，主要指查询操作、增加操作、删除操作和修改操作；数据完整性包括 3 个方面的内容：实体完整性、参照完整性、用户自定义完整性。表 1.1 表示了关系模型中的一个学生关系。

表 1.1　学　生　关　系

学号	姓名	性别	出生日期	专业	入学成绩	贷款否
9607039	刘洋	男	1978-6-6	外贸	666.6	TRUE
9907002	田野	女	1981-4-1	外贸	641.4	TRUE
9801055	赵敏	男	1979-11-9	中文	450	FALSE
9902006	和音	女	1982-6-19	数学	487.1	FALSE
9704001	莫宁	女	1978-7-22	物理	463	FALSE
9603001	申强	男	1978-1-15	新闻	512	TRUE
9606005	迟大为	男	1976-9-3	化学	491.3	FALSE
9803011	欧阳小涓	女	1981-8-11	新闻	526.5	FALSE
9908088	毛杰	男	1982-1-1	计算机	622.2	FALSE
9608066	康红	女	1979-9-7	计算机	596.8	TRUE
9805026	夏天	男	1980-5-7	历史	426.7	FALSE
9702033	李力	男	1979-7-7	数学	463.9	FALSE

下面以表 1.1 为例，介绍关系模型中涉及的一些基本概念。

① 关系：表中所有元组的集合就构成一个关系，一个关系对应一张表，如表 1.1 所示的学生关系。

② 元组：表中的一行称为一个元组，用来表示同一实体中若干平行的、相关的个体属性。

③ 属性：表中的一列称为一个属性，每个属性都有一个名字，称为属性名，如学号、姓名、性别等。

④ 域：属性的取值范围称为域，如姓名的取值范围是字符，性别的域是（男，女）。

⑤ 分量：每一行对应的列的属性值，即元组中的一个属性值。

⑥ 候选键：属性或属性的组合，其值能唯一标识关系中的一个元组，称为候选键，也称码键，如学生关系中的学号。

⑦ 主关系键：主关系键是关系模型中的一个重要概念。每个关系必须从多个候选键中选择一个作为主关系键，或简称为主键、主码、主关键字等。主关系键选定以后不能随意改变，每个关系必定有且仅有一个主关系键。

⑧ 外部关系键：如果表中的一个或一组属性不是本表的主关系键或候选键，但是其他表的主关系键，该属性或属性组就称为该关系的外部关系键或外码。例如，学生关系中的专业。

⑨ 关系模式：对关系的描述称为关系模式，它指出这个关系由哪些属性构成，每个属性的名称，这些属性的数据类型是什么。一个关系模式对应一个关系的结构，一般表示为：

关系名（属性名 1，属性名 2，…，属性名 n）

例如，学生关系可描述为：

学生（学号，姓名，性别，出生日期，专业，入学成绩，贷款否）

从集合论的观点来看，一个具体的关系数据库模型就是若干个有联系的关系模式的集合。例如，在"教学管理"数据库中共有 6 个表，其关系模式可分别表示如下：

学生（学号，姓名，性别，出生日期，专业，入学成绩，贷款否，照片）

成绩（学号，课程号，成绩）

课程（课程号，课程名，周学时，学分）

专业（专业，负责人，研究方向）

教员（教师号，姓名，性别，出生日期，职称）

任课（课程号，教师号）

关系模型的主要特点表现在关系规范化、集合性操作及数据描述的统一性。在关系模型中所描述对象间的联系只能用关系来表示。例如，用成绩关系表示学生和课程两个实体之间的联系如下：

成绩（学号，课程号，成绩）

一张二维表构成的关系模型应满足以下条件。

① 表中不允许有重复的属性名，也不允许有完全相同的元组。

② 表中每一列中数据是同一属性的，类型必须相同。

③ 表中每一数据项应是最基本的数据单位，不可以再分解。

④ 表中行的次序以及列的次序可以分别任意排列，且行或列的先后次序并不影响表中的关系。

关系模型具有结构简单、操作简便、理论严谨、表示能力强等优点。用关系模型所设计的数据库称为关系数据库。

1.2.2 集合运算和关系运算

从集合论的观点来定义关系，每个关系是一个具有 K 个属性的元组集合，即这个关系有若干个元组，每个元组有 K 个属性值。关系运算是在关系上对元组或属性进行运算的操作，运算结果仍然是关系。

在介绍关系运算之前，先来介绍一些关系运算的术语。

① 元组。在给定的关系模式 R（A_1，A_2，$\cdots$，A_n）中，$t \in R$ 是关系的一个元组。

② 分量。设 $t \in R$，则 $t[A_i]$ 表示元组 t 中相应于属性 A_i 的一个分量。

③ 属性列。$A=\{A_{i1}, A_{i2}, \cdots, A_{ik}\} \in \{A_1, A_2, \cdots, A_n\}$，则称 A 为属性列或域列。

关系的基本运算有两类，一类是集合运算（并、差、交等），另一类是关系运算（选择、投影、联接等）。

1. 集合运算

集合运算是二目运算，包括并、差、交、笛卡儿积 4 种运算。

设关系 R 和关系 S 具有相同的目 n（即两个关系都有 n 个属性），且相应的属性取自同一个域，则有以下操作。

（1）并（Union）

关系 R 与关系 S 的并表示为：

$R \cup S = \{t \mid t \in R \lor t \in S\}$

其结果仍为 n 目关系，由属于 R 或属于 S 的元组组成，即 R 和 S 的所有元组合并，删除重复的元组，组成一个新的关系。

（2）差（Except）

关系 R 与关系 S 的差表示为：

$R\text{-}S = \{ t \mid t \in R \land t \notin S \}$

其结果仍为 n 目关系，由属于 R 而不属于 S 的所有元组组成。

（3）交（Intersection）

关系 R 与关系 S 的交操作表示为：

$R \cap S = \{ t \mid t \in R \land t \in S \}$

其结果仍为 n 目关系，由属于 R 又属于 S 的元组组成。关系的交可以用差来表示：

$R \cap S = R\text{-}(R\text{-}S)$

（4）广义笛卡儿积（Exterded Cartesian Product）

两个分别为 n 目和 m 目的关系 R 和 S 的广义笛卡儿积是一个（$n+m$）列的元组的集合。元组的前 n 列是关系 R 的一个元组，后 m 列是关系 S 的一个元组。若 R 有 k_1 个元组，S 有 k_2 个元组，则关系 R 和关系 S 的笛卡儿积有 $k_1 \times k_2$ 个元组，表示为：

$R \times S = \{t_r \frown t_s \mid t_r \in R \land t_s \in S\}$

图 1.1（a）、（b）所示的两个关系 R 与 S 为相容关系，（c）为 R 与 S 的并，（d）为 R 与 S 的交，（e）为 R 与 S 的差，（f）为 R 与 S 的广义笛卡儿积。

A	B	C
a_1	b_1	c_1
a_1	b_1	c_2
a_2	b_2	c_1

（a）关系 R

A	B	C
a_1	b_1	c_1
a_1	b_1	c_2
a_2	b_3	c_2

（b）关系 S

A	B	C
a_1	b_1	c_1
a_1	b_1	c_2
a_2	b_2	c_1
a_2	b_3	c_2

（c）$R \cup S$

A	B	C
a_1	b_1	c_1
a_1	b_1	c_2

（d）$R \cap S$

A	B	C
a_1	b_1	c_2

（e）$R-S$

A	B	C	A	B	C
a_1	b_1	c_1	a_1	b_1	c_1
a_1	b_1	c_1	a_2	b_2	c_1
a_1	b_1	c_1	a_2	b_3	c_2
a_1	b_1	c_2	a_1	b_1	c_1
a_1	b_1	c_2	a_2	b_2	c_1
a_1	b_1	c_2	a_2	b_3	c_2
a_2	b_2	c_1	a_1	b_1	c_1
a_2	b_2	c_1	a_2	b_2	c_1
a_2	b_2	c_1	a_2	b_3	c_2

（f）$R \times S$

图 1.1　传统的集合运算

2. 关系运算

（1）选择（Select）

从关系中找出满足给定条件的元组称为选择。选择是从行的角度进行运算，即从水平方向选取元组，记为：$\sigma_{<条件表达式>}(R)$。其中条件表达式是逻辑表达式，逻辑表达式的值为真（.T.）的元组被选取。经过选择运算选取的元组可以形成新的关系，它是原关系的一个子集，其关系模式不变。

SQL SELECT 语句中的选项"WHILE <条件表达式>"是对表进行了选择运算。

例 1.1   从表 1.1 中查询所有男生的档案情况，结果如图 1.2 所示。

SELECT * FROM 学生 WHERE 性别='男'

学号	姓名	性别	出生日期	专业	入学成绩	贷款否
9607039	刘洋	男	06/06/78	外贸	666.6	T
9801055	赵敏	男	11/09/79	中文	450.0	F
9603001	申强	男	01/15/78	新闻	512.0	T
9606005	迟大为	男	09/03/76	化学	491.3	F
9908088	毛杰	男	01/01/82	计算机应用	622.2	T
9805026	夏天	男	05/07/80	历史	426.7	T
9702033	李力	男	07/07/79	数学	463.9	F

图 1.2   选择运算的结果

（2）投影（Project）

从关系中选取若干属性组成新的关系称为投影，记为 $\Pi_A(R)$，其中 A 为 R 的属性名表。投影是从列的角度进行运算，相当于对关系进行垂直分解。

SQL SELECT 语句中的"属性列表"选项是对表进行投影运算。

例 1.2   从表 1.1 中显示所有学生的学号、姓名、性别、入学成绩。

SELECT 学号，姓名，性别，入学成绩 FROM 学生

结果如图 1.3 所示。

学号	姓名	性别	入学成绩
9607039	刘洋	男	666.6
9907002	田野	女	641.4
9801055	赵敏	男	450.0
9902006	和音	女	487.1
9704001	莫宁	女	463.0
9603001	申强	男	512.0
9606005	迟大为	男	491.3
9803011	欧阳小涓	女	526.5
9908088	毛杰	男	622.2
9608006	康红	女	596.8
9805026	夏天	男	426.7
9702033	李力	男	463.9

图 1.3   投影运算的结果

（3）联接运算（Join）

联接是将两个或两个以上关系的属性横向联接成一个新的关系，记为 $R \bowtie S$。新的关系中包含满足联接条件的元组。

例 1.3   设有"教员"（见表 1.2）和"通讯录"（见表 1.3）两个关系，用 SQL SELECT 语句将两个关系的部分属性联接成一个新的关系。

联接条件是教员（教师代号）=通讯录（教师代号）。

SELECT 教员.教师代号，教员.姓名，教员.性别,通讯录.邮编,通讯录.地址,通讯录.电话

FROM 教员 INNER JOIN 通讯录 ON 教员.教师代号=通讯录.教师代号

联接结果如表 1.4 所示。

表 1.2 教 员

教师代号	姓名	性别	民族	出生日期	婚否	职称
20222	于朵	女	汉	09/19/62	.F.	副教授
20406	张健	女	汉	07/16/46	.F.	教授
10429	蒋成功	男	回	03/12/59	.F.	副教授
10616	万年	男	白	09/01/45	.F.	教授
20626	孙乐	女	汉	12/15/71	.F.	讲师
10803	李铁	男	汉	09/22/58	.F.	副教授

表 1.3 通 讯 录

教师代号	邮编	地址	电话
20222	650072	人民西路 78 号	8181911
20406	650008	西昌路 125 号	4143834
10429	650095	学府路 4 号	5152634
10616	650018	东华小区 46 号	5151322
20626	650091	翠湖北路 52 号	5151441
10803	650044	北京路 260 号	5155451

表 1.4 联 接 结 果

教师代号	姓名	性别	邮编	地址	电话
20222	于朵	女	650072	人民西路 78 号	8181911
20406	张健	女	650008	西昌路 125 号	4143834
10429	蒋成功	男	650095	学府路 4 号	5152634
10616	万年	男	650018	东华小区 46 号	5151322
20626	孙乐	女	650091	翠湖北路 52 号	5151441
10803	李铁	男	650044	北京路 260 号	5155451

1.2.3 关系模式的规范化

关系数据库的规范化理论主要包括 3 个方面的内容：函数依赖、范式（Normal Form）和模式设计。其中函数依赖起着核心作用，是模式分解和模式设计的基础，范式是模式分解的标准。关系数据库规范化理论是数据库逻辑设计的理论依据。

函数依赖是关系模式中属性之间的一种逻辑依赖关系。函数依赖分为完全函数依赖、部分函数依赖和传递函数依赖 3 类，它们是规范化理论的依据和规范化程度的准则。

规范化的基本原则就是遵循"一事一地"的原则，即一个关系只描述一个实体或者实体间的联系。若多于一个实体，就把它"分离"出来。因此，所谓"规范化"，实质上是"概念的单一化"，即一个关系表示一个实体。一个低一级范式的关系模式，通过模式分解（Schema

Decomposition）转化为若干个高一级范式的关系模式的集合，这种分解过程叫做关系模式的规范化（Normalization）。

到目前为止，规范化理论已经提出 6 类范式 1NF、2NF、3NF、BCNF、4NF、5NF，各种范式之间的联系有 5NF∈4NF∈BCNF∈3NF∈2NF∈1NF 成立。范式级别可以逐步升级，而升高规范化的过程就是逐步消除关系模式中不合适的数据依赖的过程，使模型中的各个关系模式达到某种程度的分离，保证数据一致性。

关系规范化理论要求，在设计关系型数据表时，从数据完整的角度出发应该力求满足第三范式的要求。关系规范化的前 3 个范式原则如下。

第 1 范式：要求表结构中不能含有任何重复的数据字段，即关系模式 R 中每个属性都是不可再分的简单项，简称 1NF，记作 $R∈1NF$。

第 2 范式：要求表中的每一列均函数性地依赖于主关键字，即关系模式 $R∈1NF$，且每个非主属性都完全函数依赖于 R 的主关系键，则称 R 属于第 2 范式，简称 2NF，记作 $R∈2NF$。

第 3 范式：是指表中记录符合第 2 范式且不存在传递依赖（当表中含有一个定义其他列的非主属性时，存在传递依赖），即关系模式 $R∈2NF$，且每个非主属性都不传递函数依赖于 R 的主关系键，则称 R 属于第 3 范式，简称 3NF，记作 $R∈3NF$。

在实际应用中，最有价值的是 3NF 和 BCNF，在进行关系描述的设计时，通常分解到 3NF 就足够了。如果一个关系数据库中所有关系模式都属于 3NF，则很大程度上消除了插入异常和删除异常。但是，3NF 只限制了非主属性对主键的依赖关系，而没有限制主属性对主键的依赖关系。对于第 3 范式的规范化，分解既要具有无损连接，又要具有函数依赖保持性。

例如，学生成绩表的复合表头如表 1.5 所示。

表 1.5　学生成绩表中的复合表头

学号	姓名	班级	学科成绩			
			课程名	成绩	课程名	成绩

下面依据规范化理论将此表转换为关系模式。

方案 1：成绩表（学号，姓名，班级，课程名，成绩，课程名，成绩，…）
主关键字：学号

方案 2：成绩表（学号，姓名，班级，课程名 1，成绩 1，课程名 2，成绩 2，…）
主关键字：学号

方案 3：成绩表（学号，姓名，班级，课程名，成绩）
主关键字：学号+课程名

方案 4：学生信息表（学号，姓名，班级）　　主关键字：学号
课程成绩表（学号，课程名，成绩）主关键字：学号+课程名

下面分析以上 4 种方案。

第 1 种方案显然不符合第 1 范式要求，表中出现了重复字段。

第 2 种方案符合第 1 范式的要求，即关系中的每个属性都是不可再分的原子项，不允许表中有表。在表中将"学号"作为主关键字，但"课程名"和"成绩"均不依赖于"学号"，所以

不符合第 2 范式要求。表中每一个学生的成绩只占一条记录，但由于学生所学的课程数目是变化的，如果按照学生所学的最大可能课程数来安排数据库文件中的字段个数，则多数记录将出现空白字段，浪费存储空间。

第 3 种方案允许一个学生成绩占用一条以上记录，但每条记录只包含一门课程的成绩，若某学生学了 N 门课，将会出现 N 条记录。这些记录除了"课程"和"成绩"两个字段内容不同以外，其他内容均相同，从而造成了较大冗余。在表中将学号和课程名的组合作为主关键字，学生的"姓名"和"班级"传递依赖于"学号"，不符合第 3 范式要求。

第 4 种方案将学生成绩信息分成两个表，一个为学生信息表，描述学生信息，另一个为课程成绩表，描述成绩信息。学生信息表中的一条记录对应课程成绩表中的多条记录。与前 3 种方案相比较，这种方案的冗余是最小的，符合第 3 范式要求。

综上所述，关系模式的规范化是通过模式分解的方式保证数据的完整性、低冗余性。从另一个角度分析，若考查用户的数据处理需求，有时仍需要通过一定的冗余来换取查询的高效率。其一般的方法是，尽量避免连接操作，这样的方法称为反规范化。这部分内容已超出了本书的内容，读者可自行查阅相关资料。

1.2.4 数据库设计

数据库设计的基本任务是根据用户对象的信息需求、处理需求和数据库的支持环境设计出数据模式。具体地说，就是把现实世界中的数据根据各种应用处理的要求，构造最优的数据库模式，利用 DBMS 来建立能够实现系统目标的数据库。

1978 年 10 月，来自 30 多个国家的数据库专家在美国新奥尔良市讨论了数据库设计问题，他们应用软件工程的思想和方法，提出了数据库设计的规范，这就是著名的新奥尔良法，它是目前公认的比较完整和权威的一种规范设计法。新奥尔良法将数据库设计分为需求分析、概念设计、逻辑设计和物理设计几个阶段。

1. 需求分析

简单地说，需求分析就是分析用户的要求。需求分析是设计数据库的起点，分析结果是否准确反映了用户的实际要求，将直接影响到后面各个阶段的设计，并影响到设计结果是否合理和实用。需求分析是整个设计过程的基础，也是最困难、最耗费时间的一步。作为基础的需求分析是否做得充分与准确，决定了在其上构建数据库的速度与质量。需求分析做得不好，甚至会导致整个数据库设计返工重做。需求分析的主要工具就是数据流图。数据流图是一种最常用的结构化分析工具，它从数据传递和加工角度，以图形的方式刻画系统内的数据运动情况。关于数据流图的结构化分析中已经有很详细的介绍，这里不再赘述。

进行需求分析的具体步骤如下。

① 调查组织机构情况，为需求分析流程做准备。

② 调查各部门的业务活动情况，这是需求分析的重点。

③ 在熟悉了业务活动的基础上，协助用户明确对新系统的各种要求，包括信息要求、处

理要求、完全性与完整性要求，这是需求分析的又一个重点。

④ 确定新系统的边界。确定哪些功能由计算机完成或将来准备让计算机完成，哪些活动由人工完成。

注意：需求分析阶段的一个重要而困难的任务是收集将来应用所涉及的数据，设计人员应充分考虑到可能的扩充和改变，使设计易于更改，系统易于扩充。必须强调用户的参与，这是数据库应用系统设计的特点。另外，需求分析主要是考虑"做什么"的问题，而不是考虑"怎么做"的问题。数据流图的概念比较简单，利于系统分析员与用户的沟通。数据字典是在需求分析阶段建立的，在数据库设计过程中将不断修改、充实、完善。

2. 概念设计

将需求分析得到的用户需求抽象为信息结构及概念模型的过程就是概念结构设计。

数据流图描述了系统的逻辑结构，数据流图中的有关加工及数据流和文件的含义可用数据字典具体定义说明，但是对于比较复杂的数据及其之间的关系，用它们是难以描述的，所以在概念设计中一般采用实体-联系图（E-R）进行描述。

在 E-R 图中，分别用不同的几何图形表示实体、属性和联系。

- 实体：用矩形表示，矩形框内写明实体名。
- 属性：用椭圆表示，椭圆框内写明属性名，并用无向边将其与相应的实体连接起来。
- 联系：用菱形表示，菱形内写明联系名，并用无向边将其与有关的实体连接起来，在无向边旁标上联系的类型（$1:1$、$1:n$ 或 $m:n$）。

例如，在"教学管理"系统中要处理的数据有学生、班级、课程、教师及参考书 5 个部分，它们都具有属性和可以相互区别的事物特征。把它们定义为实体，如图 1.4 所示。

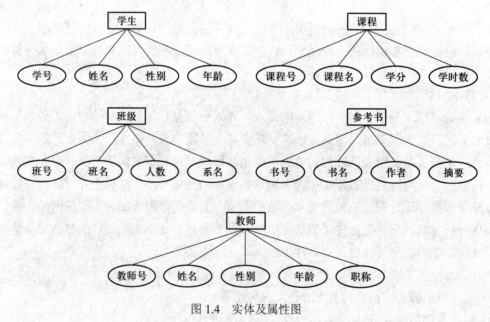

图 1.4　实体及属性图

根据图 1.4 绘制"教学管理"系统 E-R 图，如图 1.5 所示。

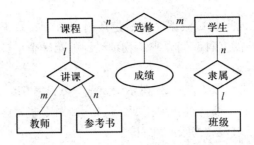

图 1.5 "教学管理"系统 E-R 图

设计概念结构通常有 4 种方法。

① 自顶向下。首先定义全局概念结构的框架，然后逐步细化。

② 自底向上。首先定义各局部应用的概念结构，然后将它们集成起来，得到全局概念结构。

③ 逐步扩张。首先定义最重要的核心概念结构，然后向外扩充，以滚雪球的方式逐步生成其他概念结构，直至总体概念结构。

④ 混合策略。将自顶向下和自底向上相结合，用自顶向下策略设计一个全局概念结构的框架，以它为骨架集成由自底向上策略设计的各局部概念结构。

3. 逻辑设计

在分析阶段确定的 E-R 图实际上是对数据库的概念结构进行了设计，设计阶段的主要任务则是进行数据库的逻辑结构设计。数据库的逻辑结构设计是在概念结构设计的基础上，将与数据库管理系统无关的 E-R 图转换成以数据库管理系统的逻辑数据模型表示的逻辑模式。目前最常用的逻辑数据模型是关系数据模型。

概念结构是各种数据模型的共同基础，为了能够用某一数据库管理系统实现用户需求，还必须将概念结构进一步转化为相应的数据模型，这正是数据库逻辑结构设计所要完成的任务。

逻辑结构设计的步骤如下。

① 将概念结构转换为一般的对象、关系、网状、层次等逻辑数据模型。

② 将转换来的对象、关系、网状、层次模型向特定数据库管理系统支持下的数据模型转换。

③ 运用规范化理论对逻辑数据模型进行优化。

4. 物理设计

数据库在物理设备上的存储结构与存取方法称为数据库的物理结构，它依赖于给定的数据库管理系统和计算机系统。为一个给定的逻辑数据模型选取一个最适合应用环境的物理结构的过程，就是数据库的物理设计。数据库物理设计的主要内容如下。

① 设计关系、索引等数据库文件的物理存储结构：数据库管理系统产品一般都提供了一些系统配置变量、存储分配参数，供设计人员和数据库管理员对数据库进行物理优化。初始情况下，系统都为这些变量赋予了合理的默认值。但是这些值不一定适合每一种应用环境，在进行物理设计时，需要重新对这些变量赋值，以改善系统的性能。

② 为关系模式选择存取方法（建立存取路径）：为了提高系统性能，应该根据应用情况将数据的易变部分与稳定部分、经常存取部分和存取频率较低部分分开存放。

③ 关系模式存取方法的选择：数据库系统是多用户共享的系统，对同一个关系要建立多条存取路径才能满足多用户的多种应用要求。物理设计的第一个任务就是要确定选择哪些存取方法，即建立哪些存取路径。

④ 数据库管理系统常用存取方法：B+树索引方法、聚簇（Cluster）方法、Hash 方法。

⑤ 选择索引存取方法的主要内容（根据应用确定）：对哪些属性列建立索引，对哪些属性列建立组合索引，将哪些索引设计为唯一索引。

⑥ 选择索引存取方法的一般规则如下。

a. 如果一个（或一组）属性经常在查询条件中出现，则考虑在这个（或这组）属性上建立索引（或组合索引）。

b. 如果一个属性经常作为最大值和最小值等聚集函数的参数，则考虑在这个属性上建立索引。

c. 如果一个（或一组）属性经常在连接操作的连接条件中出现，则考虑在这个（或这组）属性上建立索引。

⑦ 确定数据的存放位置和存储结构。影响数据存放位置和存储结构的主要因素有硬件环境（CPU、硬盘、内存），应用需求（如存取时间、存储空间利用率、维护代价等）。

⑧ 确定系统配置。

⑨ 确定数据安全。

1.2.5 关系数据库的组成

关系数据库（Relational DataBase）是按关系模型组织、描述和存储的有组织可共享的数据集合，它由若干相关的二维表组成。Visual FoxPro 的数据库是典型的关系数据库，它是在不同数据库之间、表之间存在着指定联系的数据库系统。

例如，可将"教学管理"数据分为两个相关联的部分，一个是教学数据库，其中包含学生的"学号"；另一个是学生数据库，存放每一个学生的详细信息。这两部分之间通过"学号"相联系。关系数据库的优点是一目了然的，它可以提高数据库数据的共享程度与查询速度，方便修改数据库表之间的联系等。

关系数据库的组成元素如下。

1. 字段（Field）

字段是关系数据库中不可分割的数据单位。它用来描述某个实体对象的属性，相当于二维表格中的一列，且该列的数据都有相同的数据类型。

在 Visual FoxPro 中，字段的数据类型有 13 种，如数值型、字符型、逻辑型、日期型、备注型、通用型等。

2. 记录（Record）

记录是描述某个个体对象信息的集合。它由若干字段值组成，相当于二维表中的一行，组成记录的所有字段的总长度就是记录的长度。

3. 表（Table）

表是数据库系统中一个非常关键的组成部分。表由若干具有相同性质的记录组成，一个表包含一个特定主题的数据信息。例如，表中的记录都是同格式、等长度的，使用中不应有无法区别的两个数据完全相同的记录存在。在表中，将能唯一确定记录的字段称为主关键字，而将不能唯一确定记录的字段称为辅助关键字或外部关键字。

4. 数据库（DataBase）

数据库不是文件的简单集合，它按照一定法则对表进行重新组织，以便使数据具有最大的独立性和最小的冗余度，并实现对数据的共享。

5. 索引（Index）

索引是一种特殊类型的表，其中包含了关键字段的值（由用户定义）以及指向实际记录位置的指针。这些值和指针是按照特定的顺序（由用户定义）存储的，表示数据库中将采用这种顺序排列数据。

6. 查询（Query）

查询是一种查询数据的方法。查询使用 SQL 命令，从一个或多个表中获得一组特定的记录，或者对一个表执行特定的操纵。查询输出的结果不再是单一的临时表的形式，而是可以直接输出到报表、屏幕、图形的多种表达形式。查询是只读的。

7. 视图（View）

视图也是一种查询数据的方法，视图包括找到（或者处理）的记录数目以及记录显示（或者进行处理）时采用的顺序。视图作为一种特殊的表保存在数据库中，在使用过程中可以像操作表一样来操作它。视图是可更新的，它不能永久地保存数据。

8. 过滤器（Filter）

过滤器是数据库的一个组成部分，它用于把索引和排序顺序结合在一起，决定应显示出什么数据。使用过滤器时，需要给数据加上一定的条件。

1.3 Visual FoxPro 的安装和运行

1.3.1 软件与硬件环境

1. 软件环境

Visual FoxPro 的功能强大，但对系统的要求并不高，可以安装在 Windows XP/2007、Windows NT 5.0 及更高的操作系统或网络系统环境中。

2. 硬件环境

安装 Visual FoxPro 至少应满足以下推荐的系统要求。

① 一台 CPU 为 Pentium 或更高档微处理器的 IBM 及兼容机，32 MB 以上内存，最大安装需要 240 MB 硬盘空间。

② 一个鼠标、一个光盘驱动器、VGA 或更高分辨率的显示器。

1.3.2 Visual FoxPro 的安装

Visual FoxPro 可以从 CD-ROM 或网络上安装，这里介绍从 CD-ROM 上安装的方法。

安装 Visual FoxPro 前，应先安装 IE（Internet Explorer）5.0 或更高版本软件，安装步骤如下。

① 从"资源管理器"或"我的电脑"窗口中打开光盘，双击 Visual FoxPro 安装盘中的 Setup.exe 文件，运行安装向导。当进入第一安装画面后，若想了解 Visual Studio 的基本情况，则单击"View Readme"按钮。

② 单击"下一步"按钮，进入第二安装画面。在"最终用户许可协议"屏选中"接受协议"单选按钮之后，激活"下一步"按钮。如果不同意该协议则选中"I don't accept the agreement"单选按钮，安装程序将直接退出安装。

③ 在"产品号和用户 ID"屏输入产品的 ID 号和用户信息，单击 Next 按钮。只有输入正确产品的 ID 号才能进入下一屏。

④ 为 Visual Studio 6.0 应用程序所公用的文件选择安装位置。公用文件夹（Common）所需要的最小空间为 50 MB。单击"下一步"按钮之后进入 Visual FoxPro 的安装程序。

⑤ 安装程序将提供 3 种不同的安装方式供用户选择，即"典型安装"、"最大安装"和"自定义安装"。通常选择"典型安装"，但"典型安装"选项不安装帮助文件。"典型安装"需要 85 MB 的硬盘空间，"最大安装"需要 100 MB 的硬盘空间。

⑥ 若要进行最小化安装，请单击"自定义安装"按钮，该选项允许只选取必需的文件。

利用上述步骤安装 Visual FoxPro 后，用户可以选择安装 Visual FoxPro 中的 MSDN Library 组件，其中包括 Visual Studio 中所有工具软件的帮助文件、目录索引文件和大量的例子。用户可从 MSDN 光盘上将 Visual FoxPro 的帮助文件（包括 Foxhelp.chm）复制到 Visual FoxPro 所在的文件夹下。如果不安装 MSDN Library，则 Visual FoxPro 中"帮助"菜单的大部分内容将是不可用的。

MSDN（微软开发者网络）是一种订阅形式的光盘资料库，分 3 个级别，分别是开发版、专业版、宇宙版，目的是为用户提供最先进的技术资料、产品，并提供帮助资料。MSDN 为一年 4 期，安装 MSDN 至少需要 57 MB 硬盘空间。

1.3.3 启动与退出

1. 启动 Visual FoxPro

单击 Windows 屏幕左下角的"开始"按钮，依次选择"程序"、"Microsoft Visual FoxPro"菜单项后，进入如图 1.6 所示的启动界面，表示 Visual FoxPro 已经启动成功。

图 1.6　Microsoft Visual FoxPro 启动界面

在该界面中有 5 个选项，如创建一个新应用程序、打开一个已存在的项目等。由于该界面并不是必需的，所以一般做法是选中最后一行"以后不再显示此屏"复选框，然后单击"关闭此屏"选项（下次启动系统时将不再显示该屏），系统将进入如图 1.7 所示的主窗口。

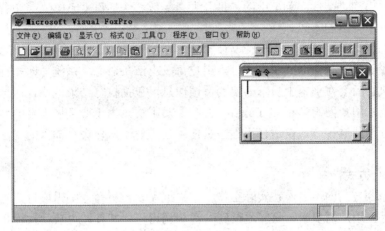

图 1.7　主窗口

2．退出 Visual FoxPro

退出 Visual FoxPro 的操作步骤如下。

① 关闭 Visual FoxPro 中打开的其他窗口。

② 把界面切换到 Visual FoxPro 主窗口中。

③ 单击"文件"菜单中的"退出"命令、直接单击标题栏右上角的"关闭"按钮、按 Alt+F4 组合键或在命令窗口中输入 QUIT 命令后按 Enter 键即可退出 Visual FoxPro 系统。

无论何时退出 Visual FoxPro，系统都将自动保存对数据的更改。意外退出很可能会损坏数据库。因此，应尽可能按照上述方法退出 Visual FoxPro。

1.3.4　开发应用程序的方式

开发应用程序可以使用 4 种不同的方式：向导方式、菜单方式、程序执行方式及命令方式。

1．向导方式

Visual FoxPro 为用户提供了很多具有实用价值的向导工具（Wizards），其基本思想是把一些复杂的功能分解为若干简单的步骤完成，每一步使用一个对话框，然后把这些较简单的对话框按适当的顺序组合在一起。向导方式使不熟悉 Visual FoxPro 命令的用户也能很快学会操作。用户只要回答向导提出的有关问题，通过有限的几个步骤就可以轻松解决实际应用问题。

向导为交互式程序，能够帮助用户快速完成一般性的任务，如创建表单、设计报表格式和建立查询等。针对不同的应用问题，可以使用不同的向导工具。各向导的具体用法将在后续章节中详细说明。

2. 菜单方式

利用菜单创建应用程序是开发者采用的主要方法。实际上菜单方式包括对菜单栏、快捷键和工具栏的组合操作。开发过程中的每一步骤都要依赖菜单方式来实现，比如要打开一个已存在的项目，必须用到"文件"菜单中的"打开"命令或者快捷键 Ctrl+O。菜单操作直观易懂，是应用程序开发中常用的方式。

3. 命令方式

Visual FoxPro 是一种命令式语言系统。用户每发出一条命令，系统随即执行并完成一项任务。许多命令执行后会在屏幕上显示必要的反馈信息，包括执行结果或错误信息。这种方式直观，关键在于要求用户熟悉 Visual FoxPro 的命令及用法，由于要记忆大量的命令，对初学者来说不易掌握，因此这种方式仅适合于程序员使用。另外，操作命令输入的交互性和重复性会限制执行速度。

4. 程序执行方式

为了弥补命令方式的不足，在实际工作中常根据需要，将命令编辑成特定的序列，并将它们存入程序文件。用户需要时，只需通过有关命令调用程序文件即可自动执行相应操作。

1.3.5 帮助系统

在 Visual FoxPro 的主菜单中，最后一项是"帮助"（Help）菜单，打开此菜单就可以进入 Visual FoxPro 的帮助系统。Visual FoxPro 的帮助系统是一个十分有效的信息系统，与 Visual Studio 的其他软件的帮助集成在一起组成 MSDN（Microsoft Developer Network），它就像一本内容丰富的使用手册，使用户不需要离开 Visual FoxPro 环境就能检索到其各种帮助信息。

进入帮助系统有 3 种方法，即在窗口中输入 Help 命令、调用"帮助"菜单或在 Visual FoxPro 的任一地方选中需获得帮助内容后按 F1 功能键。这里主要介绍调用"帮助"菜单的方法，可按以下步骤进行操作。

① 选择"帮助"菜单，显示帮助子菜单。对于初学者来说，用得最多的是"Visual FoxPro 帮助主题"子菜单。

② 选择"Visual FoxPro 帮助主题"命令或在 Visual FoxPro 的任意状态按 F1 功能键，就会进入 MSDN 系统界面，如图 1.8 所示。MSDN 系统界面是 Microsoft Visual Studio 6.0（包括 Visual FoxPro 在内）向用户提供帮助信息的一个服务界面。在 MSDN 系统界面中有 4 个选项卡：目录、索引、搜索和书签。

③ 选择"目录"选项卡将显示 MSDN 系统帮助内容的目录。双击需要获得帮助的主题，立即就会在该主题下列出所有的子主题；用同样的方法找到所需帮助的对象并双击，则该对象的详细信息将显示出来。

④ 选择"索引"选项卡可根据关键词进行定位查询。如果还想查询其他主题，可以通过"搜索"和"书签"选项卡进行查询，继续寻求帮助。在任何时刻单击"主页"按钮即可返回主界面。

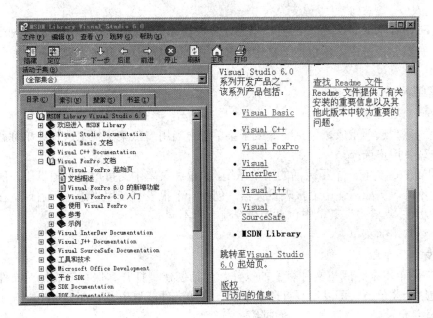

图 1.8 MSDN 系统界面

1.4 用户界面

正常启动 Visual FoxPro 系统后，就进入了 Visual FoxPro 的主窗口，如图 1.9 所示。

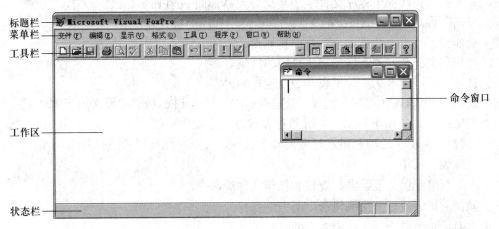

图 1.9 Visual FoxPro 的主窗口

因为 Visual FoxPro 也是 Windows 操作系统中的一个应用程序，所以 Windows 窗口的所有操作（如移动、拉伸、缩小为一个图标等）对它都适用。

由图 1.9 可以看出， Visual FoxPro 的主窗口主要由标题栏、菜单栏、工具栏、工作区、状态栏、命令窗口等组成。用户既可以在命令窗口中输入命令，也可以使用菜单和对话框来完成所需操作。

Visual FoxPro 使用不同类型的窗口来完成各种任务。在 Visual FoxPro 的各种平台上，除菜单外的所有部件都是窗口，包括工具栏在内，用户可以同时打开多个窗口。

1.4.1 菜单系统

菜单由一系列选项组成，包括命令或子菜单等。当用户从菜单栏上选择菜单标题时，相应的菜单将出现供用户选择。

Visual FoxPro 具有一个很灵活的菜单系统，菜单和菜单中的可用命令随着用户所进行的操作的不同而不同。例如，使用"报表设计器"创建一个报表和使用"命令"窗口、在报表或选项卡上工作相比，"格式"菜单中包含的命令就有所不同。

下面介绍常用的菜单命令。

1. "文件"菜单

"文件"菜单用来完成与文件有关的操作，包括创建、打开、保存或其他对文件进行操作的命令。在这个菜单中也可以设置打印机信息、打印文件或退出 Visual FoxPro。

① 新建：创建新文件，如表、数据库。

② 打开：打开已存在的文件。

③ 关闭：关闭已打开的文件。

④ 保存：保存当前被改动或新建的文件。

⑤ 另存为：保存一个新文件，或用另一个文件名保存当前文件。

⑥ 另存为 HTML：将当前表单、菜单、报表或表存为 HTML 文档。

⑦ 还原：放弃上次保存以来对当前文件所做的修改，将其还原为最后保存的版本。

⑧ 导入：将其他应用程序文件中的数据导入 Visual FoxPro。

⑨ 导出：将 Visual FoxPro 的文件以其他应用程序的格式输出。

⑩ 页面设置：设置纸张大小、打印机属性、打印方式。

⑪ 打印预览：在屏幕上显示将要打印的结果。

⑫ 打印：打印文本文件、报表或命令窗口的内容。

⑬ 发送：当计算机中装有电子邮件程序时，从 Visual FoxPro 中发送电子邮件。

⑭ 退出：退出 Visual FoxPro，并把控制权返回给操作系统。

在"文件"菜单中还列有最近打开的几个文件，可以在此选择希望打开的文件。

2. "编辑"菜单

"编辑"菜单中包含了编辑、查找和操作文件的命令。

① 撤销：撤销最后一次编辑命令所做的操作。

② 重做：重做最后一次"撤销"的操作。

③ 剪切：将选定的内容移到剪贴板。

④ 复制：将选定的内容复制到剪贴板。

⑤ 粘贴：将剪贴板中的内容粘贴到指定位置。

⑥ 选择性粘贴：链接或嵌入剪贴板中的一个 OLE 对象。

⑦ 清除：移去选中的文字、对象或者任何可以选中的内容，而不将这些内容移到剪贴板上。

⑧ 全部选定：选定活动窗口中的全部对象。

⑨ 查找：查找指定文本，并可进行替换操作。

⑩ 再次查找：重复上次查找。

⑪ 替换：用其他文本替换指定文本。

⑫ 定位行：将光标定位到指定的行中。

⑬ 插入对象：链接或嵌入一个 OLE 对象。

⑭ 对象：编辑选定的 OLE 对象。

⑮ 链接：修改或断开一个对象链接。

⑯ 属性：设置编辑属性。

3. "显示"菜单

"显示"菜单中的命令是由当前操作环境确定的，变化较大。当用户尚未打开用于显示"报表"、"选项卡"、"表单"等设计器和工具栏时，只有"工具栏"命令始终在其中。

单击"工具栏"命令将弹出一个"工具栏"对话框，从中可以创建、编辑、隐藏以及定制工具栏。

4. "格式"菜单

"格式"菜单用来确定活动窗口中文本或其他对象的显示方式，包括字体、间距、对齐方式和对象位置等选项。

① 字体：规定字体的大小和字形。

② 放大字体：将字体放大。

③ 缩小字体：将字体缩小。

④ 一倍行距：显示文本时，文本行间无空白行。

⑤ 1.5 倍行距：把行间距设置为标准间距的 1.5 倍。

⑥ 两倍行距：把行间距设置为标准间距的 2 倍。

⑦ 缩进：将选定的行缩进一个 Tab 键的宽度。

⑧ 撤销缩进：删除一个先前插入的缩进。

⑨ 注释：在行首放置一个 " *!*"，把该行标记为注释行。

⑩ 撤销注释：删除一个先前插入的注释。

5. "工具"菜单

"工具"菜单包含了一些可以设置系统选项、运行向导、创建宏、拼写检查、优化代码、运行源代码管理器以及跟踪和调试源代码的命令。

① 向导：显示一个具有多个向导的子菜单，在其中选择运行相应的向导。

② 拼写检查：检查拼写错误。

③ 宏：定义执行一组命令的组合键。

④ 类浏览器：打开"类浏览器"窗口。

⑤ 修饰：调整编辑窗口中文本的首字母的大写及缩进方式。

⑥ 调试器：打开调试器窗口，从中可以监视存储在变量、数组元素、字段以及属性中的值，也可以查看 Visual FoxPro 函数的返回值。

⑦ 组件管理库：打开"组件管理库"窗口。

⑧ 代码范围分析器：打开"代码范围分析器"应用程序。

⑨ 运行 Active Document：打开"运行 Active Document"对话框。

⑩ 选项：设置 Visual FoxPro 系统选项。

6．"程序"菜单

"程序"菜单包含了用于运行和测试 Visual FoxPro 源代码的命令。

① 运行：运行程序、菜单或表单。

② 取消：终止一个被挂起的 Visual FoxPro 文件的运行。

③ 继续执行：重新运行被挂起的程序。

④ 编译：编译程序、选项和查询文件。

7．"窗口"菜单

"窗口"菜单包含了完成重排、显示、隐藏窗口的命令。

① 全部重排：使全部打开的窗口重排，但不重叠。

② 隐藏：移去活动窗口。

③ 清除：从 Visual FoxPro 主窗口中清除所有文本。

④ 循环：将打开的活动窗口依次前置。

⑤ 命令窗口：显示命令窗口。

⑥ 数据工作期：显示数据工作期窗口。

8．"帮助"菜单

"帮助"菜单包括用来访问联机帮助及获得技术信息的选项。

① 帮助主题：显示 Visual FoxPro 帮助的"索引"选项卡。

② 文档：显示 Visual FoxPro 的联机文档。

③ 示例应用程序：显示 Visual FoxPro 的示例应用程序，概述帮助主题。

④ Microsoft on the Web：访问有关 Microsoft Web 页面。

⑤ 技术支持：有关 Microsoft 开发人员技术支持信息。

⑥ 关于 Microsoft Visual FoxPro ：显示 Visual FoxPro 的系统信息。

1.4.2　工具栏

工具栏是单击后可以执行常用任务的一组按钮。工具栏可以浮动在窗口中，也可以停放在 Visual FoxPro 主窗口的上部、下部或两边。有效地使用工具栏，可以简化从菜单中进行选取的步骤，达到快速执行命令的效果。

Visual FoxPro 中提供有各种类型的工具栏。根据功能的不同，Visual FoxPro 中的工具栏分为以下 12 组：常用工具栏、数据库设计器工具栏、视图设计器工具栏、查询设计器工具栏、报表设计器工具栏、报表控件工具栏、表单设计器工具栏、表单工具栏、调色板工具栏、布局工具栏、调试器工具栏、打印预览工具栏。其中常用工具栏是最基本的工具栏。

默认情况下只有常用工具栏可见，当用户使用一个 Visual FoxPro 设计器工具（例如数据库设计器）时，界面中将显示该设计器工作时常用的工具栏。不过，用户可以在任何需要时激活一个工具栏。

方法一：操作步骤如下。

① 在"显示"菜单中单击"工具栏"命令，可打开如图 1.10 所示的"工具栏"对话框。

② 在"工具栏"对话框中选择相应的工具栏选项，使其前面复选框中的选中标志出现或者消失，以打开或关闭一个工具栏。

方法二：操作步骤如下。

① 在已打开的任何一个工具栏上单击鼠标右键，出现如图 1.11 所示的工具栏列表。

图 1.10 "工具栏"对话框 　　　　　 图 1.11 工具栏列表

② 将鼠标移到工具栏列表中选择相应的工具栏，使其前面的选中标志出现或消失，以打开或关闭一个工具栏。

工作时，用户可以根据需要在屏幕上放置多个工具栏，通过把工具栏停放在屏幕的上部、底部或两边，可以定制工作环境。Visual FoxPro 能够记住工具栏的位置，再次进入 Visual FoxPro 时，工具栏将位于上次退出时所在的位置上。

1.4.3 配置 Visual FoxPro

Visual FoxPro 的配置决定了它的外观和行为。例如，用户可以建立 Visual FoxPro 所用文件的默认位置，指定如何在编辑窗口中显示源代码以及日期与时间的格式等。

对 Visual FoxPro 配置所做的更改既可以是临时的（只在当前工作期有效），也可以是永久的（它们将变为下次启动 Visual FoxPro 时的默认设置值）。如果是临时设置，那么它们将保存在内存中并在退出 Visual FoxPro 时释放。如果是永久设置，那么它们将保存在 Windows 注册表中。

用户可以使用下列方式交互地设置配置。

① 使用"选项"对话框。

② 在"命令"窗口的程序中使用 SET 命令。

③ 直接设置 Windows 注册表。

下面介绍使用"选项"对话框查看或更改环境设置的操作。

① 从"工具"菜单选择"选项"命令，打开"选项"对话框，如图 1.12 所示。

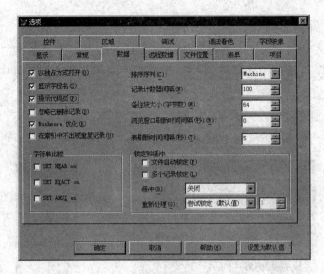

图 1.12 "选项"对话框

"选项"对话框具有一系列代表不同类别环境选项的选项卡,其各自的功能如下。

a．显示:界面选项,如是否显示状态栏、时钟、命令结果、系统信息或最近使用的项目列表等。

b．常规:输入数据以及编程选项,设置警告声音、是否记录编译错误、是否自动填充新记录、使用什么定位键、使用什么调色板以及改写文件前是否警告。

c．数据:表选项,如是否使用 Rushmore 优化、是否使用索引强制施行唯一性、备注块大小、记录查找计数器间隔以及使用什么锁定选项。

d．远程数据:远程数据访问选项,如连接超时值、一次拾取记录数目以及如何使用 SQL 更新。

e．文件位置:设置 Visual FoxPro 的默认目录位置、帮助文件和临时文件的存储位置。

f．表单:"表单设计器"选项,如网格间距、所用度量单位、最大设计区域以及使用什么模板类。

g．项目:"项目管理器"选项,如是否提示使用向导、双击时运行还是修改文件以及源代码管理的选项。

h．控件:设置在"表单控件"工具栏单击"查看类"按钮时可用的可视类库以及 ActiveX 控件的选项。

i．区域:设置日期、时间、货币以及数字的格式。

j．调试:设置调试器的显示以及跟踪选项,如使用字体及颜色。

k．语法着色:用以区分程序元素(如注释及关键字)等的字体及颜色。

l．字段映象:设置从"数据环境设计器"、"数据库设计器"或者"项目管理器"中向表单拖动表或字段时创建的控件类型的选项。

② 在"选项"对话框中按照自己的需要进行设置。

③ 保存所做的设置:若要把设置保存为仅在当前工作期有效,可在"选项"对话框中设置好以后单击"确定"按钮。当把设置保存为仅在当前工作期有效时,它们一直起作用,直到

用户退出 Visual FoxPro（或直到用户再次更改它们）。

若要永久保存所做的更改，需把它们保存为默认设置，这将把更改存储在 Windows 注册表中。在"选项"对话框中设置好以后单击"设置为默认值"按钮，Visual FoxPro 将保存所有选项卡上的所有选项。

1.4.4 设计器、向导、生成器

设计器、向导、生成器是 Visual FoxPro 提供给用户的 3 种交互式的可视化开发工具，这些工具使创建表、表单、数据库、查询和报表以及管理数据变得轻而易举。

1. 设计器
设计器集成了用于设计某个对象的各种操作，并被赋予可视化的提示。Visual FoxPro 中的设计器主要有以下几个。

① 表设计器：创建表和设置表中的索引。
② 报表设计器：建立用于显示和打印数据的报表。
③ 表单设计器：创建表单以便在表中查看和编辑数据。
④ 菜单及快捷键设计器：设计菜单及快捷键。
⑤ 查询：在本地表中运行查询。
⑥ 视图设计器：在远程数据源上运行查询，创建可更新的查询。
⑦ 类设计器：设计类。
⑧ 连接设计器：为远程视图创建连接。
⑨ 数据环境设计器：创建和修改表单、表单集和报表的数据环境。
⑩ 数据库设计器：显示、修改当前数据库中所有表、视图和关系。

用户可以利用"文件"菜单中的"新建"命令来使用设计器，每种设计器都有一个或多个工具栏，可以很方便地使用大多数常用的功能或工具操作。例如，表单设计器就有分别用于控件、控件布局以及调色板的工具栏。

2. 向导
Visual FoxPro 中提供了一类有用的工具，称为"向导"。"向导"是把一些复杂的操作分解为若干简单的步骤来完成，每一步使用一个对话框，然后把这些对话框按适当的顺序组合在一起。Visual FoxPro 中有多种向导，每种向导都包含多个模板文件。使用这些向导，用户只要逐步回答向导提出的问题，向导便可以自动完成相应的任务。

（1）Visual FoxPro 中的向导

Visual FoxPro 中带有超过 20 个的向导，能帮助用户快速完成一般性的任务。例如，创建表单、设置报表格式、建立查询、输入及升迁数据、制作图表、生成邮件合并、生成数据透视表、生成交叉表报表以及在 Web 上按 HTML 格式发布等。针对不同的任务可使用不同的向导工具。通过在向导的一系列屏幕显示中回答问题或选择选项，可以让向导建立一个文件，或者根据用户的响应完成一项任务。Visual FoxPro 中的向导如下。

① 应用程序向导：创建一个 Visual FoxPro 应用程序。
② 表向导：创建表。

③ 数据库向导：生成一个数据库。

④ 本地视图向导：创建视图。

⑤ 远程视图向导：创建远程视图。

⑥ 查询向导：创建查询。

⑦ 交叉表向导：创建一个交叉表查询。

⑧ 数据透视表向导：创建数据透视表。

⑨ 图形向导：创建一个图形。

⑩ 表单向导：创建一个表单。

⑪ 一对多表单向导：创建一对多表单。

⑫ 报表向导：创建报表。

⑬ 一对多报表向导：创建一对多报表。

⑭ 导入向导：导入或追加数据。

⑮ 文档向导：从项目和程序文件的代码中生成文本文件，并编排文本文件的格式。

⑯ 选项卡向导：创建邮件选项卡。

⑰ 邮件合并向导：创建邮件合并文件。

⑱ Oracle 升迁向导：创建一个 Oracle 数据库，该数据库将尽可能多地体现原 Visual FoxPro 数据库的功能。

⑲ SQL Server 升迁向导：创建一个 SQL Server 数据库，该数据库尽可能多地体现原 Visual FoxPro 数据库的功能。

⑳ 代码生成向导：从 Microsoft Visual Modeler（mdl）文件中导入一个对象模型到 Visual FoxPro 中。

㉑ 逆向工程向导：导出 Visual FoxPro 类到一个 Microsoft Visual Modeler 对象模型文件（mdl）中。

㉒ 安装向导：基于发布树中的文件创建发布磁盘。

㉓ Web 发布向导：在 HTML 文档中显示表或视图中的数据。

㉔ WWW 搜索页向导：创建一个 Web 页，允许 Web 页的访问者从用户的 Visual FoxPro 表中搜索和下载记录。

㉕ 示例向导：生成一个自定义向导。

（2）向导的使用

① 启动向导。在"文件"菜单中选择"新建"命令，然后单击"向导"按钮，就可以启动一个向导。或者在"工具"菜单的"向导"子菜单中选择相应的向导也可以启动一个向导。

② 定位向导屏幕。向导详细地规定了操作的步骤以及每步操作的具体内容，同时为每个步骤和选项都设置了提问的问题。启动向导后，要依次回答每一步所提出的问题。在准备好进行下一步操作时，可单击"下一步"按钮。如果操作中出现错误，或者原来的想法发生了变化，可单击"上一步"按钮来查看前一步的内容，以便进行修改。单击"取消"按钮将退出向导，且不会产生任何结果。到达最后一步时，如果准备退出向导，需单击"完成"按钮。也可以单击"完成"按钮直接走到向导的最后一步，跳过中间所要输入的选项信息，使用向导提供的默认值。

③ 保存向导结果。根据所用向导的类型，每个向导的最后一步都会要求用户提供一个标题，并给出保存、浏览、修改或打印结果的选项。

使用"预览"选项，可以在退出向导之前查看向导的结果。如果需要做出不同的选择来改变结果，则可以返回到前面各步骤重新进行选择。对向导的结果满意后，需单击"完成"按钮。

④ 修改用向导创建的项。创建好表、表单、查询或报表后，可以用相应的设计工具将其打开，并做进一步的修改。

注意：不能用向导重新打开一个用向导建立的文件。

3. 生成器

生成器的功能主要是为能够方便、快速地设置对象提供一些辅助选项，如帮助用户为特定的对象设置属性，或者组合子句创建特定的表达式等。

与向导不同，生成器是可重入的，这样就可以不止一次地打开某一对象的生成器。

（1）Visual FoxPro 中的生成器

① 表达式生成器：创建表达式。

② 应用程序生成器：迅速创建功能齐全的应用程序。

③ 自动格式生成器：将一组样式应用于选定的同类型控件。

④ 组合框生成器：设置组合框控件的属性。

⑤ 命令按钮组生成器：设置命令按钮组控件的属性。

⑥ 编辑框生成器：设置编辑框控件的属性。

⑦ 表单生成器：添加字段，作为表单的新控件。

⑧ 表格生成器：设置表格控件的属性。

⑨ 列表框生成器：设置列表框控件的属性。

⑩ 选项按钮组生成器：设置选项按钮组控件的属性。

⑪ 参照完整性生成器：设置触发器来控制相关表中记录的插入、更新和删除，以确保参照完整性。

⑫ 文本框生成器：设置文本框控件的属性。

（2）表达式生成器

由于在后面的内容中很多地方都要用到"表达式生成器"，所以在这里先介绍表达式生成器的使用方法。

表达式是用运算符把内存变量、字段变量、常数和函数连接起来的式子。表达式通常用于简单的计算和描述一个操作条件。Visual FoxPro 在处理表达式后将根据处理结果返回一个值，这个值可以是数值型、字符型、日期型和逻辑型。表达式生成器是 Visual FoxPro 提供的用于创建并编辑表达式的工具，使用它可以方便快捷地生成表达式（有关运算符和表达式的详细介绍参见 2.3 节）。

表达式生成器可以从各种相关的设计器、向导、生成器及其他一些对话框中进行访问。某些对话框中的"…"按钮激活的就是表达式生成器。"表达式生成器"对话框如图 1.13 所示。

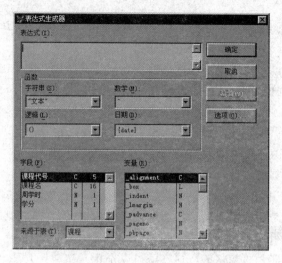

图 1.13 "表达式生成器"对话框

"表达式生成器"对话框按其功能可分为 5 部分："表达式"文本编辑框、"函数"列表框、"字段"和"变量"列表框、"来源于表"下拉列表框及控制按钮。

① "表达式"文本编辑框。"表达式"文本编辑框用于编辑表达式。从表达式生成器的各列表框中选择出来的选项将显示在这里，用户也可以直接在这里输入和编辑表达式。利用表达式生成器可以输入各种各样的操作条件，比如可以输入字段及有效性规则、记录及有效性规则和参照完整性规则等。

② "函数"列表框。函数是一个预先编制好的计算模块，可供 Visual FoxPro 程序在任何地方调用。由于一个函数接收一个或多个参数而返回单个值，因此可嵌入到一个表达式中。函数包含一对圆括号，以便与命令相区别。函数可由 Visual FoxPro 提供，也可由用户定义（有关函数的规定和 Visual FoxPro 中常用的函数参见 2.2 节）。

从"函数"列表框中可以选择表达式所需的函数，这些函数按其用途分为"字符函数"、"数学函数"、"逻辑函数"和"日期函数"4 个列表框。在"字符函数"列表框中有用于处理字符和字符串的函数及字符运算符；在"数学函数"列表框中有用于数学运算的函数和运算符；在"逻辑函数"列表框中有逻辑运算符、逻辑常数及逻辑函数；在"日期函数"列表框中有用于日期和时间数据的函数。

③ "变量"列表框。变量代指计算机内存中的某一位置，其中可存放数据。Visual FoxPro 中的变量分为字段变量和内存变量（有关变量和变量类型的详细介绍参见 2.1.2 小节）。

"字段"列表框列出了当前表和视图的字段变量；"变量"列表框列出了可用的内存变量和系统变量。从"变量"列表框中通过双击可以选择表达式所需的变量。

④ "来源于表"下拉列表框。从这个下拉列表框中可以选择当前打开的表和视图。

⑤ 控制按钮。在表达式生成器中有 4 个命令按钮："确定"、"取消"、"检验"和"选项"。若单击"选项"按钮，将进入"表达式生成器选项"对话框，在该对话框中可以设置表达式生成器的参数；单击"检验"按钮可以检验生成的表达式是否有效；单击"确定"按钮可完成表达式生成并退出表达式生成器；单击"取消"按钮放弃对表达式的修改并退出表达式生成器。

1.4.5 命令窗口

命令窗口是 Visual FoxPro 的一种系统窗口，可直接在其中输入 Visual FoxPro 命令。Visual FoxPro 中的所有任务都由不同的命令来完成。当选择某个菜单中的命令，或通过 Visual FoxPro 提供的工具完成某些任务时，实际上也是调用了 Visual FoxPro 的一些命令，只不过这时的命令由 Visual FoxPro 自动生成，一些命令还会自动显示在命令窗口中，而不用用户手工在命令窗口中输入而已。当然，如果用户愿意，Visual FoxPro 中的所有任务都可以通过在命令窗口中输入相应的命令来完成。

如果命令窗口没有显示在屏幕上，只要在"窗口"菜单中选择"命令窗口"命令，即可打开它。

1．命令窗口中的操作

（1）执行命令

① 执行新命令：输入相应的命令，按 Enter 键。

② 重复执行命令：将光标移到以前命令行的任意位置，然后按 Enter 键。

③ 重复执行多条命令：选择要重新处理的代码块，然后按 Enter 键。

（2）编辑命令

命令窗口是一个编辑窗口，可以对其中的文本进行编辑操作。

① 在按 Enter 键执行命令之前可以按 Esc 键删除文本。

② 用分号分隔长命令。

③ 从"格式"菜单中选择合适的命令来改变字体、行间距和缩进方式。

④ 从"编辑"菜单中选择"剪切"、"复制"、"粘贴"和"清除"等命令来移动、复制和删除文本。

⑤ 向其他编辑窗口中移动或复制文本：选择需要的文本，并将其拖动到需要的位置即可（若要复制，则按住 Ctrl 键拖动）。

2．命令窗口中的快捷菜单

在命令窗口中单击鼠标右键，将出现如图 1.14 所示的快捷菜单。

图 1.14 命令窗口中的快捷菜单

快捷菜单带有下列选项。

① 剪切：将选中的文本移到剪贴板上。用户可以把剪切的文本粘贴到当前应用程序或其他应用程序的任何地方。该命令对应于"编辑"菜单中的"剪切"命令。

② 复制：复制选中的文本，且将其放到剪贴板上。一旦向剪贴板上复制了内容，就可以在当前应用程序或其他应用程序的任何地方粘贴它。这个命令对应于"编辑"菜单中的"复制"命令。

③ 粘贴：将剪贴板上复制或剪切的文本放到插入点处。该命令对应于"编辑"菜单中的"粘贴"命令。

④ 生成表达式：显示"表达式生成器"对话框。在该对话框中可以使用命令、原义字符串、字段或其他表达式定义一个表达式。该命令在命令窗口只能通过快捷菜单访问。当单击"确定"按钮时，所生成的表达式就会粘贴到命令窗口中。

⑤ 运行所选区域：将命令窗口中选定的文本当做新命令来执行。该命令在命令窗口只能通过快捷菜单来访问。

⑥ 清除：清除命令窗口的所有文本。这个命令与"窗口"菜单中的"清除"命令不相对应，如果选择"清除"命令，就不能从"编辑"菜单选择"撤销"命令来恢复清除的命令窗口。

⑦ 属性：显示"编辑属性"窗口，在该窗口中，可以改变命令窗口中的编辑行为、制表符宽度、字体和语法着色选项。该命令与"编辑"菜单的"属性"命令相对应。

1.5 项目管理器

当使用 Visual FoxPro 完成一定的管理任务或开发应用程序时，需要创建相应的数据库、表、查询、视图、报表、选项卡、表单和程序等，这些新创建的组件保存在不同类型的文件中，因此开发一个应用程序常常会生成许多文件。为了能方便地管理这些文件，Visual FoxPro 提供了一个项目管理器。在 Visual FoxPro 中，一个任务便是一个项目，项目中包含了为完成该任务而创建的所有数据库、表、查询、视图、报表、选项卡、表单和程序，可用项目管理器来组织和管理这些文件。项目管理器是 Visual FoxPro 中处理数据和对象的主要组织工具，是 Visual FoxPro 的"控制中心"。最好把应用程序中的文件都组织到项目管理器中，这样便于管理和查找。

1.5.1 建立项目文件

项目是文件、数据、文档以及 Visual FoxPro 对象的集合。项目文件的扩展名为 pjx，项目用项目管理器进行维护。项目管理器是应用程序多种类型文件的组织和管理中心，提供简易、可见的方式组织和处理表、表单、数据库、报表、查询和其他文件，可用于管理表和数据库或创建应用程序。在创建应用程序之前，应先创建一个项目文件。

下面就来创建一个名为"教学管理"的项目文件。

1. 设置工作目录

Visual FoxPro 有其默认的工作目录，就是系统文件所在的 Visual FoxPro 目录。为了便于管理，用户最好自己设置工作目录，以保存所建的文件。

例如，可以在 D 盘的根目录下为后面要建立的"教学管理"项目建一个单独的目录，将以后为这个项目所建的数据库、表以及其他文件都放到这个目录下。为了方便好记，这个目录也叫做"教学管理"。

① 在 D 盘的根目录下建立一个名为"教学管理"的子目录。

② 选择"工具"菜单中的"选项"命令，打开"选项"对话框。

③ 单击"选项"对话框中的"文件位置"选项卡，如图 1.15 所示。

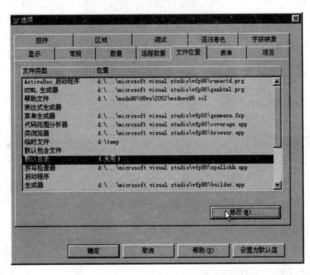

图 1.15 "选项"对话框

④ 在"文件位置"选项卡中选择"默认目录"选项，单击"修改"按钮，出现"更改文件位置"对话框，如图 1.16 所示。

图 1.16 "更改文件位置"对话框

⑤ 在"更改文件位置"对话框中选中"使用默认目录"复选框，然后在"定位默认目录"文本框中输入"D:\教学管理"，单击"确认"按钮，返回"选项"对话框。

⑥ 在"文件位置"选项卡中，可看到"默认目录"的"位置"已被设置为"D:\教学管理"，单击"设置为默认值"按钮，再单击"确定"按钮，就把该目录设置为用户的工作目录。

2．打开"新建"对话框

从"文件"菜单中选择"新建"命令，或直接单击工具栏上的"新建"按钮，打开"新建"对话框，如图 1.17 所示。

图 1.17 "新建"对话框

"新建"对话框允许使用设计器或向导创建新文件。对话框中的选项包括以下几个。

① 文件类型:列出了可以创建的文件类型。

② 新建文件:显示一个对话框、设计器或编辑窗口,从中可以创建选定类型的文件。

③ 向导:打开创建选定的文件类型的向导。

3. 建立并保存项目文件

① 在"新建"对话框的"文件类型"选项组选中"项目"单选按钮,单击"新建文件"按钮,弹出"创建"对话框,如图 1.18 所示。

② 在"创建"对话框中将出现当前默认工作目录中的内容,现在这个目录还是空的。在"项目文件"文本框中输入用户项目的名称,在此输入"教学管理"。

③ 单击"保存"按钮。

这样就建立了一个空的项目文件,并进入如图 1.19 所示的"项目管理器-教学管理"窗口中。

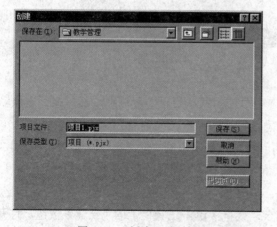

图 1.18 "创建"对话框

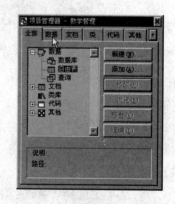

图 1.19 项目管理器

注意：项目文件中所保存的并非它所包含的文件，而仅是对这些文件的引用，而且这些文件可同时用于多个项目文件。

1.5.2 项目管理器的界面

1. 项目管理器的按钮

① 新建：创建一个新文件或对象。此按钮与"项目"菜单中的"新建文件"命令作用相同。新文件或对象的类型与当前选定的类型相同。

② 添加：把已有的文件添加到项目中。此按钮与"项目"菜单中的"添加文件"命令作用相同。

③ 修改：在合适的设计器中打开选定项。此按钮与"项目"菜单的"修改文件"命令作用相同。

④ 浏览：在"浏览"窗口中打开一个表。此按钮与"项目"菜单的"浏览文件"命令作用相同，且仅当选定一个表时可用。

⑤ 打开/关闭：打开或关闭一个数据库。此按钮与"项目"菜单的"打开文件"或"关闭文件"命令作用相同，且仅当选定一个表时可用。如果选定的数据库已打开，此按钮为"关闭"；如果选定的数据库已关闭，则此按钮变为"打开"。

⑥ 移去：从项目中移去选定文件或对象。Visual FoxPro 会询问用户是仅从项目中移去此文件，还是同时将其从磁盘中删除。此按钮与"项目"菜单的"移去文件"命令作用相同。

⑦ 连编：连编一个项目或应用程序，还可以连编可执行文件或自动服务程序。此按钮与"项目"菜单的"连编"命令作用相同。

⑧ 预览：在打印预览方式下显示选定的报表或选项卡。当选定"项目管理器"中一个报表或选项卡时可用。此按钮与"项目"菜单的"预览文件"命令作用相同。

⑨ 运行：执行选定的查询、表单或程序。当选定项目管理器中的一个查询、表单或程序时可用。此按钮与"项目"菜单的"运行文件"命令作用相同。

2. 项目管理器的选项卡

项目管理器的选项卡用来分类显示各数据项。项目管理器为数据提供了一个组织良好的分层结构视图，若要处理项目中某一特定类型的文件或对象，可选择相应的选项卡。在建立数据库和表，以及创建表单、查询、视图和报表时，所要处理的主要是"数据"和"文档"选项卡中的内容。

（1）"数据"选项卡

"数据"选项卡包含了一个项目中的所有数据项：数据库、自由表、查询和视图。

① 数据库：是表的集合，一般通过公共字段彼此关联。使用数据库设计器可以创建一个数据库，数据库文件的扩展名为 dbc。

② 自由表：存储在以 dbf 为扩展名的文件中，它不是数据库的组成部分。

③ 查询：是检查存储在表中的特定信息的一种结构化方法。利用查询设计器可以设置查

询的格式，该查询将按照用户输入的规则从表中提取记录。查询被保存为以 qpr 为扩展名的文件。

④ 视图：是特殊的查询，不仅可以查询记录，而且可以更新记录。视图只能存在于数据库中，它不是独立的文件。

（2）"文档"选项卡

"文档"选项卡中包含了处理数据时所用的全部文档：输入和查看数据所用的表单，以及打印表和查询结果所用的报表及选项卡。

① 表单：用于显示和编辑表的内容。

② 报表：报表文件告诉 Visual FoxPro 如何设置查询，以从表中提取结果，以及如何将它们打印出来。

③ 标签：打印在专用纸上的带有特殊格式的报表。

（3）其余选项卡（如"类"、"代码"及"其他"）

用于为最终用户创建应用程序。

3. 改变项目管理器的显示外观

项目管理器显示为一个独立的窗口，具有工具栏窗口的性质。与工具栏类似，用户可以移动项目管理器的位置，改变它的尺寸或者将它折叠起来，只显示选项卡。

（1）移动项目管理器

将鼠标指针指向标题栏，然后将项目管理器拖到屏幕上的其他位置。

（2）调整窗口尺寸

将鼠标指针指向项目管理器的顶端、底端、两边或角上，拖动鼠标即可扩大或缩小它的尺寸。

（3）压缩和恢复项目管理器

单击项目管理器右上角的展开/折叠按钮，可以展开和折叠项目管理器。在折叠情况下只显示标签，如图 1.20 所示。

图 1.20　折叠项目管理器

（4）移动表头

当项目管理器折叠时，把鼠标指针放到选项卡上拖动，可以将其从项目管理器中拖出，并根据需要重新安排它们的位置。拖出某一选项卡后，它可以在 Visual FoxPro 的主窗口中独立移动，图 1.21 为拖出的"数据"和"文档"选项卡。

如果希望选项卡始终显示在屏幕的顶层，则可以单击选项卡上的图钉图标，这样，该选项卡就会一直保留在其他 Visual FoxPro 窗口的上面。可以使多个选项卡都处于"顶层显示"的状态。再次单击图钉图标可以取消选项卡的"顶层显示"设置。

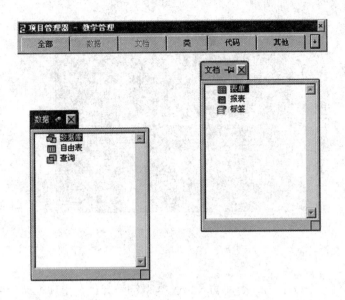

图 1.21 拖出的"数据"和"文档"选项卡

若要还原一个选项卡,只需将其拖回到项目管理器或单击选项卡上的"关闭"按钮即可。

(5)停放项目管理器

将项目管理器拖动到屏幕顶部,或双击标题栏,可以停放项目管理器,使它像工具栏一样显示在 Visual FoxPro 主窗口的顶部。项目管理器停放后,它就变成窗口工具栏区域的一部分。

项目管理器处于停放状态时,只显示选项卡,不能将其展开,但是用户可以单击每个选项卡来进行相应的操作。对于停放的项目管理器,同样可以从中拖出选项卡。如果想恢复项目管理器的窗口形式,只要双击项目管理器工具栏的空白处即可。

1.5.3 使用项目管理器

1. 打开/关闭项目管理器

(1)打开项目管理器

① 从"文件"菜单中选择"打开"命令。

② 在弹出的"打开"对话框中选择所需的项目文件,如图 1.22 所示。

③ 单击"确定"按钮。

当激活项目管理器时,"项目"菜单将会出现在 Visual FoxPro 的菜单栏中。

(2)关闭项目管理器

单击项目管理器右上角的"关闭"按钮即可关闭项目管理器。

2. 查看文件

项目管理器中的项目是以类似于大纲的结构来组织的,可以将其展开或折叠,以便查看不同层次中的详细内容。

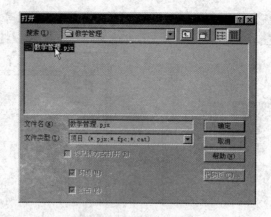

图 1.22　选择项目文件

（1）展开项目

如果项目中具有一个以上同一类型的项，其类型符号旁边会出现一个"+"号。单击"+"号可以显示项目中该类型项的名称。

（2）折叠项目

若要折叠已展开的列表，可单击列表旁边的"–"号。

3．在项目管理器中添加或移去文件

（1）添加文件

① 在项目管理器中选择要添加的文件类型。

② 单击"添加"按钮。

③ 在"打开"对话框中选择要添加的文件名。

④ 单击"确定"按钮，所选文件便被添加到项目管理器中。

（2）移去或删除文件

① 在项目管理器中选择要移去的文件类型。

② 单击"移去"按钮。

③ 如果要从磁盘中删除文件，则在询问对话框中单击"删除"按钮。

4．在项目管理器中新建或修改文件

项目管理器简化了创建和修改文件的过程，只需选定要创建或修改的文件类型，然后单击"新建"或"修改"按钮，Visual FoxPro 将显示与所选文件类型相应的设计工具。对于某些项，还可以选择利用向导来创建文件。

（1）创建文件

① 在项目管理器中选择要创建的文件类型。

② 单击项目管理器上的"新建"按钮或选择"项目"菜单中的"新建文件"命令。

在项目管理器中创建的文件会自动添加到项目管理器中；而用"文件"菜单中的"新建"命令创建的文件并不添加到项目中，若要使其包含在项目管理器中，必须再用上面介绍的添加文件的方法将其添加进去。

（2）修改文件

① 在项目管理器中选择要修改的文件类型。

② 单击"修改"按钮。

例如，要修改一个表，需先选定表的名称，然后单击"修改"按钮，这样该表便显示在表设计器中。

5．为文件添加说明

创建或添加新的文件时，可以为文件加上说明。文件被选定时，说明将显示在项目管理器的底部。

（1）在项目管理器中选定文件。

（2）从"项目"菜单中选择"编辑说明"命令。

（3）在"说明"对话框中输入对文件的说明。

（4）单击"确定"按钮。

6．在项目间共享文件

文件可同时和不同的项目关联。

通过与其他项目共享文件，可以使用在其他项目开发中的工作成果。共享的文件并未复制，项目只储存了对该文件的引用。

（1）在 Visual FoxPro 中，打开要共享文件的两个项目。

（2）在包含该文件的项目管理器中选择该文件。

（3）拖动该文件到另一个项目管理器中。

7．查看和编辑项目信息

从"项目"菜单中选择"项目信息"命令，打开"项目信息"对话框，在其中可以查看和编辑有关项目和项目中文件的信息。

（1）编辑项目信息

在"项目信息"对话框中选择"项目"选项卡，如图 1.23 所示。在此对话框中可以编辑一些有关项目的信息。

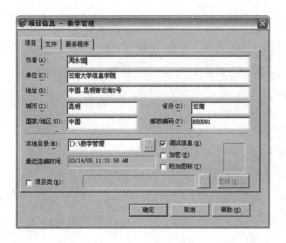

图 1.23　"项目"选项卡

（2）查看文件信息

在"项目信息"对话框中选择"文件"选项卡，如图 1.24 所示。在"文件"选项卡中按字母的顺序显示了项目中所有文件的列表，以及文件类型、包含/排除的状态、最近修改的日期和时间、代码页信息等。

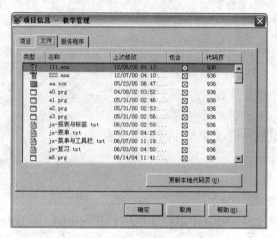

图 1.24 "文件"选项卡

习　题

一、单选题

1．在概念模型中，一个实体集对应于关系模型中的一个（　　　）。

    A）元组　　　　　　　　　　　　B）字段

    C）属性　　　　　　　　　　　　D）关系

2．专门的关系运算中，投影运算是（　　　）。

    A）在基本表中选择满足条件的记录组成一个新的关系

    B）在基本表中选择字段组成一个新的关系

    C）在基本表中选择满足条件的记录和属性组成一个新的关系

    D）上述说法都是正确的

3．关于传统的集合运算正确的是（　　　）。

    A）并、交和差运算

    B）投影、选择和联接运算

    C）联接、自然联接和查询运算

    D）查询、更新和定义运算

4．Visual FoxPro 是一种关系型数据库管理系统，所谓关系是指（　　　）。

    A）各条记录中的数据彼此有一定的关系

    B）一个数据库文件与另一个数据库文件之间有一定的关系

C）二维表格

D）数据库中各个字段之间彼此有一定的关系

5．用树形结构来表示实体之间联系的模型称为（　　　）。

A）关系模型　　　　　　　　　B）层次模型

C）网状模型　　　　　　　　　D）数据模型

6．关系表中每一横行称为一个（　　　）。

A）元组　　　　B）字段　　　　C）属性　　　　D）码

7．设计数据库前，常常先建立概念模型，用（　　　）来表示实体类型及实体间的联系。

A）数据流图　　　　　　　　　B）E-R图

C）模块图　　　　　　　　　　D）程序框图

8．关系代数运算是以（　　　）为基础的运算。

A）关系运算　　　　　　　　　B）谓词演算

C）集合运算　　　　　　　　　D）代数运算

9．如果对一个关系实施了一种关系运算后得到了一个新的关系，而且新的关系中属性个数少于原来关系中的属性个数，这说明所实施的运算关系是（　　　）。

A）选择　　　B）投影　　　C）联接　　　D）并

10．关系数据库管理系统能实现的关系运算包括（　　　）。

A）排序、索引、统计　　　　　B）选择、投影、联接

C）关联、更新、排序　　　　　D）显示、打印、制表

11．在软件开发过程中常用图作为描述工具。数据流图就是面向（　　　）分析方法的描述工具。

A）数据结构　　　B）数据流　　　C）对象　　　D）构件

12．关系数据库的数据操作语言主要包括（　　　）两类操作。

A）插入和删除　　　　　　　　B）检索和更新

C）查询和编辑　　　　　　　　D）统计和修改

13．实体—联系模型中的联系可以同（　　　）实体有关。

A）0个　　　B）1个或多个　　　C）1个　　　D）多个

14．实体—联系模型中实体与实体之间的联系不可以是（　　　）。

A）一对一　　　B）多对多　　　C）一对多　　　D）一对零

15．数据库设计包括两个方面的设计内容，它们是（　　　）。

A）概念设计和逻辑设计　　　　B）模式设计和内模式设计

C）内模式设计和物理设计　　　D）结构特性设计和行为特性设计

16．将E-R图转换到关系模式时，实体与联系都可以表示成（　　　）。

A）属性　　　B）关系　　　C）键　　　D）域

17．在关系代数中，对一个关系进行投影操作以后，新关系的元素个数（　　　）原来关系的元素个数。

A）小于　　　　　　　　　　　B）小于或等于

C）等于　　　　　　　　　　　D）大于

18．在关系数据库模型中，用（　　　）形式表示实体类型和实体间联系是关系模型的主要特征。

A）指针   B）链表

C）关键词   D）表格

19．关于关系模式的关键字，以下说法正确的是（   ）。

A）一个关系模式可以有多个主关键字

B）一个关系模式可以有多个候选关键字

C）主关键字可以取空值

D）有一些关系模式没有关键字

20．数据库（DB）、数据库系统（DBS）、数据库管理系统（DBMS）三者之间的关系是（   ）。

A）DBS 包括 DB 和 DBMS   B）DBMS 包括 DB 和 DBS

C）DB 包括 DBS 和 DBMS   D）DBS 就是 DB，也就是 DBMS

21．选择"工具"菜单下的"选项"命令，在"选项"对话框中的（   ）选项卡中选择"默认目录"行后单击"修改"按钮即可设置用户的工作目录。

A）"文件"   B）"工具"   C）"区域"   D）"文件位置"

22．打开 Visual FoxPro 项目管理器的"文档"选项卡，其中包括（   ）。

A）报表文件   B）表单文件   C）标签文件   D）以上 3 种文件

二、问答题

1．说明数据与信息的区别和联系。

2．数据库管理系统在数据库系统中起什么作用？

3．什么是字段、字段值、记录、表？什么是索引？

4．解释属性、元组、关系及关系模型？关系模型有什么特点？

5．Visual FoxPro 的主窗口主要由哪些部件组成？

6．Visual FoxPro 的菜单和工具栏是否都是窗口？

7．Visual FoxPro 菜单系统有什么特点？

8．临时设置和永久设置分别保存在什么地方？它们的有效期有什么不同？

9．Visual FoxPro 提供的 3 种交互式的可视化开发工具是什么？它们的特点分别是什么？

10．"表达式生成器"对话框可分为哪 5 部分？各部分的功能是什么？

11．什么是项目？什么是项目管理器？项目管理器有哪些选项卡？

12．项目文件中所保存的是否就是它所包含的文件的内容？

13．同一文件可否同时与不同的项目关联？

14．用"文件"菜单中的"新建"命令创建的文件是否自动添加到项目管理器中？

15．数据库中的数据是按照一定的联系集合起来的，这种联系称为数据模型。通常的数据模型是哪 3 种？

16．项目文件中所保存的是否是它所包含文件的具体内容？

三、填空题

1．关系运算是指_____、_____及_____运算。

2．项目文件的扩展名为_____，表文件的扩展名为_____，数据库的扩展名为_____，索引文件的扩展名为_____，查询文件的扩展名为_____。

3．Visual FoxPro 提供的 3 种可视化开发工具是_____、_____ 和_____。

4. 关系代数运算是以_____为基础的运算，它的基本操作是_____、_____、差。

5. 在数据库逻辑结构的设计中，将 E-R 模型转换为关系模型应遵循相关原则。对于 3 个不同实体集和它们之间的多对多联系 $m : n : p$，最少可转换为_____个关系模式。

6. 在 E-R 图中通常用_____表示实体，用_____表示联系，用_____表示属性。

7. 数据库系统是由计算机硬件、_____、人和软件支持系统组成，其中计算机硬件是物质基础，软件支持系统中_____是不可缺少的，_____体现数据之间的联系。

8. 常见的数据模型有多种，目前使用较多的数据模型为_____模型。

9. 数据独立性分为逻辑独立性与物理独立性。当数据的存储结构改变时，其逻辑结构可以不变，因此，基于逻辑结构的应用程序不必修改，称为_____。

10. 在关系模型中，把数据看成一个二维表，每一个二维表称为一个_____。

第 2 章　数据与数据运算

Visual FoxPro 应用程序主要用于对数据库中的数据进行运算和处理。同其他程序设计语言相似，Visual FoxPro 能够支持多种数据类型，如字符型、数值型、日期型数据等，并且提供了变量、数组等数据容器，使用户能够存放各种类型的数据。此外，Visual FoxPro 还提供了丰富的运算符，如数值运算符、关系运算符、逻辑运算符等，用户可以用运算符连接各类数据容器，以构成种类繁多、功能强大的表达式；Visual FoxPro 中还包括丰富的函数，用户可以方便地利用它们来灵活有效地运算和处理数据。本章将逐一介绍数据、函数与表达式。

2.1　数据与数据类型

数据是信息的表现形式，数据库存储着大量用户感兴趣的数据。

数据有许多重要的属性，包括数据类型、完整性约束等，其中首先关心的是数据类型，因为数据处理的基本原则是对相同类型的数据才能进行操作，违反了这条原则，就会发生错误。

Visual FoxPro 定义了 6 种数据类型和 13 种字段类型数据。6 种数据类型是字符型、数值型、逻辑型、日期型、日期时间型、货币型。13 种字段类型是字符型、货币型、数值型、浮点型、整型、双精度型、逻辑型、日期型、日期时间型、备注型、通用型、字符型（二进制）、备注型（二进制），字段类型是表文件中特有的数据类型。

本节引入了数据容器的概念，数据容器就是用户存放数据的地方。Visual FoxPro 提供了几种常用的数据容器，如常量、变量、数组、变量的作用域等。

2.1.1　常量

在 Visual FoxPro 中，其值不发生变化的量称为常量。常量用来表示一个具体的、不变的值。常量有 6 种数据类型。

1. 字符型（Character）

字符型数据通常用来表示文本类型的信息，由中/英文字符、数字、空格和各种专用符号组成。两个或两个以上字符型数据的组合称为字符串。用定界符括起来的字符串即为字符型常量。定界符规定为 """"、"''" 或 "[ ]"，如"STRING"、'昆明市'、[123]等。如果一种定界符已作为字符型常量的组成部分，应选择另一种定界符来标识字符串。

例 2.1　显示字符型常量。

在命令窗口输入并执行如下命令：

? "用定界符括起来的"+'字符串'+[即为字符型常量]

在主屏幕上的显示结果如下：

用定界符括起来的字符串即为字符型常量

2．数值型（Numeric）

数值型常量用来表示一个数量的大小，由数字 0～9、小数点和正负号等组成，包括整数（如 1 268）、小数（如 0.38）、负数（如−112）、浮点数（如 148.931）和科学计算数（如 1.2E-12 表示 1.2×10^{-12} ）等。

数值型数据在内存中用 8 个字节表示，其取值范围是−0.999 999 999 9E+20～0.999 999 999 9E+20。

3．逻辑型（Logic）

逻辑型数据只有两个值，即.T.（逻辑真）或.F.（逻辑假），表示逻辑判断（运算）的结果。

例 2.2　在命令窗口输入如下表达式：

？ 3>4

运算结果为：

.F.

4．日期型（Date）

日期数据是表示日期的特殊数据，系统默认的日期型格式为"月/日/年"（mm/dd/yy）。

日期型常量以{^yyyy-mm-dd}的形式来表示，如{^2014-10-01}、{^2014/10/01}都表示 2014 年 10 月 1 日。

例 2.3　在命令窗口输入如下命令：

？ {^2014-10-01}

执行结果为：

10/01/2014

5．日期时间型（DateTime）

日期和时间数据是表示日期和时间的特殊数据，系统默认的日期时间型以"月/日/年 时:分:秒"的形式来表示。

日期时间型常量以{^yyyy-mm-dd hh:mm:ss a/p}的形式来表示，其中 a 和 p 分别表示上午和下午，如{^2005-12-22 10:30:20 p}、{^2005/12/22 10:30:20 p}表示 2005 年 12 月 22 日晚上 10 点 30 分 20 秒。

例 2.4　在命令窗口输入如下命令：

？ {^2005-12-22 10:30:20 p}

执行结果为：

12/22/2005 10:30:20 pm

6．货币型（Currency）

货币单位数据在数字前加前置符号$。货币型数据在存储和计算时，采用 4 位小数，并将多余 4 位的小数四舍五入，如$123.456 78 将存储为$123.456 8。货币常量不用科学记数法形式表示，在内存中占 8 个字符，取值范围是：

－922 337 203 685 477.580 7～922 337 203 685 477.580 7。

2.1.2 变量

Visual FoxPro 定义了 3 种类型变量：构成数据库表的字段变量、内存变量、系统变量。前两种变量命名时，用 1～10 个字母、下划线和数字表示，但必须以字母打头。例如，abc、X2、学号、姓名都是正确的变量名，而 2X 则不能作为变量名。系统变量名称由 Visual FoxPro 系统规定。

1. 字段变量

字段变量是指数据表文件中已定义好的任一数据项。在数据表中有一个记录指针，由它指向的记录定义为当前记录，字段变量的值随着记录指针的移动而改变，如果一个数据表中有 20 条记录，则每一个字段就有 20 个可取值。

字段变量的数据类型分为 13 类，对它们的描述如表 2.1 所示。

表 2.1　字段变量的数据类型

数据类型	说明
字符型	字母、数字型文本
货币型	货币单位
数值型	整数或小数
浮动型	整数或小数
日期型	年、月、日
日期时间型	年、月、日、时、分、秒
双精度型	双精度数值
整型	正、负整数和零
逻辑型	真或假
备注型	不定长的字母、数字文本
通用型	OLE（对象链接与嵌入）
字符型（二进制）	字母数字型文本
备注型（二进制）	不定长的字母数字型文本

2. 内存变量

内存变量是内存中的一个存储单元，内存变量值是这个存储单元中存放的数据。

内存变量是独立于数据表文件而存在的变量，用来存储数据处理过程中所需要的常数、中间结果和最终结果。它参与计算处理，还可以作为控制变量控制应用程序的运行。内存变量是一种临时工作单元，需要时可以临时定义，不需要时可以随时释放。

内存变量共分为 6 种类型：字符型（C）、数值型（N）、逻辑型（L）、日期型（D）、日期时间型（T）和货币型（Y）。内存变量是由赋值语句定义的，它的数据类型取决于赋值数据的类型。

字段变量和内存变量的区别如表 2.2 所示。

表 2.2 字段变量和内存变量的区别

字段变量	内存变量
数据库表文件的组成部分	独立于数据库文件而存在
随表文件的定义而建立	需要时随时定义
有 C、N、D、L、M、G 等类型	有 C、N、D、L、D、T 等类型
多值变量	单值变量
关机后保存在数据库表文件中	可预先存入内存变量文件，关机后不保存

给内存变量赋值的常用命令有"="、STORE、INPUT、WAIT、ACCEPT 等。

例 2.5 变量赋值与运算示例。

在命令窗口输入并执行如下命令：

X=8

STORE 2 TO Y

? X+Y

10   && 主屏幕显示结果

S="中国."

STORE "昆明" TO T

? S+T

中国.昆明   &&主屏幕显示结果

3. 系统变量

系统变量是 Visual FoxPro 自动生成和维护的变量，用于控制系统的输出和显示信息格式。为与内存变量相区别，在系统变量名前加一下划线"_"。例如，_PEJECT 用于设置打印输出时的走纸方式，_PEJECT="NOTE"表示打印前后都不走纸换页，_PEJECT="AFTER"表示在打印后走纸换页。

2.1.3 数组

数组是一批数据的有序集合，数组中的每一个数据称为一个数组元素。在 Visual FoxPro 中，数组元素均为内存变量，可以给各个数组元素赋值。数组必须先定义后使用。

1. 数组的定义

格式：

DIMENSION <数组名>（<下标 1>[,<下标 2>]）[,<数组名> （<下标 1>[,<下标 2>]）]…

DECLARE <数组名>（<下标 1>[,<下标 2>]）[,<数组名> （<下标 1>[,<下标 2>]）]…

功能：定义一维或二维数组。数组名为一个内存变量，每个数组最多可以包含 3 600 个元素，数组的下标（数值表达式）值最小为 1。

使用数组时应注意数组元素的排列次序。

例 2.6 定义数组示例。

在命令窗口输入如下命令：

DECLARE A（3），B（2，3）

并执行结果。

该命令定义了一维数组 A（3）和二维数组 B（2,3）。

一维数组 A（3）有 3 个元素，分别表示为 A（1）、A（2）、A（3）。

二维数组 B（2,3）有 6 个元素，分别表示为 B（1,1）、B（1,2）、B（1,3）,B（2,1）、B（2,2）、B（2,3）。

数组元素可以是任意类型的数据，其数据类型由对该变量的赋值决定。数组元素在赋值前的类型为逻辑型，其值为逻辑假（.F.）。

2. 数组的使用

定义数组后，数组中每个元素就可以像内存变量一样使用。数组元素的赋值方法与内存变量的赋值方法一样，常用 STORE 命令进行赋初值。

格式：STORE <表达式> TO <数组名>

<数组名>=<表达式>

功能：给数组中每个元素赋以相同的值。

执行赋值命令时，系统将根据<表达式>值的类型确定或改变数组元素的类型。与对内存变量的操作一样，使用 LIST/DISPLAY MEMORY 命令可以显示数组元素的类型及其值；使用 CLEAR/RELEASE MEMORY 命令可以删除整个数组；使用 SAVE 命令可以将数组同内存变量一起保存到内存变量文件（mem）中，需要时用 RESTORE 命令将其从内存变量文件恢复到内存中。

例 2.7 数组定义与赋值示例。

在命令窗口输入如下命令：

DECLARE A（3）

STORE 0 TO A

赋值后，数组 A 中每个元素都为 0。此外，同一数组中不同元素的数据类型可以不一致。

A（1）="Visual FoxPro"

?A（1）

Visual FoxPro

A（2）={^2013-10-01}

?A（2）

10/01/13

A（3）=.T.

?A（3）

.T.

LIST MEMORY

A	Pub	A	
（1）		C	"Visual FoxPro"
（2）		D	10/01/13
（3）		L	.T.

...

74 个系统变量已定义

...

2.1.4 变量的作用域

变量只有在应用程序运行时的某一时刻才存在，变量的作用域即某个变量在应用程序中的有效作用区间。在 Visual FoxPro 中可用命令语句 Local、Private 和 Public 指定变量的作用域，其指定的变量分别为局部变量、私有变量和全局变量。

1. 局部变量

用"Local<变量表>"命令建立局部变量，其建立的变量或数组只能在定义它们的程序中存在，不能被更高层和更低层的程序访问。当定义它们的程序停止运行时，这些变量和数组将被释放。

例 2.8 定义局部变量。

Local   x,y,z

2. 私有变量

"Private <变量表>"命令可将调用程序中定义的变量和数组在当前程序中隐藏起来，这样用户便可以在当前程序中重新使用和这些变量同名的变量，而不影响这些变量的原始值。一旦拥有这些变量的程序停止运行，所有被声明为 Private 的变量和数组即可重新被访问。

例 2.9 定义私有变量。

Private   m,n

3. 全局变量

"Public <变量表>"命令可定义全局变量和数组。在当前的 Visual FoxPro 工作期中，任何运行的程序都能使用和修改它们。在命令窗口中创建的任何变量和数组被自动赋予全局属性。

例 2.10 定义全部变量。

Public   i,j,k

2.2 常用函数

Visual FoxPro 向用户提供了丰富的标准函数，通常取"<函数名>( )"的形式，如"INT（数值表达式）"。函数是用程序来实现的一种数据运算或转换。灵活地运用这些函数不仅可以简化许多运算，而且能够加强 Visual FoxPro 的许多功能。

函数按功能分为数值函数、字符函数、日期时间函数、数据类型转换函数、测试函数、标识函数和输入键值函数，这些函数极大地增强了系统的功能。函数的自变量称为参数，对于一个或者多个合法的参数，函数必须有一个返回值。

函数的一般形式是：

<函数名>（参数表）

从概念上讲，Visual FoxPro 的函数与数学函数没有根本的区别。在使用函数时应注意以下

几个问题。

① 所有函数后必须跟有圆括号，无论函数是否需要参数（除宏代换函数&外）。

② 每个函数必须有一个返回值，返回值有确定的数据类型。在组成表达式时要特别注意类型匹配。

③ 传送给函数的参数也有一定的数据类型，必须按要求的数据类型传送参数值。

下面介绍一些常用的函数。

2.2.1　数值函数

1．取绝对值函数 ABS( )

格式：ABS（<数值表达式>）

功能：求出<数值型表达式>的绝对值。

例 2.11

? ABS（10-20）

10

? ABS（20-10）

10

2．取整函数 INT( )

格式：INT（<数值表达式>）

功能：返回<数值表达式>值的整数部分。

例 2.12

? INT（20.5）

20

　? INT（−20.5）

−20

3．最大值函数 MAX( )

格式：MAX（<数值表达式 1>，<数值表达式 2>，…，<数值表达式 N>）

功能：求多个<数值表达式>中的最大值，也可以用来求多个<日期表达式>中的较近日期。

例 2.13

? MAX（345.9，286.2，100）

345.90

? MAX（−57，−24，−48）

−24.00

?MAX（CTOD（"11/10/2005"），DATE()）

03/18/14

4．最小值函数 MIN( )

格式：MIN（<数值表达式 1>，<数值表达式 2>，…，<数值表达式 N>）

功能：求多个<数值表达式>中的最小值，也可以用来求多个<日期表达式>中的较远日期。

例 2.14

? MIN（345.9，268.2，550）

268.20

? MIN（CTOD（"11/10/2005"），DATE( )）

11/10/05

5．指数函数 EXP( )

格式：EXP（<数值表达式>）

功能：求出以 e=2.718…为底，以<数值表达式>值为指数的指数函数值。

例 2.15

? EXP（0）

1.00

? EXP（1）

2.72

6．自然对数函数 LOG( )

格式：LOG（<数值表达式>）

功能：求<数值表达式>的自然对数。

例 2.16

? LOG（2.71828）

1.00000

7．平方根函数 SQRT( )

格式：SQRT（<数值表达式>）

功能：求<数值表达式>的平方根。自变量<数值表达式>的值必须是非负数。

例 2.17

? SQRT（9）

3.00

? SQRT（57.62*14.3）

28.705

8．四舍五入函数 ROUND( )

格式：ROUND（<数值表达式 1>,<数值表达式 2>）

功能：用于对<数值表达式 1>进行四舍五入运算。<数值表达式 2>指定保留的小数位数。如果<数值表达式 2>为负数，则返回整数部分的四舍五入位数。

例 2.18

? ROUND（24.3459,3）

24.356

? ROUND（134.5822,−2）

100.0000

9．求模函数 MOD( )

格式：MOD（<数值表达式 1>,<数值表达式 2>）

功能：函数以<数值表达式 1>的值为被除数，<数值表达式 2>的值为除数，求出除法运算后的余数。如果被除数与除数同号，函数值即为两数相除的余数；如果被除数与除数异号，函数值即为两数相除的余数再加上除数的值。

例 2.19

? MOD（16,12），MOD（12,−3），MOD（5*7,12/4）

   4   −3   2

10．圆周率函数 PI( )

格式：PI( )

功能：返回圆周率 π（数值型），该函数没有自变量。

例 2.20

?PI( )

 3.1416

2.2.2　字符函数

1．宏代换函数&

格式：&<字符变量>

功能：&函数用于代替字符型内存变量的值。也可以在<字符变量>中形成 Visual FoxPro 的命令（或命令的一部分），用&函数代换来执行。

例 2.21　&函数使用示例 1。

STORE "您好!" TO H

您好!

STORE "H" TO D

H

? D

H

? &D

您好!

例 2.22　&函数使用示例 2。

ACCEPT "请输入文件名：" TO fname

请输入文件名：学生

USE &fname

其作用等同于直接使用"USE 学生"命令打开表文件，但使用 ACCEPT 命令可输入不同的表文件名，从而可以灵活地打开所需的表文件。

例 2.23　&函数使用示例 3。

STORE "DISPLAY" TO C

DISPLAY

USE 学生

&C

显示第 1 个记录的内容

GO 8

&C

显示第 8 个记录的内容

宏代换函数后若还有以<字符表达式>的值代表的非空字符串,则以"."表示<字符变量>的结束,并将宏代换后的<字符变量>值与<字符表达式>值连接起来。

例 2.24 &函数使用示例 4。

STORE "*" TO var

*

STORE "X&var.Y" TO Z

X*Y

? Z

X*Y

2. 求子串函数 SUBSTR( )

格式:SUBSTR (<字符表达式>,<起始位置>[,<字符个数>])

功能:SUBSTR( )函数在<字符表达式>的字符串中从<起始位置>开始取出<字符个数>所指定的字符。

例 2.25

? SUBSTR("computer",4,3)

put

3. 删除字符串尾部空格函数 RTRIM( )/TRIM( )

格式:RTRIM (<字符表达式>)

TRIM (<字符表达式>)

功能:消除<字符表达式>的字符串的尾部空格,返回一个消除了尾部空格的字符串。两函数功能相同。

4. 删除字符串前导空格函数 LTRIM( )

格式:LTRIM (<字符表达式>)

功能:消除<字符表达式>的字符串的前部空格,返回一个消除了前部空格的字符串。

5. 删除字符串前后空格函数 ALLTRIM( )

格式:ALLTRIM (<字符表达式>)

功能:消除<字符表达式>的字符串的前导、尾部空格,返回一个消除了前后空格的字符串。

例 2.26

STORE SPACE(2)+"BOOK"+SPACE(3) TO S

? S+S+S

  BOOK   BOOK   BOOK

? TRIM(S)+ALLTRIM(S)+LTRIM(S)

  BOOKBOOKBOOK

6．子串位置检索函数 AT( )

格式:AT （<字符表达式 1>,<字符表达式 2>[,<数值表达式>] ）

功能：若<字符表达式 1>是<字符表达式 2>的子串，则返回<字符表达式 1>在<字符表达式 2>的起始位置数值；如果不是子串则返回 0 值。<数值表达式>表示子串在<字符表达式 2>中第几次出现，其默认值是 1。

例 2.27

? AT （"is","This is a computer"）

3

? AT （"computer","This is a computer"）

11

7．字符串替换函数 STUFF( )

格式：STUFF （<字符表达式 1>,<起始位置>,<字符数>,<字符表达式 2>）

功能：用<字符表达式 2>替换<字符表达式 1>中由<起始位置>和<字符数>所指定的子串。

例 2.28

STORE "abcdefghijk" TO s

    abcdefghijk

? STUFF （s,5,3,"123"）, STUFF （s,5,3,"1"）

    abcd123hijk   abcd1hijk

? STUFF （str,5,3,"12345"）

    abcd12345hijk

8．空格生成函数 SPACE( )

格式：SPACE （<数值型表达式>）

功能：生成一个空格字符串,<数值表达式>的值决定空格的个数。

例 2.29

STORE SPACE （10） TO S

? "aaaaa"+S+"bbbbb"

    aaaaa   bbbbb

2.2.3　日期时间函数

1．时间函数 TIME( )

格式：TIME( )

功能：返回当前系统时间，系统时间的格式为"时:分:秒"（hh:mm:ss）。

例 2.30　如果当前的系统时间是上午 10 时 34 分 18 秒，则有

? TIME( )

10:34:18

如果为 TIME( )函数提供任一自变量（可以取任意数值），则返回的时间精度为百分之一秒。

例 2.31

? TIME （3）

10:40:22.34

2．日期函数 DATE( )

格式：DATE( )

功能：返回当前系统日期，如果不通过 SET DATE 命令特别设置，系统的格式为"月/日/年"（MM/DD/YY）。

例 2.32 如果今天的系统日期是 2006 年 3 月 10 日，则有：

? DATE( )

3/10/06

3．求年函数 YEAR( )

格式：YEAR（<日期型表达式>）

功能：从<日期型表达式>中返回年份，结果为一数值型的量。

例 2.33

? YEAR（DATE( )）

2006

4．求月函数 MONTH( )

格式：MONTH（<日期型表达式>）

功能：从<日期型表达式>中返回月份，结果为一数值型的量。

例 2.34

? MONTH（DATE( )）

  8

5．求日函数 DAY( )

格式：DAY（<日期型表达式>）

功能：从<日期型表达式>中返回日期值，结果为一数值型的量。

例 2.35

? DAY（CTOD（"12/28/2005"））

  28

2.2.4　数据类型转换函数

1．小写字母转换大写字母函数 UPPER( )

格式：UPPER（<字符型表达式>）

功能：将字符型表达式中所有小写字母转换成大写字母。

例 2.36

? UPPER（"Windows NT 5.0"）

WINDOWS NT 5.0

2．大写字母转换小写字母函数 LOWER( )

格式：LOWER（<字符型表达式>）

功能：将字符型表达式中所有大写字母转换成小写字母。

例 2.37

? UPPER（"Windows NT 5.0"）

windows nt 5.0

3. 字符型转换成日期型函数 CTOD( )

格式：CTOD（<字符型表达式>）

功能：将<字符型表达式>中的日期字符串转换为日期型数据。

例 2.38 字符型转换成日期型函数示例。

? CTOD（"2/10/2006"）

2/10/06

STORE CTOD（"10/1/2006"）TO A

10/1/06

STORE CTOD（"9/22/2006"）TO B

9/22/06

? "到国庆节还有"，A-B，"天!"

到国庆节还有 9 天!

4. 日期型转换成字符型函数 DTOC( )

格式：DTOC（<日期型表达式> [, <1>]）

功能：将<日期型表达式>中的日期型值转为字符型。若无选项<1>，则字符串的格式为 YYYY/MM/DD；若指定选项<1>，则字符串的格式为 yyyymmdd。其中的 "1" 可以是任意数值。

例 2.39

? "今天的日期是："DTOC（DATE( )）

今天的日期是：10/12/2006

? DTOC（DATE( ), 1）

20061012

5. 数值型转换成字符型函数 STR( )

格式：STR（<数值型表达式> [, <长度>][, <小数位数>]）

功能：将<数值型表达式>的值转为字符型数据。选项<长度>的值决定转换后的字符串长度，包括小数点与负号。选项<小数位数>的值决定转换后小数点右边的小数位数。若<长度>值小于<数值型表达式>值的整数位数，则返回由 "*" 号组成的字符串。

例 2.40

? STR（23.45*10, 6, 2）

234.50

? STR（3.14159, 4, 2）

3.14

? STR（123.45，2，2）

* *

6．字符型转换成数值型函数 VAL( )

格式：VAL（<字符型表达式>）

功能：将<字符型表达式>的字符串转为数值型数据，<字符型表达式>中必须是有效的数值表达式（包括数值的科学计数法表示，如 14E3）。

例 2.41

? VAL（"23.45"）+100

123.35

2.2.5　测试函数

1．文件结束测试函数 EOF( )

格式：EOF（[<工作区号>|<表别名>]）

功能：用于测试指定工作区表文件是否结束。若记录指针已经向前移过最后一个记录，EOF( )函数返回值为真，否则为假。

若省略<工作区号>|<表别名>，则测试当前表文件。

若测试的工作区未打开表文件，EOF( )值为假.F.。若表文件中不包含任何记录，EOF( )值为真.T.。

例 2.42

USE　学生

GOTO BOTTOM

? EOF( )

.F.

SKIP

? EOF( )

.T.

2．文件起始测试函数 BOF( )

格式：BOF（[<工作区号>|<表别名>]）

功能：用于测试指定工作区数据库表文件是否开始。若记录指针已经向后移过最上面一个记录，BOF( )函数返回值为真，否则为假。

若省略<工作区号>|<表别名>，则测试当前表文件。

若测试的工作区未打开表文件，则 BOF( )值为假.F.。若表文件中不包含任何记录，BOF( )值为真.T.。

例 2.43

USE　学生

? BOF( )

.F.

SKIP −1

? BOF( )

.T.

3．记录号测试函数 RECNO( )

格式：RECNO（[<工作区号>|<表别名>]）

功能：返回指定工作区或表文件中当前记录的记录号。若省略参数时，测试当前工作区。若测试的工作区未打开表文件，则 RECNO( )值为 0。

例 2.44

USE 学生

GO 4

? RECNO( )

4

GO BOTOOM

? RECNO( )

7

SKIP

? RECNO( )

8

GO TOP

? RECNO( )

1

4．记录数测试函数 RECCOUNT( )

格式：RECCOUNT（[<工作区号>|<表别名>]）

功能：返回指定工作区中当前表文件中包含的所有记录个数。若省略参数，则测试当前工作区。

若测试的工作区未打开数据库表文件，则 RECCOUNT( )值为 0。

例 2.45

USE 学生

? RECCOUNT( )

12

USE

? RECCOUNT( )

0

5．数据类型测试函数 VARTYPE( )

格式：VARTYPE（<表达式>[,<逻辑表达式>]）

功能：测试表达式的类型，返回一个大写字母，表明该表达式的数据类型。字母的含义如表 2.3 所示。

表 2.3　使用 VARTYPE( )测试的数据类型

返回字母	数据类型	返回字母	数据类型
C	字符型或备注型	G	通用型
N	数值型、整型、浮点型或双精度型	D	日期型
Y	货币型	T	日期时间型
L	逻辑型	X	NULL 值
O	对象型	U	未定义

例 2.46

? VARTYPE（.T.）

L

? VARTYPE（2*3.14＋12）

N

? VARTYPE（DATE( )）

D

? VARTYPE（ABC）

U

6．数据库表文件测试函数 DBF( )

格式：DBF（[<工作区号>|<表别名>]）

功能：用于给出指定工作区的表文件名。

若无参数则测试当前工作区。当指定工作区没有打开文件时，则返回空串。

例 2.47

SELECT 2

USE　学生　ALIAS BB

SELECT 1

USE　课程

? DBF( )

D:\教学管理\表\课程.DBF

? DBF（2）

D:\教学管理\表\学生.DBF

7．字符串长度测试函数 LEN( )

格式：LEN（[<字符型表达式>]）

功能：LEN 函数返回<字符型表达式>的长度。

例 2.48

? LEN（"FoxBASE"）

7

8．文件测试函数 FILE( )

格式：FILE（<文件名>）

功能：用于测试指定的文件是否存在。若存在，则返回逻辑值为真（.T.），否则返回逻辑值为假（.F.）。

在<文件名>中必须给出扩展名。

例 2.49

? FILE（"学生"）

　.F.

? FILE（"学生.DBF"）

　.T.

9. 记录删除测试函数 DELETED( )

格式：DELETED（[<工作区号>|<表别名>]）

功能：用于测试指定工作区中的当前记录是否有删除标记（*），若有则返回的逻辑值为真，否则返回的逻辑值为假。若无参数，则测试当前工作区。

例 2.50

USE 学生

GO 4

DELETE

　1 个记录被删除

? DELETED( )

　.T.

SKIP

? DELETED( )

　.F.

10. NULL 值测试函数 ISNULL( )

格式：ISNULL（<表达式> ）

功能：判断一个表达式的运算结果是否为 NULL 值，若是 NULL 值则返回逻辑值真（.T.），否则返回逻辑值假（.F.）。

NULL 值是一个无明确值，不能与其他值进行比较大小。

例 2.51

SORT .NULL. TO X

? ISNULL（X）,X

.T.　.NULL.

11. 空值测试函数 EMPTY( )

格式：EMPTY（<表达式>）

功能：判断一个表达式的运算结果是否为空值，若是空值则返回逻辑值真（.T.），否则返回逻辑值假（.F.）。

空值与 NULL 值是两个不同的概念。函数 EMPTY（.NULL.）的返回值为逻辑假.F.。对不同类型的空值有不同的规定，如表 2.4 所示。

表 2.4 不同类型的空值的规定

数据类型	空值	数据类型	空值
数值型	0	双精度型	0
字符型	空格、空串、回车、换行、制表符	日期型	空
货币型	0	日期时间型	空
浮点型	0	逻辑型	.F.
整型	0	备注字段	空

12. 值域测试函数 BETWEEN( )

格式：BETWEEN（<表达式>,<表达式 L>,<表达式 H>）

功能：判断 BETWEEN 函数中<表达式>的值是否介于<表达式 L>与<表达式 H>之间。当<表达式>的值大于或等于<表达式 L>且小于或等于<表达式 H>时，函数值为逻辑真.T.；否则为逻辑假.F.。如果<表达式 L>或<表达式 H>有一个是 NULL 值，则函数值也是 NULL 值。

例 2.52

```
STORE 8 TO N
STORE .NULL. TO M
? BETWEEN（N,0,20）, BETWEEN（N,M ,20）
    .T.    .NULL.
```

13. 条件测试函数 IIF( )

格式：IIF（<逻辑型表达式>,<表达式 1>,<表达式 2>）

功能：IIF( )函数根据逻辑表达式的值来决定返回<表达式 1>或<表达式 2>的值。如果逻辑表达式的值为.T.，IIF( )函数返回表达式 1 的值；否则返回表达式 2 的值。

例 2.53 求分段函数。

$$Y(X)=\begin{cases} -1 & (X<0) \\ 0 & (X=0) \\ 1 & (X>0) \end{cases}$$ 的值。

```
X=-2
Y=1
? IIF（X<0,-Y,IIF（X>0,Y,Y-1））
    -1
X=2
Y=1
? IIF（X<0,-Y,IIF（X>0,Y,Y-1））
    1
```

14. 字段数测试函数 FCOUNT( )

格式：FCOUNT（[<工作区号>|<表别名>]）

功能：函数返回指定工作区表文件的字段数。若在指定工作区中没有表文件打开，则返回值为 0。

若无参数，则测试当前工作区。

15. 出错函数 ERROR( )

格式：ERROR( )

功能：函数返回一个错误号码。只有当 ON ERROR 激活时，ERROR( )函数才能返回正常的错误号码，否则返回 0 值。

16. 出错信息函数 MESSAGE( )

格式：MESSAGE（[<1>]）

功能：函数返回与 ERROR( )相对应的出错信息字符串。若有可选择项<1>，则给出当前出错的命令行内容。

17. 别名函数 ALIAS( )

格式：ALIAS（[<工作区名>]）

功能：用于给出指定工作区的别名。

若指定工作区没有打开的表文件，则返回空串。若无参数，则对当前工作区操作。

例 2.54

SELECT 2

USE 专业 ALIAS BB

SELECT 1

USE 学生

? ALIAS( )

　学生

? ALIAS（2）

　专业

18. INKEY 函数

格式：INKEY（[<数值型表达式>]）

功能：返回用户最近按键的 ASCII 值，其值为 0～255 之间的整数。

<数值型表达式>定义在用户没有按键的情况下等待的秒数。若未指定<数值型表达式>，等待时间为 0；若<数值型表达式>值为 0，INKEY( )函数将一直等待用户按键。

例 2.55 系统等待 8 分钟，若不按键则退出系统；若按键则执行"查询.PRG"程序。

```
...
CLEAR
@ 2,10 SAY "等待 8 分钟，若不按键则自动退出系统 !"
STORE CHR（INKEY（480））TO CK
IF CK=" "
    CLEAR ALL
    QUIT
ELSE
    DO 查询
ENDIF
...
```

2.3 运算与表达式

Visual FoxPro 使用 4 种类型的运算符：算术型、关系型、逻辑型和字符型。

表达式是由同类型的各种数据，如常量、变量、函数通过各种运算符连接起来的具有一定意义的式子。表达式经过各种运算后得到的运算结果称为表达式的值。在大多数函数、命令中都包含表达式语法成分，表达式使这些函数、命令的功能更加强大、灵活、实用。

根据表达式运算结果的数据类型的不同，表达式可分为数值表达式、字符表达式、关系表达式和逻辑表达式等。

当同一表达式中使用了几种运算符时，运算的优先级别顺序是算术型、字符型、关系型、逻辑型；同一级别中的全部运算按从左至右的顺序进行，只有在使用了圆括号的情况下才能改变运算顺序。

2.3.1 数值表达式

数值表达式是由算术运算符将数值型数据连接起来的式子，其运算结果仍然是数值型数据。

算术运算符对表达式进行算术运算，产生数值型、货币型等结果。它包括以下 6 种运算符。

+	加法运算	−	减法运算
*	乘法运算	/	除法运算
**或^	乘方运算	( )	优先运算符

运算优先级规则：先乘除，后加减，乘方优先于乘除，函数优先于乘方，圆括号的优先级别最高。同级运算时，从左至右依次运算。

例 2.56 计算半径为 12 cm 的圆的面积。

?PI( )*12^2

452.3893

2.3.2 关系表达式

关系表达式是由关系运算符将两个运算对象连接起来的式子，即<表达式 1><关系运算符><表达式 2>。关系表达式运算结果是逻辑值真.T.或逻辑值假.F.，关系表达式通常称为简单逻辑表达式。

关系运算符对两个表达式进行比较运算，它们的优先级相同，产生逻辑结果（真或假）。它包括以下 8 种运算符。

<	小于	<=	小于等于
>	大于	>=	大于等于
=	等于	<> 、#、! =	不等于

$ 子串包含运算   = =   字符串精确比较

使用关系运算符时，应注意以下几点。

① 关系运算符可用在字符型、数字型和日期型表达式中，用于比较的两个表达式数据类型必须相同。

② 数字型数据是按其数值大小进行比较的；字符型数据是根据 ASCII 码值的大小进行比较的；日期型数据是按年、月、日的先后进行比较的。

③ 关系成立的值为.T.，否则值为.F.。

例 2.57

? 250>=300

.F.

? "ABC"<"BCD"

.T.

? CTOD（"01/01/2006"）<=CTOD（"08/01/2006"）

.T.

例 2.58 字符串精确比较示例。

SET EXACT OFF   &&   系统默认，以右字符串为结束标志

STORE "数据库技术" TO S1

STORE "数据库技术   " TO S2

STORE "数据库技术与应用" TO S3

?S1=S2,S1=S3,S2=S1,S3=S1,S2= =S1

　.F.　　.F.　　.T.　　.T.　　.F.

SET EXACT ON   &&   填充空格，等长比较

.T.　　.F.　　.T.　　.F.　　.F.

2.3.3 逻辑表达式

逻辑表达式是由逻辑运算符将两个逻辑数据连接起来的式子，逻辑表达式运算结果是逻辑真.T.或逻辑假.F.。

逻辑运算符对一个或两个逻辑型表达式进行逻辑运算，产生逻辑型结果（真或假）。它包括以下 4 种运算符。

.AND.   逻辑与   .OR. 逻辑或

.NOT. 或! 逻辑非   () 括号

运算规则：逻辑非优于逻辑与，逻辑与优于逻辑或，括号最优先。逻辑运算符与算术运算符一样，也可以利用括号来改变它们之间操作运算的先后顺序。

逻辑表达式实际上是一种判断条件，条件成立则表达式值为.T.；条件不成立则表达式值为.F.。

在大多数命令语句或函数格式中都有<条件表达式>的语法成分，这里的<条件表达式>就是逻辑表达式或关系表达式。例如，查询专业是计算机的男生，<条件表达式>应当写成：

性别＝"男" .AND. 专业＝"计算机"

2.3.4　字符表达式

字符表达式是由字符运算符将字符型数据连接起来的式子，其运算结果仍然是字符型数据。

字符运算符对两个字符型数据进行包含及连接运算，它包括 3 个运算符。

1．包含运算符"$"

格式：<子字符串>$<字符串>

功能：用于表示两个字符串之间的包含与被包含的关系，参与运算的数据只能是字符型的。如果<子字符串>被包含在<字符串>中，则其结果为.T.，否则为.F.。

例 2.59

? "ST" $ "STRING"

.T.

? "周逊" $ "周逊教授"

.T.

? "this" $ "THIS IS A STRING"

.F.

2．字符串连接运算符"+"

格式：<子字符串>+<字符串>

功能：用于把两个或两个以上字符串连接成一个新的字符串。

3．压缩空格运算符"−"

格式：<子字符串>−<字符串>

功能：将第一个字符串尾部的空格去掉，然后与第二个字符串连接成一个新的字符串，第一个字符串尾部的空格移到新的字符串的末尾。

例 2.60

STORE "this " TO A

STORE "is a string" TO B

? A+B

this is a string

? A−B

thisis a string

2.4　Visual FoxPro 命令

2.4.1　命令结构

Visual FoxPro 的命令又称为语句，是充分吸收多种高级语言的优点逐步发展形成的，但比高级语言的语句更精练、功能更强。在 Visual FoxPro 中共有 187 条命令，组成命令系统。

1．命令的一般格式

命令通常由两部分组成：第一部分是命令动词，表示应该执行的操作；第二部分是若干短语，对操作提供某些限制性的说明。下面列出 Visual FoxPro 操作命令的一般格式：

命令动词 [<范围>][<表达式表>][FOR <条件>][WHILE <条件>]

① 命令动词：是一个英文动词，表示这个命令所要完成的操作。为便于使用，当命令动词超过 4 个字母时，可以只写前面 4 个字母，如 CREATE 可简写为 CREA；DISPLAY 可简写为 DISP。

② <范围>：表示对数据库表文件进行操作的记录范围，共有 4 种选择。

ALL　　　　　　　表示对数据库表文件中的所有记录进行操作。

NEXT <n>　　　　表示对从当前记录开始的以下 n 个记录进行操作。

RECORD <n>　　　表示仅对第 n 个记录进行操作。

REST　　　　表示对从当前记录开始到文件的最后一条记录之间的所有记录进行操作。

③ 表达式表：可以是一个或多个由逗号分隔开的表达式，用来表示命令所进行操作的结果参数。

④ FOR <条件>和 WHILE <条件>：在 FOR 短语和 WHILE 短语中，<条件>是一个逻辑表达式，它的值必须为真（.T.）或假（.F.）。这个条件短语表示筛选出满足条件表达式值为真的记录，以实施命令操作。省略此选择项时，表示命令对所有记录进行操作。当 FOR <条件>和 WHILE <条件>在同一个命令语句中使用时，系统规定 WHILE <条件>优先。这两种短语的差别是：FOR 短语能在整个数据库表文件中筛选出符合条件的记录；而使用 WHILE 短语时，先顺序寻找出第一个满足条件的记录，再继续找出紧随并且也满足条件的记录，一旦发现有一个记录不满足条件，就不再往下寻找。

⑤ [ ]：表示可选项，如不选则使用系统的默认值。

⑥ < >：表示必选项，由用户根据问题的需要输入具体的参数。若缺少必选参数，则命令发生语法错误。但在输入具体的命令时，不能有方括号和尖括号。

⑦ /：斜线号，表示从两个选项中选择其中一个项目。

⑧ …：省略号，表示前面的选择项可以重复多次选择，各个项目之间用逗号隔开。

2．命令的书写规则

① 任何一条命令必须以命令动词开头，后面的多个短语通常与顺序无关，但必须符合命令格式的规定。

② 用空格来分隔每条命令中的各个短语。

③ 一条命令的最大长度是 254 个字符。一行写不下时，用分行符";"在行尾分行，并在下行连续书写。

④ 命令中的字母大小写可以混合使用。

⑤ 命令动词和命令字可以用其前 4 个字母表示。

⑥ Visual FoxPro 中没有规定的保留字，但用户在选择变量名、字段名和文件名时，应尽可能不使用系统中的命令动词和命令字，以免程序在运行中发生混乱。

3．运行方式

Visual FoxPro 有两种运行方式：命令方式和程序方式。

（1）命令方式

命令方式即在命令窗口输入命令行，按 Enter 键立即执行。

例 2.61

USE 学生

LIST

（2）程序方式

程序方式先要通过命令 MODIFY COMMAND <命令文件名>建立命令文件。建立时逐行输入命令行，然后存入磁盘，由用户指定命令文件名，系统默认的扩展名是 prg，然后由 DO 命令执行。

DO <命令文件名>

2.4.2 赋值命令与显示命令

1．赋值命令 STORE

赋值命令 STORE 的主要功能是给内存变量赋值，它可以完成以下操作。

① 建立内存变量，并给内存变量赋初值。

例 2.62

STORE 1 TO x，y，z

STORE "男" TO 性别

② 为已建立的内存变量重新赋值。

例 2.63

STORE 2*（x+10）TO x

STORE "女" TO 性别

③ STORE 命令为单个变量赋值时，可以简写为：

<内存变量>=<表达式>

例 2.64

x=1

x=2*（x+10）

性别="男"

此外，STORE 命令还可以为数组赋值。

2．显示命令?/??

显示命令可以完成以下操作。

① 计算并显示变量、表达式和常量的值。

例 2.65

STORE 1 TO x, y, z

? x, y, z

1 　　　 1 　　　 1

? 2*（x+y+z）

6

m1="ABC"

m2="DEF"

? m1+m2

ABCDEF

? "I am a student."

I am a student.

② 当"？"命令后面没有任何表达式时，输出一个空行。

例 2.66

? "3*5-4="，3*5-4

3*5-4=11

?

? "3*5+4="，3*5+4

3*5+4=19

③ "？？"命令与"？"命令的作用相同，它们的区别是："？"命令从光标当前行的下一行开始显示；"？？"命令在当前光标位置开始显示。若已接通打印机，显示结果从打印机打印输出。

例 2.67

?? "I am a student."

执行结果将紧跟命令行显示如下：

?? "I am a student."I am a student.

习　　题

1．解释以下术语：数据类型、常量、函数、表达式。

2．变量有几种类型？试述为内存变量赋值的几种方法。

3．Visual FoxPro 有几种文件类型与字段变量类型？分别是什么？

4．说明下列数据哪些是常量，哪些是变量，并指出相应的数据类型。

姓名、"姓名"、.T.、T、"10/18/02"、CTOD（"10/18/02"）、10/18/02、{^2001-10-28}、310、"310"、BH。

5．列出逻辑表达式。

（1）固定工资在 250 至 320 元之间。

（2）职称为工程师的男职工。

（3）姓"刘"的职工。

（4）出生日期在 1963 年以后。

（5）已婚的汉族女职工。

6．判断下列逻辑表达式的值。

（1）.NOT. （"ABC">"abc".and.20>10）

（2）"ABC">"abc".OR.20<10

（3）"北京" $ "北京是中国首都"

（4）"北京" $ "中国"

7．什么是变量的作用域？如何指定变量的作用域？

8．根据表 2.5 写出逻辑表达式。

表 2.5 "学生"表中的字段属性

字段名	数据类型	字段宽度	小数位	NULL
学号	字符型	7		否
姓名	字符型	8		是
性别	字符型	2		是
出生日期	日期型	8		是
专业	字符型	10		是
入学成绩	数值型	5	1	是
贷款否	逻辑型	1		是
照片	通用型	4		是
简历	备注型	4		是

（1）入学成绩在 400 分至 500 分之间。

（2）专业为"新闻"的入学成绩高于 500 分的学生。

（3）姓名为"张三"的学生。

（4）出生日期在 1988 年以后。

（5）外贸专业的贷款的女同学。

9．执行下列赋值语句。

X="123.45"

Y=123.45

Z=.T.

P={^2002-10-28 09:30:25}

Q=$123.45

内存变量 X、Y、Z、P、Q 的数据类型分别是（　　　）。

A）D、L、M、N、C   B）T、L、Y、N、C

B）C、N、L、T、Y   D）N、C、L、T、Y

10．下面表达式中，不正确的是（　　　）。

A）{2002-10-01 10:30:20}-20   B）{2002-10-01}-DATA()

C）{2002-10-01}+DATA()   D）{2002-10-01 10:30:20}+[2000]

11．执行下列语句后的输出结果是（　　　）。

SET EXACT OFF

X="A   "

?IIF（"A"=X,X-"BCD",X+"BCD"）

   A）ABCD   B）BCD   C）A   BCD   D）XBCD

12．在以下 4 组函数运算中，结果相同的是（   ）。

   A）SUBSTR（"Visual FoxPro",1,6）与 LEFT（"Visual FoxPro",6）

   B）假定 A= "I am   ", B= "a student.", A+B 与 A-B

   C）YEAR（DATE( )）与 SUBSTR（DTOC（DATE( )），7,2）

   D）VARTYPE（"32-3*6"）与 VARTYPE（32-3*6）

第 3 章　表与数据库

数据库是指存储在外存上的有结构的数据集合。在 Visual FoxPro 中，数据库已不直接用于存储数据，而是用于存储数据库表的属性，组织、关联表和视图，创建存储过程等。数据库在含有表之前没有实际的用处。在使用数据库时，可以在表一级进行功能扩展，例如创建字段级规则和记录级规则、设置默认字段值和触发器，还可以创建存储过程和表之间的永久关系。此外，使用数据库还能访问远程数据源，并可创建本地和远程表的视图。

在 Visual FoxPro 中，表分为"数据库表"和"自由表"两类。属于某一数据库的表称为"数据库表"，不属于任何数据库而独立存在的表称为"自由表"。如果想让多个数据库共享一些信息，则应将这些信息放入自由表中，如希望某个自由表能属于某一个数据库，也可以将其移入该数据库中。

本章将介绍 Visual FoxPro 表和数据库的建立和操作，包括建立和使用表、建立和管理数据库、建立表的索引及数据的完整性规则等。

3.1　建立表

3.1.1　表的概念

在关系数据库中关系也称作表，主要用于存储数据。一个数据库中的数据就是由表的集合构成的。一个表对应于磁盘上的一个扩展名为 dbf 的文件，如果表中有备注型或通用型字段，系统自动建立一个扩展名为 ftp 文件。

表以记录和字段的形式存储数据，是关系型数据库管理系统的基本结构，也是处理数据和建立关系型数据库及应用程序的基本单元。

表存储有关某个主题（如学生的基本情况）的信息，如表 3.1 所示，表中按列存放该主题不同种类的信息（如学生姓名、学号等），按行描述该主题"某一实例"的全部信息（特定学生的数据）。表中的每一行称为一条记录，也称为一个元组，而每一列称为一个字段，也称为一个属性。

表的第一行称为表头，表头中每列的值是这个字段的名称，称为字段名，也称为属性名。

表有以下特征。

① 表可存储若干条记录。

② 每条记录可以有若干个字段，而且每条记录的字段结构相同，也就是具有相同的字段名、字段类型和字段顺序。

③ 字段可以是不同的类型，以便存储不同类型的数据。

④ 记录中每个字段的顺序与存储的数据无关。

⑤ 每条记录在表中的顺序与存储的数据无关。

表 3.1 "学生"表

学号	姓名	性别	出生日期	专业	入学成绩	贷款否
9607039	刘洋	男	1978-6-6	外贸	666.6	TRUE
9907002	田野	女	1981-4-1	外贸	641.4	TRUE
9801055	赵敏	男	1979-11-9	中文	450	FALSE
9902006	和音	女	1982-6-19	数学	487.1	FALSE
9704001	莫宁	女	1978-7-22	物理	463	FALSE
9603001	申强	男	1978-1-15	新闻	512	TRUE
9606005	迟大为	男	1976-9-3	化学	491.3	FALSE
9803011	欧阳小涓	女	1981-8-11	新闻	526.5	FALSE
9908088	毛杰	男	1982-1-1	计算机	622.2	FALSE
9608066	康红	女	1979-9-7	计算机	596.8	TRUE
9805026	夏天	男	1980-5-7	历史	426.7	FALSE
9702033	李力	男	1979-7-7	数学	463.9	FALSE

在 Visual FoxPro 中，创建一个新表需要两个步骤。

步骤 1：创建表的结构，即定义表包含哪些字段，每个字段的长度及数据类型。

步骤 2：向表中输入记录，即向表中输入数据。

3.1.2 设计表结构

一个表中的所有字段组成了表的结构。在建表之前应先设计字段属性，字段的基本属性包括了字段的名称、类型、宽度、小数位数及是否允许为空。

1．字段名

字段名即关系的属性名或表的列名，如"学生"表中的"学号"、"姓名"等字段名。字段名可以是汉字或以字母开头的西文标识符。其中

① 自由表中的字段名不能超过 10 个字符。

② 数据库表字段名长度不能超过 128 个字符。

③ 字段名中不接受空格字符。

2．字段类型

字段的数据类型应与存储其中的信息类型相匹配，同样的数据类型通过宽度限制可以决定存储数据的数量或精度。数据库可以存储大量的数据，并提供丰富的数据类型，这些数据可以是一段文字、一组数据、一个字符串、一幅图像或一段多媒体作品。当把不同类型的数据存入字段时，就必须告诉数据库系统这个字段存储什么类型的数据。Visual FoxPro 支持 13 种不同类型的数据，每种均有不同的目的和用途。有关数据类型的说明参见 2.1.2 节中的表 2.1。用户应为表中的每个字段选取最适合于该字段数据用途的数据类型。对于可能超过 254 个字符或含有制表符及回车符的长文本，可以使用备注数据类型。

3．字段宽度

设置以字符为单位的列宽。设置的列宽应保证能够存放所需的字段，但也不必设置得太宽，否则将占用不必要的内存空间。

4．小数位数

当字段类型为数值型和浮点型时，应为其设置小数位数。

5．是否允许为空

是否允许为空即是否允许字段接受 NULL 值。NULL 值就是无明确的值。NULL 值不等同于 0 或空格，不能认为一个 NULL 值比某个值（包括另一个 NULL 值）大或小、相等或不等。

一个字段的值是否允许为空值与实际应用有关，例如作为关键字的字段值不允许为空值，而在插入记录时允许暂缺的字段值为空值。

对表 3.1 所示的"学生"表中的字段属性进行定义，如表 3.2 所示。

表 3.2 "学生"表中的字段属性

字段名	数据类型	字段宽度	小数位	NULL
学号	字符型	7		否
姓名	字符型	8		是
性别	字符型	2		是
出生日期	日期型	8		是
专业	字符型	10		是
入学成绩	数值型	5	1	是
贷款否	逻辑型	1		是
照片	通用型	4		是
简历	备注型	4		是

表结构中，相对于表 3.1 中的各个字段，增加了"照片"和"简历"两个字段。

3.1.3 建立表结构

Visual FoxPro 提供了 3 种建立对象的方法：向导、设计器、命令。3 种方法各有特点，可单独使用，也可混合使用，通常用向导生成对象，用设计器加工对象，在应用程序中用"命令"来管理对象。本节主要介绍建立自由表的方法，数据库表的建立和自由表类似，将在后续章节中详细介绍。

在 Visual FoxPro 中，可以用以下任意一种方法生成表。

方法 1：使用表向导。

方法 2：使用表设计器修改已有的表或创建新表。

方法 3：用 CREATE TABLE 命令。

为了使以下建立的表便于管理，先在"D：\教学管理"文件夹下建立一个名为"表"的文件夹，用于存放后面所建立的相关表。

1．使用表设计器建表

Visual FoxPro 提供了一个设计表的工具，称为表设计器，可用来建立表的结构。

下面结合创建表 3.2 所示的"学生"表的结构来说明使用表设计器创建表结构的过程。

（1）打开表设计器

① 打开"教学管理"项目的项目管理器。

② 在项目管理器中选择"数据"选项卡，然后选择"自由表"选项，单击"新建"按钮，打开"新建表"对话框，如图 3.1 所示。

③ 在"新建表"对话框中单击"新建表"按钮，打开"创建"对话框，如图 3.2 所示。

图 3.1　"新建表"对话框

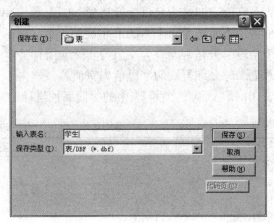

图 3.2　"创建"对话框

④ 在"创建"对话框中确定表的类型、名称和保存位置。其中表的类型（表/DBF）和保存位置（"教学管理"文件夹）是默认的（因为已经建立了工作目录），不需要改变，但应在"输入表名"文本框中输入用户给表起的名字，在这里输入"学生"。

⑤ 单击"保存"按钮，打开"表设计器-学生"对话框，如图 3.3 所示。

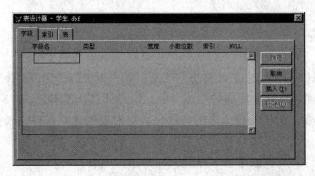

图 3.3　"表设计器-学生"对话框

表设计器对话框用来定义字段的属性，主要元素有以下几个。

a. 移动按钮。这是位于最左侧的双向箭头按钮，用户输入两行或三行后，使用此按钮可以通过在列表内上下移动某一行来改变字段的顺序。

b. 字段名。指定字段名。

c. 类型。指定字段的数据类型，单击下拉箭头按钮并从中选择一个数据类型。

d. 宽度。指定字符或数值字段能被存储的长度。

e. 小数位数。指定小数点右边的数字位数（适用于数值型和双精度型数据）。

f. 索引。指定字段的普通索引，用以对数据进行排序。

g. NULL。选定此项时，意味着该字段可接受 NULL 值。

h. "插入"按钮。在选定字段之前插入一个新字段。

i. "删除"按钮。从表中删除选定字段。

（2）定义字段

现在可以着手定义"学生"表的字段。选择表设计器的"字段"选项卡，将光标放在"字段名"列表框中，输入第一个字段名"学号"，这时，旁边的"类型"、"宽度"、"小数位数"、"索引"等对应栏均有显示。单击"类型"栏下的下拉列表按钮，打开可选的数据类型列表（当前的类型是"字符型"），在其中选择所需的数据类型。按照表 3.1 所示的字段属性将表中的所有字段定义好，如图 3.4 所示。

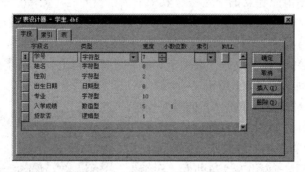

图 3.4 学生表的字段

注意：

① 所取的字段名称要符合语法规定。

② 字段的数据类型应与存储在其中的数据类型相匹配。

③ 字段的宽度要足够容纳要显示的信息内容。

④ 为"数值型"或"浮动型"字段设置正确的小数位数。

⑤ 如果字段允许为空，应选中"NULL"复选框。

输入表结构的过程中不要按 Enter 键，否则会退出表设计器。应在输入完一栏后按 Tab 键使光标移到下一栏中。

（3）完成设计

创建完新表的表结构后，单击"确定"按钮，出现一个如图 3.5 所示的对话框。

图 3.5 是否输入数据记录对话框

此时，如果单击"否"按钮，则表示现在不想立即输入数据记录，只想创建一个空表的表结构，留待以后再追加记录；如果单击"是"按钮，便会打开编辑窗口，开始输入每个学生的数据。

2．使用表向导建表

除了可用表设计器外，还可用表向导来建立表的结构。向导是一个交互式程序，由一系列对话框组成。表向导是 Visual FoxPro 众多向导中的一个，它能够基于典型的表结构创建表。在有样表可供利用的条件下，可以使用表向导来定义表结构。表向导允许用户从样表中选择满足需要的字段，也允许用户在执行向导的过程中修改表的结构和字段。利用表向导保存生成的表之后，用户仍可启动表设计器来进一步修改表。

例如，要建立一个"成绩"表，表中有 3 个字段："学号"、"姓名"和"分数"。其中"学号"与"姓名"字段与前面建立的"学生"表中的"学号"与"姓名"字段是一样的，为此，可以利用"学生"表做样表，先用表向导来建立"成绩"表，然后再在表设计器中定义其他字段。

（1）打开表向导

① 在项目管理器中选择"数据"选项卡，然后选择"自由表"选项，单击"新建"按钮，打开"新建表"对话框，如图 3.1 所示。

② 在"新建表"对话框中单击"表向导"按钮，打开"表向导"对话框，如图 3.6 所示。

Visual FoxPro 中的各种向导有统一的界面，均包含显示"步骤"的下拉列表框和"帮助"、"取消"、"上一步"、"下一步"、"完成" 5 个命令按钮组。在"表向导"对话框上部的下拉列表框中有该向导的所有步骤，如从中选择任一步骤，则可立即跳转到所选步骤上；单击"帮助"按钮，可看到该向导步骤的有关帮助信息；单击"取消"按钮，可使所有设置无效并取消该向导的执行过程；单击"上一步"按钮，可返回到该向导的前一步骤中，以便查看或

图 3.6　"表向导"对话框

修改前一步骤中的设置；单击"下一步"按钮，可进行该向导的下一步操作；单击"完成"按钮，将跳过该向导当前步骤之后的所有步骤，完成向导的过程，而这些步骤中的设置将取向导的默认值。

（2）选择样表

在如图 3.6 所示的表向导的"步骤 1-字段选取"对话框中，先从"样表"列表框中选择样表。若"样表"列表框中没有所需的样表，则可通过单击"加入"按钮，在"打开"对话框中选择所需的"学生"表，将其作为样表加入到"样表"列表框中，然后再选择它，如图 3.7 所示。

（3）选择字段

选择了样表以后，就可以通过"可用字段"列

图 3.7　选择样表和字段

表框选择字段了。下面说明"字段选取"对话框中 4 个字段选择按钮的意义。

▶：将某一选定字段从"可用字段"列表框移入"选定字段"列表框中。

▶▶：将"可用字段"列表框中的全部字段移入"选定字段"列表框中。

◀ ：将某一选定字段从"选定字段"列表框中移回"可用字段"列表框中。

◀ ◀ ：将"选定字段"列表框中的全部字段移回"可用字段"列表框中。

如果希望使用其中的部分字段，只要单击要使用的字段名，然后单击▶按钮，此字段即被放入"选定字段"列表框中，重复此操作可以选择出所有需要的字段。如果要使用所有字段，则单击▶ ▶按钮即可。

相反的，如果不需要已经选择的字段了，则可以选择"选定字段"列表中不要的字段名，再单击◀按钮，此字段即被从"选定字段"列表中清除。

可通过选择不同的样表将这些表中的可选字段选入新的表中。这样可以很快建立一个新表，并保持各表在相同字段上结构的一致性，有利于相关表之间的数据交换及建立联系。

现在，在"可用字段"列表框中选中"学号"字段，单击▶按钮；再选中"姓名"字段，单击▶按钮。这样就将"学号"和"姓名"两个字段移入了"选定字段"列表框，如图 3.7 所示。

（4）选择是否加入数据库

单击"下一步"按钮，进入表向导的"步骤 1a-选择数据库"对话框，如图 3.8 所示。如果建立的是数据库表，则选中"将表添加到下列数据库"单选按钮，然后在下面的"数据库"下拉列表框中选择一个需要的数据库。如果是基于数据库的表，则可以使用数据库表中的样式、字段映射或主关键字，也可以建立或使用数据库表中的关系。

因为本例建立的是自由表，所以选中"创建独立的自由表"单选按钮。

（5）修改字段

单击"下一步"按钮，进入向导的"步骤 2-修改字段设置"对话框，如图 3.9 所示。这一步可以对选定的字段进行自己需要的修改。可修改的内容有以下几项。

① 字段名称。

② 字段标题。在自由表中用字段名称作为字段标题；在数据库表中，字段标题可以不同于字段名称。

③ 字段类型、字段宽度、字段是否为 NULL、小数位数。

不需要修改"学号"和"姓名"字段，直接单击"下一步"按钮即可。

图 3.8　选择是否加入数据库

图 3.9　修改字段

（6）设置表索引和表间关系

在如图 3.10 所示的表向导的"步骤 3-为表建索引"对话框中，可以为表建立所需的索引。有关表索引的问题将在后面的章节再介绍。

如果创建的是数据库表，单击"下一步"按钮，将进入"步骤 3a-建立关系"对话框；如果创建的是自由表，则直接进入"步骤 4-完成"对话框，如图 3.11 所示。

图 3.10　设置表索引　　　　　　　　　　图 3.11　完成表结构创建

（7）完成表结构的创建

如果认为所建立的表不合适，可以单击"上一步"按钮回到以前的步骤再重复上述过程。如果不想建新表，则单击"取消"按钮。

选中"保存表以备将来使用"或"保存表，然后浏览该表"或"保存表，然后在表设计器中修改该表"单选按钮，然后单击"完成"按钮，打开"另存为"对话框，如图 3.12 所示。在该对话框中输入表名，单击"保存"按钮即可建立"成绩"表，只是此时的"成绩"表中只有两个字段，即"学号"和"姓名"。

保存完毕后，若选中的是"保存表以备将来使用"单选按钮，则返回 Visual FoxPro 的主界面；若选中的是"保存表，然后浏览该表"单选按钮，则出现"浏览"窗口，用户可在其中输入记录；若选中的是"保存表，然后在表设计器中修改该表"单选按钮，则打开"表设计器"对话框，可在其中对表的结构进行进一步的修改。在这里选中"保存表，然后在表设计器中修改该表"单选按钮，在"另存为"对话框中输入表名"成绩"，单

图 3.12　"另存为"对话框

击"保存"按钮，再在"表设计器"对话框中按照前面的介绍定义"分数"字段即可。

3．使用命令建表

Visual FoxPro 提供了强大的可视化设计环境，但在设计程序时，经常会用到一些命令。熟练地使用命令会使设计工作更快捷、更专业。事实上，当使用设计器或表向导建表时，系统正在自动地生成一些对应的 Visual FoxPro 命令。如果仔细观察命令窗口，就会发现系统正在逐条地执行这些命令。

仍以"学生"表为例，在"命令窗口"中输入如下命令：

CREATE TABLE D：\教学管理\学生 (学号 c(7)，姓名 c(8)，性别 c(2)，出生日期 d，专业 c(10)，入学成绩 n(5，1)，贷款否 l，照片 g，简历 m)

CREATE TABLE 命令的格式为：

CREATE TABLE 表名 （字段名 1 类型（宽度，小数位数），字段名 2 类型（宽度，小数位数），…）

其中，字段类型用字母表示，常用的有 c（字符型）、d（日期型）、n（数值型）、f（浮点型）、l（逻辑型）、y（货币型）、m（备注型）以及 g（通用型）等。

Visual FoxPro 中保存的表文件的扩展名为 dbf。当第一次创建表时，Visual FoxPro 先创建表的 dbf 文件，如果表中包含了备注型字段或通用型字段，则 Visual FoxPro 还要创建与表相关联的 fpt 文件。

3.1.4 输入记录

创建好表结构以后，还需输入表中的数据。Visual FoxPro 中有以下两种输入数据的方法。

1. 在创建表时输入

每次创建完一个新表的表结构后，单击"确定"按钮时，就会出现一个如图 3.5 所示的对话框。单击"是"按钮，便会出现一个编辑窗口，这时可以在编辑窗口中输入数据。在输入每条记录的字段值时，只能输入对字段的数据类型有效的值。如果输入了无效数据，屏幕的右上角会弹出一个信息框显示出错信息，在更正错误之前，无法将输入记录数据的光标移动到其他的字段上。

输入完所有的记录后，可以单击编辑窗口右上角的"关闭"按钮，关闭编辑窗口，输入的数据就被保存到表中。

2. 在表创建好以后输入

（1）打开浏览或编辑窗口

如果在创建表的时候没有输入记录，则可以在表创建好以后的任何时候输入记录。但在向已存在的表中输入记录之前，应先打开该表。

在项目管理器中选择需要输入记录的表，单击"浏览"按钮。这时，Visual FoxPro 将用浏览或编辑方式打开表。当第一次打开一个新创建的表时，Visual FoxPro 默认进入浏览方式。对已存在的表，具体进入哪一种方式取决于上次关闭该表时它是处于浏览方式还是编辑方式。如果关闭前处于浏览方式，则本次打开时也处于浏览方式；如果关闭前处于编辑方式，则本次打开时也处于编辑方式。编辑方式和浏览方式分别如图 3.13 和图 3.14 所示。

如果表不在项目管理器中，则可以通过选择"文件"菜单下的"打开"命令先把表打开，然后再通过单击"显示"菜单中的"浏览"命令或"编辑"命令将表显示出来。

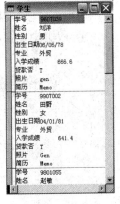

图 3.13 编辑方式

（2）切换浏览或编辑方式

浏览窗口用于显示活动表中的记录。当在浏览窗口中浏览一个表时，可以用两种方式查看记录：浏览和编辑。从“显示”菜单中选择“浏览”或“编辑”命令即可切换显示方式。在任何一种方式下，都可以滚动记录，查找指定的记录，以及直接修改表的内容。至于使用哪种显示方式，用户可根据自己的习惯加以选择。

学号	姓名	性别	出生日期	专业	入学成绩	贷款否	照片	简历
9607039	刘洋	男	06/06/78	外贸	666.6	T	gen	Memo
9907002	田野	女	04/01/81	外贸	641.4	T	Gen	Memo
9801055	赵敏	男	11/09/79	中文	450.0	F	gen	Memo
9902006	和音	女	06/19/82	数学	487.1	F	gen	Memo
9704001	真宁	女	07/22/78	物理	463.0	F	gen	Memo
9603001	申强	男	01/15/78	新闻	512.0	T	gen	Memo
9606005	迟大为	男	09/03/76	化学	491.3	F	gen	Memo
9803011	欧阳小涓	女	08/11/81	新闻	526.5	F	Gen	Memo
9908088	毛杰	男	01/01/82	计算机	622.2	T	gen	Memo
9608066	康红	女	09/07/79	计算机	596.8	T	gen	Memo
9805026	夏天	男	05/07/80	历史	426.7	T	gen	Memo
9702033	李力	男	07/07/79	数学	463.9	F	gen	memo

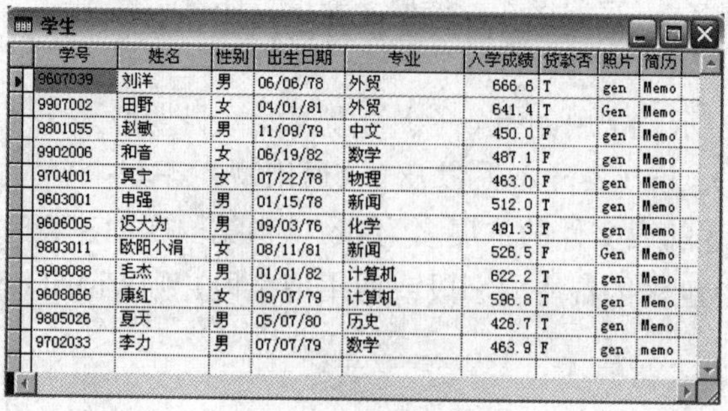

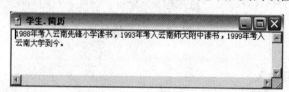

图 3.14　浏览方式

在编辑方式下，列名显示在窗口的左边。

（3）在浏览或编辑窗口中输入

选择“显示”菜单中的“追加方式”命令，即可在浏览或编辑窗口中输入数据。

3. 输入备注型和通用型字段

（1）输入备注型字段

如果要输入备注型字段的内容，可在浏览窗口中双击该字段，打开一个文本编辑窗口，然后在其中输入备注型字段的内容，如图 3.15 所示。输入完毕后关闭该窗口即可。

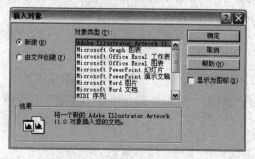

图 3.15　备注型字段编辑窗口

（2）输入通用型字段

通用型字段包括一个嵌入或链接的 OLE 对象。插入 OLE 对象的步骤如下。

① 双击浏览窗口中的通用型字段，打开通用型字段输入窗口。

② 从“编辑”菜单中选择“插入对象”命令，打开如图 3.16 所示的“插入对象”对话框。插入的对象可以是多种生成器生成的图片格式文件。

图 3.16　“插入对象”对话框

③ 如果图片文件不存在，则选中"新建"单选按钮，并在"对象类型"列表框中选择对象类型，然后单击"确定"按钮，Visual FoxPro 就会启动相应的应用程序，可以使用这些应用程序创建新的 OLE 对象。

④ 如果图片文件已经存在，则选中"由文件创建"单选按钮。单击"浏览"按钮，进入"浏览"对话框，选择所需文件后单击"打开"按钮，回到"插入对象"对话框中，这时"文件"文本框中将显示选中的图片文件的路径及文件名，如图 3.17 所示。单击"确定"按钮，又回到通用型字段输入窗口，如图 3.18 所示。

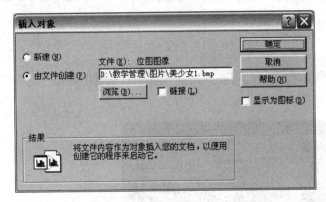

图 3.17　显示选中的图片文件

图 3.18　通用型字段输入窗口

当选择从文件建立方式时，如果不是将文件实际插入到表中，而是建立链接，则应选中"链接"复选框，链接文件以后，如果源文件发生变化，这种变化将自动反映到表中。

3.1.5　追加记录

利用其他表中已有的相同内容，可以快速给新表追加记录，但要求被追加字段的数据类型相同。例如，可以利用"学生"表中已有的记录给"成绩"表追加"学号"和"姓名"两个字段的内容。

1. 追加源表中的所有记录

① 从项目管理器中选择"成绩"表。

② 单击"浏览"按钮，打开浏览窗口。

③ 选择"表"菜单下的"追加记录"命令，打开"追加来源"对话框。

④ 在"类型"下拉列表框中选择源文件的格式，在"来源于"文本框中输入源文件名，在"到"文本框中确保表名的正确性。"学生"表的类型是"Table（DBF）"，文件名（包括路径）为"D：\教学管理\学生.dbf"。如果记不清文件名或路径，只要单击"来源于"文本框右边的"…"按钮，就会出现"打开"对话框，可在其中查找所需文件，找到后选择该文件，再单击"确定"按钮，关闭"打开"对话框。此时可看到在"追加来源"对话框的"来源于"文本框中出现了源文件名，如图 3.19 所示。

⑤ 单击"确定"按钮，Visual FoxPro 将把源文件中的记录添加到表中。

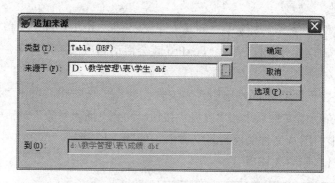

图 3.19 "追加来源"对话框

2. 有选择地追加源记录和字段

若想指定要追加的字段或者有选择地追加记录，可在"追加来源"对话框中单击"选项"按钮，打开"追加来源选项"对话框，如图 3.20 所示。

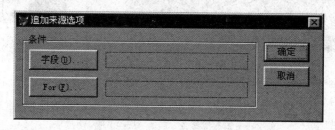

图 3.20 "追加来源选项"对话框

（1）选择追加字段

① 在"追加来源选项"对话框中单击"字段"按钮，打开"字段选择器"对话框，如图 3.21 所示。

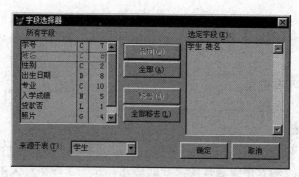

图 3.21 "字段选择器"对话框

② 选择希望从源文件中追加的字段，单击"添加"按钮，所选择的字段就出现在"选定字段"列表框中。

③ 单击"确定"按钮。

（2）选择追加记录

① 在"追加来源选项"对话框中单击"For"按钮，打开如图 1.13 所示的"表达式生成器"对话框。

② 在"表达式生成器"对话框中构造所需的表达式。

Visual FoxPro 会使用该表达式查找整个文件，以追加那些仅与表达式的值相符的记录。如只想追加女生的记录，表达式为"性别="女""（字段变量的值应加上英文双引号）。

注意：For 表达式中的字段必须同时存在于源文件和目标文件中。

向表中成批地追加记录时，其内容可以来源于不同的几个表，还可从 Excel 表、Lotus 表、Text 文件等不同类型的文件中追加。

3.1.6　追加记录的命令

1．输入记录的命令

格式：APPEND [BLANK]

功能：在当前表的末尾追加一些新的记录。

若选择 BLANK，则追加一条"空白记录"，以后可用 EDIT、BROWSE、REPLACE 等命令向空白记录填加数据。

例 3.1　以"学生"表为例，在命令窗口中输入追加的记录命令。

USE 学生

APPEND

在屏幕上将出现一个空记录，供用户录入数据。如果已打开的数据库中没有记录，追加从第一条记录开始；若数据库文件中已有 N 条数据记录，追加从第 $N+1$ 条记录开始。

2．插入记录的命令

APPEND 命令是从数据表的末尾增加新记录，但有时需要从表文件记录中间插入新记录，这时就必须使用插入命令 INSERT。

格式：INSERT [BLANK] [BEFORE]

功能：在打开表的任意位置插入新的记录。

如果选择 BLANK 项，则插入一条空白记录。以后可用 BROWSE、EDIT、CHANGE、REPLACE 等命令加入数据；若不选择 BLANK 项，则会出现编辑界面，可以交互方式输入新记录的值。

如果选择 BEFORE 项，则在当前记录之前插入一条新记录；若不选择 BEFORE 项，则在当前记录之后插入一条新记录。如果事先设置了 SET CARRY ON 命令，前一个记录的数据将会自动地复制到新插入的记录中。

例 3.2　在"学生"表的第 6 条记录之前插入一条新记录。

USE 学生

GO 6

INSERT BEFORE

3.2　修改和使用表

3.2.1　打开/关闭表

1. 打开表

在项目管理器中选定要打开的表，然后单击"浏览"按钮在浏览窗口中打开该表。

如果表不在项目管理器中，可以从"文件"菜单中选择"打开"命令，然后在"打开"对话框中选择要打开的表，将其打开。

2. 在命令窗口打开、关闭表

格式：USE <表名>

功能：打开表文件。如果表文件中含有备注字段，则相应的 fpt 文件也同时打开。

在命令窗口输入不带任何参数的 USE 命令，即可关闭表。

3.2.2　在项目中添加/移去表

表创建后，若还不是项目的一部分，则可以把它加入到项目中；若该表已是项目的一部分，可将它从项目中移走；若不再需要此表，也可将它从磁盘上删除。

1. 在项目中添加表

当使用命令创建表时，即使项目管理器是打开的，该表也不会自动成为项目的一部分，可以把表添加到一个项目中。下面介绍把自由表添加到项目中的操作方法。

① 在项目管理器中选择"自由表"选项，然后单击"添加"按钮。

② 在"打开"对话框中选择要添加的表。

③ 单击"确定"按钮，所选择的表便被添加到项目管理器中。

2. 移去或删除表

① 在项目管理器中选择要移去的表，然后单击"移去"按钮。

② 在如图 3.22 所示的提示框中单击"移去"按钮。

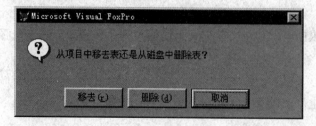

图 3.22　移去或删除表

③ 如果要从磁盘中删除表文件，则单击"删除"按钮。

3.2.3 修改表结构

如果已设计好的表结构不能满足应用要求，那么可以利用表设计器来改变已有表的结构，如增加或删除字段、改变字段的数据类型及宽度等。

1. 修改字段

在表设计器中选择要修改的字段后直接修改即可。

注意：在将字段宽度值改小时，超出字段宽度的字符会自动丢失，如果字段是数值型，则会溢出，这时在表的浏览窗口中看到的是几个"＊"符号，并且丢失的字符或数字不能再通过将字段长度改为原有长度而得到恢复。

2. 插入字段

例如，在"学生"表的"出生日期"字段和"专业"字段之间插入一个"年龄"字段，操作步骤如下。

① 在项目管理器中选择"学生"表。

② 单击"修改"按钮，打开表设计器。

③ 选择"专业"字段后单击"插入"按钮。

④ 在"专业"字段之前、"出生日期"字段之后出现一个名为"新字段"的字段，将"新字段"的名称改为"年龄"，字段类型设置为"数值"，宽度为2，小数位数为0。

⑤ 单击"确定"按钮，在弹出的询问是否为永久性更改对话框中单击"是"按钮即可。

3. 删除字段

将"学生"表的"年龄"字段删除，操作步骤如下。

① 在表设计器中选择"年龄"字段。

② 单击"删除"按钮。

③ 单击"确定"按钮。

④ 单击"是"按钮。

4. 改变字段顺序

在表设计器中，被选中的字段左边有一个上下方向的双向箭头，将鼠标指针移到该处，则指针也会变成双向箭头的形状，此时拖动鼠标指针上下移动即可改变这个字段在表中的位置。

3.2.4 维护表记录

一个数据库管理系统应该能让用户很方便地维护表中的数据。在 Visual FoxPro 中，用户可以采取多种方法维护表中的记录。维护表中的记录主要包括修改、删除和还原记录的操作。

1. 修改记录内容

表中字段内容的修改是很简单的，只需找到记录中要修改的字段所在的单元格，输入正确的内容即可。

可以在浏览窗口中修改，也可以在编辑窗口修改。如要修改某个记录的内容，应先将光标定位在要修改的记录上，然后再作修改。

若要改变"字符型"、"数值型"、"逻辑型"、"日期型"或"日期时间型"字段中的信息，可以把光标放在字段中并编辑信息，或者选定整个字段并输入新的信息。

若要编辑"备注型"字段，可在浏览窗口中双击该字段或按 Ctrl+PgDn 组合键，这时会打开一个编辑窗口，其中显示了"备注型"字段的内容。

通过双击浏览窗口中的"通用型"字段，可以编辑这个对象。可以直接编辑文档（如 Microsoft Word 文档或 Microsoft Excel 工作表），也可以双击对象打开其父类应用程序（如 Microsoft 画笔对象）。

2. 删除记录

删除记录的过程分为两步：先对要删除的记录做删除标记，再将已做删除标记的记录彻底删除。

（1）作删除标记

在浏览窗口中，每条记录前的小方块就是记录的删除标记条。如果某些记录的删除标记条变成了黑色，则意味着这些记录已被做了删除标记，此时，系统就不能对这些记录进行任何操作，但这些记录仍然保存在表中。对已做了删除标记的记录，用户既可以将其彻底删除，也可以将其恢复。

在浏览窗口中，只要用鼠标单击记录前的删除标记条，使其变黑，就给该记录加上了删除标记。但这种方法只适用于少量记录的删除。如果要删除多条记录，那么这种方法就很难将多条记录一一标记，而且更重要的是，如果要删除的记录无法预先指定，只有通过逻辑表达式才能计算出来，就不能使用这种办法，而必须使用 Visual FoxPro 提供的"删除"对话框来按条件删除记录。

按条件删除记录的操作步骤如下。

① 浏览表。

② 选择"表"菜单中的"删除记录"命令，这时会出现一个"删除"对话框，如图 3.23 所示。

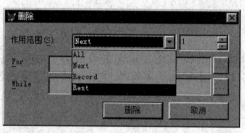

图 3.23 "删除"对话框

③ 在"作用范围"下拉列表框中选择操作范围。

a. All：全部记录。

b. Next：从表中当前记录开始的若干个记录。

c. Record：特指某个记录。

d. Rest：从当前记录开始一直到表中的最后一个记录。

④ 选择 For 或 While 构造一个逻辑表达式来设置删除记录需要满足的条件。

作用范围、For 条件或 While 条件可分别使用，也可以同时使用。

⑤ 单击"删除"按钮，回到浏览窗口，即可看到符合条件的记录被打上了删除标记。

For 条件和 While 条件的区别是 For 条件对表中满足条件的所有记录进行操作；而 While 条件遇到第一个不满足条件的记录就停止操作。

当 For 条件和 While 条件同时存在时，While 条件将覆盖 For 条件。

（2）彻底删除

若要将已做了删除标记的记录真正地从表中删除，应该从"表"菜单中选择"彻底删除"命令，在弹出的"移去已删除记录"对话框中单击"是"按钮，即可将记录从表中彻底删除。也可以在命令窗口使用 PACK 命令。

（3）删除全部记录

如果想删除表中的所有记录，只留下表的结构，可使用 ZAP 命令。

在命令窗口中输入 ZAP 命令将彻底删除表中的所有记录。

注意：此命令破坏性极大，应慎用。

3．还原记录

标记记录并不等于删除记录。在移去做了删除标记的记录之前，它们仍然存在于磁盘上，并可以撤销删除标记，恢复成原来的状态。用鼠标单击记录前面的删除标记，使其恢复为白色，即取消了删除标记。也可用"表"菜单中的"恢复记录"命令恢复一组记录，具体操作和"删除记录"命令相似。

注意：执行"彻底删除"命令后，带有删除标记的记录将被从磁盘上彻底删除。被彻底删除的记录不能再用"恢复记录"命令恢复。

3.2.5　查看记录

查看表内容的最快方法是使用系统的浏览窗口，浏览窗口中显示的内容由一系列可以滚动的行和列组成。

浏览窗口是用户操作表时经常使用的窗口，为了使用方便，用户可以定制浏览窗口及其功能。这些功能包括改变外观（改变行高、改变越宽、移动列）、筛选表和限制对字段的访问等。

1．浏览记录

① 从项目管理器中选择"数据"选项卡。

② 选择需要查看的表。

③ 单击"浏览"按钮，打开浏览窗口。

也可以从"文件"菜单中选择"打开"命令，选择需要查看的表，然后从"显示"菜单中选择"浏览"命令，同样可以浏览指定表。

在浏览窗口中，可以使用滚动条来回移动表，显示表中不同的字段和记录，也可以用方向键和 Tab 键进行移动查看。

如果要查看备注型或通用型字段，可在浏览窗口中双击该字段，在打开的窗口中会显示备注型或通用型字段的内容。

2．改变浏览窗口

用户可以按照不同的需求定制浏览窗口，如重新安排列的位置、改变列的宽度、显示或隐藏表格线或把浏览窗口分为两个窗格。

（1）改变列宽和行高

当鼠标指针位于行标头或列标头区的两行或两列的中间时，鼠标指针将变成上下方向或左右方向的双向箭头，这时拖动鼠标指针就可改变浏览窗口中记录的行高或字段的列宽。

（2）调整字段顺序

在浏览窗口中可以使用鼠标把某一列移动到窗口中新的位置上，从而改变字段在浏览窗口中的排列顺序：将鼠标指针指向列标头区要移动的那一列上，这时鼠标指针变为向下的箭头，将列标头拖到新的位置上即可。

注意：在浏览窗口改变列宽和列的排列顺序不会影响字段的实际结构。

（3）打开或关闭网格线

选择"显示"菜单中的"网格线"命令可显示或隐藏浏览窗口中的网格线。

（4）拆分浏览窗口

拆分浏览窗口可以查看同一表中的两个不同区域或者分别用浏览和编辑方式查看同一记录，如图 3.24 所示。

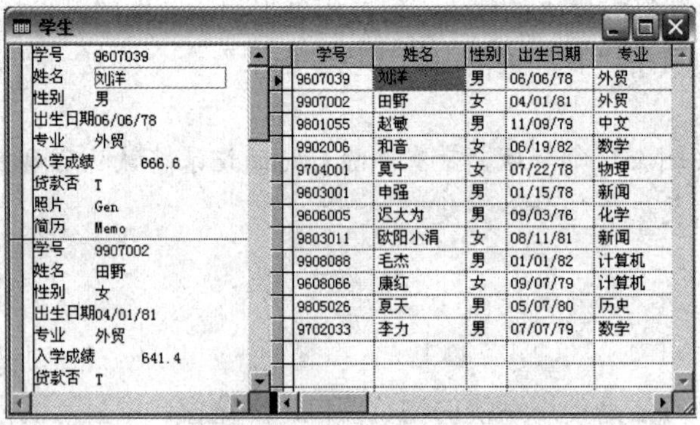

图 3.24　拆分浏览窗口

将鼠标指向窗口左下角的拆分条，这时鼠标指针变为左右箭头对接的形状，将拆分条拖动到所需的位置上即可。

若要调整拆分窗口的大小，只需向左或向右拖动拆分条即可改变窗口的相对大小。

默认情况下，两个窗口是链接的，即在一个窗口中选择了不同的记录，这种选择会反映到另一个窗口中。取消"表"菜单中"链接分区"选项的选中状态，可以中断两个窗口之间的联系，使它们的功能相对独立。这时，滚动某一个窗口时，不会影响到另一个窗口中显示的内容。

3．定位记录

在打开的表中只有一条记录是"当前记录"。在表的浏览窗口中，当前记录前有一个黑三角标志。由于光标和光标亮条所在的记录一定是当前记录，因此移动光标将重置当前记录。为了浏览记录，使用光标定位的办法，可使当前记录定位在指定的记录上。

在浏览表时，如果表中的记录特别多，这时使用方向键、PgUp 键或 PgDn 键已很难将记录定位到需要查看的记录中。为此，Visual FoxPro 提供了两种解决办法：一是使用"表"菜单中的"转到记录"命令，二是使用"编辑"菜单中的"查找"命令。

（1）用"查找"命令查看

当表中包含的数据特别多时，Visual FoxPro 提供了一个"查找"命令来帮助用户查看表中某一特定的数据。

① 在浏览窗口中打开要查看的表。

② 选择"编辑"菜单中的"查找"命令，打开"查找"对话框，如图 3.25 所示。

图 3.25 "查找"对话框

③ 在"查找"文本框中输入要查找的内容。

④ 单击"查找下一个"按钮，在找到第一个符合的数据后，Visual FoxPro 就将此记录作为当前记录。

⑤ 再次单击"查找下一个"按钮，将继续查找下一个数据。重复此过程可以将全部指定的内容查找出来。

在没有找到要查找的内容时，Visual FoxPro 会发出一种警告声，并在状态栏中显示"没有找到"信息。

（2）用"转到记录"命令查看

为了方便用户查看表中某一特定的记录，Visual FoxPro 在"表"菜单中提供了一个"转到记录"子菜单，如图 3.26 所示。"转到记录"子菜单中包含 6 条命令。

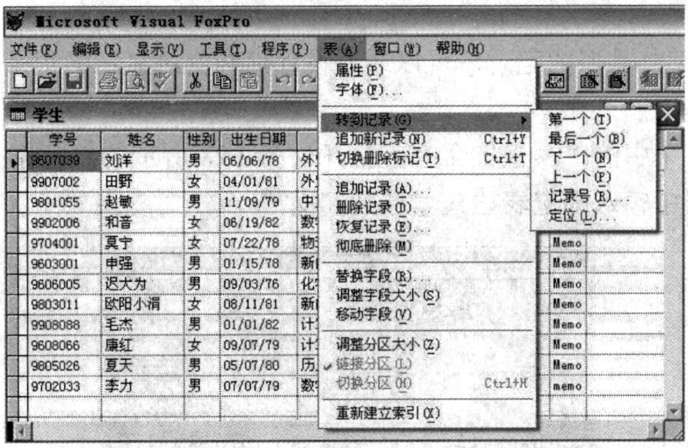

图 3.26 "转到记录"子菜单

① 第一个：将当前记录定位于表的第一条记录上。

② 最后一个：将当前记录定位于表的最后一条记录上。

③ 下一个：将当前记录定位于原当前记录的后一条记录上。

④ 上一个：将当前记录定位于原当前记录的前一条记录上。

⑤ 记录号：将当前记录定位于指定的记录上。

⑥ 定位：将当前记录定位于符合指定条件的记录上。

如果已经知道所需查看的记录的记录号，可以将当前记录定位于该记录上，操作步骤如下。

① 选择"转到记录"子菜单中的"记录号"命令，打开"转到记录"对话框，如图 3.27 所示。

② 在"转到记录"对话框中输入要查看的记录的记录号。

③ 单击"确定"按钮。

如果需要查看符合某一特定条件的记录，可以使用"定位"命令来将当前记录定位于需看见的记录上，操作步骤如下。

① 选择"转到记录"子菜单中的"定位"命令，打开"定位记

图 3.27 "转到记录"对话框

录"对话框。该对话框类似于如图 3.23 所示的"删除"对话框。

② 在"定位记录"对话框的"作用范围"列表框中选择操作范围。

③ 在"For"文本框中输入定位表达式或单击"For"文本框后的"…"按钮，打开"表达式生成器"对话框，在"表达式生成器"对话框中构造定位表达式。

④ 单击"定位"按钮，返回浏览窗口，可看到当前记录已定位于满足条件的第一条记录上。

4. 筛选数据

若有多个记录都符合定位的条件，则使用"定位"命令只能定位表中的第一个符合条件的记录，若想同时查出所有记录，则需使用数据筛选功能。

在浏览窗口中，默认情况下 Visual FoxPro 将表中存储的所有记录和字段全部显示出来。当表中存储的数据量很大，字段很多时，想要浏览表中的特定的数据就不是很方便。为此，Visual FoxPro 通过在表中设置筛选器的方法来让用户自己定制要显示哪些记录和字段。例如，可以使用筛选记录和选择字段的办法使表在浏览窗口中只显示"学生"表中女生的"姓名"、"性别"和"专业" 3 个字段的内容。

（1）记录筛选

如果只需要查看某一类型的记录，可以通过设置筛选器对显示的记录进行限制。

① 打开表浏览窗口。

② 选择"表"菜单中的"属性"命令，打开如图 3.28 所示的"工作区属性"对话框。

③ 在数据筛选器中输入筛选表达式"性别="女""。

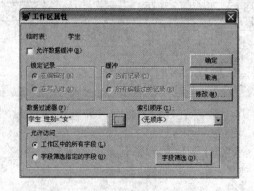

图 3.28 "工作区属性"对话框

（2） 字段筛选

在浏览表时，如果只要求显示某些用户所关心的字段，可以设置字段筛选来限制对某些字段的访问。

① 在“工作区属性”对话框的“允许访问”选项组选中“字段筛选指定的字段”单选按钮，然后单击“字段筛选”按钮，进入如图 3.21 所示的“字段选择器”对话框。

② 在“所有字段”列表框中选择“姓名”、“性别”和“专业”3 个字段，然后单击“添加”按钮，将这 3 个字段移入“选定字段”列表框内。

③ 单击“确定”按钮，关闭“字段选择器”对话框。

浏览表时，只有满足筛选表达式的记录和在字段选择器中所选定的字段才能够被显示出来，浏览窗口中显示的内容如图 3.29 所示。

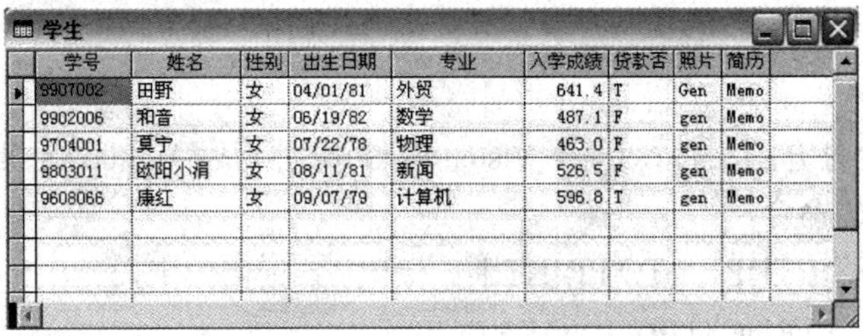

学号	姓名	性别	出生日期	专业	入学成绩	贷款否	照片	简历
9907002	田野	女	04/01/81	外贸	641.4	T	Gen	Memo
9902006	和音	女	06/19/82	数学	487.1	F	gen	Memo
9704001	莫宁	女	07/22/78	物理	463.0	F	gen	Memo
9803011	欧阳小涓	女	08/11/81	新闻	526.5	F	gen	Memo
9608066	康红	女	09/07/79	计算机	596.8	T	gen	Memo

图 3.29 记录过滤

若要恢复显示被筛选掉的记录，只要在“工作区属性”对话框的“数据过滤器”文本框中把表达式删除掉即可；若要显示所有字段，在“工作区属性”对话框的“允许访问”选项组选中“工作区中的所有字段”单选按钮即可。

3.2.6 修改和使用表的命令

1．打开表命令

格式：USE <文件名> [INDEX <索引文件名表>][ALIAS <别名>][EXCLUSIVE]

功能：打开当前工作区内的表，并且打开相应的索引文件。如果表中含有备注字段，则相应的 fpt 文件也同时被打开。当打开另一个表时，当前工作区中先前使用的表将自动被关闭。

如果只有 USE 而不带任何参数，则关闭当前工作区中已打开的表。

“ALIAS <别名> ”选项用来给文件指定一个别名。如果省略此项，表文件名就是别名。

EXCLUSIVE 表示以独占方式使用表，即不允许其他用户在同一时刻也使用该表。

例 3.3 打开“学生”表，别名为 XS。

USE 学生 ALIAS XS

于是，打开“学生”表并获得别名 XS，接下来可按别名存取表文件。

2．关闭表命令

（1）USE 命令

格式：USE

功能：关闭当前工作区中打开的表和相应的索引。

（2）CLEAR ALL 命令

格式：CLEAR ALL

功能：关闭所有已打开的表、索引和格式文件，释放所有的内存变量，选择工作区 1 为当前工作区。

（3）CLOSE 命令

格式：CLOSE ALL/DATABASE

功能：CLOSE ALL 是关闭所有类型的文件，选择工作区 1 为当前工作区。CLOSE DATABASE 是关闭所有已打开的数据库文件、索引文件和格式文件，选择工作区 1 为当前工作区。CLOSE 命令不释放内存变量。

（4）QUIT 命令

格式：QUIT

功能：关闭所有打开的文件，退出 Visual FoxPro 并返回 Windows 操作系统。

3. 显示表结构的命令

格式：LIST STRUCTURE [TO PRINT]

DISPLAY STRUCTURE [TO PRINT]

功能：显示表结构的文件名、记录总数、最后修改日期、每个字段的定义（字段名、类型、宽度、小数位等）以及记录总字节数等内容，这些信息也将成为元数据。

指定选择项 TO PRINT，信息将同时输出到屏幕和打印机；若未指定该项，则信息仅输出到屏幕。

LIST STRUCTURE 与 DISPLAY STRUCTURE 两个命令功能相同，它们的区别是：当显示满一屏后，DISPLAY STRUCTURE 将暂停显示，提示按任意键后继续显示;而 LIST STRUCTURE 并不暂停，屏幕继续向下滚动显示。

例 3.4 显示"学生"表的结构。

USE 学生

DISP STRU

4. 显示表记录的命令

（1）LIST 命令

格式：LIST [<范围>] [FIELDS <表达式表>] [FOR <条件>] [WHILE <条件>]

[TO PRINT] [OFF]

功能：以列表的形式显示表的全体或部分记录及字段内容。

<范围>为 ALL、RECORD<n>、NEXT<n>、REST 中的一个参数。不指定时，默认范围为 ALL。

"FIELDS <表达式>" 用来指定显示的字段名、内存变量名或表达式，其中 FIELDS 一字也可以不写。省略该项时，将显示所有字段。对于备注字段及通用字段，不显示具体内容。若要显示备注字段数据，则必须在<表达式表>中明确指出该字段名，如

LIST 简历

其中"简历"为数据库文件结构中所定义的备注字段名。

指定 "FOR<条件>"、"WHILE<条件>" 时，将显示满足条件的记录。同时指定时，"WHILE<条件>"优先于"FOR<条件>"。

指定 TO PRINT 时，将命令结果送到打印机上输出。

例 3.5 带有选择项的 LIST 命令用法示例。

USE 学生

LIST FIELDS 学号，姓名，性别，出生日期，专业 FOR 性别="男"

LIST FOR 性别="女" .AND. 专业="新闻"

（2）DISPLAY 命令

格式：DISPLAY [<范围>] [FIELDS <字段名表>] [FOR <条件>] [WHILE <条件>]

[TO PRINT] [OFF]

功能：以列表的形式显示表的全体或部分记录及字段内容。

DISPLAY 命令与 LIST 命令格式相同，功能也基本相同。它们的区别如下。

LIST 省略 <范围>时，显示全体记录; DISPLAY 省略 <范围>时，只显示当前记录。

LIST 连续显示记录; 而 DISPLAY 分屏显示记录，当显示满一屏后暂停，提示按任意键后继续显示。

5. 用其他方法建立表的命令

前面已介绍过使用 CREATE TABLE 命令建立表结构的方法，下面是利用已有的表建立新表的一些方法。

（1）COPY STRUCTURE 命令

格式：COPY STRUCTURE TO <新文件名> [FIELDS <字段名表>]

功能：复制当前打开的表结构到新的表文件中，但不复制任何数据记录。

例 3.6 复制"学生"表的结构，生成"学生_cs.dbf"文件。

USE 学生

COPY STRUCTURE TO 学生_cs

（2）COPY TO 命令

格式：COPY TO <新文件名> [<范围>] [FIELDS <字段名表>] [FOR <条件>]

　　　　　[WHILE <条件>]

功能：将打开表的全部或部分结构及数据复制到新表。

若未指定<范围>、"FOR <条件>"、"WHILE <条件>"选项，则复制所有的记录。未选择"FIELDS <字段名表>"时，复制所有的字段。选用"FIELDS <字段名表>"时，便指定了新生成的表中所含有的字段及字段之间的前后顺序。

如果同时存在 FOR 子句和 WHILE 子句，则 WHILE 子句优先。

例 3.7 复制"学生"表中"学号"、"姓名"、"性别"、"出生日期"4 个字段到新表"学生_1.dbf" 中。

USE 学生

COPY TO 学生_1 FIELDS 学号，姓名，性别，出生日期

6. 修改表结构的命令

格式：MODIFY STRUCTURE

功能：打开表设计器窗口，显示当前表的结构，并可直接修改其结构。表结构的修改包括增加字段、删除字段、修改字段名、字段宽度、字段类型、是否为 NULL 值等。

修改表结构和建立表时的表设计器完全一样。

7. 记录定位命令

表内部有一个记录指针，当打开表文件时，指针指向第一个记录。对表进行一些重要操作（如对记录进行插入、修改、删除等操作）时，就需要将指针定位到该记录上。记录定位命令有多条，这里介绍两条专用命令：GO/GOTO 命令 和 SKIP 命令。

（1）GO/GOTO 命令

格式 1：GO/GOTO TOP/BOTTOM

功能：记录指针定位到表的第一条记录或最后一条记录。

格式 2：GO/GOTO <数值表达式>

功能：记录指针定位到表的某一条记录，命令中数值表达式的值就是指针定位的指定记录号。

例 3.8

USE 学生

GOTO BOTTOM　　　　　　　　& 记录指针定位到表的最后一条记录

GO 3　　　　　　　　　　　　& 记录指针定位到表的第三条记录

GO TOP　　　　　　　　　　　& 记录指针定位到表的第一条记录

（2）SKIP 命令

格式：SKIP [<数值表达式>]

功能：将记录指针从当前记录位置向前或向后移动，移动的记录数等于<数值表达式>的值。<数值表达式>值为正时向前移动，<数值表达式>值为负时向后移动。省略<数值表达式>时，表示向前移动一个记录。

如果记录指针指向文件的最后一条记录，则执行一个 SKIP 命令，RECNO() 函数返回值等于文件中的记录数加 1，且 EOF() 函数的返回值为真（.T.）。

如果记录指针指向文件的第一条记录，则执行一个 SKIP −1 命令，RECNO() 函数返回值等于 1，且 BOF() 函数返回值为真（.T.）。

例 3.9 用 SKIP 命令移动指针到指定的记录，其中 RECNO() 函数的返回值是当前记录指针的值。

USE 学生

? RECNO()

1

SKIP 5

? RECNO()

Record No. 6

SKIP −3

? RECNO()

Record No. 3

如果表中有记录作过删除标记，则 SKIP 命令不对作过删除标记的记录进行计算。

8. 记录的删除命令

（1） DELETE 命令

格式：DELETE [<范围>] [FOR <条件>] [WHILE <条件>]

功能：在当前表文件中为要删除的记录加上删除标记。

DELETE 命令仅对要删除的记录加上删除标记，并非真正地从库文件中将其删除。但作过删除标记的记录一般被认为是无效记录，若先执行 SET DELETE ON 命令，则随后执行的其他数据库操作命令将不对这些记录进行处理。

若省略<范围>选择项，则仅对当前记录加上删除标记。"FOR<条件>"、"WHILE <条件>"两个选择项的功能与其他命令相同。

例 3.10 在"学生"表中，给"性别"为女的记录加删除标记。

USE 学生

DELETE ALL FOR 性别="女"

（2）RECALL 命令

格式：RECALL [<范围>] [FOR <条件>] [WHILE <条件>]

功能：在当前表文件中，抹去删除标记，恢复被删除的记录。

RECALL 命令可以恢复所有被 DELETE 命令作过删除标记的记录，但不能恢复用 PACK 命令和 ZAP 命令删除的记录。

若省略<范围>选择项，则仅恢复当前记录。

选择项"FOR <条件>"、"WHILE <条件>"的功能与其他命令相同。

（3）PACK 命令

格式：PACK

功能：把当前表中带删除标记的记录永久删除。

使用 PACK 命令之后，带有删除标记的记录将从表中永久地删除，不能再用 RECALL 和其他命令恢复，因此使用时要特别慎重。

（4）ZAP 命令

格式：ZAP

功能：从打开的表中删除所有的记录，只保留表的结构。

用该命令删除的记录将无法恢复，使用时要特别小心。

9. 修改记录的命令

（1） EDIT 命令

格式：EDIT [<范围>] [FIELDS <字段名表>] [FOR <表达式>] [WHILE <表达式>]

功能：用来编辑修改当前表中记录的内容。若省略各个选项，则从当前记录开始顺序修改记录。

若指定"FIELDS <字段名表>"，则只对字段名表中列出的字段进行修改；否则将对表中所有字段进行修改。

（2）CHANGE 命令

格式：CHANGE [<范围>] [FIELDS <字段名表>] [FOR <表达式>] [WHILE <表达式>]

功能：对打开表的记录和字段进行交互式编辑修改。

CHANGE 命令的功能与 EDIT 命令相似。

（3）BROWSE 命令

格式：BROWSE [FIELDS <字段名表>] [LOCK <表达式>] [FREEZE <表达式>]
　　　　[NOFOLLOW] [NOMENU] [NOAPPEND] [WIDTH <表达式>] [NOMODIFY]

功能：以浏览窗口方式显示表的内容，并可对窗口内的数据进行修改。

FIELDS <字段名表>：用来显示指定的字段，屏幕上显示的字段及字段的排列顺序与字段名表上的相同。若省略此选项，则按数据库文件结构中的顺序显示所有的字段。

LOCK <表达式>：定义水平方向卷动屏幕时，屏幕左边连续不参加卷动的字段数。这些字段被定义后，当屏幕显示水平方向移动时，它们保持在屏幕左边不动，而其他字段则左右移动，移进移出屏幕。

FREEZE <字段名>：定义唯一允许修改的字段，其他字段仍在屏幕上显示。

NOFOLLOW：只有在修改索引文件关键字段时才起作用。通常情况下，若修改关键字段值，记录将按它的值重新定位索引中的位置，该记录仍然是当前记录；若指定 NOFOLLOW 修改关键字段值，记录将重新定位，且记录指针指向原来的位置。

NOMENU：用来限制跳转功能菜单的使用。若选用该项，则不显示跳转功能菜单；否则取约定值。

NOAPPEND：用来限制在 BROWSE 方式下向数据库文件追加新记录。

WIDTH <表达式>：用来定义字段显示的宽度。若字段内容大于这个宽度，则可用光标控制键使之在水平方向上移动。

（4）REPLACE 命令

格式：REPLACE [<范围>] <字段名 1> WITH <表达式 1> [, <字段名 2> WITH
　　　　<表达式 2>…] [FOR <表达式>] [WHILE <表达式>]

功能：用来替换打开表中指定字段的数据。<字段名 *n*>所指定字段的数据，将由相应的<表达式 *n*>的值来代替。

当省略范围时，只替换当前记录。

<字段名 *n*>与<表达式 *n*>的数据类型必须一致。对数值型字段，当<表达式 *n*>的值大于字段宽度时，REPLACE 命令将按下列规则进行替换。

截去表达式值的小数部分的某几位，并对小数部分作四舍五入处理。

若上述处理后仍放不下，则采用科学记数法，但数值精度将会降低。

若上述两种处理仍放不下，则用星号"*"代替字段的内容。

若修改的字段是打开索引文件的关键字，则该索引文件的数据将被替换，且记录在索引文件中的位置可能要发生变化。但在对打开的索引文件关键字段进行替换时，不能使用<范围>、"FOR<表达式>"、"WHILE<表达式>"等选项，否则会造成只有部分记录做了替换。

REPLACE 命令对有规律的数据进行成批的计算、替换是非常方便的。

例 3.11　为"学生"表所有学生的入学成绩增加 20 分。

USE 学生

REPLACE ALL 入学成绩 WITH 入学成绩+20

3.2.7　使用多个表

1．工作区和工作期的概念

（1）工作区

为了能够同时使用多个表，引入工作区的概念。工作区是一个编号的区域，用它来标识一个打开的表。在每个工作区中只能同时打开一个表，在一个工作区中打开其他的表时，原来在该工作区中打开的表将自动关闭。若要同时使用多个表，就要使用多个工作区。在 Visual FoxPro 中，最多可以有 32 767 个工作区。在应用程序中，工作区一般通过使用该工作区的表的别名来标识。表的别名是表的另一个名称，通过它可以引用在工作区中打开的表。

（2）数据工作期

工作期是当前动态工作环境的一种表示，每个数据工作期包含有自己的一组工作区，这些工作区含有打开的表、表索引和关系。

2．在"数据工作期"窗口查看工作区

从"窗口"菜单选择"数据工作期"命令或在"命令"窗口中输入 SET 命令，Visual FoxPro 将打开如图 3.30 所示的"数据工作期"窗口，并显示在当前数据工作期中的工作区中打开的表的别名。

3．在工作区中打开/关闭表

（1）在工作区中打开表

① 在"数据工作期"窗口中，单击"打开"按钮，出现一个"打开"对话框，如图 3.31 所示。

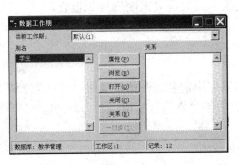
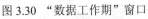

图 3.30　"数据工作期"窗口　　　　　　　图 3.31　"打开"对话框

② 在"打开"对话框中选择要打开的表，单击"确定"按钮。

（2）在工作区中关闭表

在"数据工作期"窗口中选定要关闭的表别名，然后单击"关闭"按钮。

当在同一工作区中打开其他表时，可以自动关闭已打开的表。

4．使用表别名

别名是指定给一个表或表达式中某项的另一个名称，通常用来缩短在代码中连续引用的名

称。表的别名是用来引用工作区中打开的表的。当打开一个表时，Visual FoxPro 会自动将表名作为默认的别名。用户也可以另外指定一个别名，当指定的别名发生冲突时，Visual FoxPro 将自动给这个表创建一个别名。可以通过别名和工作区引用一个表。

（1）创建用户自定义别名

在打开一个表时，用户可以为它指定一个自定义的别名。

例如，可以使用以下命令在 0 号工作区中打开表文件"学生.dbf"，并为它指定一个别名"xs"：

SELECT 0

USE 学生 ALIAS xs

然后使用别名 xs 引用打开的表。别名最多可以包括 254 个字母、数字或下划线，但首字符必须是字母或下划线。如果所提供的别名包含不支持的字符，则 Visual FoxPro 会自动创建一个别名。

（2）使用 Visual FoxPro 指定的别名

如果同时在多个工作区中打开同一个表，并且在每个工作区中打开该表时没有指定别名，或者别名发生冲突，Visual FoxPro 将自动为表指定一个别名：在前 10 个工作区中指定的默认别名是工作区字母 A 到 J，在工作区 11 到 32 767 中指定的别名是 W11 到 W32767。

可以像使用任何默认别名或用户自定义别名那样，使用这些 Visual FoxPro 指定的别名来引用在一个工作区中打开的表。

（3）使用别名选择工作区

可以使用 SELECT 命令选择当前工作区。例如，已经在一个工作区中打开了"学生.dbf"并指定默认别名 xs，可以使用下面的 SELECT 命令选择这个工作区：

SELECT xs

（4）引用在其他工作区中打开的表

在别名后加上点号分隔符"."或"→"操作符，然后再接字段名，可以引用其他工作区中的字段。可以在一个表所在的工作区之外使用表名或表别名来明确标识该表。

例如，可以使用以下代码，在一个工作区中访问其他工作区中打开的"学生"表的"学号"字段：

学生.学号

如果要引用的表是用别名打开的，则也可以使用别名。例如，如果"学生"表是使用别名"xs"打开的，那么，可以使用以下代码引用表中的"姓名"字段：

xs.姓名

3.3 设计数据库

数据库是按特定的顺序组织起来的相关信息的一个集合。在数据库中存储信息以后，用户很容易获得其中的数据，并且允许用户通过多种方式对数据进行查询。

在数据库应用系统中，数据库的设计是一项非常重要的工作，数据库性能的优劣将直接影响到最终应用系统的性能。经过长期的摸索，人们提出了各种数据库设计方法以及各种设计准则和规程，即规范化设计方案。在第 1 章已简明地介绍了 E-R 模型、关系模型、关系数据库理论、逻辑数据库结构及物理数据库结构等数据库设计中的主要方法及步骤。本节将详细介绍设计"教学管理"数据库的方法、步骤及细节。

3.3.1 需求分析

Visual FoxPro 程序设计的第一步是明确数据库的目的和如何使用。也就是说，需要从数据库中得到哪些信息。明确目的之后，就可以确定需要保存哪些主题的信息（表），以及每个主题需要保存哪些信息（字段），然后设计相应的数据库、表和索引。

设计数据库时要注意以下两点：一是要强调用户的参与，在分析数据库需求时，最好和数据库的使用人员多交换意见，不要自己凭空想象，并根据用户提出的要求，推敲数据库需要存储哪些数据，基于这些数据需要回答哪些问题；二是要充分考虑到数据库可能的扩充和改变，怎样才能提高数据库的灵活性和易修改性，也只有创建一个设计灵活的数据库，才能保证所建立的应用程序具有较高的性能。

例如，建立一个"教学管理"数据库，存放教与学两方面的信息，也就是有关学生的情况、教师的情况、课程安排以及考试成绩等方面的信息。要求从中可以查出每个学生各门课程的成绩，或者某门课程由哪位教师担任、哪些学生选修了这门课，以及这门课程的考试成绩等数据信息。

3.3.2 确定数据库表

经过细致的数据需求分析后，接下来的任务就是确定数据库中需要几个表，并分析表间的关联。

确定数据库中需要的表是数据库设计过程中技巧性最强的一步。因为根据用户想从数据库中得到的结果（包括要打印的报表、要使用的表单等），只能确定数据库需要哪些信息。至于表的结构、表与表之间的关系，用户是不可能提出的。在设计数据库时，应将不同主题的信息存储在不同的表中，即每个主题一般就是一张表。

例如，在某校的"教学管理"数据库中，用一个表保存学生的基本情况，而用另一个表保存学生的成绩信息。两表之间用"学号"这个字段联系起来。尽管看起来在每张表中创建了"学号"的重复字段，但实际上却大大减少了数据存储量。每个学生的基本信息字段（除"学号"外）只在"基本情况"表中存储一次；每种课程的信息字段只在"成绩"表中存储一次。重复的部分信息很少，只有一个"学号"字段，它保存着这两张表数据之间的对应关系。

根据上面提出的"教学管理"数据库的要求，初步确定这个数据库需要 5 个表，它们是存放学生和教师的基本情况的"学生"表和"教员"表、存放各门课程的考试成绩的"成绩"表、存放课程设置的"课程"表及有关专业设置情况的"专业"表。

3.3.3 确定所需字段

表是由多个记录组成的，而每个记录又由多个字段组成。在确定了所需表之后，接下来应根据每个表中需要存储的信息确定该表需要的字段，这些字段既包括描述主题信息的字段，又包括建立关系的主关键字字段。字段名一般使用字母标识，也可以使用汉字标识，为了描述简明、直观，"教学管理"数据库中的表名及字段名采用汉字标识。

为了保证数据的不多余性且不遗漏信息，在确定表所需字段时应遵循以下规则。

1. 字段唯一性

描述不同主题的字段应属于不同的表。表中不应有与表的内容无关的数据，必须确保一个表中的每个字段直接描述该表的主题。如果多个表中重复同样信息，则表明在某些表中可能有不必要的字段，应将其删除。如果相同信息出现多次，不仅浪费存储空间，而且会增加出错的可能性，给数据库的维护带来很多麻烦。

例如，在"成绩"表中不需要学生年龄的信息，该表中就不应包含有"出生日期"字段。

2. 字段无关性

这一规则可防止对表中数据作修改时出现错误，也就是在不影响其他字段的情况下，必须能够对任意字段进行修改。

一些可以通过对其他字段的推导或计算得到的数据就不必存储到表中。例如，只要记录学生的"出生日期"就可计算出"年龄"；同样，"总成绩"通常是根据"平时成绩"、"期中成绩"和"期末成绩"计算出来的。因此，无须保留"年龄"和"总成绩"字段。这样做可以节省数据库中存储数据的空间，同时减少了出错的可能性，也保证了数据的一致性。

3. 使用主关键字字段

Visual FoxPro 是一种关系型数据库管理系统，利用表间关系可以迅速查找存储在多个独立表中的信息，并将这些信息组合在一起。为了能做到这一点，数据库中的每个表都必须有一个主关键字，用于唯一标识存储在表中的每个记录。主关键字可由表中的一个或多个字段构成。Visual FoxPro 能利用主关键字迅速关联多个表中的数据，并把数据组合在一起。主关键字字段不允许有重复值和 NULL 值，因此不能选择包含此类值的字段作为主关键字字段。

如果表中的记录已经有了唯一的标识符，那么可以用作该表的主关键字。例如，可用学号标识不同的学生，所以可将"学号"字段作为学生表的主关键字。不要使用人名作为主关键字，因为人名并非唯一，在同一个表中很容易出现两人同名的情况。

因为要用主关键字的值来查找记录，所以它不能太长，以方便记忆和输入。主关键字的长度直接影响数据库的操作速度，因此在创建主关键字字段时，该字段值为最好能够满足存储要求的最小长度。

在某些情况下，需要把两个或更多的字段连在一起作为表的主关键字。例如，在"成绩"表中，没有一个字段是唯一的（一个学生可以选修多门课程，多个学生可选同一门课程），因此该表中不可能用单个字段作主关键字，但"学号"与"课程代码"的组合却是唯一的，可以用这两个字段的组合构成主关键字。

4. 外部关键字

在创建新表时，应该保留与其他表相链接的少量信息，如"学号"、"专业名称"、"课程代号"、"教师代号"等字段。这些用于"链接"的字段就是所谓的外部关键字。

在一个设计较好的数据库中，外部关键字提高了查询的效率。在开始设计数据库时就应保存有关的外部关键字。当定义表时，将主关键字与外部关键字链接起来，以告诉系统如何在需要从多个表中获取信息时自动地链接数据。

5．收集所需的全部信息

在设计数据库时，可能会遗漏一些重要的信息，这只有回到设计的第一步——分析数据需求，全面检查所需的表单和报表，重新思考需要系统回答的问题，以确保所需的数据信息都包括在所设计的表中，或者可由这些表中的数据计算出来。

注意：当数据库应用程序已经处于开发过程中时，不应轻易修改表的结构，因为这样会影响基于原来表结构的应用程序的正确运行。

6．以最小的逻辑单位存储信息

如果把多个信息放入一个字段中，以后要获取单独的信息就会很困难，应尽量把信息分解成比较小的逻辑单位（例如，为学生的姓名、学号和性别创建不同的字段）。

根据以上的原则，为"教学管理"数据库的各个表设置字段，如表3.3～表3.7所示。

表3.3 "学生"表的字段

学号	姓名	性别	出生日期	专业	入学成绩	贷款否	照片	简历	身份证	籍贯	地址	电话	特长	奖励	处分

表3.4 "教员"表的字段

教师代号	姓名	性别	出生日期	职称

表3.5 "成绩"表的字段

学号	课程代号	平时	期中	期末

表3.6 "课程"表的字段

课程代号	课程名	周学时	学分

表3.7 "专业"表的字段

专业	负责人	研究方向

其中，"学生"表中的"学号"字段、"教员"表中的"教师代号"字段、"课程"表中的"课程代号"字段和"专业"表中的"专业"字段是对应表的主关键字字段；而"成绩"表中的"学号"和"课程代号"字段则分别为该表的两个外部关键字字段，用来联系"学生"表和"课程"表。

3.3.4 确定关系

到目前为止，已经把信息分成了各个表，在每个表中可存储各自的数据。可是，这些表是孤立的，还需要在这些表之间定义关系。Visual FoxPro将利用这些关系来查找数据库中有联系的信息，并将它们重新组合，得到有意义的信息。

Visual FoxPro将表之间复杂多样的关系归结为一对一、一对多和多对多的关系。

1．一对一关系

在一对一关系中，表1的一条记录在表2中只能对应一条记录，而表2中的一条记录在表1中也只能有一条记录与之对应。

两表间的一对一关系不经常使用，因为在许多情况下，可将两个表中的信息合并成一个表。如果在数据库中存在一对一关系，那就要考虑是否能把这些信息合并到一个表中。也可能出于某种原因不想合并，比如，有些信息是不常用的，或者某些信息是机密的，不应被每个人看到。例如，"学生"表中保留的一些特殊信息（受到的奖励及处分等），因为这些信息不需要经常查看，或者只能由学校的某些授权单位查看，所以可创建一个拥有"学号"主关键字的"学生个人情况"表，使"学生"表与这张表之间的关系是一一对应的。

2. 一对多关系

一对多关系是关系型数据库中最普遍的关系。在一对多关系中，对于第一张表中的任意一条记录，在第二张表中可以有多条记录与之对应，但反过来，第二张表中的任意记录在第一张表中只有一条记录与之对应。例如，"专业"表和"学生"表之间就是一对多的关系，因为一个学生只能有一个专业（这里不考虑第二学历的情况），而每个专业则有多个学生。还有"学生"表和"成绩"表之间也是一对多的关系：每个学生可以有多门课程的成绩，但一个成绩只能属于一个学生；同样，"课程"表和"成绩"表之间也是一对多的关系：每门课程可以有多个学生的成绩，但一个成绩只能属于一个学生某门课程。

3. 多对多关系

在多对多关系中，表 1 的一条记录在表 2 中可以对应多条记录，同样，表 2 中的一条记录在表 1 中也可以对应多条记录。在具有多对多关系的两个表之间，如果将一个表的主关键字字段添加到另一个表中，那么就会出现同一信息保存多次的情况，这样就不利于信息的管理和维护。因此，在设计数据库时，应将多对多关系分解成两个一对多关系，其方法就是在具有多对多关系的两个表之间创建第三个表。在 Visual FoxPro 中，把用于分解多对多关系的表称为"纽带表"。因为它在两表之间起着纽带的作用，可以把两个表的主关键字都放在这个纽带表中。

纽带表可能只包含它所连接的两个表的主关键字，也可以包含其他信息。在纽带表中，两个字段连在一起就能使每个记录具有唯一值。

例如，"学生"表和"课程"表之间就是多对多的关系：每门课程可以有多个学生选修，同样，一个学生也可以选修多门课程。而"成绩"表就是"学生"表和"课程"表之间的"纽带表"，通过"成绩"表把"学生"表和"课程"表联系起来。比如，通过"学生"表和"成绩"表，可以查出某个学生各门功课的成绩；而通过"课程"表和"成绩"表，可以查出某一课程都有哪些学生选修，以及这门课程的考试成绩等信息。

如果考虑到一个教师可能不止开一门课，而同一门课程也可能有几位教师同时讲授的情况，那么"教员"表和"课程"表之间也是多对多的关系。为此，也应该设置一个"纽带表"，以便于把"教员"表和"课程"表分解成两个一对多的关系。

基于以上考虑，在"教学管理"数据库中再增加两个表："学生个人情况"表和"任课"表。将原"学生"表中的一些不常用或需要保密的字段移入"学生个人情况"表中。而"任课"表作为"教员"表和"课程"表之间的"纽带表"，应将"教员"表的主关键字字段"教师代号"和"课程"表的主关键字字段"课程代号"放入其中，这样就可以从中查找某门课程是由哪位教师担任的了。

"学生个人情况"表和"任课"表以及调整后的"学生"表中的字段如表 3.8～表 3.10 所示。

表 3.8 调整后的"学生"表的字段

学号	姓名	性别	出生日期	专业	入学成绩	贷款否	照片	简历

表 3.9 "学生个人情况"表的字段

学号	身份证号码	籍贯	地址	电话	特长	奖励	处分

表 3.10 "任课"表的字段

教师代号	课程代号

3.3.5 完善数据库

在设计数据库时,由于信息复杂和情况变化会造成考虑不周,设计出来的系统中会存在一些问题。例如,有些表没有包含属于自己主题的全部字段,或者包含了不属于自己主题的字段。此外,在设计数据库时经常会出现忘记定义表与表之间的关系,或者定义的关系不正确等情况。例如,用于建立关系的字段不是位于"一"端的主关键字字段,或没有将具有多对多关系的表分成两个一对多关系的表。这些问题经常会使设计出来的数据库难以维护和使用,因此在初步确定了数据库需要包含哪些表、每个表包含哪些字段以及各个表之间的关系以后,还要重新研究一下设计方案,检查可能存在的缺陷,并进行相应的修改。只有通过反复修改,才能设计出一个完善的数据库系统。

在试验最初的数据库时,很可能会发现需要改进的地方,例如:

是否遗忘了字段?是否有需要的信息没有包括进去?如果是,那么它们是否属于已创建的表?如果不包含在已创建的表中,那就需要另外创建一个表。

是否为每个表选择了合适的主关键字?在使用这个主关键字查找具体记录时,它是否很容易记忆和输入?要确保主关键字值不会出现重复。

是否在某个表中重复输入了同样的信息?如果是,需要将此表分成两个一对多关系的表。

是否有字段很多、记录却很少的表,而且许多记录中的字段值为空?如果是,就要考虑重新设计该表,使它的字段减少,记录增多。

确定了要做的修改之后,就可以修改表和字段以改进设计方案了。

在"教学管理"数据库中共设计了 7 个表:学生.dbf 、学生个人情况.dbf、教员.dbf、成绩.dbf、课程.dbf、任课.dbf、专业.dbf。它们的结构分别如下。

学生 (学号 c(7),姓名 c(8),性别 c(2),出生日期 d,专业 c(10),入学成绩 n(5, 1),贷款否 l,照片 g,简历 m)

学生个人情况 (学号 c(7),身份证号码 c(13),籍贯 c(6),地址 c(20),电话 c(20),特长 c(15),奖励 c(20),处分 c(20))

教员 (教师代号 c(5),姓名 c(8),性别 c(2),出生日期 d,职称 c(10))

成绩 (学号 c(7),课程代号 c(5),平时 n(3),期中 n(3),期末 n(3))

课程 (课程代号 c(5),课程名 c(16),周学时 n(1),学分 n(1))

任课 (课程代号 c(5),教师代号 c(5))

专业 (专业名称 c(10)，负责人 c(8)，研究方向 m)

其中"学生"表和"学生个人情况"表是通过"学号"联系起来的一对一的关系，也就是说，对于"学生"表中的每一条记录，"学生个人情况"表有且仅有一条记录与它对应。而"专业"表与"学生"表、"学生"表与"成绩"表、"课程"表与"成绩"表、"课程"表与"任课"表、"教员"表与"任课"表之间都是通过同名属性联系起来的一对多的关系。在一对多关系中，位于"一"端的表称为父表，和父表有关系的那个表为子表。父表也称为主表或主控表，子表又称为相关表或受控表。在一对一或一对多关系中，位于"一"端的表中用于建立关系的字段必须是主关键字字段，而位于"多"端的表中用于建立关系的字段是外部关键字字段。

上面所设计的"教学管理"数据库是一个简单而具有典型意义的例子。现实应用中的情况更加复杂，表现在需要处理的数据较多，对数据的操作也比较复杂（如第 10 章介绍的"工资管理"数据库）。要想设计出一个实用的数据库，必须得经过反复的论证与修改，才能使设计出的数据库趋于完善。

3.4 建立数据库

数据库设计完成后，就可以创建数据库了。Visual FoxPro 数据库文件的扩展名是 dbc，可用数据库设计器来创建。Visual FoxPro 的数据库提供如下工作环境：存储一系列表，在表间建立关系，设置属性和数据有效性规则，使关联的表协同工作。数据库需要随时维护。

数据库可以单独使用，也可以将它们合并进一个项目中，用项目管理器来管理。

3.4.1 建立数据库文件

所有相关联的数据库对象（如表、视图、连接和存储过程）都存放在一个数据库容器中，在数据库设计完后，需要在 Visual FoxPro 中建立起相应的数据库文件，然后才能在此数据库中添加表。

在为数据库设计了表之后，再在 Visual FoxPro 中定义数据库就非常简单了。下面结合"教学管理"数据库的建立，讨论如何在 Visual FoxPro 中定义数据库。

同上一节介绍的建表的方法一样，也可以使用向导、设计器、命令这 3 种方法创建数据库。

数据库向导可以帮助用户创建数据库。向导提供模板并提出一系列问题，然后根据用户的回答来建立数据库。也可以使用"CREATE DATABASE <数据库名>"命令来创建数据库，如通过"CREATE DATABASE 教学管理"命令就可以创建一个叫做"教学管理"的新数据库。

下面介绍利用数据库设计器来创建新数据库的方法。

① 在项目管理器中选择"数据"选项卡，然后选择"数据库"选项，单击"新建"按钮，打开"新建数据库"对话框，如图 3.32 所示。

图 3.32 "新建数据库"对话框

② 在"新建数据库"对话框中单击"新建数据库"按钮，打开"创建"对话框。

③ 在"创建"对话框中确定数据库的类型、名称和保存位置。其中数据库类型和保存位置是默认的（因为已经建立了工作目录），不需要改变，但应在"数据库名"文本框中输入用户自己给数据库起的名字。在这里输入"教学管理"，如图 3.33 所示。

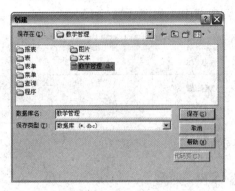

图 3.33　"创建"对话框

④ 单击"保存"按钮，打开"数据库设计器"窗口，如图 3.34 所示。

打开"数据库设计器"窗口的同时会在屏幕上出现一个数据库设计器工具栏，该工具栏上有 9 个按钮，下面说明各个按钮的功能。

新建表：使用向导或设计器创建新表。

添加表：把已有的表添加到数据库中。

移去表：把选定的表从数据库移走或从磁盘删除。

新建远程视图：使用向导或设计器创建远程视图。

新建本地视图：使用向导或设计器创建本地视图。

修改表：在表设计器或查询设计器中打开选定的表或查询。

浏览表：在浏览窗口中显示选定的表或视图并进行编辑。

编辑存储过程：在编辑窗口中显示 Visual FoxPro 存储过程。

连接：显示"连接"对话框，以便访问可用的连接；或通过连接设计器添加新的连接。

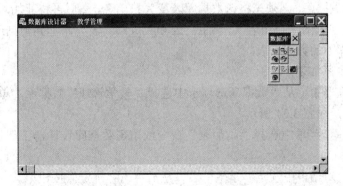

图 3.34　"数据库设计器-教学管理"窗口及数据库设计器工具栏

可以用数据库设计器中的工具栏快速访问与数据库相关的选项。"数据库"菜单中包含了各种可用的数据库命令。此外，在数据库设计器中单击鼠标右键可以显示出快捷菜单。

到此为止，一个空的数据库文件"教学管理"已经建立。单击数据库设计器右上角的"关闭"按钮，就会回到"项目管理器-教学管理"对话框中。这时可以看到，刚刚建立的"教学管理"数据库已经显示在项目管理器中，如图 3.35 所示。

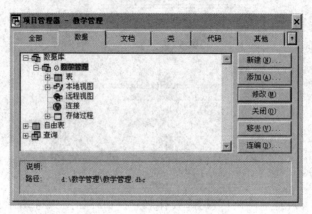

图 3.35　新建立的教学管理数据库

在创建数据库的同时，系统也建立了表、本地视图、远程视图、连接和存储过程 5 种不同格式的文件类型。但是由于还没有添加任何表和其他对象，所以"教学管理"数据库还是一个空数据库。

3.4.2　在数据库中添加、移去或删除表

每个 Visual FoxPro 的表可以有两种存在状态：自由表（即没有和任何数据库关联的 dbf 文件）或者数据库表（即与数据库关联的 dbf 文件）。和自由表相比，数据库表具有一些自由表所没有的属性，如主关键字、触发器、默认值、表关系等。数据库表和自由表可以互相转换，当用户将一个自由表加入到某一个数据库时，自由表便成了数据库表；反之，如将数据库表从数据库中移出，数据库表便成了自由表。此外，数据库表只能属于一个数据库，如想将一个数据库中的表移到其他数据库，必须先将该数据库表变为自由表，然后再将其加入到另一数据库中。

下面将前面建立的两个自由表（"学生"表和"成绩"表）添加到数据库中，使它们成为"教学管理"数据库中的数据库表。

1．向数据库中添加表

① 在项目管理器中，从"数据"选项卡中选择"教学管理"数据库，单击"修改"按钮，打开数据库设计器，如图 3.34 所示。

② 从"数据库"菜单中选择"添加表"命令或单击数据库设计器工具栏上的"添加表"按钮。

③ 在"打开"对话框中选定"学生"表，然后单击"确定"按钮。

④ 重复②、③步再将"成绩"表添加到数据库中。

如果将表组合到数据库内，可以使它们更加有效地协同工作。只有明确地把一个已有的自由表添加到数据库中，才能使它成为数据库的一部分。

2．移去或删除表

当数据库不再需要某个表，或其他数据库需要使用此表时，可以从数据库中移去该表。

下面将"成绩"表移出"教学管理"数据库。

① 在项目管理器中，从"数据"选项卡中选择"教学管理"数据库，单击"修改"按钮，打开数据库设计器，如图 3.34 所示。

② 在数据库设计器对话框中单击"成绩"表，此时"成绩"表的标题栏变深色，表明该表已被选中。

③ 从"数据库"菜单中选择"移去"命令或单击数据库设计器工具栏上的"移去表"按钮。

④ 在出现的询问对话框中单击"移去"按钮，从"教学管理"数据库中移去"成绩"表，使其变成一个自由表。如果单击"删除"按钮，则不仅这个表不再属于当前数据库，而且要将其从磁盘上删除。

⑤ 单击"确定"按钮。

3.4.3　在数据库中新建表

如果想使新建的表成为数据库表，可以在建表之前先将数据库打开，这样新建的表会自动成为该数据库的表。也可以在创建好表后再把表添加到数据库中去。

创建数据库表有 3 种方法。

方法一：选择"文件"菜单中的"打开"命令打开数据库，然后再选择"文件"菜单中的"新建"命令来创建表，此时创建的新表自动成为已打开的数据库中的数据库表。

方法二：在项目管理器中选择某一"数据库"文件中的"表"选项，然后单击"新建"按钮，即可创建该数据库表。

方法三：在数据库设计器中，单击数据库设计器工具栏上的"新建表"按钮，即可创建该数据库表。

但是，不管使用哪种方法，系统都会显示一新表创建方法选择框，让用户选择是使用表向导还是表设计器来创建数据库表。如果选择使用表向导来建表，则打开"表向导"对话框，如图 3.6 所示。使用表设计器方法创建数据库表的步骤和创建自由表的方法和步骤基本一样，但用于创建数据库表的表设计器和用于创建自由表的表设计器却有所不同。下面使用表设计器来创建"课程"表。

① 打开"教学管理"项目文件，在项目管理器中选择"数据"选项卡。

② 选择"教学管理"数据库，单击"修改"按钮，打开"数据库设计器"窗口。

③ 单击数据库设计器工具栏上的"新建表"按钮，打开"新建表"对话框。如窗口中没有数据库设计器工具栏，可从"显示"菜单的"工具栏"中选择"数据库设计器"选项。

④ 在"新建表"对话框中单击"新建表"按钮，打开"创建"对话框。

⑤ 在"创建"对话框中，输入表名"课程"。

⑥ 单击"保存"按钮，打开"表设计器"对话框。

⑦ 在"表设计器"对话框中输入"课程代号"、"课程名"、"周学时"、"学分" 4个字段，并为每个字段设置相应的"类型"、"宽度"等属性，如图3.36所示。

⑧ 单击"确定"按钮。

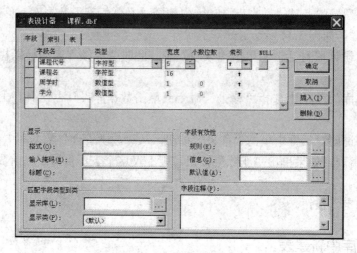

图3.36　数据库表的表设计器

3.4.4　设置数据库表的属性

从图 3.36 中可以看到，数据库表的表设计器不同于自由表的表设计器（如图 3.3 所示）。数据库表的"表设计器"对话框下部有"显示"、"字段有效性"、"字段注释"和"匹配字段类型到类" 4 个输入区域，而这是自由表的表设计器所没有的。这是因为数据库表具有自由表所没有的一些属性，例如长字段名和长表名、掩码、默认值、字段级和记录级规则及触发器等。当创建数据库表时，不仅可以输入字段的名称、数据类型、字段宽度信息，而且可以给字段定义其显示属性（如标题、注释等）、输入默认值等，还可以给数据库表设置有效性规则，以进行数据验证。

通过设置数据库表的字段属性，可以完成如下设置。

① 为字段设置标题。

② 为字段输入注释。

③ 为字段设置默认值。

④ 设置字段的输入掩码和显示格式。

⑤ 设置字段的控件类和库。

⑥ 设置有效性规则，对输入字段的数据加以限制。

用户不但可以给表中的字段赋予数据库的属性，而且可以为整个表或表中的记录赋予属性。在表设计器中，通过"表"选项卡可以访问这些属性。

将表添加到数据库后，便可以立即获得许多在自由表中得不到的高级属性。这些属性被作为数据库的一部分保存起来，并且一直为表所拥有，直到表从这个数据库中移去为止。

1. 设置字段的显示属性及默认值

（1）设置字段的显示属性

字段的显示属性包括显示格式、输入掩码、标题及注释。

① 格式：规定字段显示时的大小、字体或样式。

格式实际上是字段的输出掩码，它决定了字段的显示风格。下面为常用的格式码。

A：表示只允许输出文字字符（禁止使用数字、空格和标点符号）。

D：表示使用当前系统设置的日期格式。

L：表示在数值前显示填充的前导零，而不是用空格字符。

T：表示禁止输入字段的前导空格字符和结尾空格字符。

!：表示把输入的小写字母转换为大写字母。

② 输入掩码：指定字段输入值的格式。

使用输入掩码可屏蔽非法输入，减少人为的数据输入错误，提高输入工作效率，保证输入的字段数据格式统一、有效。下面为常用的输入掩码。

X：表示可输入任何字符。

9：表示可输入数字和正负符号。

#：表示可输入数字、空格和正负符号。

$：表示在固定位置上显示当前货币符号。

$$：表示显示当前货币符号。

*：表示在值的左侧显示星号。

.：表示用点分隔符指定数值的小数点位置。

,：表示用逗号分隔小数点左边的整数部分，一般用来分隔千分位。

设置格式和输入掩码，一个作用是限制显示输出，另一个作用是限制输入，它们是相辅相成的。比如，指定"学生"表中的"学号"字段的输入掩码为"9999999"，再把"姓名"字段的显示格式指定为"AT"。在这个表的浏览窗口中，当增加新记录时，"学号"字段只能接受数字输入，而不能输入空格字符、字母等。"姓名"字段只能接受字母输入，而不能输入空格字符、数字等。

③ 标题：指定显示代表字段的标题。

Visual FoxPro 中的数据库表允许长字段名和长表名，最多可包含 128 个字符。

在定义数据表的字段名称时，一般都比较简练，或使用字母、缩写等。这样定义使人难以真正理解字段的含义，因此 Visual FoxPro 提供了一个"标题"属性，可以利用此属性给字段添加一个说明性标题。用户可以为数据库表中的每个字段创建一个标题。Visual FoxPro 将显示字段的标题文字，并以此作为该字段在"浏览"窗口中的列标题，这样可以增强字段的可读性。

④ 字段的注释：在定义数据库表的字段时，除了给字段设置标题外，还可以在表设计器中的"字段注释"文本框中给字段输入一些注释信息，来提醒自己或他人表中的字段所代表的意思。当在项目管理器中选择了这个字段时，会显示该字段的注释。

下面就来设置"学生"表的显示属性，操作步骤如下。

① 打开数据库设计器，选择"学生"表。从"数据库"菜单中选择"修改"命令或单击数据库设计器工具栏中的"修改表"按钮，打开"表设计器"对话框。

② 选择"表设计器"对话框中的"字段"选项卡。

③ 选择"学号"字段，在"显示"选项组中的"输入掩码"文本框内输入"9999999"。

④ 选择"姓名"字段，在"格式"文本框内输入"AT"。

⑤·选择"出生日期"字段，在"标题"文本框内输入"学生生日"。

⑥ 选择"简历"字段，在"字段注释"文本框内输入"本栏输入的是学生入学前的简历"。

⑦ 单击"确定"按钮，关闭"表设计器"对话框。

⑧ 从"数据库"菜单中选择"浏览"命令或单击数据库设计器工具栏中的"浏览表"按钮，就可以看到浏览窗口中原来的"出生日期"字段名被替换为"学生生日"。由于用户可以用自己命名的标题取代原来的字段名，这为显示表提供了很大的灵活性。

⑨ 关闭浏览窗口和"数据库设计器"窗口，返回"项目管理器"对话框。

⑩ 在项目管理器中选择"学生"表的"简历"字段，可以看到在项目管理器的底部显示出了字段的注释。

（2） 输入字段的默认值

在定义数据库字段时，除了给字段设置标题、增加注释以外，还可以给字段输入默认值。

用户在向表中输入记录时，往往会遇到这种情况：多条记录的某个字段值相同。为此，Visual FoxPro 提供了字段默认值。默认值是指当一个新记录添加到数据库表中时，为某一字段的内容所指定的一个数值或字符串。除非用户输入新值，否则默认值一直保留在该字段中。用户可以将一些频繁出现的值设置为该字段的默认值，这样就避免了反复输入同一数据的麻烦，而且还可以提示输入格式，减少输入错误。

输入默认值时，若是字符型字段，应用引号将内容括起来。例如，可以给"学生"表的"性别"字段输入默认值"男"，操作步骤如下。

① 打开"表设计器"对话框。

② 在"字段"选项卡中选定"性别"字段。

③ 在"字段有效性"选项组的"默认值"文本框中输入""男""（注意不要忘记引号）。

④ 单击"确定"按钮。

⑤ 在"项目管理器"对话框中选择"学生"表，单击"浏览"按钮，打开浏览窗口。

⑥ 从"显示"菜单中选择"追加方式"命令，可以看到在"性别"字段出现了默认值"男"。

可以通过使用默认值来加快应用程序的用户输入数据过程。除非想输入不同的值，否则可以跳过已包含了默认值的字段，以节省输入数据的时间。

默认值可以是除了通用型之外的任何数据类型。指定的默认值可以是数量值（比如一个具体的数字），也可以是等于一个数量值的表达式。用户也可以指定任何一个有效的 Xbase 表达式，但该表达式的返回值要和该字段的数据类型相一致。

如果允许字段使用 NULL 值，也可以用.NULL.作为字段的默认值。默认值对自动确定不允许为 NULL 值的字段特别有用。当添加新记录时，先使用默认值，然后根据定义好的顺序检查每个字段，查看是否遗漏信息。这样可确保指明为 NOT NULL 的字段在 NOT NULL 规则生效之前，先用默认值来填充。

如果从数据库中移去或删除一个表，该表所有的默认值都将从数据库中删除。

2．有效性规则

（1）有效性规则的概念

有效性规则是一个与字段或记录相关的表达式，通过对用户输入的值加以限制，提供数据的有效性检查。

建立有效性规则时，必须创建一个有效的 Visual FoxPro 表达式。规则表达式是一个逻辑表达式，以此来控制输入到数据库表字段和记录中的数据。当字段输入完成后，计算这个表达式的值，如果表达式的值为真，则认为字段的输入可以通过字段规则的验证，否则就不允许输入的值存储到字段中去。有效性规则只在数据库表中存在。

（2）有效性规则的不同级别

根据有效性规则激活方式的不同，有效性规则分为两种：字段级规则和记录级规则。

字段级规则：对一个字段的约束称之为字段级规则。字段级有效性规则检查单个字段中信息输入的数据是否有效。

记录级规则：对一个记录的约束称之为记录级规则，当插入或修改记录时激活，常用来检验数据输入的正确性。记录级有效性规则只有在整条记录输入完毕后才开始检查数据的有效性。

字段级规则和记录级规则将把所输入的值与所定义的规则表达式进行比较，如果输入的值不满足规则要求，则拒绝该值。如果从数据库中移去或删除一个表，则所有属于该表的字段级规则和记录级规则都会从数据库中删除。这是因为规则存储在 dbc 文件中，而从数据库中移去表会破坏 dbf 文件和它的 dbc 文件之间的链接。

3．设置字段有效性

可以使用字段级有效性规则来控制用户输入到字段中的信息类型，检查该字段的数据。例如，可以使用字段级有效性规则来确保用户不会在只允许正值的字段中输入负值，也可以使用字段级有效性规则来比较输入字段中的值和其他表中的值。

可以通过给字段添加有效性说明来定制当违反规则时要显示的提示信息。所输入的文字将代替默认的错误信息，并显示出来。

在数据库表的表设计器中选择"字段"选项卡，在"字段有效性"选项组的"规则"和"信息"文本框中可以为数据库表设置字段级有效性规则和有效性说明。

① 规则：指定实施字段级有效性检查的规则。

② 信息：指定当违反字段级有效性规则时，显示的错误信息。如果在表中输入了无效的字段值，则在"信息"框中输入的有效性说明便会显示在屏幕上。

下面为"学生"表的"性别"字段设置有效性规则和有效性说明。

① 在项目管理器或数据库设计器中选择"学生"表，然后打开表设计器并选择"字段"选项卡。

② 选定"性别"字段。

③ 在"字段有效性"选项组的"规则"文本框中输入"性别="男".OR.性别="女""。如果是较为复杂的表达式，也可以单击"规则"文本框旁边的"…"按钮启动表达式生成器，在其中设置有效性表达式。

④ 在"信息"文本框中输入""性别只能是男或女""。错误信息必须用引号引起来。
⑤ 单击"确定"按钮。设置了字段属性后的"学生"表的表设计器如图3.37所示。

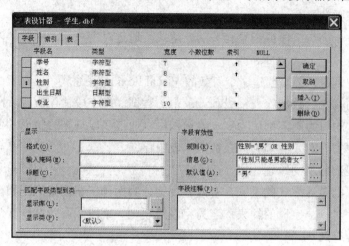

图3.37 设置了字段属性后的"学生"表的表设计器

4. 设置记录有效性

记录级有效性规则用于记录更新时对整个记录进行检验。

在"字段"选项卡上，通过设置字段的有效性规则可以屏蔽非法字段值的输入，但在向表中输入数据时，有时仅仅根据一个字段无法判断输入的数据是否有效，而是需要结合两个以上的字段，查看这些字段是否满足一定的条件。这就需要进行记录级验证，即当一个记录的各字段中都输入了字段值，并要离开这条记录时，可以用记录级验证规则进行验证。因为记录验证指的是通过设置的记录级有效性规则检验记录是否符合验证规则，这时，由于所有的字段都已经完成了输入，因而可以利用字段间的制约来验证其合法性。

记录级有效性规则通常比较同一记录中的两个或多个字段值，看它们组合在一起时是否有效。例如，可以使用记录级有效性规则来保证"课程"表中的"周学时"字段大于"学分"字段。

在数据库表的表设计器中选择"表"选项卡，在"记录有效性"选项组中的"规则"和"信息"文本框中可以为数据库表设置记录级有效性规则和有效性说明。

① 规则：指定实施数据记录级有效性检查规则。
② 信息：指定当违反记录级有效性规则时，显示的错误信息。

下面为"课程"表设置有效性规则和有效性说明，操作步骤如下。

① 在项目管理器或数据库设计器中选择"课程"表，然后打开表设计器并选择"表"选项卡。

② 在"记录有效性"选项组的"规则"文本框中输入"周学时>=学分"。
③ 在"信息"文本框中输入""一门课程学分不多于周学时数""，如图3.38所示。
④ 单击"确定"按钮。

如果是自由表，"表"选项卡中只显示表的只读资料。而对于数据库表，用户可以在此设置表名和表注释、记录有效性规则和信息、触发器等。

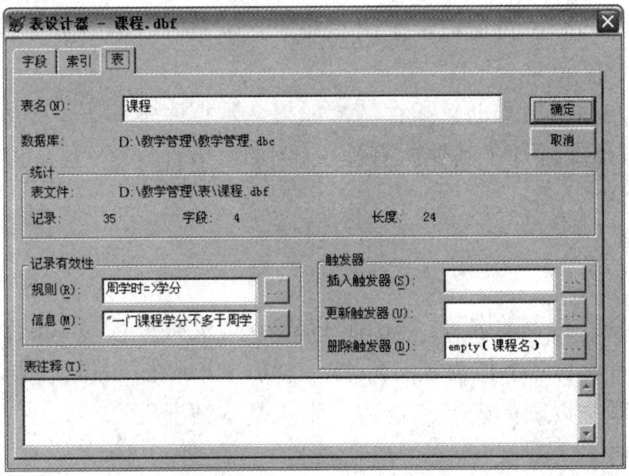

图 3.38　设置记录有效性及触发器规则

通过上述设置以后，每当用户输入一个新记录，系统就将激活记录级有效性规则，判断是否出现不符合规则的记录。如果出现这样的记录，系统将显示一个消息框，把"信息"框中的信息显示出来。

5．设置触发器

前面设置的字段级有效性和记录级有效性规则主要限制非法字段或非法记录的输入，而数据输入后还要进行修改、删除等操作，若要控制对已经存在的记录所做的非法操作，则应使用数据库表的记录级触发器。触发器是在发生某些事件时触发执行的一个表达式或一个过程。这些事件包括插入记录、修改记录和删除记录。当发生了这些事件时，将引发触发器所包含的事件代码。

触发器的设置是通过数据库表设计器的"表"选项卡进行的，如图 3.38 所示。在"触发器"选项组内，可以在"插入触发器"、"更新触发器"和"删除触发器"文本框中分别设置触发器的触发规则。

① 插入触发器：指定每次向表中插入或追加记录时触发的一个规则。

② 更新触发器：指定每次更新表中记录时触发的一个规则。

③ 删除触发器：指定每次从表中删除记录时触发的一个规则。

触发规则可以是一个表达式、一个过程或函数，当它们返回假（.F.）时，显示"触发器失败"信息，以阻止插入、更新或删除操作。

例如，设置"删除触发器"的表达式为"EMPTY（姓名）"，表示当"姓名"字段有内容时不允许删除该记录。这个触发器用于保证不误删记录，只能删除"姓名"字段为空的记录，如果"姓名"字段不为空，则显示如图 3.39 所示的错误信息。

图 3.39　"触发器失败"信息

单击"确定"按钮返回浏览窗口，单击"还原"按钮则取消删除标记并返回浏览窗口。使这个字段为空才可以删除记录。

触发器作为特定表的属性来创建和存储。如果从数据库中移去一个表，则同时移去和该表相关联的触发器。触发器在进行了其他所有检查（例如有效性规则、主关键字的实施，以及 NULL 值的实施）之后被激活。

6. 表名和表注释

（1）表名

指定正在创建或修改的表的名称。Visual FoxPro 可支持最长为 128 个字符的长表名。需要注意的是，此处指定的表名并不作为表文件名。它可以出现在项目管理器中，但并不是文件名。

例如，可以将"学生"表的表名指定为"学生基本情况"。

（2）表注释

在表注释区可以输入对表的注释。与字段注释一样，在选定一个表时，项目管理器底部将显示表的注释文本。

例如，可以在"学生"表的"表注释"文本框中输入"此表存储的是有关学生的基本情况"。

3.4.5 数据库操作

1. 打开/关闭数据库

（1）打开数据库

在项目管理器中选定要打开的数据库，然后单击"修改"按钮或"打开"按钮，即可打开该数据库。

如果数据库不在项目管理器中，可以从"文件"菜单中选择"打开"命令，然后在"打开"对话框中选择要打开的数据库将其打开。

（2）关闭数据库

在项目管理器中选定要关闭的数据库，然后单击"关闭"按钮，即可关闭该数据库。或者从"文件"菜单中选择"关闭"命令，关闭一个已打开的数据库。

2. 在项目中添加/移去数据库

数据库创建后，若还不是项目的一部分，则可以把它添加到项目中。若该数据库已是项目的一部分，可将它从项目中移走；若不再需要此数据库，也可将它从磁盘上删除。

（1）在项目中添加数据库

当使用命令创建数据库时，即使项目管理器是打开的，该数据库也不会自动成为项目的一部分。可以把数据库添加到一个项目中，这样能通过交互式用户界面更方便地组织、查看和操作数据库对象，同时还能简化连编应用程序的过程。要把数据库添加到项目中，只能通过项目管理器来实现，操作步骤如下。

① 在项目管理器的"数据"选项卡中选择"数据库"选项。

② 单击"添加"按钮。

③ 在"打开"对话框中选择要添加的数据库。

④ 单击"确定"按钮，所选的数据库便被添加到项目管理器中。

（2）移去或删除数据库

要从项目中移去数据库，也只能通过项目管理器来实现，操作步骤如下。

① 在项目管理器中选择欲移去的数据库。

② 单击"移去"按钮。

③ 在询问对话框中选择"移去"选项。

④ 如果要从磁盘中删除文件，则选择"删除"选项。

3. 查看数据库中的表

创建一个数据库时，Visual FoxPro 建立并以独占方式打开一个 dbc 文件，此 dbc 文件存储了有关该数据库的所有信息。dbc 文件并不在物理上包含任何附属对象（例如表或字段），相反，Visual FoxPro 仅在 dbc 文件中存储指向表文件的路径指针。

在项目管理器中选定数据库，然后单击"修改"按钮或者从"文件"菜单中选择"打开"命令将数据库打开，就会显示出数据库设计器，它向用户展示了数据库的分层结构。图 3.40 所示即为数据库设计器中"教学管理"数据库的表。

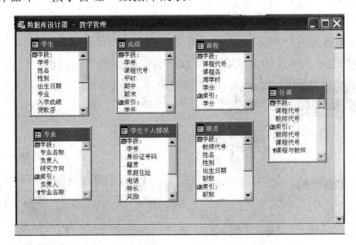

图 3.40　数据库设计器中"教学管理"数据库的表

（1）展开或折叠表

在数据库设计器中调整表的大小，可以看到其中更多（或更少）的字段。也可以折叠视图，只显示表的名称。当数据库中包含多个表时，这一方法十分有用。

将鼠标指针指向数据库设计器中的一个表，单击鼠标右键，在快捷菜单中选择"展开"或"折叠"命令，可以展开或折叠该表；若要展开或折叠所有表，将鼠标指针指向数据库设计器窗口的空白处，单击鼠标右键，在快捷菜单中选择"全部展开"或"全部折叠"命令，可以展开或折叠所有表。

折叠所有表后的数据库设计器如图 3.41 所示。

（2）重排数据库的表

从"数据库"菜单中选择"重排"命令，再从如图 3.42 所示的"重排表和视图"对话框中选择适当的选项，可以在数据库设计器中按不同的要求重排表，或按行或列对齐表以改进布局，也可以将表恢复为默认的高度和宽度。

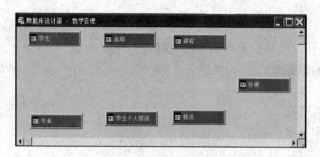

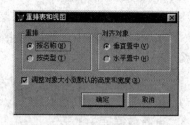

图 3.41 折叠所有表后的数据库设计器　　　　　图 3.42 "重排表和视图"对话框

（3）在数据库中查找表或视图

当数据库中有许多表和视图时，若需要快速找到指定的表或视图，可以使用寻找命令。

从"数据库"菜单中选择"查找对象"命令，再从如图 3.43 所示的"查找表或视图"对话框中选择需要的表。

在数据库设计器中，选中的表标题栏将加亮显示。

（4）选择显示的对象

如果只想显示某些表或只想显示某些视图，可选择仅显示表或仅显示视图：从"数据库"菜单中选择"属性"命令，再在如图 3.44 所示的"数据库属性"对话框中选择合适的显示选项。

图 3.43　"查找表或视图"对话框　　　　　图 3.44　"数据库属性"对话框

（5）添加数据库的备注

若想对数据库进行说明，则可添加注释：从"数据库"菜单中选择"属性"命令，再在"注释"文本框中输入备注内容。

4. 修改数据库结构

使用数据库设计器工具栏或"数据库"菜单中的相关命令可以创建新表、把已有的表添加到数据库中、从数据库中移去表、修改表的结构，还可以编辑存储过程。

数据库文件为和数据库关联的每个表、视图、索引、标识、永久关系以及连接保存了一个记录，也保存了每个具有附加属性的表字段或视图字段的记录。此外，它还包含一个单独的记录，保存数据库的所有存储过程。

5．使用多个数据库

为符合多用户环境的数据组织需要，可以同时使用多个数据库。多数据库可增加系统灵活性。用户可通过同时打开多个数据库，或引用关闭的数据库中的文件，使用多数据库。

（1）打开多个数据库

可以通过项目管理器或从"文件"菜单中选择"打开"命令打开多个数据库。打开一个数据库后，表和表之间的关系就由存储在该数据库中的信息来控制。用户可以同时打开多个数据库。例如，在运行多个应用程序时，可以使用多个打开的数据库，每个应用程序都以不同的数据库为基础，或者在一个应用程序中使用该应用程序之外的另一数据库中存储的信息。

注意：打开新的数据库并不关闭其他已经打开的数据库，这些已打开的数据库仍然保持打开状态，而新打开的数据库成为当前数据库。

（2）设置当前数据库

尽管可以同时打开多个数据库，但是其中只有一个可能成为当前数据库，用于操作数据库的命令和函数，只对当前数据库有效。

当打开多个数据库时，Visual FoxPro 将最后打开的数据库设置为当前数据库。用户所创建或添加到数据库中的任何表或其他对象均默认为是当前数据库的一部分，处理打开数据库的命令和函数也是对当前数据库进行操作。

可以从"常用"工具栏上的"数据库"下拉列表中选择一个打开的数据库作为当前数据库，或者使用 SET DATABASE 命令选择另外一个数据库作为当前数据库。

（3）作用域

Visual FoxPro 把当前数据库作为命名对象（例如表）的主作用域。当打开一个数据库时，Visual FoxPro 首先在已打开的数据库中搜索所需的任何对象（例如表、视图、连接等）。只有在当前数据库中没有找到所需对象时，Visual FoxPro 才在默认的搜索路径上查找。

如果要查找的表不在当前数据库中，Visual FoxPro 会使用默认的搜索路径在数据库外查找。

如果希望在数据库的内部和外部都能访问一个表（例如，对于表的位置会改变的情况），可以为该表指定完整路径。但是只使用表名速度会更快，因为 Visual FoxPro 对数据库表名的访问速度比完整路径快。

6．数据库错误

数据库错误也称"引擎错误"，当用户对数据库进行非法操作时，位于底层的数据库引擎会检测到错误并提交一条出错信息。出错信息的具体内容与检测到该错误的数据库管理系统有关。例如，当用户将 NULL 值存入一个不允许为 NULL 值的字段时，会产生数据库错误。

3.5 索引与排序

若要按特定的顺序定位、查看或操作表中记录，可以使用索引。索引是根据关键字的值进行逻辑排序的一组指针，而关键字是用来标识一个记录的字段或表达式。索引将数据按照一定规则进行排列，可以加速记录的查找并连接包含相关信息的表。实际上，创建索引就是创建一个由指向 dbf 文件记录的指针构成的文件，文件中的各项用以标识表中数据的位置。

Visual FoxPro 使用索引作为排序机制，为开发应用程序提供灵活性。根据应用程序的要求，可以灵活地对同一个表创建和使用不同的索引，使用户可按不同顺序处理记录。也能根据这些索引创建表间关系，使用户能准确地访问想要的记录。

在数据库中要建立各表之间的关系，就要正确合理地建立所有表之间的索引。对于已经建好索引的表，可以利用索引对其中的数据进行排序，以便加速检索数据的速度。

3.5.1　索引的基本概念

Visual FoxPro 索引是由记录指针构成的文件，这些指针逻辑上按索引关键字的值进行排序。索引文件和表文件分别存储，使用索引文件并不改变表中所存储数据的顺序，只改变 Visual FoxPro 读取每条记录的顺序。

索引可以快速显示、查询或者打印记录，还可以选择记录、控制重复字段的输入并支持表间的关系操作。

1.　索引的类型

Visual FoxPro 中共有 4 种索引类型：主索引、候选索引、唯一索引和普通索引。

（1）主索引

主索引是指永远不允许在索引关键字中出现重复值的索引。对于每一个表，只能建立一个主索引。自由表没有主索引。主索引绝对不允许在指定的字段或表达式中有重复值。如果在任何已经包含了重复数据的字段中指定主索引，Visual FoxPro 将返回一个错误信息。

（2）候选索引

候选索引也是在索引关键字中不允许出现重复值的索引，这种索引是作为主索引的候选者出现的，对一个表可以创建多个候选索引。因为候选索引禁止重复值，因此它们在表中有资格被选作主索引，即主索引的"候选项"。如果在任何包括重复数据的字段中指定候选索引，Visual FoxPro 将返回一个错误信息。

一个未选作主关键字的候选索引称为替补索引。

（3）唯一索引

唯一索引无法防止重复值记录的建立，但在唯一索引中，系统只在索引文件中保存第一次出现的索引值，即只能找到同一个关键值第一次出现时的记录。对于重复值的其他记录，尽管它们仍然保留在表中，但在唯一索引文件中却没有包括它们。提供唯一索引类型主要是为了保证向后兼容性。

（4）普通索引

除唯一索引、主索引或候补索引之外的索引就是普通索引。在普通索引中，索引关键字段和表达式允许重复值出现，可用普通索引进行表中记录的排序或搜索。

通过建立和使用索引，可以提高完成某些重复性任务的工作效率，例如对表中的记录排序，以及建立表之间的关系等。根据所建索引类型的不同，可以完成不同的任务。

①　若要排序记录，以便提高显示、查询或打印的速度，可以使用普通索引、候选索引或主索引。

②　若要控制字段中重复值的输入（例如，每个学生在"学生"表中的"学号"字段只能

有一个唯一的值），应对数据库表使用主索引或候选索引，对自由表使用候选索引。

③ 若要作为"一对一"或"一对多"关系的"一"方，应使用主索引或候选索引；若作为"一对多"关系的"多"方，则应使用普通索引。

主索引可确保字段中输入值的唯一性，可以为数据库中的每一个表建立一个主索引。如果某个表已经有了一个主索引，可以继续添加候选索引。

候选索引像主索引一样要求字段值的唯一性。在数据库表和自由表中均可为每个表建立多个候选索引。

普通索引允许字段中出现重复值。在一个表中可以加入多个普通索引。

为了保持同早期版本的兼容性，还可以建立一个唯一索引，以指定字段的首次出现值为基础，选定一组记录，并对记录进行排序。

2. 索引文件的类型

Visual FoxPro 中的索引保存在索引文件中。索引文件是一个只包含两列的简单表：被索引字段的值以及含有该值的每个记录在原表中的位置。从索引的组织方式来看，Visual FoxPro 共有 3 类索引：独立索引文件、结构复合索引文件及非结构复合索引文件。

（1）结构复合索引文件

在创建或修改表结构时，可以从表结构中挑选用于创建索引标记的字段，然后由 Visual FoxPro 创建一个与表同名的 cdx 复合索引文件。Visual FoxPro 把该文件当做表的固有部分来处理，并在使用表时自动打开。因此，这种复合索引文件被称为结构复合索引文件。

结构复合索引文件具有如下特性。

① 与表相同的文件名，当打开与它同名的表时自动打开，关闭表时自动关闭。

② 当在表中进行记录的添加、修改和删除时会自动维护索引。

③ 在同一索引文件中能包含多个索引关键字或多个索引方案。

（2）非结构复合索引文件

非结构复合索引是采用非默认名的 cdx 索引。非结构复合索引文件必须用命令建立或打开，只有在该文件打开时，系统才能维护非结构复合索引文件中的索引标记。

（3）独立索引文件

独立索引文件只包含单个索引项，扩展名为 idx，其主文件名称不能和相关表同名，而且该文件不会随着表的打开而自动打开。

因为主索引和候选索引都必须与表一起打开和关闭，所以它们都只能存储在结构复合索引文件中，而不能存储在非结构复合索引文件和独立索引文件中。

结构复合索引文件是 Visual FoxPro 数据库中最普通也最重要的一种索引文件。其他两种索引文件较少用到，因此本节将主要讨论 cdx 结构复合索引文件。

3.5.2 建立索引

1. 单项索引

使用单个字段建立的索引为单项索引。建立单项索引的方法如下。

① 在"表设计器"界面中有"字段"、"索引"、"表"3 个选项卡，在"字段"选项卡中定

义字段时就可以直接指定某些字段是否为索引项。

② 在"索引"下拉列表框中选择"升序"或"降序"选项，则在对应的字段上就会建立一个普通索引，索引名与字段名同名，索引表达式就是对应的字段。

2．复合索引

使用多个字段建立的索引为复合字段索引。例如"成绩"表和"任课"表都用到两个字段作为主关键字。建立复合索引的方法如下。

① 在表设计器的"索引"选项卡中单击"插入"按钮，界面中出现新的一行。

② 在"索引名"文本框中输入索引名。

③ 在"类型"下拉列表框中选定索引类型。

④ 单击"表达式"文本框右侧的按钮，打开表达式生成器，输入索引表达式，单击"确定"按钮。

注意：在一个表中可以建立多个普通索引、唯一索引、候选索引，但只能建立一个主索引。索引可以提高查询速度，但维护索引也会降低速度。因此，并不是说索引可以提高查询速度就在每个字段上都建立一个索引。

3．创建索引

为"学生"表创建索引，其中用"学号"字段建立主索引，分别用"姓名"、"出生日期"、"专业"和"入学成绩"字段建立普通索引，操作步骤如下。

① 在项目管理器中选定"学生"表，然后单击"修改"按钮，打开表设计器。

② 在"字段"选项卡中的"字段名"列选择"学号"字段，再在"索引"下拉列表框中选择"升序"选项。

③ 按照上面的方法分别在"姓名"、"出生日期"、"专业"和"入学成绩"等字段的"索引"下拉列表框中选择"升序"选项，这样在"学号"、"姓名"、"出生日期"、"专业"和"入学成绩"等字段的索引列就会出现一个向上的箭头，如图 3.45 所示。这就为这些字段设置了索引，但在"字段"选项卡中设置的只能是单字段的普通索引。

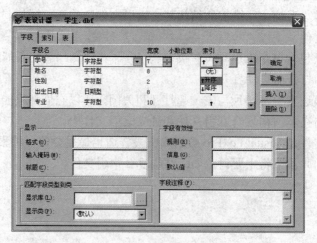

图 3.45　在"字段"选项卡中设置普通索引

④ 选择"索引"选项卡。在"索引"选项卡可以输入"索引名"、选择"类型"、设置索

引"表达式"以及改变排序的方式（"升序"或"降序"）。

⑤ 将"学号"字段设置为主索引，"姓名"、"出生日期"、"专业"和"入学成绩"作为普通索引不变。选择"普通索引"作为索引类型，如图 3.46 所示。

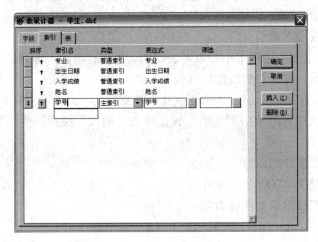

图 3.46 选择"索引"选项卡设置索引类型

⑥ 创建完索引之后，单击"确定"按钮，再在询问是否保存对表的修改的对话框中单击"是"按钮。这时 Visual FoxPro 保存对表所建的索引并关闭"表设计器"对话框。

在上面的例子中，索引关键字的标识和索引字段的名称相同。索引标识也可以不同于字段名，只要在"索引"选项卡中的"索引名"文本框中输入不同的名称即可。索引名只能是以字母开头且不超过 10 个字符的字串。

上面建立的是单字段索引，若要建立多字段索引，就要在表设计器"索引" 选项卡中的"表达式"文本框中输入包含多个字段的表达式，或单击表达式右侧的"..."按钮打开表达式生成器来建立索引表达式。例如，要建立"成绩"表的主索引关键字，只要在"索引"选项卡中的"表达式"文本框中输入"学号+课程代号"即可。将"教学管理"中的 7 个表分别建立起相应的索引，如图 3.47 所示。索引名前有钥匙标志的是主索引。

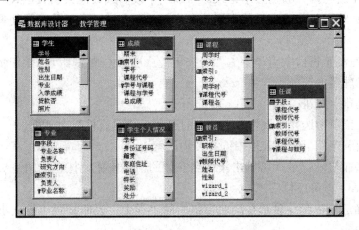

图 3.47 "教学管理"数据库中各表的索引

4. 筛选记录

通过在表设计器"索引"选项卡中的"筛选"文本框中输入一个筛选表达式，可以控制哪些记录可包含在索引中。如果创建索引时建立了筛选表达式，则在以后使用这个索引时只处理满足筛选表达式条件的记录。

5. 修改、删除或插入索引

在表设计器的"索引"选项卡中可以对表中的索引进行修改、删除或插入操作。

① 修改：单击欲修改处，然后加以修改。

② 删除：选择欲删除的索引，单击"删除"按钮。

③ 插入：选择欲插入的索引所在的位置，单击"插入"按钮，然后输入或选择索引名、类型和索引表达式。

6. 创建独立索引文件的命令

INDEX ON <关键字> TO <索引文件名>

7. 创建非结构复合索引文件的命令

INDEX ON <关键字 1> TAG <索引标记 1> OF <索引文件名>

INDEX ON <关键字 2> TAG <索引标记 2> OF <索引文件名>

3.5.3 排序

建表时，输入到新表的记录按照输入顺序存储，在浏览表时，记录按输入的顺序出现。若要控制记录显示和访问的顺序，可以为表创建一个排序方案或索引关键字，以此创建表的索引文件。建好表的索引后，便可以用它来为记录排序。"排序"就是指定记录排列的先后顺序。在 Visual FoxPro 数据库中有两种排序方式：升序和降序。可以对除逻辑型、通用型和备注型以外的字段进行排序。当要根据某一字段对表中的记录进行排序时，就应根据这个字段创建一个用于排序的索引。

当在数据表中应用排序时，这种排列顺序与数据表一起保存，在下次打开该数据表时，Visual FoxPro 将用这种排列顺序显示记录。可以用字段名或其他索引表达式对记录排序。索引将对表达式进行计算，以此确定记录出现的顺序，然后存储一个按此顺序处理表中记录的指针列表。

例如，可以在浏览窗口中将"学生"表按年龄从小到大顺序排列，操作步骤如下。

① 在项目管理器中选择"学生"表。

② 单击"浏览"按钮。

③ 从"表"菜单中选择"属性"命令，打开"工作区属性"对话框。

④ 在"索引顺序"下拉列表框中选择要用的索引。

⑤ 若要以降序显示记录，可单击索引名左侧的箭头按钮。按钮上的箭头方向向上表示按升序排序，向下表示按降序排序。

⑥ 单击"确定"按钮，显示在浏览窗口中的"学生"表即按照年龄从小到大的顺序排列记录。

选定索引后，通过运行查询或报表，还可对它们的输出结果进行排序。

前面介绍的是利用索引进行逻辑排序，还可以利用 SORT 命令进行物理排序：

SORT TO <新表文件名> ON <字段名> [FOR <条件>]

物理排序后并不改变原表的顺序，但生成一个排过序的新表。

3.6　表间关系与参照完整性

3.6.1　关系的建立与编辑

关系是表之间的一种链接，它使用户不仅能从当前选定表中访问数据，而且可以访问其他表中的数据。

一旦在数据库中定义了两个以上的相关表，就应告诉 Visual FoxPro 这些表之间的关系。这样，当以后在查询、视图、表单以及报表中使用这些表时，Visual FoxPro 就会知道如何链接这些表。

在表之间创建关系之前，想要关联的表需要有一些公共的字段和索引，这样的字段称为主关键字字段和外部关键字字段。主关键字字段标识了表中的特定记录，外部关键字字段标识了存于数据库里其他表中的相关记录。还需要对主关键字字段做一个主索引，对外部关键字字段做普通索引。

定义完关键字段和索引后，即可创建关系。通过链接不同表的索引，在数据库设计器中可以很方便地建立起两表之间的关系。因为在数据库中建立的关系被作为数据库的一部分而保存起来，所以这种关系称为永久关系。每当用户在查询设计器或视图设计器中使用表，或者在创建表单时在数据环境设计器中使用表时，这些永久关系将作为表间的默认链接。

1. 建立关系

在 Visual FoxPro 中，可使用索引在数据库中建立表间的永久关系。之所以在索引间创建永久关系，而不是字段间的永久关系，是因为这样可以根据简单的索引表达式或复杂的索引表达式联系表。

在 Visual FoxPro 中建立表之间的关系非常简单：在数据库设计器中，选择主表中想要关联的索引名，然后把它拖动到相关表匹配的索引名上即可。

例如，要在"学生"表中的索引标识"学号"和"成绩"表中的索引标识"学号"间建立关系，操作步骤如下。

① 在项目管理器中选择"教学管理"数据库。

② 单击"修改"按钮，打开数据库设计器。

③ 将光标移到"学生"表中的索引"学号"上，拖动光标，此时光标将呈一长条状。接着将光标拖动到"学生"表的索引"学号"上，关系即可建立。

设置完关系之后，在数据库设计器中查看该数据库的分层结构，就会看到在"学生"表中的索引标识"学号"和"成绩"表中的索引标识"学号"之间有一条连线，这条连线就表示了两表间的永久关系。永久关系是数据库表间的关系，它们存储在数据库文件中。

注意： 建立关系时，父表的索引一定是主索引。在数据库设计器中，各表的主索引标志前有一个"钥匙"图标。

在数据库的两个表中要建立固定关系，要求两个表的索引中至少有一个是主索引，必须先选择主表的主索引，而子表中的索引类型决定了要创建的永久关系类型：如果子表中的索引类型为主索引或候选索引，则建立起的就是一对一关系；如果子表中的索引类型为普通索引或唯一索引，则建立起的就是一对多关系。

仿照上面的方法，按照 3.3.4 节中对表关系的设计，建立其他表之间的关系，如图 3.48 所示。

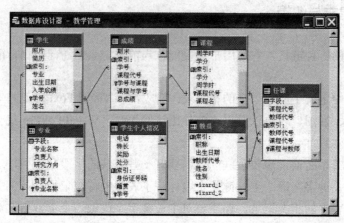

图 3.48　建立"教学管理"数据库表之间的关系

2. 编辑关系

要想编辑关系，可首先单击关系线，此时关系线将变成粗黑线。然后右击该关系线，系统将显示如图 3.49 所示的快捷菜单。在快捷菜单中选择"删除关系"或"编辑关系"命令即可删除或修改指定的关系。

（1）删除关系

① 打开数据库设计器。

② 右击欲删除的关系连线。

③ 在快捷菜单中选择"删除关系"命令。

或者单击数据库设计器两表间的关系线，待关系线变粗后按 Delete 键。

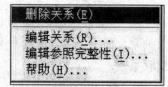

图 3.49　右击关系线显示的快捷菜单

（2）修改关系

在表之间创建了永久关系之后，可以使用"编辑关系"对话框更改这个关系。通过该对话框可选择索引字段，系统将根据相关表中索引的类型决定建立的是一对一还是一对多的关系。

在快捷菜单中选择"编辑关系"命令，打开"编辑关系"对话框，或双击表间的关系线，也可以打开"编辑关系"对话框，如图 3.50 所示。

对话框中的选项如下。

① 表。显示当前父表名称，并允许选用一个不同的索引标识。

② 相关表。显示当前子表名称，并允许选用一个不同的索引标识。

③ 关系类型。显示父表与子表之间关系的类型。

④ 参照完整性。显示参照完整性生成器，可以设置规则控制相关表中记录的插入、更新和删除。

图 3.50 "编辑关系"对话框

3.6.2 参照完整性

1. 参照完整性的概念

在永久关系的基础上可设置表间的参照完整性规则。参照完整性是指不允许在相关数据表中引用不存在的记录。参照完整性应满足如下 3 个规则。

① 在相关联的数据表间，子表中的每一条记录在对应的父表中都必须有一条父记录。

② 对子表作插入记录操作时，必须确保父表中存在一条父记录。

③ 对父表作删除记录操作时，其对应的子表中必须没有子记录存在。

2. 设置参照完整性

Visual FoxPro 使用用户自定义的字段级规则和记录级规则来完成参照完成性规则。可使用参照完整性设计器来设置规则，控制如何在关系表中插入、更新或删除记录，操作步骤如下。

① 在数据库设计器中双击两表之间的关系线，打开"编辑关系"对话框。

② 在"编辑关系"对话框中单击"参照完整性"按钮，打开"参照完整性生成器"对话框，如图 3.51 所示。

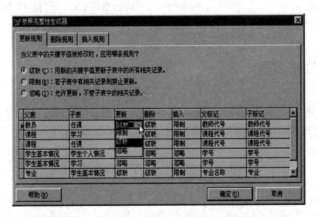

图 3.51 "参照完整性生成器"对话框

③ 在"参照完整性生成器"对话框中选择更新、删除或插入记录时所遵循的若干规则。

④ 单击"确定"按钮，然后单击"是"按钮，保存所做的修改，生成参照完整性代码，并退出参照完整性生成器。

在参照完整性生成器中，用户可对更新、删除或插入父表与子表记录时所遵循的规则进行设置。

（1）更新规则

① 级联：当修改父表中的某一记录时，子表中相应的记录将会改变。

② 限制：当修改父表中的某一记录时，若子表中有相应的记录，将禁止该操作。

③ 忽略：两表更新操作将互不影响。

（2）删除规则

① 级联：当删除父表中的某一记录时，将删除子表中相应的记录。

② 限制：当删除父表中的某一记录时，若子表中有相应的记录，将禁止该操作。

③ 忽略：两表删除操作将互不影响。

（3）插入规则

① 限制：当在子表中插入某一记录时，若父表中没有相应的记录，将禁止该操作。

② 忽略：两表插入操作将互不影响。

建立参照完整性涉及生成一系列规则，以便在输入或删除记录时能保持已定义的表间关系，同时也保证了表中数据的一致性。

3.7 数据共享

作为一个数据库软件，Visual FoxPro 不仅具有管理它本身数据的功能，还可以与其他应用程序集成，获取其他应用程序提供的数据。用户可以在应用程序之间复制和粘贴数据，以及在应用程序之间导入和导出数据。共享信息可以节省时间并避免错误。通过 Visual FoxPro，还可以将表或视图中的数据与 Word 文档合并，产生邮件合并文档或者通过通用型字段嵌入或链接其他 OLE 对象。例如，不必向表中输入 Microsoft Excel 的结果，直接从 Microsoft Excel 中复制或者链接到 Microsoft Excel 即可自动得到结果。

3.7.1 静态/动态共享数据

当希望与其他应用程序共享信息，或者需要把其他应用程序的功能合并到表、报表、表单和 Visual FoxPro 应用程序中时，可以使用 Visual FoxPro 中的 OLE 功能。

1. 静态共享数据

（1）复制和粘贴

通过复制和粘贴数据，可以在 Visual FoxPro 和其他应用程序或数据源之间快速共享数据。如果希望快速、简便地共享少量数据而非整个文件，则可人工选择数据，将其剪切或复制下来，然后粘贴到任何地方。例如复制一个表单中的选定数据，然后将其粘贴到 Microsoft Excel 文档中，或者从 Microsoft Excel 电子表格中复制选定单元格的内容，然后将其粘贴到一个表的备注和通用字段中，操作步骤如下。

① 将数据复制到剪贴板中。

② 打开并浏览要向其中通用字段粘贴数据的表。

③ 双击该通用字段。

④ 从"编辑"菜单中选择"粘贴"命令或"选择性粘贴"命令。

（2）创建邮件合并文件

另一种共享数据的方法是邮寄由存储在 Visual FoxPro 中的地址和存储在 Microsoft Word 中的模板共同创建的信件。在 Word 中使用"工具"菜单中的"邮件合并"功能，可以将标准文本与单一信息的列表链接成新的文档，包括套用信函、带地址的信封、电子邮件和传真文档。在 Visual FoxPro 中，利用邮件合并向导同样也可以完成上述功能。

邮件合并向导实际上是将 Visual FoxPro 和 Word 两种应用程序集成在一起，使 Word 能够共享 Visual FoxPro 表或视图中包含的数据，利用这些数据打印一批相同格式的文档。创建邮件合并文件的操作步骤如下。

① 打开"工具"菜单中的"向导"子菜单。

② 从子菜单中选择"邮件合并"命令，打开"邮件合并向导"对话框。

③ 按照向导中的提示进行操作。

④ 如果已经安装了邮件程序，可以通过从"文件"菜单中选择"发送"命令来从 Visual FoxPro 中发送邮件。这时，电子邮件程序显示一个对话框，可以在其中撰写并发送邮件信息。

2．动态共享数据

上述方法只能使 Visual FoxPro 静态地共享其他应用程序生成的数据。为了能够动态地共享其数据，Visual FoxPro 还提供了嵌入或链接数据的方法。嵌入或链接数据的方法是通过通用型字段实现的，用户可以通过通用型字段在表或表单中嵌入或链接其他应用程序的数据，同时仍用那些应用程序维护这些数据。要共享全部文件，可将其链接或嵌入。在 Visual FoxPro 中，外部数据一般都是嵌入表或表单中的。

所谓嵌入，是指将一个对象的副本从一个应用程序插入到另一个应用程序。对象副本嵌入后，不再与原来的对象有任何关联。如果原来的对象有所改变，则嵌入的对象不受影响。所谓链接，是指在源文件与目标文件之间的一种连接。链接对象保持了来自源文件的信息，并对两文件之间的连接进行维护。当源文件中的信息发生变化时，这种变化将在目标文件中体现出来。

嵌入数据时，数据只存储在表或表单中。该数据并不与源文件保持连接。如果源文件改变了，其变化并不显示在 Visual FoxPro 的应用程序中。

链接数据时，数据存储在源文件中，并非存储在 Visual FoxPro 的表或表单中。表或表单中存储的只是指向源文件的指针，并显示链接数据的图示。在源文件改变时，Visual FoxPro 将更新链接数据，只要未中断连接，则与源文件将一直保持这种连接。

以下情况可嵌入数据或图形。

① 应用程序不需要具有最新版本的内容。

② 嵌入的数据不需要用于多个应用程序。

③ 源文件被链接后不能被更新。

以下情况可创建链接。

① 数据和图形可能被更改。

② 应用程序需要包含最新版本的内容。

③ 源文件可以在计算机上或通过网络进行更新。

④ 源文件必须与其他应用程序共享。

例如，当要求创建的应用程序能在其他计算机上使用或源文件不在时也能编辑，或者包含的数据不是永远可用的，比如存储在服务器上的数据，这时就应该嵌入数据。而当要包含一个很大的文件（比如录像或者声音片段），或者要在应用程序中反映出源应用程序所做的任何更改时，就应该链接数据。

3.7.2 导入/导出数据

通过向 Visual FoxPro 导入数据或从 Visual FoxPro 中导出数据，可以在 Visual FoxPro 和其他应用程序之间复制数据。

导入数据是把数据从另一个应用程序所使用的文件中加入到 Visual FoxPro 表中。

导出数据是把数据从 Visual FoxPro 表传送到另外一个应用程序所使用的文件中。

数据可以是文本、电子表格和表文件格式中的一种。可以用现有数据创建新的 Visual FoxPro 表，或将其添加到已有的 Visual FoxPro 表中，还可以把数据复制到不同类型的文件内。

1. 导出数据

在 Visual FoxPro 中，不仅可以从其他应用程序中导入或追加数据，而且还可以把 Visual FoxPro 表中存储的数据导出到另一种格式的文件中，供其他应用程序使用。所谓导出，就是指把数据从 Visual FoxPro 表复制到其他应用程序所用的文件中。可以把数据从 Visual FoxPro 表导出到文本文件、电子表格或其他应用程序中。

表 3.11 列出了可从 Visual FoxPro 中导出的文件类型。

表 3.11　可从 Visual FoxPro 中导出的文件类型

文件类型	扩展名	说明
文本文件	txt	用制表符或逗号或空格来分隔每个字段的文本文件
表	dbf	Visual FoxPro 3.0、FoxPro 2.x、FoxBASE+或 dBASE IV 表
System Data Format	sdf	有定长记录且记录以回车和换行符结束的文本文件
Microsoft Excel	xls	Microsoft Excel（2.0、3.0、4.0 和 5.0 版本）的电子表格格式。列单元转变为字段，行转变为记录
Lotus 1-2-3	wks、wk1	1-A 和 2.x 版本的 Lotus 1-2-3 电子表格格式。列单元转变为字段，行转变为记录

在 Visual FoxPro 中，可以使用"导出"对话框导出数据。在导出数据时，可以选定源文件和目标文件，也可以指定导出字段、设置导出记录的作用范围和选定满足某一条件的记录。

（1）导出所有字段和记录

例如，可以将 Visual FoxPro 表"学生.dbf"转化为 Excel 5.0 电子表格"学生.xls"，操作步骤如下。

① 选择"文件"菜单中的"导出"命令，打开"导出"对话框。

② 在"类型"下拉列表框中选择"Microsoft Excel 5.0（XLS）"选项，如图 3.52 所示。

③ 在"到"文本框中选定文件夹和文件名"D：\教学管理\学生.xls"。

④ 在"来源于"文本框中选定表"D：\教学管理\表\学生.dbf"。

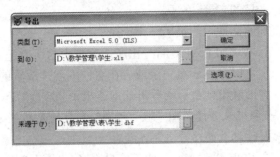

图 3.52 "导出"对话框

⑤ 单击"确定"按钮，即可将 Visual FoxPro 表导出成为 Excel 5.0 表格。

（2）有选择地导出字段或记录

默认情况下，Visual FoxPro 将源表中所有的字段和记录导出到目标文件中，使用"导出选项"对话框，如图 3.53 所示，可以选择要导出哪些字段和记录。

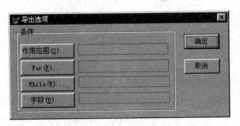

图 3.53 "导出选项"对话框

下面来选择导出字段。

① 在"导出"对话框中单击"选项"按钮，打开"导出选项"对话框。

② 在"导出选项"对话框中单击"字段"按钮，打开"字段选择器"对话框，在其中选择所需字段。

③ 单击"确定"按钮。

下面选择导出记录。

在导出数据时，可以通过如下方法来选择记录。

方法一：通过指定数量或作用范围，导出一定数量和范围内的记录。

① 在"导出选项"对话框中单击"作用范围"按钮，打开"作用范围"对话框，如图 3.54 所示。

图 3.54 "作用范围"对话框

② 在"作用范围"对话框中选择适当的范围选项。

全部：源文件中的全部记录。

后续：从当前记录开始的一系列记录。

记录号：一个指定记录号的记录。

其余：从当前记录直到源文件中的最后一个记录。

③ 单击"确定"按钮，Visual FoxPro 将导出所选范围内的所有记录。

使用"作用范围"选项可以导出一条记录或者在文件中连续放置的一组记录。

注意：活动索引和当前记录指针会影响作用范围选项中"后续"和"其余"的结果。例如，按"姓名"索引的表的下一条记录可能不同于按"性别"索引的表的下一条记录，但不影响"记录号"选项，因为表被索引时记录的序号并不改变。

方法二：通过构造一个 FOR 表达式，导出符合某个条件的记录。

如果希望导出的记录在表内是不连续的，可以构造一个逻辑表达式以指定导出记录必须满足的条件。例如，可以选择其中某一字段具有特定值的所有记录。

① 在"导出选项"对话框中单击"For"按钮，打开"表达式生成器"对话框。

② 在"表达式生成器"对话框中构造所需的表达式，单击"确定"按钮。

Visual FoxPro 会使用该表达式查找整个文件，以导出那些仅与表达式相符的记录。

方法三：通过构造一个 WHILE 表达式，控制记录导出的条件。

在导出时，可以指定一个必须满足才能继续选择记录的条件，用 WHILE 表达式可以输入这个条件。

① 在"导出选项"对话框中单击"While"按钮，打开"表达式生成器"对话框。

② 在"表达式生成器"对话框中构造所需的表达式，单击"确定"按钮。

只要 WHILE 表达式为真，那么 Visual FoxPro 就会导出记录。当发现一个不满足条件的记录时，Visual FoxPro 将结束导出过程。

注意：如果在未创建过索引过的文件中使用 WHILE 表达式，可能还未将所有合适的记录选择出来就结束了导出过程。在实施导出过程之前，应确保源表对所需的 WHILE 表达式有适当的活动索引。

方法四：使用上述选项的任意组合，WHILE 表达式将覆盖其他条件。

2. 导入数据

如果数据在其他应用程序（如电子表格和文字处理器）产生的文件中，用户可以轻松地将这些数据导入到 Visual FoxPro，并且将它们添加到表中。

所谓导入数据，就是指从另一个应用程序所用的文件中复制数据，然后在 Visual FoxPro 中创建一个新表，并用源文件的数据填充该表。导入文件后，可以像使用其他任何 Visual FoxPro 表一样使用它。

如果要从源文件中导入数据，可以让 Visual FoxPro 定义新表的结构，或者使用导入向导来指定它的结构。Visual FoxPro 用源文件中的字段顺序来定义目标表的结构。如希望自己定义结构，可以在源应用程序中修改文件或使用导入向导。

在 Visual FoxPro 中，可以导入多种文件类型的数据。导入文件时，必须选择文件类型并指定源文件和目标表的名称。

表 3.12 列出了可导入 Visual FoxPro 的文件类型。

表 3.12　可导入 Visual FoxPro 的文件类型

文件类型	扩展名	说明
Microsoft Excel	xls	Microsoft Excel（2.0、3.0、4.0、5.0 和 97 版本）的电子表格格式。列单元转变为字段，行转变为记录
Lotus 1-2-3	wks、wk1、wk3	Lotus 1-2-3（1-A、2.x 和 3.x 版本）的电子表格格式。列单元转变为字段，行转变为记录
Borland Paradox	db	3.5 和 4.0 的版本 Paradox 表

如果想使用 FoxPro 或 dBASE 中的表，则可以直接打开并使用它们，而不必导入。Visual FoxPro 将询问用户是否把表转换为 Visual FoxPro 的格式。一旦将表从以前的版本转换成最新版本，就不能再用以前的版本打开了。

在导入数据时，既可以使用导入向导，也可以使用"导入"对话框。

（1）使用"导入"对话框导入数据

可以从表或电子表格中导入数据，并用源文件的结构定义新表，操作步骤如下。

① 选择"文件"菜单中的"导入"命令，出现"导入"对话框，如图 3.55 所示。

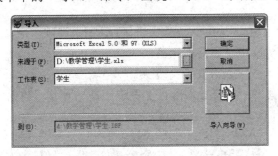

图 3.55　"导入"对话框

② 在"类型"下拉列表框中选择要导入文件的格式。

③ 在"来源于"文本框内输入源文件名。

④ 如果在"类型"下拉列表框内选定了电子表格，则在显示的"工作表"文本框内输入工作表名。

⑤ 单击"确定"按钮。

（2）使用导入向导导入数据

导入向导可以帮助用户利用源文件创建新表。向导提出一系列问题，并根据用户回答的内容导入文件，而且允许用户控制新表的结构。操作步骤如下。

① 选择"文件"菜单中的"导入"命令。

② 在"导入"对话框中单击"导入向导"按钮。

③ 按照向导的提示进行操作。

如果不使用导入向导而直接从文本文件导入到新表，则需要先创建新表，使其字段与文本文件中字段的顺序、数据类型和宽度相匹配，再将该文件追加到新表中。

导入文件后，可将新表添加到选定的数据库中，也可以使用表设计器来修改新表。

例如，将 Excel 电子表格"学生.xls"转化为 Visual FoxPro 的表"学生表.dbf"，操作步骤如下。

① 选择"工具"|"向导"|"导入"命令，打开"导入向导"对话框。

② 步骤 1-数据识别：选择源文件和目标文件，如图 3.56 所示。

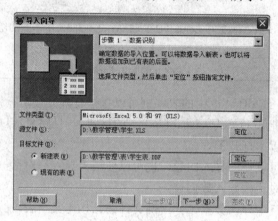

图 3.56　步骤 1-数据识别

a．文件类型：选择"Microsoft Excel 5.0 和 97(XLS)"选项。

b．源文件：选择 Excel 电子表格的表名。

c．目标文件：选定新表名及所在的文件夹。

③ 步骤 1a-选择数据库：选择导入到自由表中还是加入某一数据库，如图 3.57 所示。

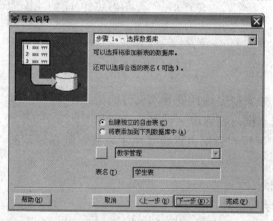

图 3.57　步骤 1a-选择数据库

④ 步骤 2-定义字段类型：指定字段名所在行和导入起始行，如图 3.58 所示。

a．字段名所在行：指定用哪一行作为文件的字段名。

b．导入起始行：指定从哪一行开始导入数据。

c．工作表：选择被导入的工作表名称。

⑤ 步骤 3-定义输入字段：按照数据的要求定义每个字段的名称、类型、宽度和小数位数，

如图 3.59 所示。

　　⑥ 步骤 3a-指定国际选项：指定货币符号和日期格式等，如图 3.60 所示。

　　⑦ 步骤 4-完成：完成数据的导入，如图 3.61 所示。

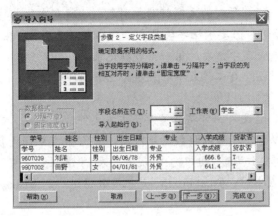

图 3.58　步骤 2-定义字段类型

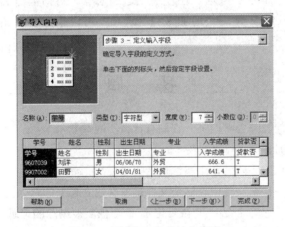

图 3.59　步骤 3-定义输入字段

图 3.60　步骤 3a-指定国际选项

图 3.61　步骤 4- 完成

选择"显示"菜单中的"浏览"命令可以浏览导入的新表。

注意：

① 导入工作表数据时，Visual FoxPro 使用 Microsoft Excel 5.0 工作表的第一行确定新表字段的数据类型。如果第一行有每列的文字标题，则表中的所有字段都将是字符型字段，即使其他行含有数字数据也是如此。若要确保字段具有正确的数据类型，应在 Microsoft Excel 5.0 中修改工作表，使其第一行包含表中想要的第一条数据记录。

② 如果 Microsoft Excel 5.0 工作表中有长度为 255 的字段，当导入 Visual FoxPro 表中时，只取前 254 个字符。

③ 不能直接导入 Word 文件，可将其另存为文本文件，再导入。在执行导入操作时，除了将数据导入到一个新表以外，还可以将数据导入到一个已有的 Visual FoxPro 表中，只要在"导入向导"对话框中的"目标文件"选项组中选中"现有的表"单选按钮即可。在选择将数据导入到一个已有的 Visual FoxPro 表中时，Visual FoxPro 是把源数据追加到 Visual FoxPro 表的最后一条记录之后。

除了使用导入向导将要导入的数据追加到已有的 Visual FoxPro 表以外，还可以使用前面介绍过的"追加来源"对话框追加数据。在使用"追加来源"对话框追加数据时，首先应从浏览窗口中打开要追加记录的表。使用"追加来源"选项，可以指定要追加哪些字段或记录。

习　题

1. Visual FoxPro 中的表分为哪两类？它们有什么不同？
2. 一个表能不能同时属于多个数据库？
3. 表结构指的是什么？字段的基本属性包括哪些项？
4. 备注型字段保存在什么文件中？这个文件是怎么建立起来的？
5. 执行"彻底删除"命令后能否再用"恢复记录"命令恢复被删除的记录？
6. 设计数据库有哪些基本过程？各个过程中需要注意的分别是哪些问题？
7. 什么是主关键字和外部关键字？它们各有什么作用？
8. 表之间有哪 3 种关系？一对一与一对多分别指的是怎样的一种关系？
9. 什么是"纽带表"？它有什么作用？
10. 数据库表具有哪些自由表所没有的属性？
11. 数据库中所保存的是否就是它所包含的表的内容？
12. 索引有哪几种类型？索引文件又有哪几种类型？
13. 结构复合索引文件有什么特点？
14. 什么是父表（主表）和子表（相关表）？
15. 一对多关系中的"一"方是父表还是子表？
16. 父表中的索引是什么类型？子表中的索引又是什么类型？
17. 自由表间能否建立永久关系？
18. 参照完整性指的是什么？

19. 使用表设计器或表向导将 3.3 节中所设计的表全部建立在"教学管理"数据库中,存储在"表"子目录下,各表的结构和记录如表 3.13～表 3.24 所示。

表 3.13 "任课"表的结构

字段名	类型	宽度	NULL
课程代号	字符	5	是
教师代号	字符	5	是

表 3.14 "课程"表的结构

字段名	类型	宽度	NULL
课程代号	字符	5	否
课程名	字符	16	是
周学时	数值	1	是
学分	数值	1	是

表 3.15 "专业"表的结构

字段名	类型	宽度	NULL
专业	字符	10	否
负责人	字符	8	是
研究方向	备注	4	是

表 3.16 "教员"表的结构

字段名	类型	宽度	NULL
教师代号	字符	5	否
姓名	字符	8	是
性别	字符	10	是
出生日期	日期	8	是
职称	字符	10	是

表 3.17 "成绩"表的结构

字段名	类型	宽度	NULL
学号	字符	7	否
课程代号	字符	5	是
平时	数值	3	是
期中	数值	3	是
期末	数值	3	是

表 3.18 "学生个人情况"表的结构

字段名	类型	宽度	NULL	字段名	类型	宽度	NULL
学号	字符	7	否	特长	字符	20	是
身份证号码	字符	13	否	电话号码	字符	15	是
籍贯	字符	8	是	奖励	字符	20	是
住址	字符	20	是	处分	字符	20	是

表 3.19 "教员"表的记录

教师代号	姓名	性别	出生日期	职称	教师代号	姓名	性别	出生日期	职称
20222	于朵	女	1962-6-19	副教授	10101	高树声	男	1940-12-5	教授
20406	张健	女	1946-7-16	教授	10312	巩文	男	1959-3-17	副教授
10429	蒋成功	男	1959-3-12	副教授	20506	吴燕	女	1947-10-6	教授
10616	万年	男	1945-9-1	教授	20701	沈非菲	女	1960-6-18	副教授
20626	孙乐	女	1971-12-15	讲师	10202	梁龙林	男	1948-6-8	教授
10803	李铁	男	1958-9-22	副教授	10428	李阳	男	1955-8-12	教授
10812	米粟	男	1960-1-3	副教授	10621	鲁师	男	1943-11-18	教授
11015	柴准	男	1973-8-26	讲师	10809	邓为民	男	1957-1-26	副教授

教师代号	姓名	性别	出生日期	职称	教师代号	姓名	性别	出生日期	职称
11107	方华	女	1976-4-6	讲师	20106	姜晓红	女	1961-6-5	副教授
20836	张静	女	1974-11-15	讲师	10131	付林	男	1968-9-11	讲师
10802	杨洪亮	男	1941-5-23	教授	20301	高珊	女	1965-6-19	副教授
10223	周毅	男	1970-3-8	讲师	20319	林妮	女	1973-4-1	讲师
20255	孙利莉	女	1975-9-12	讲师	21025	张旗	女	1972-6-6	讲师
20705	夏雪	女	1969-10-28	讲师	11117	韩明	男	1976-2-14	助教
10712	南方	男	1975-9-13	讲师	10503	孔建国	男	1949-10-1	教授
10201	代顺达	男	1940-12-17	教授	10509	黄宁	男	1956-12-23	副教授

表 3.20　"任课"表的记录

课程代号	教师代号	课程代号	教师代号	课程代号	教师代号	课程代号	教师代号
21003	21025	20534	10503	20801	10803	10715	20222
30211	20255	10712	20705	30802	10812	20111	10101
30232	10201	20115	20106	11001	11015	10218	10202
40711	10712	10222	10223	20113	10131	30423	20406
40722	20701	30412	10429	30416	10428	40331	20319
10101	20106	40316	20319	20327	10312	40625	10616
11101	11107	40612	20626	20521	20506	20314	20301
20511	10509	20328	20301	30213	10201	10811	20836
10101	10131	10812	10429	11101	11117	30819	10802

表 3.21　"专业"表的记录

专业名称	负责人	专业名称	负责人	专业名称	负责人	专业名称	负责人
化学	鲁师	外贸	沈非非	生物学	王国玉	中文	高树声
计算机	邓为民	数学	梁龙林	历史	吴燕	新闻	巩文
软件	李明	物理	李阳				

表 3.22　"课程"表的记录

课程代号	课程名	周学时	学分	课程代号	课程名	周学时	学分
20511	世界近代史	4	4	10715	高等数学	4	4
10101	大学语文	2	2	20111	古代汉语	3	3
20801	计算机基础（一）	4	3	30802	计算机基础（二）	3	3
10218	高等代数	4	4	30423	电磁场理论	3	3
11001	英语（一）	6	6	40331	传播心理学	2	2
20113	外国文学	4	4	40625	色谱学	2	2
30416	接口技术	4	3	20314	新闻学概论	2	2
20327	报刊编辑学	2	2	10811	离散数学	2	2

课程代号	课程名	周学时	学分	课程代号	课程名	周学时	学分
20521	中国民族史	3	2	30819	编译技术	4	4
30213	数论	4	4	20534	中国近代史	4	4
11101	体育	2	2	10712	政治经济学	3	3
21003	英语（二）	4	4	20115	现代汉语	4	4
30211	概率统计	3	3	10222	解析几何	2	2
30232	数学分析	2	2	30412	近代物理实验	3	3
40711	国际投资学	2	2	40316	当代新闻史	2	2
40722	国际商法	2	2	40612	配位化学	3	3
30832	算法设计	4	4	20328	现代新闻报道	4	4
10812	数字电路	4	4				

表 3.23　"学生个人情况"表的记录

学号	身份证号码	籍贯	家庭住址	电话	特长	奖励	处分
9607039	530120169021101	安徽	江岸小区 45 幢 3 单元 408	5033228	唱歌、摔跤	被评为三好学生	无
9907002	530120170060701	云南	江岸小区 50 幢 2 单元 409	5033226	跳舞、篮球	被评为三好学生	无
9801055	530120171072501	湖北	白马小区 145 幢 3 单元 101	4133224	围棋	无	无
9902006	530120170122901	湖南	金星小区 8 幢 3 单元 208	3133218	象棋	被评为特优生	无
9704001	530120168121101	云南	静园小区 12 幢 3 单元 109	2133227	排球、足球	无	无
9603001	530120174050101	云南	江岸小区 40 幢 1 单元 612	5033219	唱歌、跳舞	被评为红花少年	无
9606005	530120175040702	江苏	江岸小区 30 幢 4 单元 222	5033123	演讲	无	无
9803011	530120173021201	四川	白马小区 25 幢 3 单元 410	4133124	集邮	获集邮展览三等奖	无
9908088	530120172092801	四川	金星小区 55 幢 3 单元 214	3133177	长跑、足球	获省级长跑第二名	因作弊受处分
9608066	530120174092201	云南	阳光小区 55 幢 5 单元 112	3133222	摄影	获优秀作文奖	无
9805026	530120174110901	贵州	阳光小区 2 幢 1 单元 444	3133789	围棋	获数学竞赛一等奖	无
9702033	530120170080401	黑龙江	阳光小区 8 幢 2 单元 808	3148212	围棋	获数学竞赛三等奖	无

表 3.24 "成绩"表的记录

学号	课程代号	平时	期中	期末	学号	课程代号	平时	期中	期末
9805026	20801	75	87	82	9607039	40711	85	80	88
9702033	30802	80	89	91	9907002	10715	83	90	86
9907002	11001	91	83	85	9801055	20111	78	60	65
9801055	20113	70	65	55	9902006	10218	75	63	52
9902006	11001	78	86	81	9704001	30423	80	81	85
9704001	30416	80	90	90	9603001	40331	67	72	70
9803011	20327	95	93	90	9606005	40625	83	85	84
9908088	11001	90	91	87	9803011	20314	76	76	76
9805026	20521	90	97	96	9908088	10811	82	92	89
9702033	30213	88	69	76	9608066	30819	78	84	82
9907002	11101	88	65	72	9805026	20534	70	90	84
9801055	21003	70	90	84	9702033	30211	93	89	90
9902006	11101	80	70	70	9607039	40722	90	87	82
9803011	21003	78	84	82	9907002	10712	90	96	97
9908088	11101	82	75	78	9801055	20115	80	82	87
9805026	21003	83	85	84	9902006	10222	85	91	79
9805026	20511	90	82	86	9704001	30412	78	87	80
9702033	30232	80	84	83	9603001	40316	66	71	73
9907002	10101	84	96	92	9606005	40612	70	78	60
9801055	20801	76	78	60	9803011	20328	90	88	87
9902006	10101	85	88	81	9908088	10812	80	67	83
9704001	30802	90	87	82	9608066	30832	95	92	93
9803011	20801	60	50	51	9908088	10101	80	82	87

第 4 章 关系数据库标准语言 SQL

4.1 SQL 概述

结构化查询语言（Structured Query Language，SQL）是操作关系型数据库的标准数据查询语言，是用于关系型数据库定义、数据操作和数据检索的标准语言。其中，查询是 SQL 语言的重要组成部分。

自从 1986 年 10 月由美国国家标准局（American National Standards Institute，ANSI）公布 SQL 标准以后，SQL 就被当做是关系型数据库的工业标准语言。1987 年，这个标准被国际标准化组织（International Standards Organization，ISO）作为国际标准。

SQL 成为国际标准后，各数据库厂商纷纷推出自己符合 SQL 标准的 DBMS，例如 Oracle、Microsoft SQL Server、Informix、Sybase 等。SQL 标准提供了不同关系型数据库之间实现一致性和可移植性。Visual FoxPro 作为一种可视化的关系型数据库语言，也使用 SQL 语言作为数据库定义、数据操作和数据检索的工具。

SQL 成为国际标准后，在数据库以外的领域也受到了重视。计算机辅助设计、人工智能、软件工程等领域，不仅把 SQL 作为数据检索的语言规范，还把它作为检索图形、声音、知识等信息类型的语言规范。

SQL 语言支持关系数据库三级模式结构，其中模式对应于基本表，外模式对应于视图和部分基本表，内模式对应于存储文件。

基本表是本身独立存在的表，一个关系对应一个基本表，一个表可以建立若干个索引。视图是从基本表或视图中导出的表。视图是一个临时表，一种定义，它本身不独立存储于数据库中。存储文件中逻辑结构组成了关系数据库的内模式。

4.1.1 SQL 语句

SQL 提供了 9 种语句，分别完成数据库定义、数据操作和数据检索等功能，如表 4.1 所示。

表 4.1 SQL 语句

	SQL 功能	语句动词
数据定义	定义基本表或索引	CREATE
	删除基本表或索引	DROP
	修改基本表	ALTER
数据操作	插入记录	INSERT
	修改记录	UPDATE
	删除记录	DELETE

SQL 功能		语句动词
数据控制	授权	GRANT
	收回权限	REVOKE
数据查询		SELECT

用户在应用程序中使用查询或视图时，实际是在使用 SQL SELECT 命令。这里的 SQL SELECT 命令可以由查询设计器中定义的查询来创建，可以由视图设计器定义的视图来创建，还可以在事件代码或过程代码中创建。

添加到应用程序中的查询可以对数据源进行各种组合，并有效地筛选记录、管理数据并对结果排序。所有这些工作都是用 SQL SELECT 命令完成的。通过使用 SQL 命令，用户可以完全控制查询结果以及结果的存放位置。正如在前面看到的，一个查询是一条 SQL SELECT 命令。

如果要创建一个 SQL SELECT 命令，也可以使用查询设计器或视图设计器构造此语句，然后将 SQL 窗口中的内容复制到代码窗口中，或者在代码窗口中直接输入 SQL SELECT 命令。

4.1.2 查询中常用的运算符

运算符是表示实现某种运算的符号，包括常用运算符及特殊运算符。查询中常用的运算符分为 4 类，即算术运算符、字符串运算符、关系运算符和逻辑运算符，如表 4.2 所示。

表 4.2 查询中的运算符

类型	运算符
算术运算符	+、−、*、/、^、\、MOD
关系运算符	<、<=、<、>、>、>=、BETWEEN、LIKE
逻辑运算符	NOT、AND、OR
字符运算符	&
检查属性值是否为空	IS NULL、IS NOT NULL
检查属性值是否属于一组值之一	IN、NOT IN
检查属性值是否属于某个范围	BETWEEN…AND…、NOT BETWEEN…AND…
字符串匹配	LIKE、NOT LIKE

说明：

① 在表达式中，字符型数据用""""或"'"括起来，日期型数据用"{}"括起来，如"abcde123"、{^2014-3-20}。

②"/"是整除运算符。例如，7/3 的结果为 2。

③ MOD 是取余数运算符。例如，7 MOD 3 的结果为 1。

④ BETWEEN 运算符的使用格式如下。

<表达式 1>BETWEEN<表达式 2>AND<表达式 3>

BETWEEN 用来检测<表达式 1>的值是否介于<表达式 2>和<表达式 3>之间，结果为 TRUE 或 FALSE。例如，3 BETWEEN 1 AND 5 的值为 TRUE，5 BETWEEN 1 AND 3 的值为 FALSE，"ABC" BETWEEN "A" AND "C"的值为 TRUE，"ABC" BETWEEN "A" AND "ABB" 的值

为 FALSE。

⑤ LIKE 通常与 "?"、"*"、"#"、[字符列表]、[!字符列表]等通配符结合使用，主要用于模糊查询。其中"?"表示任何单一字符；"*"表示 0 个或多个字符；"#"表示任何一个数字（0～9）；[字符列表]表示字符列表中的任何单一字符；[!字符列表]表示不在字符列表中的任何单一字符。

例如，查找姓刘的学生，则表达式为"姓名 LIKE"刘*""；查找姓名中没有"刘"字的学生，表达式为"姓名 LIKE"[!刘] ""。

⑥ &用于连接两个字符串。例如，""中国"&"昆明""的结果是"中国昆明"。

4.1.3 查询常用的计算函数

Visual FoxPro 提供大量的内部函数，供用户在查询计算时使用。表 4.3 列出了 5 个常用计算函数供读者参考，其他函数的用法可参阅有关帮助信息。

表 4.3　查询常用的计算函数

函数名	说明	实例
COUNT(*)	计算记录数	SELECT COUNT(*) FROM 学生
SUM(字段名)	计算字段值的总和	SUM(入学成绩)
AVG(字段名)	计算字段的平均值	AVG (入学成绩)
MAX(字段名)	计算字值的最大值	MAX (入学成绩)
MIN(字段名)	计算字值的最小值	MIN (入学成绩)

4.2　SQL 的定义功能

标准的 SQL 的数据定义功能一般包括数据库定义、表的定义、视图的定义、存储过程的定义、规则的定义和索引的定义等若干部分。本节主要介绍表的定义和视图的定义功能。

4.2.1　表的定义

第 3 章介绍了使用表设计器建立表的方法，下面介绍通过 SQL 的 CREATE TABLE 命令建立表的方法。

格式：CREATE TABLE <表名>[FREE]；

（字段名 1　类型（宽度，小数位数）[字段的完整性约束]，字段名 2　类型（宽度，小数位数）[字段的完整性约束]，…）

功能：创建表，新表在最低可用的工作区以独占的方式打开。

说明：

① 字段类型用字母表示，常用的有 C（字符型）、D（日期型）、T（日期时间型）、N（数值型）、F（浮点型）、I（整数型）、B（双精度型）、L（逻辑型）、Y（货币型）、M（备注型）

及 G（通用型）等。

② Visual FoxPro 中保存的表文件的扩展名为 dbf。当第一次创建表时，Visual FoxPro 先创建表的 dbf 文件，如果表中包含了备注型字段或通用型字段，Visual FoxPro 还要创建与表相关联的 fpt 文件。

③ 字段的完整性约束表示该字段的数据必须符合的条件，下面是一些常见的完整性约束。

NULL	该字段的值可以为空
NOT NULL	该字段的值不可以为空
CHECK	定义字段的完整性约束
ERROR	定义字段的出错提示信息
DEFAULT	定义字段的默认值
PRIMARY KEY	定义主关键字（主索引）

④ 如果当前没有打开的数据库或使用 FREE 短语，则建立自由表。

例 4.1　在 D 盘根目录的"教学管理"文件夹下建立一个名为"学生 2"的自由表。

在命令窗口输入并执行如下命令。

CREATE TABLE D:\教学管理\学生 2 FREE;

(学号 c(7)，姓名 c(8)，性别 c(2)，出生日期 d，专业 c(10)，入学成绩 n(5，1)，贷款否 l，照片 g，简历 m)

在自由表中不能建立主索引，也不能定义有效性规则。

例 4.2　打开"教学管理"数据库，在 D 盘根目录的"教学管理"文件夹下创建 "学生 1"表，其中学号是主关键字（建立主索引，用 PRIMARY KEY 短语说明），性别字段的默认值定义为"男"（用 DEFAULT 短语说明）。

在命令窗口输入并执行如下命令。

OPEN DATA BASE D:\教学管理\教学管理

CREATE TABLE D:\教学管理\学生 1;

(学号 c(7) PRIMARY KEY，姓名 c(8)，性别 c(2) DEFAULT"男"，出生日期 d，专业 c(10)，入学成绩 n(5，1)，贷款否 l，照片 g，简历 m)

执行后，"教学管理"数据库中就建立了一个名为"学生 1"的表，此表尚无记录（即为空表）。此表的定义及各有效性规则都自动存放在数据字典中。

注意： 可以在项目管理器中选定要打开的数据库也可以从"文件"菜单中选择"打开"命令，然后在"打开"对话框中选择要打开的数据库。

在命令窗口输入并执行如下命令。

MODIFY STRUCTURE

运行结果如图 4.1 所示。

4.2.2　表结构的修改

修改表结构的 SQL 语句是 ALTER TABLE。用 SQL 语句修改表结构时，不需用 USE 命令打开表。

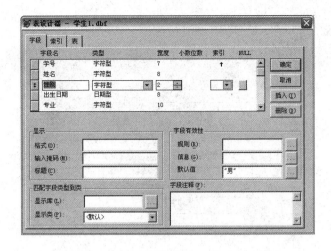

图 4.1　建立名为"学生 1"的表

1．添加新的字段或修改字段属性语句

格式：ALTER TABLE <表名>；

ADD|ALTER ＜字段名 1＞ ＜数据类型（宽度，小数位数）＞ [字段的完整性约束] [ADD|ALTER＜字段名 2＞＜类型（宽度，小数位数）＞[字段的完整性约束]，…]

功能：修改<表名>所指定表的结构。该格式可以添加（ADD）新的字段或修改（ALTER）已有字段的类型、宽度、有效性规则、错误信息、定义主关键字和联系等属性，但不能修改字段名，不能删除字段，也不能删除已经定义的规则。

例4.3　将"学生 1"表的专业字段的宽度由原来的 10 改为 12。

ALTER TABLE D:\教学管理\学生 1 ALTER 专业 c(12)

例4.4　将"学生 1"表的性别字段默认值定义为"男"。

ALTER TABLE D:\教学管理\学生 1 ALTER 性别 c(2) DEFAULT "男"

例4.5　为"学生 1"表增加一个字符类型的电话字段。

ALTER TABLE D:\教学管理\学生 1 ADD 电话 c(13)

在命令窗口输入并执行如下命令。

MODIFY STRUCTURE

运行结果如图 4.2 所示。

2．修改字段名

格式：ALTER TABLE <表名>；

RENAME [COLUMN] <字段名 1> TO <新字段名 1> [RENAME [COLUMN] <字段名 2> TO <新字段名 2>…]

功能：修改<表名>所指定表的字段名，用 TO 后面的新字段名代替 TO 前面的字段名。

例4.6　将"学生 1"表的"电话"字段名改为"家庭电话"。

ALTER TABLE D:\教学管理\学生 1；

RENAME [COLUMN] 电话 TO 家庭电话

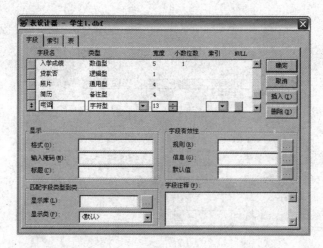

图 4.2 增加一个字符类型的电话字段

3. 删除字段

格式：ALTER TABLE <表名>；

DROP [COLUMN] <字段名 1> [DROP [COLUMN] <字段名 2>…]

功能：删除<表名>所指定表的字段。

例 4.7 删除"学生 1"表的"家庭电话"、"简历"两个字段。

ALTER TABLE D:\教学管理\学生 1；

DROP 家庭电话 DROP 简历

4.3 SQL 的操作功能

SQL 的操作功能是指对表中数据进行操作的功能，主要包括记录数据的插入、更新和删除。

4.3.1 INSERT 插入语句

格式一：

INSERT INTO <表名>[(字段 1[，字段 2，…])]

VALUES (表达式 1[，表达式 2，…])

格式二：

INSERT INTO <表名> FROM ARRAY <数组名>

功能：在 SQL 中，INSERT 语句用于数据插入。

说明：

第一种格式是把一条记录插入指定的表中，当插入的是不完整的记录时，可以用"字段 1，字段 2，…，字段 n"指定。自动编号型（AutoNumber）字段的数据不能插入，不能出现在 INSERT 中，因为它的值是自动生成的，否则会出错。除了自动编号型字段以外，如果表中某个字段在

INSERT 中没有出现，则这些字段上的值取空值（NULL）或默认。如果新记录在每一个字段上都有值，则字段名表连同两边的括号可以省略。

第二种格式是从 FROM ARRAY 短语指定的数组中插入记录。

例 4.8 向"学生"表中插入新记录。

在命令窗口输入并执行如下命令。

INSERT　INTO D:\教学管理\表\学生(学号，姓名，性别，出生日期，专业，入学成绩);
VALUES ("9906021", "卫民", "男", {^1982/11/21}，"中文"，560)

浏览"学生"表，结果如图 4.3 所示。

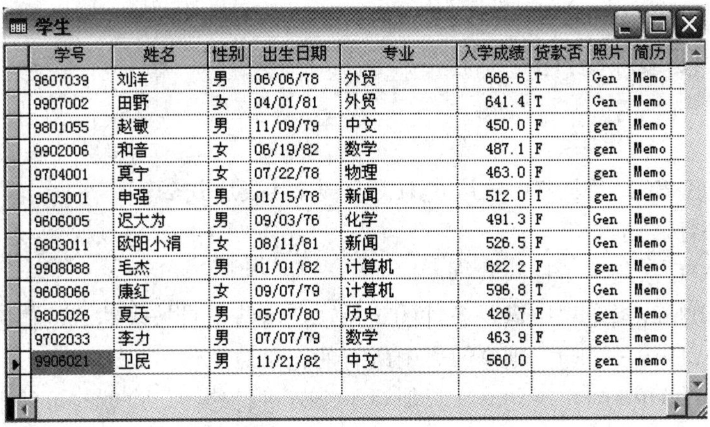

图 4.3　插入新记录后的"学生"表

例 4.9 用一组命令说明"INSERT　INTO <表名> FROM ARRAY <数组名>"语句的使用方法。

在命令窗口输入并执行如下命令（不用输入带*号的注释语句）。

*打开学生表

USE D:\教学管理\表\学生

*将当前记录读到数组 A1

SCATTER TO A1

*从数组 A1 插入一条记录到"学生 1"表

INSERT　INTO D:\教学管理\学生 1 FROM ARRAY A1

*切换到"学生 1"表的工作区

SELECT 学生 1

*用 BROWSE 命令浏览"学生 1"表，验证插入结果

BROWSE

*关闭"学生 1"表

USE

4.3.2　DELETE 删除语句

语法格式：

DELETE FROM 表[WHERE 条件]

功能：DELETE 语句用于删除记录。

DELETE 语句从表中删除满足条件的记录。如果省略 WHERE 子句，则删除表中所有的记录，但是表没有被删除，仅仅删除了表中的数据。

例 4.10 删除"学生"表中姓名为"卫民"的记录。

在命令窗口输入并执行如下命令。

DELETE * FROM D:\教学管理\表\学生；

WHERE 姓名="卫民"

4.3.3 UPDATE 更新语句

语法格式：

UPDATE 表名 SET 字段 1＝表达式 1[，字段 2＝表达式 2…]；

[WHERE <条件表达式>]

功能：UPDATE 语句用于修改数据。

UPDATE 语句修改指定表中满足条件的记录，把这些记录按表达式的值修改为相应字段上的值。如果省略 WHERE 子句，则修改表中所有的记录。

需要注意的是，UPDATE 语句一次只能对一个表进行修改，这就有可能破坏数据库中数据的一致性。例如，如果修改了"学生"表中的学号，而在"成绩"表中没有进行相应的调整，则两个表之间就存在数据一致性的问题。解决这个问题的一个方法是同时执行两个 UPDATE 语句，分别对两个表进行修改。

例 4.11 将学生表中"计算机"专业修改为"计算机应用"。

在命令窗口输入并执行如下命令。

UPDATE D:\教学管理\表\学生 SET 专业 = "计算机应用"；

WHERE 专业="计算机"

运行结果如图 4.4 所示。

学号	姓名	性别	出生日期	专业	入学成绩	贷款否	照片	简历
9607039	刘洋	男	06/06/78	外贸	666.6	T	Gen	Memo
9907002	田野	女	04/01/81	外贸	641.4	T	Gen	Memo
9801055	赵敏	男	11/09/79	中文	450.0	F	gen	Memo
9902006	和音	女	06/19/82	数学	487.1	F	gen	Memo
9704001	莫宁	女	07/22/78	物理	463.0	F	gen	Memo
9603001	申强	男	01/15/78	新闻	512.0	F	gen	Memo
9606005	迟大为	男	09/03/76	化学	491.3	F	gen	Memo
9803011	欧阳小涓	男	08/11/81	新闻	528.5	T	gen	Memo
9908088	毛杰	男	01/01/82	计算机应用	622.2	T	gen	Memo
9608066	康红	女	09/07/79	计算机应用	596.8	T	gen	Memo
9805026	夏天	男	05/07/80	历史	426.7	T	gen	Memo
9702033	李力	男	07/07/79	数学	463.9	F	gen	memo

图 4.4 将"计算机"专业修改为"计算机应用"

4.4 SQL 的查询功能

SQL 的核心是查询。查询是使用 SQL SELECT 语句从数据库中查看信息，它的基本形式由 SELECT…FROM…WHERE 查询块组成，WHERE 子句中的查询块称为称嵌套查询，可以嵌套执行。SQL 的查询命令也称作 SELECT 命令。查询是根据需要以可读的方式从数据库中提取数据，SQL SELECT 命令是目前用于检索数据最强有力的语句。

SQL SELECT 语句的格式如下。

SELECT [ALL | DISTINCT]

    [Alias.] Select_Item [AS Column_Name]

    [，[Alias.] Select_Item [AS Column_Name] …]

FROM [DatabaseName!]Table [Local_Alias]

    [，[DatabaseName!]Table [Local_Alias] …]

[[INTO Destination]

    | [TO FILE FileName [ADDITIVE] | TO PRINTER [PROMPT] | TO SCREEN]]

[PREFERENCE PreferenceName]

[NOCONSOLE]

[PLAIN]

[NOWAIT]

[WHERE JoinCondition [AND JoinCondition …]

    [AND | OR FilterCondition [AND | OR FilterCondition …]]]

[GROUP BY GroupColumn [，GroupColumn …]]

[HAVING FilterCondition]

[UNION [ALL] SELECTCommand]

[ORDER BY Order_Item [ASC | DESC] [，Order_Item [ASC | DESC] …]]

SQL SELECT 命令看上去非常复杂，但常用的只有 6 个子句：SELECT、FROM、WHERE、GROUP BY、HAVING、ORDER BY。下面介绍各子句的含义。

SELECT：说明要查询的数据。

FROM：说明要查询的数据来自哪些表，可以对单个表或多个表进行查询。

WHERE：说明查询的条件，即选择记录的条件。

GROUP BY：用于对查询结果进行分组及分组汇总。

HAVING：HAVING 子句必须跟随 GROUP BY 子句使用，它用来限定分组必须满足的筛选条件。

ORDER BY：用于对查询结果进行排序。

为了便于理解和学习，下面给出常见的 SQL SELECT 语句包含的 4 个部分，格式如下。

SELECT [ALL|DISTINCT] <目标列表> FROM <表名清单(或查询)>；

[WHERE <条件表达式>];

[GROUP BY <列名清单> [HAVING <过滤条件表达式>]];

[ORDER BY <列名> [ASC|DESC];

在 SQL SELECT 语句中，第一部分是最基本的和不可缺少的，其余部分被称为子句，可以省略。

功能：SQL SELECT 语句用于从数据库中查找满足条件的数据。语句根据 WHERE 子句中的条件表达式，从 FROM 子句指定的基本表或视图中找出满足条件的记录，再按 SELECT 子句中的目标列表显示数据。如果有 GROUP BY 子句，则按<列名清单>的值进行分组，<列名清单>值相等的记录分在一组，每一组产生一条记录。如果 GROUP BY 子句还带有 HAVING 短语，则只有满足<过滤条件表达式>的组才予以输出。如果有 ORDER BY 子句，则查询结果按<列名>的值进行排序。

SELECT 语句是数据查询语句，不会更改数据库中的数据。

尽管从语法上来说，SELECT 语句稍显复杂，但是一旦分清了它的结构和层次，且把它分成几个功能模块来理解和记忆后，还是非常容易掌握的。

本节中执行 SELECT 语句的方法与数据更新命令相同。

4.4.1 单表查询

单表查询语句基于一个表的所有列或者几个列，可以由 SELECT…FROM 子句构成无条件查询，由 SELECT…FROM…WHERE 子句构成有条件查询。

1. 单表无条件查询的基本格式

SELECT [ALL|DISTINCT <目标列表>];

FROM <表名(或视图) >

本语句从指定表中取出选中的列到查询中。

SELECT 语句的一个简单用法是：

SELECT 字段 1，…，字段 n FROM 表名

说明：

① 目标列表的格式如下。

列名 1[AS 别名 1]，列名 2[AS 别名 2]，…，列名 n[AS 别名 n]

② FROM 子句指明了从何处查询需要的数据，可以是多个表或视图。对 SELECT 语句来说，FROM 子句是必需的，不能省略。

③ ALL 表示查询结果中可以包含重复的记录，是默认值；DISTINCT 表示查询结果中不能出现重复的记录，如果有相同的记录则只保留一条。

④ 一般情况下，目标列表中的列名是 FROM 子句中基本表或视图中的字段名。如果 FROM 子句中指定了多个基本表或视图，并且列名有相同的，则列名之前应加前缀，格式为"表名.列名"或"视图名.列名"。AS 子句用来以新的名称命名输出列。

⑤ 目标列表是"*"表示输出所有的字段。

⑥ 目标列表中的列名可以是一个使用 SQL 库函数的表达式。需要注意的是，如果没有 ORDER BY 子句，则这些函数是对整个表进行统计，整个表只产生一条记录，否则是分组统计，一组产生一条记录。

例 4.12 从"学生"表中查询"学号"、"姓名"和"性别"3 列。

SELECT 学号，姓名，性别 FROM 学生

运行结果如图 4.5 所示。

例 4.13 从学生表中查询所有的字段。

SELECT * FROM 学生

运行结果如图 4.6 所示。

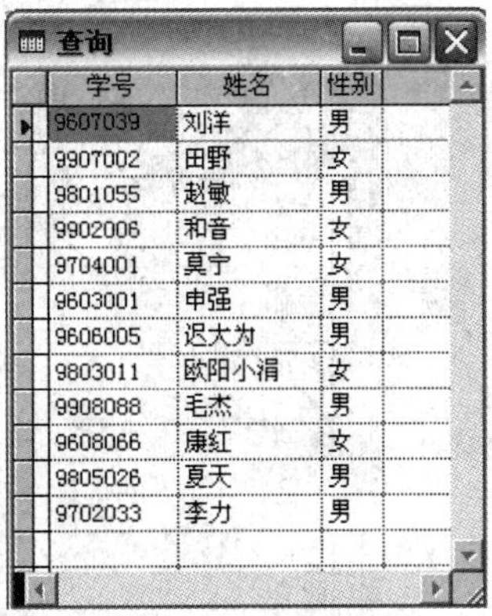

图 4.5 从"学生"表中查询学号、姓名和性别 3 列

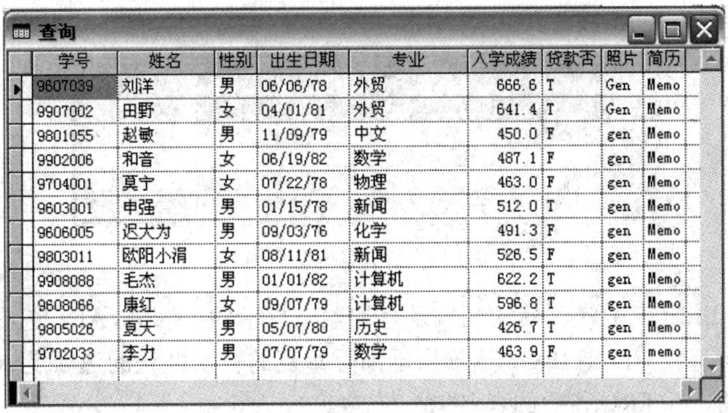

图 4.6 从"学生"表中查询所有的字段

例 4.14 查询学生的专业。

SELECT 专业 FROM 学生

运行结果如图 4.7 所示。

例 4.15 查询学生的专业，取消重复行。

SELECT DISTINCT 专业 FROM 学生

运行结果如图 4.8 所示。

例 4.16 利用计算函数查询学生的人数、平均入学成绩、最高入学成绩、最低入学成绩。

SELECT COUNT(*) AS 学生人数，AVG(入学成绩) AS 平均入学成绩，MAX(入学成绩) AS 最高入学成绩，MIN(入学成绩) AS 最低入学成绩；

　FROM 学生

运行结果如图 4.9 所示。

2. 单表条件查询的基本格式

SELECT [ALL|DISTINCT] <目标列表>;

　FROM <表名(或视图)>

WHERE <查询条件表达式>

图 4.7 查询学生的专业

图 4.8 查询无重复行的学生专业

图 4.9 学生信息的计算查询

在查询中的 SELECT 关键字后的列项是查询输出显示的一部分。ALL 选项用于显示包括重复数在内的列的所有值，DISTINCT 选项用于消除重复的行，默认的选项是 ALL，在 SELECT 后的项用逗号分隔，在 FROM 后的表名也一样。

FROM 子句与 SELECT 语句同时使用，说明要查询的数据来自哪些表。为了从查询中检索到所要求的数据，后跟着一个或多个表名，从这些表中来查找数据，数据库和表名之间用!分隔。

WHERE 短语指定了查询条件，查询条件可以是各种简单或者复杂的表达式，如是存在多于一个的条件，它们之间用 AND 和 OR 连接。

例如，查找"学生"表中所有"入学成绩"大于"500"分的学生，表示为

SELECT * FROM "学生" WHERE 入学成绩>500

查询的结果如图 4.10 所示。

学号	姓名	性别	出生日期	专业	入学成绩	贷款否	照片	简历
9607039	刘洋	男	06/06/78	外贸	666.6	T	Gen	Memo
9907002	田野	女	04/01/81	外贸	641.4	T	Gen	Memo
9603001	申强	男	01/15/78	新闻	512.0	T	gen	Memo
9803011	欧阳小涓	女	08/11/81	新闻	526.5	F	gen	Memo
9908088	毛杰	男	01/01/82	计算机	622.2	F	gen	Memo
9608065	康红	女	09/07/79	计算机	596.8	T	Gen	Memo

图 4.10 按条件查询学生信息

WHERE 子句有双重作用：一是选择记录，输出满足条件的记录；二是建立多个表或查询之间的连接，这一点将在后面详细介绍。

例 4.17 查询新闻专业的学生，显示学号、姓名、性别、专业。

SELECT 学生.学号，学生.姓名，学生.性别，学生.专业；

FROM 学生；

WHERE 学生.专业="新闻"

查询的结果如图 4.11 所示。

图 4.11　查询新闻专业的学生

例 4.18 从"学生"表中查询"学号"、"姓名"、"性别"、"专业"及入学成绩在 450 分至600 分之间的记录。

在命令窗口输入并执行如下命令。

SELECT 学号，姓名，性别，专业，入学成绩 FROM D:\教学管理\表\学生；

WHERE 入学成绩 BETWEEN 450 AND 600

这里 BETWEEN…AND…表示"…和…之间"，这个查询条件等价于：

(入学成绩>=450 .AND. 入学成绩<=600)

运行结果如图 4.12 所示。

学号	姓名	性别	专业	入学成绩
8801055	赵敏	男	中文	450.0
9902006	和音	女	数学	487.1
9704001	莫宁	女	物理	463.0
9603001	申强	男	新闻	512.0
9606005	迟大为	男	化学	491.3
9803011	欧阳小涓	女	新闻	526.5
9608066	康红	女	计算机	596.8
9702033	李力	男	数学	463.9

图 4.12　查询入学成绩在 450 分至 600 分之间的记录

例 4.19 使用 IN 运算符号，查询专业为外贸或计算机的学生姓名。

SELECT 姓名，专业；

FROM 学生；

WHERE 专业 IN ("外贸"，"计算机")

运行结果如图 4.13 所示。

4.4.2　排序查询

ORDER BY 子句用于对查询结果进行排序。

图 4.13　专业为外贸或计算机的学生姓名

格式：

ORDER BY 字段名|表达式[ASC|DESC]

说明：

ORDER BY 子句用于指定查询结果的排列顺序，ASC 表示升序，DESC 表示降序，ORDER BY 子句默认的设置是升序。

ORDER BY 可以指定多个列作为排序关键字。

例如，"ORDER BY 学号"表示查询结果按学号从小到大排序。

又如，"ORDER BY 入学成绩 DESC"表示查询结果按入学成绩从大到小排序。

例 4.20　查询学生的学号、姓名、专业、入学成绩，首先按专业从小到大排序，如果专业相同，则再按入学成绩从大到小排序。

SELECT 学生.学号，学生.姓名，学生.专业，学生.入学成绩；

FROM 学生；

ORDER BY 学生.专业，学生.入学成绩 DESC

查询的结果如图 4.14 所示。

学号	姓名	专业	入学成绩
9606005	迟大为	化学	491.3
9908088	毛杰	计算机	622.2
9608066	康红	计算机	596.8
9805026	夏天	历史	426.7
9902006	和音	数学	487.1
9702033	李力	数学	463.9
9607039	刘洋	外贸	666.6
9907002	田野	外贸	641.4
9704001	莫宁	物理	463.0
9803011	欧阳小涓	新闻	526.5
9603001	申强	新闻	512.0
9801055	赵敏	中文	450.0

图 4.14　"专业"是第一排序关键字、"入学成绩"是第二排序关键字的排序

4.4.3　分组与计算查询

GROUP BY 子句用来对查询结果进行分组，把某一列的值相同的记录分在一组，一组产生一条记录。

格式：

GROUP BY <列名清单> [HAVING <条件表达式>]

说明：

GROUP BY 后可以有多个列名，分组时把在这些列上值相同的记录分在一组。

例如，“GROUP BY 专业”表示将专业相同的记录分在一组，“学生”表共有 12 条记录，按专业分为 5 个组，查询结果中有 5 条记录。

当 SELECT 语句含有 GROUP BY 子句时，HAVING 子句用来对分组后的结果进行过滤，即选择由 GROUP BY 子句分组后并且满足 HAVING 子句条件的所有记录。HAVING 后面的过滤条件一般都要使用计算函数（COUNT、SUM 等）。

例 4.21 从“成绩”表中查询选修了 3 门以上（包括 3 门）课程学生的学号、课程数和期末平均成绩。

SELECT 学号，COUNT(*) AS 课程数，AVG(期末) AS 期末平均成绩;

FROM 成绩;

GROUP BY 学号;

HAVING count(*)>=3

查询的结果如图 4.15 所示。

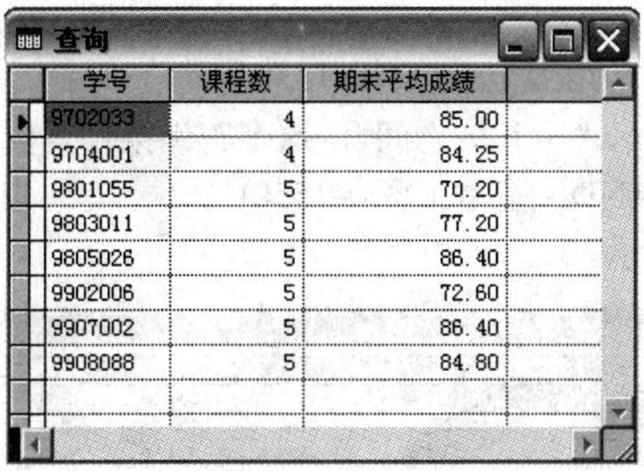

学号	课程数	期末平均成绩
9702033	4	85.00
9704001	4	84.25
9801055	5	70.20
9803011	5	77.20
9805026	5	86.40
9902006	5	72.60
9907002	5	86.40
9908088	5	84.80

图 4.15 分组计算查询

HAVING 子句必须跟随 GROUP BY 子句使用，用来限定分组必须满足的筛选条件，筛选条件用 AND 或 OR 连接，还可以使用 NOT 来对逻辑表达式求反。HAVING 子句和 WHERE 子句不矛盾，在查询中先用 WHERE 子句限定记录，然后用 GROUP BY 子句分组，再用 HAVING 子句限定分组。

4.4.4 利用特殊运算符查询

1. 利用空值查询

SQL 支持空值，可以利用空值进行查询。

例 4.22 在“专业”表中找出尚未确定负责人的专业。

SELECT * FROM 专业 WHERE 负责人 IS NULL

例 4.23 在“专业”表中找出已确定负责人的专业。

SELECT * FROM 专业 WHERE 负责人 IS NOT NULL

查询的结果如图 4.16 所示。

专业名称	负责人	研究方向
中文	高树声	Memo
新闻	巩文	Memo
历史	吴燕	Memo
外贸	沈非菲	Memo
数学	梁龙林	Memo
物理	李阳	Memo
化学	鲁师	Memo
计算机	邓为民	Memo
软件	李明	Memo
生物学	王国玉	memo

图 4.16 在“专业”表中查询已确定负责人的专业

2. 使用 BETWEEN 运算符查询

例 4.24 查询基本工资在 1 250 元至 1 550 元之间的教师信息。

在命令窗口输入并执行如下命令。

SELECT * FROM 工资;

WHERE 基本工资 BETWEEN 1250 AND 1550

这里 BETWEEN…AND…表示“…和…之间”，这个查询条件等价于：

(基本工资>=1250 .AND. 基本工资<=1550)

查询的结果如图 4.17 所示。

部门名称	姓名	基本工资	奖金	应扣工资	应发工资
云南大学外语系	张小青	1250.00	500.00	45.00	1705.00
云南大学外语系	李红	1360.00	500.00	50.00	1810.00
云南大学法律系	陈本实	1550.00	800.00	60.00	2290.00

图 4.17 使用 BETWEEN 运算符查询

例 4.25 查询基本工资不在 1 250 元至 1 550 元之间的教师信息。

在命令窗口输入并执行如下命令。

SELECT * FROM 工资;

WHERE 基本工资 NOT BETWEEN 1250 AND 1550

查询的结果如图 4.18 所示。

部门名称	姓名	基本工资	奖金	应扣工资	应发工资
云南大学法律系	王娟	1100.00	500.00	70.00	1530.00
云南大学法律系	周星国	1150.00	500.00	50.00	1600.00

图 4.18 使用 NOT BETWEEN 运算符查询

3. 使用 LIKE 运算符查询

Like 通常与"?"、"*"、"#"、[字符列表]、[!字符列表]等通配符结合使用，主要用于模糊查询。

例 4.26 从"教员"表中查找教授职称的教师信息。

在命令窗口输入并执行如下命令。

SELECT * FROM 教员；

WHERE 职称 LIKE "教授"

查询的结果如图 4.19 所示。

例 4.27 从"教员"表中查找无教授职称的教师信息。

SELECT * FROM 教员；

WHERE 职称 NOT LIKE "教授"

查询的结果如图 4.20 所示。

教师代号	姓名	性别	出生日期	职称
10101	高树声	男	12/05/40	教授
20506	吴燕	女	10/06/47	教授
10202	梁龙林	男	06/08/48	教授
10428	李阳	男	08/12/55	教授
10621	鲁师	男	11/18/43	教授
10503	孔建国	男	10/01/49	教授
10201	代顺达	男	12/17/40	教授
20406	张健	女	07/16/46	教授
10616	万年	男	09/01/45	教授
10802	杨洪亮	男	05/23/41	教授

图 4.19　查找教授职称的教师

教师代号	姓名	性别	出生日期	职称
10312	巩文	男	03/17/59	副教授
20701	沈非菲	女	06/18/60	副教授
10809	邓为民	男	01/26/57	副教授
20106	姜晓红	女	06/05/61	副教授
10131	付林	男	09/11/68	讲师
20301	高珊	女	06/19/65	副教授
20319	林妮	女	04/01/73	讲师
21025	张旗	男	06/06/72	讲师
10509	黄宁	男	12/23/56	副教授
20705	夏雪	女	10/28/69	讲师
10712	南方	男	09/13/75	讲师
20222	于朵	女	06/19/62	讲师
10429	蒋成功	男	03/12/59	副教授
20626	孙乐	女	12/15/71	讲师
10803	李铁	男	09/22/58	副教授
10812	米粟	男	01/03/60	副教授
11015	柴惟	男	08/26/73	讲师
11107	方华	女	04/06/76	讲师
20836	张静	女	11/15/74	讲师
10223	周毅	男	03/08/70	讲师

图 4.20　查找无教授职称的教师

4.4.5　多表联接查询

在查询关系数据库时，有时需要的数据分布在几个表或视图中，此时需要按照某个条件将这些表或视图联接起来，形成一个临时的表，然后再对该临时表进行简单的查询。

多个表（视图）之间的联接类型主要有以下几种：

① 内联接（INNER JOIN）。

② 左联接（LEFT JOIN）。

③ 右联接（RIGHT JOIN）。

④ 全联接（FULL JOIN）。

联接查询的类型可以在 SELECT 语句的 FROM 子句中指定，也可以在其 WHERE 子句中指定。

例 4.28　查询计算机及外贸专业学生的学号、姓名、课程代号和期末成绩，并按专业和学号排序。

SELECT 学生.学号，学生.姓名，学生.专业，成绩.课程代号，成绩.期末；

FROM 学生 INNER JOIN 成绩 ON 学生.学号=成绩.学号；

WHERE 学生.专业="计算机" or 学生.专业="外贸"；

ORDER BY 学生.专业，学生.学号

查询的结果如图 4.21 所示。

学号	姓名	专业	课程代号	期末
9608066	康红	计算机	30819	82
9608066	康红	计算机	30832	93
9908088	毛杰	计算机	10811	89
9908088	毛杰	计算机	10812	83
9908088	毛杰	计算机	10101	87
9908088	毛杰	计算机	11001	87
9908088	毛杰	计算机	11101	78
9607039	刘洋	外贸	40711	88
9607039	刘洋	外贸	40722	82
9907002	田野	外贸	10715	86
9907002	田野	外贸	10712	97
9907002	田野	外贸	10101	92
9907002	田野	外贸	11001	85
9907002	田野	外贸	11101	72

图 4.21　查询计算机及外贸专业的学生成绩

例 4.29　将上例改为在 WHERE 子句中指定联接类型和条件。

SELECT 学生.学号，学生.姓名，学生.专业，成绩.课程代号，成绩.期末；

FROM 学生，成绩；

WHERE 学生.学号=成绩.学号 AND (学生.专业="计算机" OR 学生.专业="外贸")；

ORDER BY 学生.专业，学生.学号

查询的结果也如图 4.21 所示。

上例的联接类型是内联接。内联接是使用最多的一种联接类型，在联接的两表中只有满足联接条件的记录才作为结果输出。

其他联接的使用与内联接相似，在使用 FROM 子句进行的联接中，将 INNER JOIN 改为 LEFT JOIN、RIGHT JOIN、FULL JOIN 即可。

例 4.30　查询选修了 3 门以上课程的学生的学号、姓名、专业及课程数。

SELECT 学生.学号，学生.姓名，学生.专业，COUNT(*) AS 课程数；

FROM 　教学管理!课程 INNER JOIN 教学管理!成绩；

　　　INNER JOIN 教学管理!学生；

　　　ON 学生.学号 = 成绩.学号；

```
    ON   课程.课程代号 = 成绩.课程代号;
 GROUP BY 成绩.学号;
 HAVING CNT(*)=>3
```

查询的结果如图 4.22 所示。

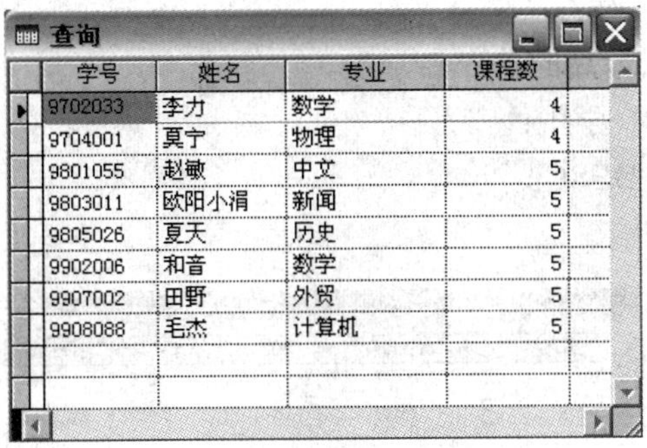

查询

学号	姓名	专业	课程数
9702033	李力	数学	4
9704001	夏宁	物理	4
9801055	赵敏	中文	5
9803011	欧阳小涓	新闻	5
9805026	夏天	历史	5
9902006	和音	数学	5
9907002	田野	外贸	5
9908088	毛杰	计算机	5

图 4.22　查询选修了 3 门以上课程的学生信息

4.4.6　嵌套查询

在 SQL 中，一个 SELECT…FROM…WHERE 称为一个查询块，将一个查询块嵌套在另一个 SELECT 语句的 WHERE 子句或 HAVING 子句中称为嵌套查询，也就是说，SELECT 语句中还有 SELECT 语句叫做嵌套查询。嵌套查询的优点是让用户能够用多个简单查询构造复杂的查询，从而增加 SQL 的查询能力和效率，体现查询的结构化。

例 4.31　查询选修了课程代号是“10101”课程学生的学号、姓名、性别和专业。

```
SELECT 学生.学号，学生.姓名，学生.性别，学生.专业，成绩.课程代号 AS 课程代号;
FROM 学生;
WHERE 学生.学号 IN;
      (SELECT 成绩.学号;
       FROM 成绩;
       WHERE 成绩.课程代号="10101")
```

查询的结果如图 4.23 所示。

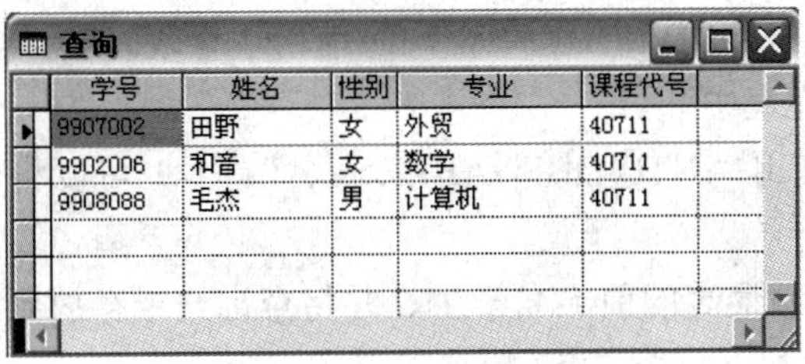

查询

学号	姓名	性别	专业	课程代号
9907002	田野	女	外贸	40711
9902006	和音	女	数学	40711
9908088	毛杰	男	计算机	40711

图 4.23　使用 IN 嵌套查询

4.4.7 SQL SELECT 的几个特殊选项

1. 显示部分结果

在 SELECT 语句中使用“TOP <数字表达式> [PERCENT]”选项，可以方便地显示满足条件的前几条记录。

例 4.32 显示入学成绩最高的前 5 名学生。

```
SELECT * TOP 5 FROM 学生;
ORDER BY 入学成绩 DESC
```

查询的结果如图 4.24 所示。

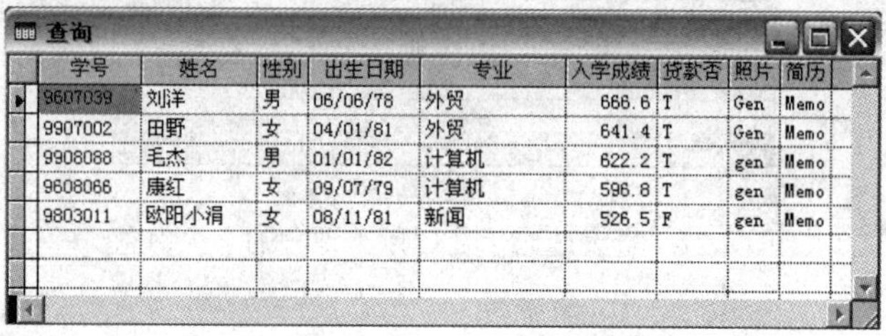

查询

学号	姓名	性别	出生日期	专业	入学成绩	贷款否	照片	简历
9607039	刘洋	男	06/06/78	外贸	666.6	T	Gen	Memo
9907002	田野	女	04/01/81	外贸	641.4	T	Gen	Memo
9908088	毛杰	男	01/01/82	计算机	622.2	T	gen	Memo
9608066	康红	女	09/07/79	计算机	596.8	T	gen	Memo
9803011	欧阳小涓	女	08/11/81	新闻	526.5	F	gen	Memo

图 4.24 显示入学成绩最高的前 5 名学生

例 4.33 显示入学成绩最低的前 20%学生信息。

```
SELECT * TOP 20 PERCENT FROM 学生;
ORDER BY 入学成绩
```

查询的结果如图 4.25 所示。

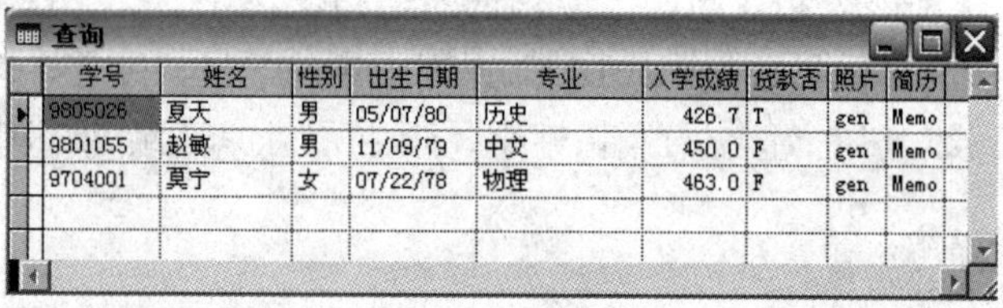

查询

学号	姓名	性别	出生日期	专业	入学成绩	贷款否	照片	简历
9805026	夏天	男	05/07/80	历史	426.7	T	gen	Memo
9801055	赵敏	男	11/09/79	中文	450.0	F	gen	Memo
9704001	莫宁	女	07/22/78	物理	463.0	F	gen	Memo

图 4.25 显示入学成绩最低的 20%学生信息

说明：

在选项中不使用 PERCENT 时，<数字表达式>是 1 至 32 767 之间的整数，说明显示前几条记录；使用 PERCENT 时，<数字表达式>是 0.011 至 99.99 之间的实整数，说明显示前百分之几的记录。TOP 短语要与 ORDER BY 短语同时使用才有效。

2. 将查询结果存放在表中

在 SELECT 语句中使用“INTO DBF|TABLE 表名”短语，可以将查询结果存放到表中（dbf 文件）。

例 4.34 查询入学成绩最高的前 5 名学生，并将查询结果存放到“highs5.dbf”表中。

```
SELECT * TOP 5 FROM 学生;
INTO  TABLE highs5;
ORDER BY 入学成绩 DESC
```

运行查询，打开并浏览“highs4.dbf”表，结果如图 4.26 所示。

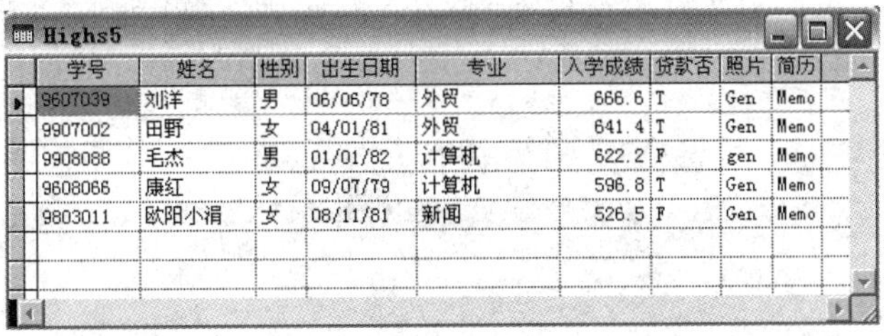

Highs5

	学号	姓名	性别	出生日期	专业	入学成绩	贷款否	照片	简历
▶	9607039	刘洋	男	06/06/78	外贸	666.6	T	Gen	Memo
	9907002	田野	女	04/01/81	外贸	641.4	T	Gen	Memo
	9908088	毛杰	男	01/01/82	计算机	622.2	F	gen	Memo
	9608066	康红	女	09/07/79	计算机	596.8	T	Gen	Memo
	9803011	欧阳小涓	女	08/11/81	新闻	526.5	F	Gen	Memo

图 4. 26　显示“highs4.dbf”表中信息

3. 将查询结果存放在文本文件中

在 SELECT 语句中使用“TO FILE <文本文件名> [ADDITIVE]”短语，可以将查询结果存放到文本文件中（txt 文件）。如果使用 ADDITIVE，结果将追加到原文件的尾部，否则将覆盖原文件。

例 4.35　查询入学成绩最高的前 5 名学生，并将查询结果存放到“Thighs5.txt”文本文件中。

```
SELECT * TOP 5 FROM 学生;
TO  FILE Thighs5;
ORDER BY 入学成绩  DESC
```

4. 将查询结果存放在数组中

在 SELECT 语句中使用“INTO ARRAY <数组名>” 短语，可以将查询结果存放到数组中。

例 4.36　查询入学成绩最高的前 5 名学生，并将查询结果存放到 ARR 数组中。

```
SELECT * TOP 5 FROM 学生;
INTO  ARRAY  ARR;
ORDER BY 入学成绩 DESC
```

查询结果数组作为二维数组使用，每行一条记录，每列对应于查询结果的一列。ARR(1，1)、ARR(1，2)、ARR(1，31)分别存放入学成绩最高的第一条记录的学号、姓名、性别字段值：

9607039　刘洋　男

5. 将查询结果存放在临时文件中

在 SELECT 语句中使用“INTO CURSOR <临时文件名>”短语，可以将查询结果存放到临时数据库文件中。该短语产生的临时文件是一个只读的 dbf 文件，可以像 dbf 文件一样使用，但不能修改，仅仅是只读。当关闭文件时，该文件将自动删除。

例 4.37　将查询的课程信息存放到 CUR1 临时 dbf 文件中。

```
SELECT * FROM 课程;
INTO CURSOR CUR1
```

6. 将查询结果直接输出到打印机中

在 SELECT 语句中使用 TO PRINTER [PROMPT]短语，可以将查询结果输出到打印机中。如果使用了 PROMPT 选项，在打印之前将打开打印机设置对话框。

小结：

SQL 语言的核心是查询，本章用了大量的实例介绍了 SQL SELECT 语句的功能和使用方法。掌握 SQL SELECT 语句是学好、用好 Visual FoxPro 的基础。

本章内容丰富、实用，为了真正掌握 SQL 语言，读者必须与实际上机相结合。

习　题

一、选择题

1．使用 SQL 语句将学生表 S 中年龄（AGE）大于 30 岁的记录删除，正确的命令是（　　）。

　　A）DELETE FOR AGE > 30　　　　　　　B）DELETE FROM S WHERE AGE > 30

　　C）DELETE S FOR AGE > 30　　　　　　D）DELETE S WHERE AGE > 30

2．在 Visual FoxPro 中，删除数据库表 S 的 SQL 命令是（　　）。

　　A）DROP TABLE S　　　　　　　　　　B）DELETE TABLE S

　　C）DELETE TABLE S.DBF　　　　　　　D）ERASE TABLE S

3．使用 SQL 语句向学生表 S(SNO，SN，AGE，SEX)中添加一条新记录，字段学号(SNO)、姓名(SN)、性别(SEX)、年龄(AGE)的值分别为 0401、王芳、女、18，正确命令是（　　）。

　　A）APPEND INTO S (SNO，SN，SEX，AGE)VALUES('0401', '王芳', '女', 18)

　　B）APPEND S VALUES('0401', '王芳', 18, '女')

　　C）INSERT INTO S(SNO，SN，SEX，AGE)VALUES('0401', '王芳', '女', 18)

　　D）INSERT S VALUES('0401', '王芳', 18, '女')

4．在 SQL 的 SELECT 查询结果中，消除重复记录的方法是（　　）。

　　A）通过指定主关系键　　　　　　　　　B）通过指定唯一索引

　　C）使用 DISTINCT 子句　　　　　　　　D）使用 HAVING 子句

5．在 Visual FoxPro 中，以下有关 SQL 的 SELECT 语句的叙述中，错误的是（　　）。

　　A）SELECT 子句中可以包含表中的列和表达式

　　B）SELECT 子句中可以使用别名

　　C）SELECT 子句规定了结果集中的列顺序

　　D）SELECT 子句中列的顺序应该与表中列的顺序一致

6．下列关于 SQL 中 HAVING 子句的描述，错误的是（　　）。

　　A）HAVING 子句必须与 GROUP BY 子句同时使用

　　B）HAVING 子句与 GROUP BY 子句无关

　　C）使用 WHERE 子句的同时可以使用 HAVING 子句

　　D）使用 HAVING 子句的作用是限定分组的条件

7．在 Visual FoxPro 中，如果在表之间的联系中设置了参照完整性规则，并在删除规则中选择了"限制"，则当删除父表中的记录时，系统反应是（　　）。

　　A）不做参照完整性检查

　　B）不准删除父表中的记录

　　C）自动删除子表中所有相关的记录

　　D）若子表中有相关记录，则禁止删除父表中记录

第 8、9 题使用如下 3 个数据库表。

学生表：S(学号，姓名，性别，出生日期，院系)

课程表：C(课程号，课程名，学时)

选课成绩表：SC(学号，课程号，成绩)

在上述表中，出生日期数据类型为日期型，学时和成绩为数值型，其他均为字符型。

8. 用 SQL 命令查询选修的每门课程的成绩都高于或等于 85 分的学生的学号和姓名，正确的命令是（　　）。

A）SELECT 学号，姓名 FROM S WHERE NOT EXISTS；

(SELECT * FROM SC WHERE SC.学号 = S.学号 AND 成绩 ＜85)

B）SELECT 学号，姓名 FROM S WHERE NOT EXISTS；

(SELECT * FROM SC WHERE SC.学号= S.学号 AND >= 85)

C）SELECT 学号，姓名 FROM S，SC

WHERE S.学号= SC.学号 AND 成绩 >= 85

D）SELECT 学号，姓名 FROM S，SC

WHERE S.学号 = SC.学号 AND ALL 成绩 >= 85

9. 用 SQL 语言检索选修课程在 5 门以上（含 5 门）的学生的学号、姓名和平均成绩，并按平均成绩降序排列，正确的命令是（　　）。

A）SELECT S.学号，姓名 平均成绩 FROM S，SC；

WHERE S.学号 = SC.学号；

GROUP BY S.学号 HAVING COUNT(*)>=5 ORDER BY 平均成绩 DESC

B）SELECT 学号，姓名，AVG（成绩）FROM S，SC；

WHERE S.学号 = SC.学号 AND COUNT(*)>=5；

GROUP BY 学号 ORDER BY 3 DESC

C）SELECT S.学号，姓名 AVG（成绩）平均成绩 FROM S，SC；

WHERE S.学号 = SC.学号 AND COUNT(*)>=5；

GROUP BY S.学号 ORDER BY 平均成绩 DESC

D）SELECT S.学号，姓名 AVG(成绩)平均成绩 FROM S，SC；

WHERE S.学号 = SC.学号；

GROUP BY S.学号 HAVING COUNT(*)>=5 ORDER BY 3 DESC

10. SQL 是用于关系型数据库检索数据的标准语言，它常使用 SELECT 语句从数据库中检索数据，下列（　　）不是 SELECT 语句的常用子句。

A）FROM 子句　　　B）WHERE 子句　　C）ORDER BY 子句　　D）ODBC 子句

二、填空题

假设图书管理数据库中有图书、读者和借阅 3 个表，它们的结构分别如下。

图书（总编号 C(6)，分类号 C（8），书名 C（16），作者 C（6），出版单位 C（20），单价 N（6，2））

读者（借书证号 C（4），单位 C（8），姓名 C（6），性别 C（2），职称 C（6），地址 C（20））

借阅（借书证号 C（4），总编号 C（6），借书日期 D（8））

1. 在上述图书管理数据库中，图书的主索引是总编号，读者的主索引是借书证号，借阅的主索引应该是_____。

2. 有如下 SQL 语句：

SELECT 读者.姓名，读者.职称，图书.书名，借阅.借书日期；

FROM 图书管理!读者，图书管理!借阅，图书管理!图书；

WHERE 借阅.借书证号=读者.借书证号；

AND 图书.总编号=借阅.总编号

其中 WHERE 子句中的"借阅.借书证号=读者.借书证号"对应的关系操作是_____。

3. 如果要在藏书中查询"高等教育出版社"和"科学出版社"的图书，请对下面的 SQL 语句填空。

SELECT 书名，作者，出版单位；

FROM 图书管理!图书；

WHERE _____

4. 如果要查询所藏图书中各个出版社的图书平均单价和册数，请对下面的 SQL 语句填空。

SELECT 出版单位，_____ ；

FROM 图书管理!图书；

GROUP BY 出版单位

5. 如果要查询借阅了 3 本和 3 本以上图书的读者姓名和单位，请对下面的 SQL 语句填空。

SELECT 姓名，单位；

FROM 图书管理!读者 INNER JOIN 图书管理! 借阅；

ON 读者.借书证号= 借阅.借书证号；

_____借书证号；

_____COUNT(*)>=3)

第5章　查询和视图

查询和视图是对数据进行检索的一个重要工具或方法，或者说是 Visual FoxPro 支持的一种数据库对象。查询和视图的概念和作用有很多相似之处，创建查询与创建视图的步骤也非常相似。本章将介绍查询和视图的概念、建立和使用。

5.1　基本概念

5.1.1　查询和视图的定义

1．查询

查询是从指定的表或视图中提取满足条件的记录，然后按照选定的输出类型定向输出查询结果。设计查询过程，需设定一些过滤条件，把这些条件存为查询条件文件。每次查询数据时，调用该文件并执行查询，从数据库的相关表或视图中检索出数据。查询结果可以加以排序、分类，还可以存储成多种输出格式，如浏览、表、报表、标签等形式。

查询是一个预先定义好的 SQL 语句，可在各种需要的时候直接或反复使用。查询生成的是一个文本文件，一个应用程序，这个程序是完全独立的。查询以扩展名为 qpr 的文件形式保存在磁盘上。

2．视图

视图具有"表"和"查询"的特点，与查询一样，可以从指定的一个表或多个相关联的表中获取所需的信息；与表相似，它可以用来更新其中的数据，并将更新结果永久保存在磁盘上。

使用视图，可以从本地表或远程表中提取一组记录，更新这些记录的值，并把更新结果发送回源表中，基本表中的记录也随之更新，所以 Visual FoxPro 的视图又分为本地视图和远程视图。使用当前数据库中 Visual FoxPro 表建立的视图称为本地视图，使用当前数据库之外的数据源（如 SQL Server）中的表建立的视图称为远程视图。

视图是根据基本表派生出来的，所以将它称为虚拟表。视图是数据库中的一个特有功能，通过视图可以查询表，也可以更新表。视图是根据表定义的，虽然具有表的一般特性，但它只能存在于数据库中，不能独立存在。只有打开包含视图的数据库时，才能使用视图。

5.1.2　查询的设计方法和步骤

建立查询的方法有以下几种。
① 使用 CREATE QUERY 命令打开查询设计器建立查询。
② 使用菜单方式，选择"文件"菜单中的"新建"命令，在打开的"新建"对话框中选

择"查询"选项并单击"新建文件"按钮，打开查询设计器，建立查询。

③ 在项目管理器的"数据"选项卡中选择"查询"选项，单击"新建"按钮打开查询设计器建立查询。

④ 使用 SQL 语句建立查询。

通常情况下，可以通过以下几个步骤来建立查询。

① 打开查询向导或查询设计器建立查询。

② 选择出现在查询结果中的字段。

③ 设置选择条件来查找可给出所需结果的记录。

④ 设置排序或分组选项来组织查询结果。

⑤ 选择查询结果的输入类型：表、报表、浏览等。

⑥ 运行查询，获得所需结果。

5.2 创建查询

5.2.1 使用查询向导建立查询

1. 建立查询

如果要快速创建查询，可以利用 Visual FoxPro 的查询向导。查询向导将询问从哪些表或视图中搜索信息，并根据用户对一系列提问的回答来建立查询。

有关查询向导的详细内容，只要在使用向导时按 F1 键就可以获得联机帮助。

用向导建立查询时，可以用以下方法。

① 在"教学管理"项目管理器中选择"数据"选项卡，然后选择"查询"选项。

② 单击"新建"按钮，打开"新建查询"对话框，如图 5.1 所示。

③ 在"新建查询"对话框中，单击"查询向导"按钮，弹出"向导选取"对话框，如图 5.2 所示。

在"向导选取"对话框中选择所建查询的类型。

图 5.1 "新建查询"对话框

图 5.2 "向导选取"对话框

查询向导：创建一个标准的查询。

交叉表向导：可将查询结果以电子表格格式显示。

图形向导：在 Microsoft Graph 中创建一个显示 Visual FoxPro 表数据的图形。

选择"查询向导"选项，创建一个标准的查询。

④ 单击"确定"按钮，弹出查询向导的"步骤 1-字段选取"对话框。

在"数据库和表"下拉列表框中选择表"学生"，单击双箭头按钮，将"可用字段"列表中的所有字段都添加到"选定字段"列表中，如图 5.3 所示。

再选择表"学生个人情况"，单击双箭头按钮，将"可用字段"列表中的所有字段都添加到"选定字段"列表中。

⑤ 单击"下一步"按钮，弹出查询向导的"步骤 2-为表建立关系"对话框。

这一对话框的任务是从关系列表中选择匹配的字段用以决定表或视图间的关系。

对于"学生"表和"学生个人情况"表，在前面已分析过，它们是由字段"学号"联系起来的一对一关系，因此选择"学生.学号"和"学生个人情况.学号"选项。

单击"添加"按钮，将关系添加到列表框，如图 5.4 所示。

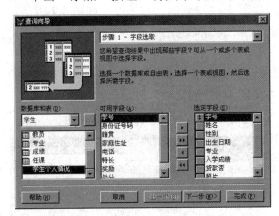

图 5.3　步骤 1-字段选取

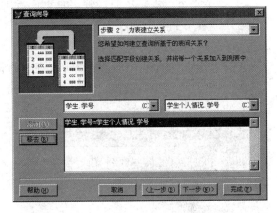

图 5.4　步骤 2-为表建立关系

⑥ 单击"下一步"按钮，弹出查询向导的"步骤 2a-字段选取"对话框，如图 5.5 所示。通过对话框中不同的单选按钮可以限制查询，选中"仅包含匹配的行"单选按钮，这相当于创建一个内部联接。

选项说明：

a. 仅包含匹配的行：将选取两表中学号相同的记录。

b. 此表中的所有行（"学生"表）：将选取"学生"表中的所有记录，而"学生个人情况"表中的学号不相同的记录将不出现。在"学生"表中有而"学生个人情况"表中没有的记录，其字段值将以 NULL 值替代。

c. 此表中的所有行（"学生个人情况"表）：将选取"学生个人情况"表中的所有记录，而"学生"表中的学号不相同的记录将不出现，"学生"表中没有的记录，其字段值将以 NULL 值替代。

d. 两张表中的所有行：将选取"学生"表和"学生个人情况"表中的所有记录。

⑦ 单击"下一步"按钮，弹出查询向导的"步骤 3-筛选记录"对话框，如图 5.6 所示。

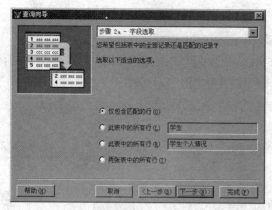
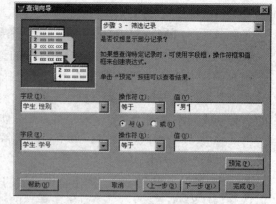

图 5.5　步骤 2a-字段选取　　　　　　　　图 5.6　步骤 3-筛选记录

例如，只查找"学生"表中所有男同学的记录，在"字段"下拉列表框中选择"学生.性别"选项，在"值"文本框中输入""男""，在"操作符"下拉列表框中选择"等于"选项。

⑧ 单击"下一步"按钮，弹出查询向导的"步骤 4-排序记录"对话框，如图 5.7 所示。

选择"可用字段"列表中的字段"学生.学号"，单击"添加"按钮，则"学生.学号"出现在"选定字段"列表中。

选中"升序"单选按钮，使新建查询中的记录以学生表中学号的升序排序。

⑨ 单击"下一步"按钮，弹出查询向导的"步骤 4a-限制记录"对话框，如图 5.8 所示。在这个对话框中有两组选项。

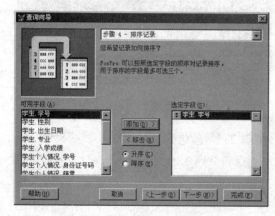
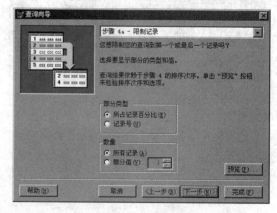

图 5.7　步骤 4-排序记录　　　　　　　　图 5.8　步骤 4a-限制记录

在"部分类型"选项组中，如果选中"所占记录百分比"单选按钮，则"数量"选项组中的"部分值"选项将决定选取的记录的百分比数；如果选中"记录号"单选按钮，则"数量"选项组中的"部分值"选项将决定选取的记录数。

选中"数量"选项组中的"所有记录"单选按钮，将显示满足前面所设条件的所有记录。

此处，选中"所有记录"单选按钮。单击"预览"按钮，可查看查询设计的效果。

⑩ 单击"下一步"按钮，弹出查询向导的"步骤 5-完成"对话框，如图 5.9 所示。

选项说明：

保存查询：将所设计的查询保存，以后在项目管理器或程序中运行。

保存并运行查询：将所设计的查询保存，并运行该查询。

保存查询并在"查询设计器"修改：将所设计的查询保存，同时打开查询设计器修改该查询。

此处，选中"保存并运行查询"单选按钮。

⑪ 单击"完成"按钮，将弹出"另存为"对话框，如图5.10所示。

图 5.9　步骤 5-完成

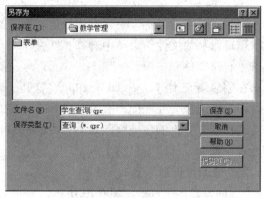

图 5.10　"另存为"对话框

在弹出的"另存为"对话框中，选择"教学管理"文件夹，输入文件名"学生查询"，单击"保存"按钮。

这样，所建立的查询将以文件名"学生查询.qpr"保存在"教学管理"文件夹下。

同时运行"学生查询"，运行结果如图5.11所示。在查询中显示了"学生"表和"学生个人情况"表中学号相同的记录，并且是"学生"表中男同学的记录。单击查询浏览窗口右上角的"关闭"按钮，将查询关闭。

学号	姓名	性别	出生日期	专业	入学成绩	接款否	照片	简历	身份证号码	籍贯
9603001	申强	男	01/15/78	新闻	512.0	T	gen	Memo	530120174050101	云南
9606005	迟大为	男	09/03/76	化学	491.3	F	gen	Memo	530120175040702	江苏
9607039	刘祥	男	06/06/78	外贸	666.6	T	gen	Memo	530120169021101	山西
9702033	李力	男	07/07/79	数学	463.9	F	gen	memo	530120170080401	黑龙江
9801055	赵敏	男	11/09/79	中文	450.0	F	Gen	Memo	530120171072501	湖北
9805026	夏天	男	05/07/80	历史	426.7	T	gen	Memo	530120174110901	贵州
9908088	毛杰	男	01/01/82	计算机	622.2	T	gen	Memo	530120172092801	四川

图 5.11　"学生查询"运行结果

2．运行查询

保存查询后，要运行查询，可以用以下方法。

① 在项目管理器中选择"数据"选项卡中的"查询"选项。

② 选定查询的名称。

③ 单击"运行"按钮。

5.2.2　使用查询设计器创建查询

1．启动查询设计器

如果不想使用查询向导，则可以使用查询设计器建立查询。在查询设计器中，可以创建新的查询，也可以修改已有的查询。从项目管理器或"文件"菜单中都可以启动查询设计器。

可以用以下方法启动查询设计器。

（1）在项目管理器中选择"数据"选项卡。

（2）选择"查询"选项。

（3）单击"新建"按钮。

（4）在"新建查询"对话框中单击"新建查询"按钮。

也可以从"文件"菜单中选择"新建"命令来启动查询设计器，选中"查询"选项，然后单击"新建文件"按钮。

在创建新查询时，Visual FoxPro 将打开"添加表或视图"对话框，提示是否从当前数据库或自由表中选择表或视图，如图 5.12 所示。例如，选择"教学管理"表，再单击"添加"按钮。

选择了要查询的表或视图后，Visual FoxPro 将显示查询设计器窗口。同时，"教学管理"表显示在查询设计器窗口的上方。

2."查询设计器"窗口

"查询设计器"窗口如图 5.13 所示。"查询设计器"窗口带有查询设计器工具栏，要打开查询设计器工具栏，可选择"显示"菜单中的"工具栏"命令，在"工具栏"对话框中选中"查询设计器工具栏"复选框。查询设计器工具栏如图 5.14 所示。

图 5.12 "添加表或视图"对话框

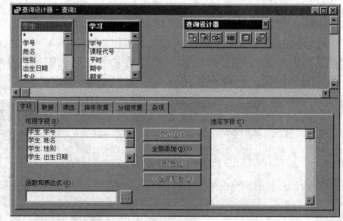

图 5.13 "查询设计器"窗口

图 5.14 查询设计器工具栏

在"查询设计器"窗口中，可以很方便地添加或移去不同的表或视图。

可以用以下方法使用不同的表或视图。

① 如果要移去表，先选择要移去的表，再单击查询设计器工具栏上的"移去表"按钮；或者在"查询设计器"窗口中单击右键，在快捷菜单中选择"移去表"命令。

② 如果要添加表，则在查询设计器工具栏上单击"添加表"按钮，打开如图 5.12 所示的"添加表或视图"对话框，再选择想要添加的表或视图，单击"添加"按钮。

或者在"查询设计器"窗口中单击右键，在快捷菜单中选择"添加表"命令。

查询设计器由顶部窗格和下部的选项卡组成，顶部的窗格显示查询中的表和表间的联接。其中的每一个表由列出表字段和索引的可调整大小的窗口代表，以表间的连线表示表间的联接。在表设计器中，这种联接可以通过拖动已索引的字段来建立。

单击查询设计器工具栏上的"最大化上部窗格"按钮，可最大化上部窗格。再次单击该按钮，又可以使其恢复原状。

3．利用查询设计器创建一个新的查询

例如，要查看"已贷款的学生"选修了哪些课程，并将选修的课程名称显示出来。根据前面两章的表间关系的分析，在"学生"表中有学生的名称及贷款信息；在"成绩"表中有学生学号和对应的选修课程的代码；在"课程"表中有课程代码对应的课程名称。

① 在"教学管理"项目管理器中选择"数据"选项卡。

② 选择"查询"选项。

③ 单击"新建"按钮。

④ 单击"新建查询"按钮，打开"添加表或视图"对话框，如图 5.12 所示。

⑤ 在"添加表或视图"对话框中分别选择"学生"表、"成绩"表和"课程"表，单击"添加"按钮，将它们添加到查询设计器中。

⑥ 单击"关闭"按钮，进入查询设计器。

⑦ 在查询设计器的"字段"选项卡中，在"可用字段"列表中选择"学生.学号"、"学生.姓名"、"学生.专业"、"学生.贷款否"、"成绩.课程代号"、"课程.课程名"，如图 5.15 所示。分别单击"添加"按钮，将这些字段添加到"选定字段"列表中。

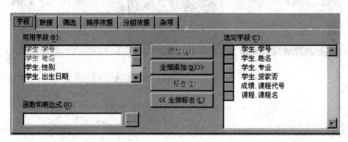

图 5.15 "字段"选项卡

⑧ 单击"联接"选项卡，在"联接"选项卡中设置联接条件，如图 5.16 所示。

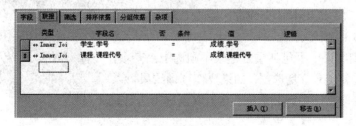

图 5.16 "联接"选项卡

在"类型"下拉列表框中选择"Inner Join"选项，表示"联接类型"是内部联接。

在"字段名"下拉列表框中选择"学生.学号"，在"条件"下拉列表框中选择"="，在"值"下拉列表框中选择"学生.学号"，单击"插入"按钮。

使用同样方法，设置"课程.课程代号=成绩.课程代号"。

以上设置表示，查询结果中只显示"学生"表和"成绩"表中学号相同，并且"成绩"表和"课程"表中"课程代号"相同的记录。

⑨ 单击"筛选"选项卡，在"筛选"选项卡中设置筛选条件，如图5.17所示。

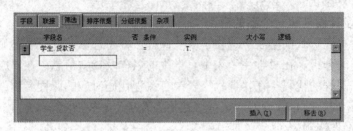

图5.17 "筛选"选项卡

因为要查找贷款的学生，所以在"字段名"下拉列表框中选择"学生.贷款否"，在"条件"下拉列表框中选择"="，在"实例"文本框中输入".T."。

⑩ 单击"排序依据"选项卡，在"排序依据"选项卡中设置排序依据，如图5.18所示。

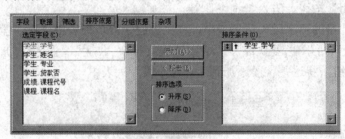

图5.18 "排序依据"选项卡

在"选定字段"列表框中选择"学生.学号"，单击"添加"按钮，则"学生.学号"出现在"排序条件"列表框中，在"排序选项"选项组选中"升序"单选按钮，以后查询结果将以"学生"表中的"学号"升序排序。

⑪ 单击"分组依据"选项卡，在这里不分组，使用默认值。

⑫ 单击"杂项"选项卡，查询设计器的"杂项"选项卡中的设置如图5.19所示。

如果要使查询结果中不包括重复记录，则选中"杂项"选项卡中的"无重复记录"复选框；如果要使查询结果可以包括重复记录，应取消选中该复选框。这里取消选中"无重复记录"复选框。

图5.19 "杂项"选项卡

在"列在前面的记录"选项组选中"全部"复选框，表示输出满足所设条件的全部记录。

⑬ 单击右键，在弹出的快捷菜单中选择"运行查询"命令，结果如图 5.20 所示。

单击右上角的"关闭"按钮，关闭运行的查询。

⑭ 单击查询设计器右上角的"关闭"按钮，关闭查询设计器，Visual FoxPro 将提示是否存盘，单击"是"按钮，打开"另存为"对话框，将结果命名为"课程查询"，保存在"D:\教学管理\查询"下，如图 5.21 所示。

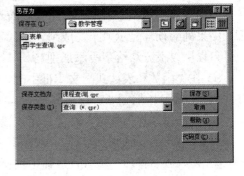

图 5.20 "课程查询"运行结果　　　　　　　图 5.21 保存查询结果

5.2.3 定制查询

正如前面的例子，打开查询设计器，选择包含想要信息的表或视图后，就可以设置选项卡，定义输出结果方式了。

首先选择所需的字段，也可设置选定字段的显示顺序和设置过滤器来筛选需要显示的记录，以此定义输出结果。一个查询的设计过程就是选择表和视图，然后通过查询设计器中各个选项的定义定制查询结果的过程。

下面分别介绍查询设计器中的各个选项卡的含义和作用。

1. 查询设计器中的"字段"选项卡

（1）选择所需字段

在运行查询之前，必须选择表或视图，并选择要包括在查询结果中的字段。在某些情况下，可能需要使用表或视图中的所有字段。但在另一些情况下，也许只想使查询与选定的部分字段相关，比如要加到报表中的字段。

如果想用某些字段给查询结果排序或分组，一定要确保在查询输出中包含这些字段。选定这些字段后，可以为它们设置顺序，以作为输出结果。

使用查询设计器底部窗格中的"字段"选项卡来选取需要包含在查询结果中的字段，可以用以下方法来添加字段：选定字段名，然后单击"添加"按钮，或者将字段名拖动到"选定字段"列表框中。

（2）选择输出全部字段

可使用名称或通配符（表顶部的*号）选择全部字段。如果使用名字选择字段，查询中要包含完整的字段名。此时向表中添加字段后再运行查询，则输出结果不包含新添加的字段名。

如果在选择中使用了通配符，则通配符将出现在查询中，并包含查询表中的全部字段。创建查询后，即便表结构改变了，新字段也将出现在查询结果中。

在查询中一次添加所有可用的字段，可以用以下方法：单击"全部添加"按钮，按名称添加字段；或者将表顶部的"*"符号拖动到"选定字段"列表框中。

（3）显示字段的别名

要使查询结果易于阅读和理解，可以在输出结果字段中添加说明标题。

例如，在"成绩"表中，如果要在查询中计算"平时"、"期中"和"期末"的平均成绩，可在结果列的顶部显示"平均成绩"来代替字段名或表达式。

可以用以下方法给字段添加别名。

① 在"函数和表达式"文本框中输入字段名，接着输入"AS"和别名。

例如，SUM(成绩) AS 总成绩

② 单击"添加"按钮，在"选定字段"列表中放置带有别名的字段。

例如，对于上面的例子，在"成绩"表中用查询计算平均成绩，操作步骤如下。

① 在"教学管理"项目管理器中选择"查询"选项，单击"新建"按钮。

② 在"新建查询"对话框中单击"新建查询"按钮。

③ 在"添加表或视图"对话框中添加"成绩"表。

④ 在查询设计器中的"字段"选项卡中单击"全部添加"按钮。

⑤ 单击"函数和表达式"文本框右边的"…"按钮，弹出"表达式生成器"对话框，在"表达式"文本框中输入"（学生.平时+学生.期中+学生.期末）/3"。

⑥ 关闭表达式生成器，返回查询设计器，单击"添加"按钮，则表达式出现在"选定字段"列表中。将鼠标指向表达式后的结果如图 5.22 所示。

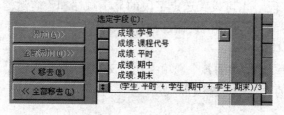

图 5.22　添加表达式

⑦ 在查询设计器中单击右键，在弹出的快捷菜单中选择"运行查询"命令，查询的运行结果如图 5.23 所示。可以发现，在查询结果中包含"Exp-6"，这是"平时"、"期中"和"期末"的平均成绩。

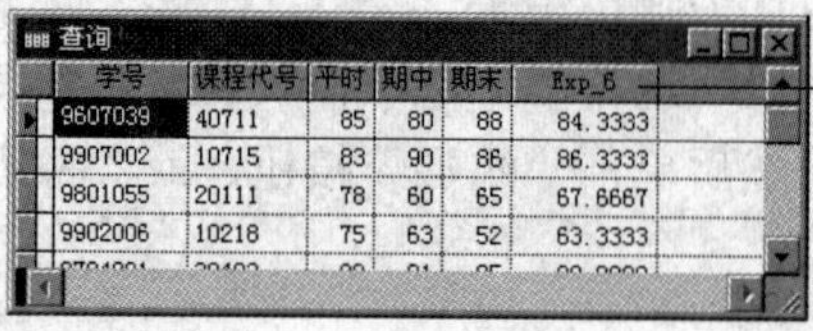

图 5.23　查询运行结果

但在查询结果中，"Exp-6"表意不明确。

⑧ 单击右上角的"关闭"按钮，停止查询运行，返回查询设计器，选中表达式，单击"移去"按钮，将表达式移回"表达式"文本框中。再单击表达式右边的"…"按钮，打开"表达式生成器"对话框，重新输入表达式为"（学生.平时+学生.期中+学生.期末）/3 AS 平均成绩"。

⑨ 关闭"表达式生成器"对话框，返回查询设计器，单击"添加"按钮，则表达式出现在"选定字段"列表中。

运行查询，结果如图 5.24 所示，"Exp-6"变成"平均成绩"显示。

图 5.24　查询运行结果

（4）设置输出字段的次序

在"字段"选项卡中，字段的出现顺序决定了查询输出中信息列的顺序。可用以下方法设置输出的列顺序：上、下拖动位于字段名左侧的移动框。如果想改变记录行的排序次序，则使用"排序依据"选项卡。

2. 查询设计器中的"筛选"选项卡

"筛选"选项卡用于选定所需的记录。选取需要查找的记录是决定查询结果的关键。通过查询设计器中的"筛选"选项卡，可以构造一个选择语句来告诉 Visual FoxPro 想要搜索或检索的记录。

查找一个特定的数据子集，并将其包含在报表或其他输出形式中，例如所有贷款的学生、所有选学了某门课程的学生、所有"新闻"专业的学生等。要查看所需的记录，可以输入一个值或值的范围与记录进行比较过滤。

在 Visual FoxPro 中，使用"筛选"选项卡可以确定用于选择记录的字段，选择比较准则以及输入与该字段进行比较的示例值。

（1）定义查询结果的条件

用户可通过以下方法指定过滤器。

① 从"字段名"列表中选取用于选择记录的字段，通用字段和备注字段不能用于过滤器中。

② 从"条件"下拉列表中选择比较的类型。

③ 在"实例"文本框中输入比较条件。

仅当字符串与查询的表中字段名相同时，用引号括起字符串；否则，无需用引号将字符串括起来。

日期也不必用花括号括起来。逻辑位的前后必须使用句点号，如 .T.。

如果输入查询中表的字段名，那么 Visual FoxPro 会将它识别为一个字段。

在搜索字符型数据时，如果想忽略大小写匹配，则单击"大小写"下面的按钮。

如果想对逻辑操作符的含义取反，则单击"否"下面的按钮。

例如，想查找除了"外贸"专业以外所有学生，可使用下面的表达式：

学生.专业 NOT ＝ 外贸

又如，要找查所有"新闻"专业的学生，可以用以下方法。

① 在"教学管理"项目管理器中选择"查询"选项，单击"新建"按钮。

② 在"新建查询"对话框中单击"新建查询"按钮。

③ 在"添加表或视图" 对话框中添加"学生"表。

④ 在查询设计器中的"字段"选项卡中单击"全部添加"按钮。

⑤ 用以下方法在"筛选"选项卡中设置相应选项。

在"字段名"下拉列表框中选择"学生.专业"，在"条件"下拉列表框中选择"="，在"实例"文本框中输入""新闻""，如图 5.25 所示。

图 5.25　搜索条件设置

⑥ 在查询设计器中单击右键，在弹出的快捷菜单中选择"运行查询"命令，结果如图 5.26 所示。查询结果显示了"学生"表中所有"新闻"专业的学生。

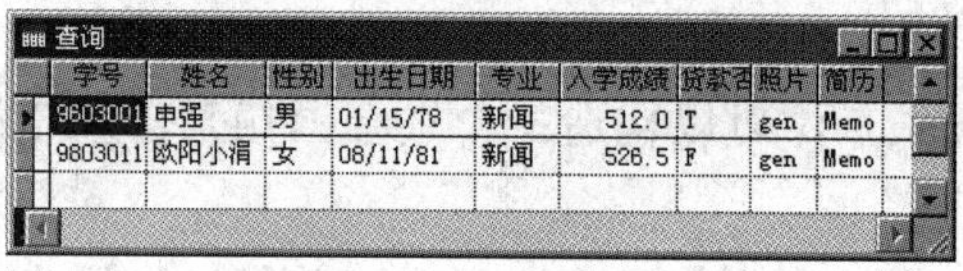

图 5.26　查询新闻专业的学生

要进一步搜索，可在筛选选项卡中添加更多的筛选项。

（2）精确搜索

有时可能需要对查询所返回的结果做更多的控制，例如，查找满足多个条件的记录，如所有选修了"计算机基础(一)"的"新闻"专业的学生；或者搜索满足两个条件之一的记录，如搜索"外贸"专业和"新闻"专业的学生。在这些情况下，都需要在"筛选"选项卡中加入更多的条件设置。

在 Visual FoxPro 中，如果在"筛选"选项卡中连续输入选择条件表达式，那么这些表达式自动以逻辑与（.AND.）的方式组合起来，要想使待查找的记录满足两个以上条件中的任意一个，可以使用"添加"按钮在这些表达式中间插入逻辑或（.OR.）操作符。

精确搜索包括缩小搜索范围和扩充搜索范围两个方面。

第一方面：缩小搜索。

如果想使查询检索同时满足两个以上条件的记录，只需在"筛选"选项卡中的不同行上列出这些条件，这一系列条件自动以逻辑与（.AND.）的方式组合起来，因此只有满足所有这些条件的记录才会被检索到。

例如，查询所有选修了"计算机基础(一)"课程的"新闻"专业的学生，可以在"筛选"选项卡中不同的行上输入两个搜索条件。

① 在"教学管理"项目管理器中选择"查询"选项，单击"新建"按钮。

② 在"新建查询"对话框中单击"新建查询"按钮。

③ 在"添加表和视图"对话框中分别添加"学生"表、"成绩"表和"课程"表。

④ 在查询设计器中的"字段"选项卡中单击"全部添加"按钮。

⑤ 用以下方法在"筛选"选项卡中设置相应选项。

在"字段名"下拉列表框中选择"学生.专业"，在"条件"下拉列表框中选择"="，在"实例"文本框中输入"新闻"，在"逻辑"下拉列表框中选择"AND"。在"字段名"下拉列表框中选择"课程.课程名"，在"条件"下拉列表框中选择"="，在"实例"文本框中输入"计算机基础（一）"，如图 5.27 所示。

图 5.27　设置精确搜索条件

⑥ 在查询设计器中单击右键，在弹出的快捷菜单中选择"运行查询"命令，结果如图 5.28 所示，查询结果显示了所有"新闻"专业选修了"计算机基础（一）"的学生。

图 5.28　精确搜索运行结果

第二方面：扩充搜索。

如果要使查询检索到的记录满足一系列选定条件中的任意一个，可以在这些选择条件中间插入（OR）操作符，将这些条件组合起来。

例如，搜索"外贸"专业和"新闻"专业的学生。

① 在"教学管理"项目管理器中选择"查询"选项，单击"新建"按钮。

② 在"新建查询"对话框中单击"新建查询"按钮。

③ 在"添加表或视图"对话框中添加"学生"表。

④ 在查询设计器中的"字段"选项卡中单击"全部添加"按钮。

⑤ 用以下方法在"筛选"选项卡中设置相应选项。

在"字段名"下拉列表框中选择"学生.专业"，在"条件"下拉列表框中选择"="，在"实例"文本框中输入"新闻"，在"逻辑"下拉列表框中选择"OR"，这表示在两个过滤器之间添加一个逻辑或（OR）操作符。

在"字段名"下拉列表中选择"学生.专业"，在"条件"下拉列表框中选择"="，在"实例"文本框中输入"外贸"，如图 5.29 所示。

图 5.29　扩充搜索条件设置

⑥ 在查询设计器中单击右键，在弹出的快捷菜单中选择"运行查询"命令，查询结果如图 5.30 所示。查询结果显示了所有"新闻"专业和"外贸"专业的学生。

事实上，缩小搜索与扩充搜索可以组合起来，即把逻辑与（AND）和逻辑或（OR）条件组合起来，以选择特定的记录集。

图 5.30　扩充搜索运行结果

3．查询设计器中的"联接"选项卡

"联接"选项卡主要用于对多个表和视图进行查询时设计联接条件。

当需要获取存储在两个或更多表中的信息时，只要把所有有关的表添加到查询中，并用公共字段联接它们就可以了。此后搜索这些表中的记录，便可以查找所需的信息。在查询中可以使用数据库表、自由表、本地或远程视图的任意组合。

（1）将视图或表添加到查询中

向查询中添加表或视图时，如果这些表或视图没有关系，则 Visual FoxPro 根据匹配的字段建议一个可能的表或视图之间的联接。

在查询中添加数据库表或视图时，需要先打开相关的数据库，运行该数据库。

在查询中添加表或视图，可以用以下方法。

① 在查询设计器工具栏上单击"添加表"按钮。

② 在"添加表或视图"对话框中选定要用的数据库，选中"表"或"视图"选项，再选择想添加的表或视图。

如果想添加的表不在数据库中，则单击"其他"按钮，在"打开"对话框中选定想加入的表，再单击"确定"按钮。

如果使用的数据库中，表或视图间具有永久关系，那么 Visual FoxPro 将利用这些已有的关系作为默认的联接。

例如，选择"教学管理"项目下的"学生个人情况"表和"成绩"表。这两个表没有直接的关系，但它们都有"学号"字段。

③ 单击"添加"按钮，打开"联接条件"对话框。在"联接条件"对话框检查建议的联接，如图 5.31 所示。Visual FoxPro 建议以两个表中相同的字段"学号"来联接。

④ 若 Visual FoxPro 找不到这样的匹配字段，则应该由用户自己在"联接条件"对话框中选择匹配的字段。

⑤ 单击"确定"按钮。

（2）用联接控制记录的选择

如果查询中有多个表，可用更新或添加联接来控制查询选择的记录。使用"联接条件"对话框可改变表之间的联接类型。

添加表时会自动显示联接，但是，如果相关的字段名不匹配，则必须自己创建表间的联接。

也可以创建其他的联接，方法是在查询设计器中拖动表中的字段与另一表中的字段联接；或者从查询设计器工具栏上单击"添加联接"按钮，这时会显示"联接条件"对话框，如图 5.31 所示。

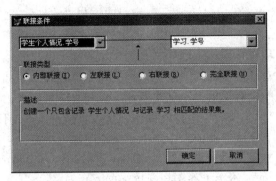

图 5.31 "联接条件"对话框

添加或变更联接时，可选择联接类型来扩充或缩小查询结果。创建联接的最简单方法是使用"联接条件"对话框。

可以用以下方法创建表之间的联接。

① 向查询中添加两个或多个表。

② 在查询设计器工具栏上单击"添加联接"按钮，或者单击"联接"选项卡中"类型"左边的"↔"按钮，打开"联接条件"对话框。

③ 在"联接条件"对话框中，从两个表中选择相关的字段名，当且仅当字段的大小相等、数据类型相同时才能联接。

④ 选择联接类型，表 5.1 给出了"联接类型"选项组的选项说明。

表 5.1 "联接类型"选项

选项	说明
内部联接	两个表中仅满足条件的记录，这是最普通的联接类型
左联接	表中联接条件左边的所有记录，和表中联接条件右边的且满足联接条件的记录
右联接	表中联接条件右边的所有记录，和表中联接条件左边的且满足联接条件的记录
完全联接	两个表中不论是否满足条件的所有记录

⑤ 单击"确定"按钮。

也可以删除或修改现有的联接。虽然没有联接仍能运行查询，但所得的查询结果一般很少有实用价值，并且执行时间往往很长。

要删除联接，可以用以下方法。

从查询设计器中选中联接行，再从"查询"菜单中选择"移去联接条件"命令。或者在"联接"选项卡中选择联接条件，然后单击"移去"按钮。

除了筛选和联接类型外，还可通过改变联接的条件来控制查询结果。联接不必基于完全匹配的字段，可基于 LIKE、"=="、">"或"<"条件设置不同的联接关系。

联接条件和筛选条件类似，两者都先比较值，然后选出满足条件的记录。不同之处在于筛选是将字段值和筛选值进行比较，而联接条件是将一个表中的字段值和另一个表中的字段值进行比较。

例如，建立一个查询，用“学生”表和“成绩”表中“学号”字段来联接两个表，查询只检索与这两个字段相匹配，同时也符合查询中设置的其他筛选条件的记录。

为了看到各项联接的设置，在“专业”表记录中添加“软件”和“生物学”专业；在“学生”表记录中添加两条记录，专业分别为“人类学”和“法律”，操作步骤如下。

① 在“教学管理”项目管理器中选择“查询”选项，单击“新建”按钮。

② 在“新建查询”对话框中选择“新建查询”命令，打开“添加表或视图”对话框。

③ 在“添加表或视图”对话框中添加“专业”表和“学生”表。

因为“专业”表和“学生”表已经建立联接，所以直接进入查询设计器。

④ 在查询设计器的“字段”选项卡中单击“全部添加”按钮。

⑤ 选择“联接”选项卡，在“联接”选项卡中可看到它已经是内部联接。单击右键，在弹出的快捷菜单中选择“运行查询”命令，结果如图 5.32 所示。

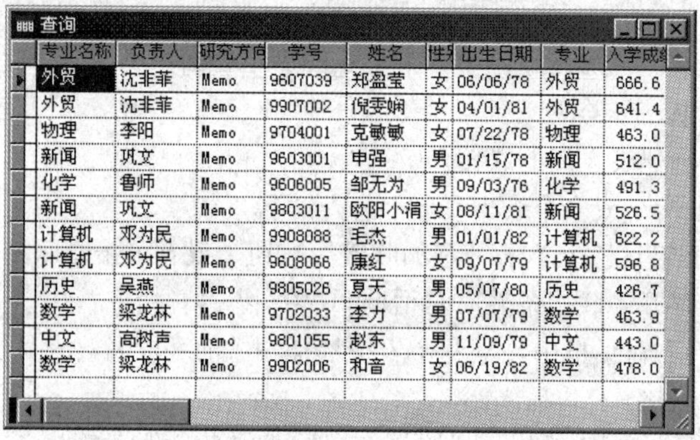
查询

专业名称	负责人	研究方向	学号	姓名	性	出生日期	专业	入学成
外贸	沈非菲	Memo	9607039	郑盈莹	女	06/06/78	外贸	666.6
外贸	沈非菲	Memo	9907002	倪雯娴	女	04/01/81	外贸	641.4
物理	李阳	Memo	9704001	克敏敏	女	07/22/78	物理	463.0
新闻	巩文	Memo	9603001	申强	男	01/15/78	新闻	512.0
化学	鲁师	Memo	9606005	邹无为	男	09/03/76	化学	491.3
新闻	巩文	Memo	9803011	欧阳小涓	女	08/11/81	新闻	526.5
计算机	邓为民	Memo	9908088	毛杰	男	01/01/82	计算机	622.2
计算机	邓为民	Memo	9608066	康红	女	09/07/79	计算机	596.8
历史	吴燕	Memo	9805026	夏天	男	05/07/80	历史	426.7
数学	梁龙林	Memo	9702033	李力	男	07/07/79	数学	463.9
中文	高树声	Memo	9801055	赵东	男	11/09/79	中文	443.0
数学	梁龙林	Memo	9902006	和音	女	06/19/82	数学	478.0

图 5.32　内部联接的查询结果

⑥ 单击“关闭”按钮，返回查询设计器。单击“类型”左边的“↔”按钮，打开“联接条件”对话框，单击“左联接”按钮。

⑦ 单击“确定”按钮，返回查询设计器，单击右键，在弹出的快捷菜单中选择“运行查询”命令，结果如图 5.33 所示。

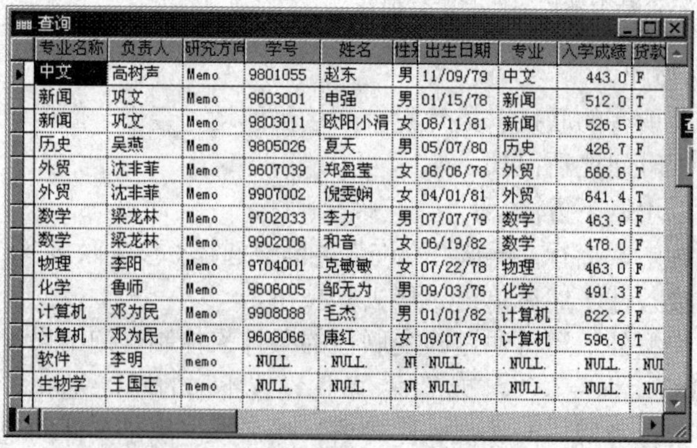
查询

专业名称	负责人	研究方向	学号	姓名	性	出生日期	专业	入学成绩	贷款
中文	高树声	Memo	9801055	赵东	男	11/09/79	中文	443.0	F
新闻	巩文	Memo	9603001	申强	男	01/15/78	新闻	512.0	T
新闻	巩文	Memo	9803011	欧阳小涓	女	08/11/81	新闻	526.5	F
历史	吴燕	Memo	9805026	夏天	男	05/07/80	历史	426.7	F
外贸	沈非菲	Memo	9607039	郑盈莹	女	06/06/78	外贸	666.6	T
外贸	沈非菲	Memo	9907002	倪雯娴	女	04/01/81	外贸	641.4	T
数学	梁龙林	Memo	9702033	李力	男	07/07/79	数学	463.9	F
数学	梁龙林	Memo	9902006	和音	女	06/19/82	数学	478.0	F
物理	李阳	Memo	9704001	克敏敏	女	07/22/78	物理	463.0	F
化学	鲁师	Memo	9606005	邹无为	男	09/03/76	化学	491.3	F
计算机	邓为民	Memo	9908088	毛杰	男	01/01/82	计算机	622.2	F
计算机	邓为民	Memo	9608066	康红	女	09/07/79	计算机	596.8	T
软件	李明	memo	.NULL.	.NULL.	.N	.NULL.	.NULL.	.NULL.	.NU
生物学	王国玉	memo	.NULL.	.NULL.	.N	.NULL.	.NULL.	.NULL.	.NU

图 5.33　左联接的查询运行结果

用同样的方法建立“右联接”，结果如图 5.34 所示。

用同样方法建立“完全联接”，运行结果如图 5.35 所示。

图 5.35 中只显示了一部分记录。可以看到，完全联接选取了两表中的所有记录，对于另一表中没有的字段，以 NULL 值替代。

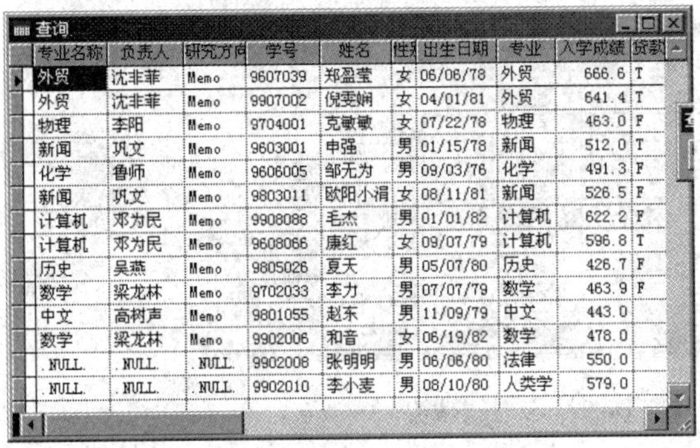

专业名称	负责人	研究方向	学号	姓名	性	出生日期	专业	入学成绩	贷款
外贸	沈非菲	Memo	9607039	郑盈莹	女	06/06/78	外贸	666.6	T
外贸	沈非菲	Memo	9907002	倪雯娴	女	04/01/81	外贸	641.4	T
物理	李阳	Memo	9704001	克敏敏	女	07/22/78	物理	463.0	F
新闻	巩文	Memo	9603001	申强	男	01/15/78	新闻	512.0	T
化学	鲁师	Memo	9606005	邹无为	男	09/03/76	化学	491.3	F
新闻	巩文	Memo	9803011	欧阳小涓	女	08/11/81	新闻	526.5	F
计算机	邓为民	Memo	9908088	毛杰	男	01/01/82	计算机	622.2	F
计算机	邓为民	Memo	9608066	康红	女	09/07/79	计算机	596.8	T
历史	吴燕	Memo	9805026	夏天	男	05/07/80	历史	426.7	F
数学	梁龙林	Memo	9702033	李力	男	07/07/79	数学	463.9	F
中文	高树声	Memo	9801055	赵东	男	11/09/79	中文	443.0	
数学	梁龙林	Memo	9902006	和音	女	06/19/82	数学	478.0	
.NULL.	.NULL.	.NULL.	9902008	张明明	男	06/06/80	法律	550.0	
.NULL.	.NULL.	.NULL.	9902010	李小麦	男	08/10/80	人类学	579.0	

图 5.34　右联接的查询运行结果

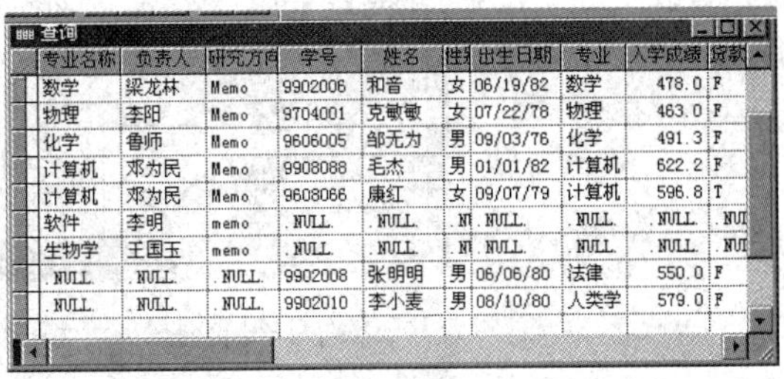

专业名称	负责人	研究方向	学号	姓名	性	出生日期	专业	入学成绩	贷款
数学	梁龙林	Memo	9902006	和音	女	06/19/82	数学	478.0	F
物理	李阳	Memo	9704001	克敏敏	女	07/22/78	物理	463.0	F
化学	鲁师	Memo	9606005	邹无为	男	09/03/76	化学	491.3	F
计算机	邓为民	Memo	9908088	毛杰	男	01/01/82	计算机	622.2	F
计算机	邓为民	Memo	9608066	康红	女	09/07/79	计算机	596.8	T
软件	李明	memo	.NULL.	.NULL.	.N	.NULL.	.NULL.	.NULL.	.NUI
生物学	王国玉	memo	.NULL.	.NULL.	.N	.NULL.	.NULL.	.NULL.	.NUI
.NULL.	.NULL.	.NULL.	9902008	张明明	男	06/06/80	法律	550.0	F
.NULL.	.NULL.	.NULL.	9902010	李小麦	男	08/10/80	人类学	579.0	F

图 5.35　完全联接的查询运行结果

4．查询设计器的“排序依据”选项卡

“排序依据”选项卡用于组织查询输出结果，方法是对输出字段排序和分组。

（1）排序查询结果

排序决定了查询输出结果中记录或行的先后顺序。例如，可以按学号对记录排序，或按学生的考试成绩对记录排序。

在“排序依据”选项卡中可以设置查询的排序次序，排序次序决定了查询输出中记录的排列顺序。设置排序次序的方法如下。

从“选定字段”列表框中选取要使用的字段，并把它们移到“排序条件”列表框中，然后根据查询结果中所需的顺序排列这些字段。

例如，将“学生”表按“入学成绩”从高到低排序，用以下方法设置排序条件。

① 在“教学管理”项目管理器中选择“查询”选项，单击“新建”按钮。

② 在“新建查询”对话框中单击“新建查询”命令，打开“添加表或视图”对话框。

③ 在“添加表或视图” 对话框中添加“学生”表。

因为“专业”表和“学生”表已经建立联接，所以直接进入查询设计器。

④ 在查询设计器中的“字段”选项卡中单击“全部添加”按钮。

⑤ 选择“排序依据”选项卡，在“选定字段”列表框中选定字段名，选择“选定字段”列表框中的“学生.入学成绩”。

⑥ 单击“添加”按钮，则“学生.入学成绩”出现在“排序条件”列表框中。因为要按成绩从高到低排序，所以选中“降序”选项按钮。

⑦ 单击右键，在弹出的快捷菜单中选择“运行查询”命令，结果如图 5.36 所示。

可以用以下方法移去排序条件。

① 选定一个或多个想要移去的字段。

② 单击“移去”按钮。

字段在“排序条件”列表框中的次序决定了查询结果排序时的重要性次序，第一个字段决定了主排序次序。

查询

学号	姓名	性别	出生日期	专业	入学成绩	贷款否	照片	简历
9607039	刘洋	男	06/06/78	外贸	666.6	T	Gen	Memo
9907002	田野	女	04/01/81	外贸	641.4	T	Gen	Memo
9908088	毛杰	男	01/01/82	计算机	622.2	T	gen	Memo
9608066	康红	女	09/07/79	计算机	596.8	T	gen	Memo
9803011	欧阳小涓	女	08/11/81	新闻	526.5	F	Gen	Memo
9603001	申强	男	01/15/78	新闻	512.0	T	gen	Memo
9606005	迟大为	男	09/03/76	化学	491.3	F	gen	Memo
9902006	和音	女	06/19/82	数学	487.1	F	gen	Memo
9702033	李力	男	07/07/79	数学	463.9	F	gen	memo
9704001	真宁	女	07/22/78	物理	463.0	F	gen	Memo
9801055	赵敏	男	11/09/79	中文	450.0	F	Gen	Memo
9805026	夏天	男	05/07/80	历史	426.7	T	gen	Memo

图 5.36　按“入学成绩”从高到低排序查询结果

例如，在“排序条件”列表框中添加了两个字段，第一个字段是“姓名”，第二个字段是“学号”，查询结果将首先以“姓名”进行排序，如果表中有多个记录具有同样的“姓名”字段值，这些记录再根据“学号”进行排序。

（2）用“排序依据”选项卡设置排序次序

为了调整排序字段的重要性，可以在“排序条件”列表框中，将字段左侧的按钮上、下拖动到相应的位置上。

通过设置“排序选项”选项组中的选项按钮，可以确定升序或降序的排序次序。在“排序依据”选项卡的“排序条件”列表框中，每一个排序字段都带有一个上箭头或下箭头，该箭头表示按此字段排序时，是升序排序还是降序排序。

5．查询设计器的“分组依据”选项卡

“分组依据”选项卡用于分组查询结果。分组就是将一组类似的记录压缩成一个结果记录，以完成基于一组记录的计算。

分组在与某些合计函数联合使用时效果最好，如 SUM、COUNT、AVG 等。

（1）利用“分组依据”建立一个查询

例如，建立如图 5.37 所示的“工资表”，放到“教学管理”数据库中。

工资表

部门名称	姓名	基本工资	奖金	应扣工资	应发工资
云南大学外语系	张小青	277.65	150.00	2.45	425.20
云南大学外语系	李红	255.55	130.00	4.00	381.55
云南大学法律系	王娟	317.88	170.00	12.00	475.88
云南大学法律系	陈本实	412.44	180.00	18.00	574.44
云南大学法律系	周星国	277.65	150.00	5.00	422.65

图 5.37　新建“工资表”

如果想找到某一部门所有工资的总和，则不用单独查看所有的记录，可以把来自相同部门的所有记录合为一个记录，并获得来自该部门工资的总和。

首先在"字段"选项卡中把表达式"SUM(应发工资)"添加到查询输出中,然后利用"分组依据"选项卡,根据部门分组,输出结果将显示每个部门的工资应发合计。方法如下。

① 新建一个查询,添加"工资表",打开查询设计器。

② 在"字段"选项卡中选择"部门名称",单击"添加",使"部门名称"字段出现在"选定字段"列表中。

在"函数和表达式"文本框中键入表达式"SUM(应发工资)AS 应发工资合计"。

或者单击"表达式"文本框旁的"…"按钮,在表达式生成器中输入表达式。

③ 单击"添加"按钮,在"选定字段"列表框中放置表达式。

④ 用以下方法在"分组依据"选项卡中加入分组结果依据的表达式。

在"可用字段"列表中选择"部门名称",单击"添加"按钮,表示查询将按"部门名称"分组,如图 5.38 所示。

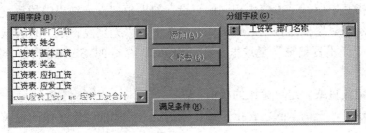

图 5.38　分组设置:按"部门名称"分组

单击右键,在弹出的快捷菜单中选择"运行查询"命令,结果如图 5.39 所示。

用户也可以在已分组的结果上设置选定条件。

(2)选择分组

如果要对已进行过分组或压缩的记录而不是对单个记录设置筛选,可在"分组依据"选项卡中单击"满足条件"按钮。可使用字段名、字段名中的合计函数,或者"字段名"列表框中其余的表达式。

基于上述示例,进一步利用"满足条件"按钮限制查询的结果为工资总数超过 1 000 元的部门,可以用以下方法设置条件。

① 在"分组依据"选项卡中单击"满足条件"按钮。

② 在"满足条件"对话框中选定一个函数,并在"字段名"列表框中选定字段名,如图 5.40 所示。

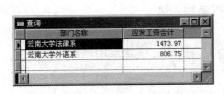

图 5.39　分组查询运行结果

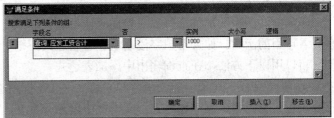

图 5.40　为分组设置条件

③ 单击"确定"按钮。

④ 单击右键，在弹出的快捷菜单中选择"运行查询"命令，运行结果只包含了部门工资总数超过 1 000 元的部门，如图 5.41 所示。

图 5.41 设置分组条件的查询

6. 查询设计器的"杂项"选项卡

（1）在查询中删除重复记录

重复记录是指其中所有字段值均相同的记录。如果想把查询结果中的重复记录去掉，只需选中"无重复记录"复选框；否则，应确认取消选中了"无重复记录"列表框。

如果选中了"无重复记录"复选框，在 SELECT 命令的 SELECT 部分，字段前会加上 DISTINCT 短语。

（2）查询一定数目或一定百分比的极值记录

Visual FoxPro 可使查询返回包含指定数目或指定百分比的特定字段的记录。例如，查询可显示含 10 个指定字段最大值或最小值的记录，或者显示含有 10%比例的指定字段最大值或最小值的记录。

利用"杂项"选项卡的顶端设置，可设置一定数目或一定百分比的记录。如果要设置是否选取最大值或最小值，可设置查询的排序顺序，降序可查看最大值记录，升序可查看最小值记录，方法如下。

① 在"排序依据"选项卡中选择要检索其极值的字段，接着选中"降序"单选按钮显示最大值或选中"升序"单选按钮显示最小值。如果还要按其他字段排序，可按列表顺序将其放在极值字段的后面。

② 在"杂项"选项卡中，在"记录个数"文本框中输入想要检索的最人值或最小值的数目。如果要显示百分比，则选中"百分比"复选框。

③ 如果不希望查询结果中含有重复的记录，选中"无重复记录"复选框。

7. 在查询输出中添加表达式

使用"字段"选项卡底部的文本框可以在查询输出中加入函数和表达式。

（1）在结果中添加表达式

正如前面所做的那样，可以直接向"函数和表达式"文本框中输入表达式，或者显示列表来查看可用的函数。如果希望字段名中包含表达式，则可以添加别名。

可以用以下方法，在查询输出中添加表达式。

① 在"字段"选项卡的"函数和表达式"文本框中输入表达式，或者单击"对话"按钮，打开表达式生成器，在"表达式"文本框中输入一个表达式。

② 单击"添加"按钮，在"选定字段"列表框中放入表达式。

（2）用表达式筛选

使用一个表达式可以组合多个字段，或基于一个字段执行某计算并且搜索匹配该组合或计算字段的记录。

可直接在示例框中输入表达式，也可使用表达式生成器，表达式生成器可通过单击"字段"选项卡的"函数和表达式"文本框旁边的"···"按钮得到。

例如，使用"工资表"时，应发工资=基本工资+奖金-应扣工资，可以在"工资表"中将"应发工资"字段删除，在查询中计算应发工资，操作步骤如下。

① 新建一个查询，添加"工资表"，打开查询设计器。

② 在"字段"选项卡中添加所有字段。

③ 在"函数和表达式"文本框中输入表达式：

基本工资+奖金-应扣工资 AS 应发工资

④ 运行查询，结果如图 5.42 所示。

部门名称	姓名	基本工资	奖金	应扣工资	应发工资
云南大学外语系	张小青	277.65	150.00	2.45	425.20
云南大学外语系	李红	255.55	130.00	4.00	381.55
云南大学法律系	王娟	317.88	170.00	12.00	475.88
云南大学法律系	陈本实	412.44	180.00	18.00	574.44
云南大学法律系	周星国	277.65	150.00	4.00	423.65

图 5.42　在查询中计算应发工资

5.2.4　定向输出查询结果

前面设计的查询可以输出到不同的目的地。如果没有选定输出目的地，查询结果将显示在"浏览"窗口中。

从"查询"菜单中选择"查询去向"命令，或在查询设计器工具栏中单击"输出设置"按钮，将打开"查询去向"对话框，如图 5.43 所示，可以选择将查询结果送往何处。

图 5.43　"查询去向"对话框

使用表 5.2 可选择查询输出的去向。

表 5.2　查询输出去向

输出选项	输出去向
浏览	在"浏览"窗口中显示查询结果
临时表	将查询结果存储在一个命名的临时只读表中
表	使查询结果保存为一个命名的表
图形	使查询结果可用于 Microsoft Graph（Graph 是包含在 Visual FoxPro 中的一个独立的应用程序）
屏幕	在 Visual FoxPro 主窗口或当前活动输出窗口中显示查询结果
报表	将输出送到一个报表文件（frx）
标签	将输出送到一个标签文件（lbx）

　　许多选项都有一些可以影响输出结果的附加选择。例如，"报表"选项可以打开报表文件，并在打印之前定制报表，也可以选用"报表向导"来创建报表。

5.2.5　利用查询结果生成图形

　　在工作中经常需要根据表中的数据绘制出饼图、条形图等反映数据情况的简单直观的图形，Visual FoxPro 也具有这种作图功能。

　　要将表中的数据生成图形，有两种方法，第一种是利用图形向导来生成图形，另一种是利用查询设计器的"查询去向"中的"图形"来生成。

1．利用图形向导建图形

　　例如，对于"教学管理"项目中的"工资表"，将查询结果生成图形。

　　① 在项目管理器中选择"查询"选项，单击"新建"按钮。

　　② 在"新建查询"对话框中单击"查询向导"按钮，在"向导选取"对话框中选择"图形向导"选项。单击"确定"按钮。

　　③ 系统弹出图形向导的"步骤 1-字段选取"对话框，如图 5.44 所示。

　　在"数据库和表"下拉列表框中选择"教学管理"选项，选择表"工资表"。在"可用字段"列表框中选择字段"姓名"、"基本工资"和"奖金"字段。

　　④ 单击"下一步"按钮，弹出"步骤 2-定义布局"对话框。

　　在"可用字段"列表框中选择"姓名"字段，将其拖动到"坐标轴"文本框中；在"可用字段"列表框中选择"基本工资"字段，将其拖动到"数据系列"列表框中；同样，拖动"奖金"字段到"数据系列"列表框中，如图 5.45 所示。

图 5.44　步骤 1-字段选取

图 5.45　步骤 2-定义布局

⑤ 单击"下一步"按钮，弹出"步骤 3-选择图形样式"对话框，如图 5.46 所示。选择"三维柱形图"选项。

⑥ 单击"下一步"按钮，弹出"步骤 4-完成"对话框，如图 5.47 所示，输入图表的标题"工资表图表"。

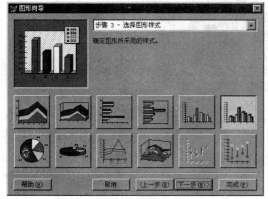

图 5.46　步骤 3-选择图形样式

图 5.47　步骤 4-完成

选项说明：

a. 将图形保存到表单中：将创建的图形放到表单中，同时打开表单设计器进行修改。

b. 将图形保存到表中：将创建的图表放到一个表的通用字段中。

c. 使用此图形创建查询：将图形保存成一个查询文件。

这里选中"将图形保存到表中"单选按钮，单击"完成"按钮。

⑦ 系统弹出"另存为"对话框，将数据表命名为"工资图表"进行保存，如图 5.48 所示。

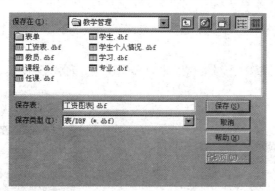

图 5.48　以表的形式保存

⑧ 将"工资图表"表加到"教学管理"项目中，打开该表，并打开表中的唯一字段"通用字段"，可以看到数据表如图 5.49 所示。

如果在"步骤 4-完成"对话框中选中"使用该图形创建查询"单选按钮，将打开"另存为"对话框，输入查询文件名，然后打开查询设计器进行修改。以后将查询保存后，每次运行该查询，都将打开图形向导的"步骤 2-定义布局"对话框，开始创建图形。

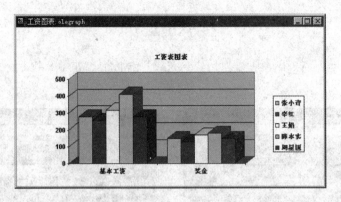

图 5.49　数据表结果

2. 将查询结果输出成图形

查询结果也可以以图形的形式输出。将查询设计好以后，在"查询去向"对话框中选择"图形"选项，此后运行查询时，将打开图形向导的"步骤 2-定义布局"对话框，然后按照与前面相同的方法，创建数据图。

创建的数据图同样可以保存成表中的通用字段或者表单等形式。

5.2.6　创建交叉表查询

如果想在交叉表中显示查询结果，则可以使用交叉表向导，生成一个交叉表查询，用于显示在一个电子数据表中的查询结果。为了说明交叉表的建立过程，在"教学管理"项目中先创建一张"销售情况表"，如图 5.50 所示。

可以用以下方法运行交叉表向导。

① 在"教学管理"项目管理器中选择"查询"选项，单击"新建"按钮。在"新建查询"对话框中单击"查询向导"按钮。

在"向导选取"对话框中选择"交叉表向导"选项，如图 5.51 所示。

销售情况表					
产品名称	部门	一季度	二季度	三季度	四季度
电视机	昆明商厦	234	456	124	586
电视机	大明商城	562	477	145	778
电视机	天地大厦	234	679	235	717
电冰箱	昆明商厦	290	391	426	366
电冰箱	大明商城	567	812	421	669
电冰箱	天地大厦	405	367	551	471

图 5.50　销售情况表

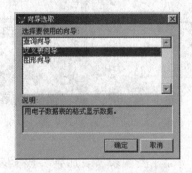

图 5.51　选择"交叉表向导"选项

② 单击"确定"按钮，弹出"步骤 1 – 字段选取"对话框，选择"销售情况表"，如图 5.52 所示。选取"部门"、"产品名称"和"一季度"字段。

③ 单击"下一步"按钮，弹出"步骤 2 – 定义布局"对话框，如图 5.53 所示。

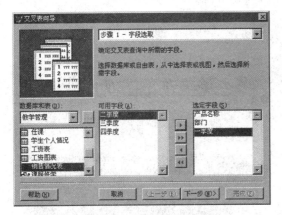

图 5.52　步骤 1-字段选取

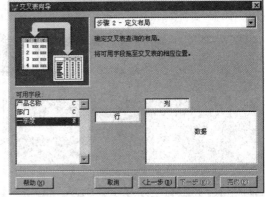

图 5.53　步骤 2-定义布局(a)

对于拖动到"数据"文本框中的表字段，它的每个单独的值，交叉表查询结果都将显示为一列。

拖动"产品名称"到"列"中，"部门"到"行"中，"一季度"到"数据"中，如图 5.54 所示。

④ 单击"下一步"按钮，弹出"步骤 3 - 加入总结信息"对话框，如图 5.55 所示。

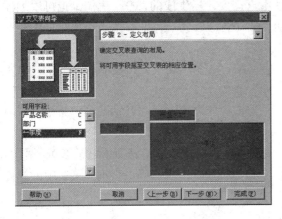

图 5.54　步骤 2-定义布局(b)

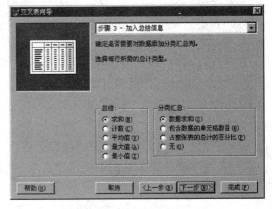

图 5.55　步骤 3-加入总结信息

通过从"总结"和"分类汇总"选项组选择合适的单选按钮，可以添加一个包含总结信息和小计的列。总和将出现在交叉表查询结果中的最右列内。

⑤ 单击"下一步"按钮，弹出"步骤 4-完成"对话框，如图 5.56 所示。

如果要在"浏览"窗口中显示结果，则选中"保存并运行交叉表查询"单选按钮。

如果要显示 NULL 值，则应选中"显示 NULL 值"复选框。

选中"保存并运行交叉表查询"单选按钮。单击"完成"按钮，弹出"另存为"对话框，如图 5.57 所示。将查询以"一季度销售情况表"为文件名保存。单击"完成"按钮，将运行查询，结果如图 5.58 所示。

保存完交叉表查询后，可以像其他查询一样，在查询设计器中打开并修改它。

或者在"工具"菜单下的"向导"子菜单中选择"查询"命令，在"向导选取"对话框中选择"交叉表向导"选项，也可以打开交叉表向导。

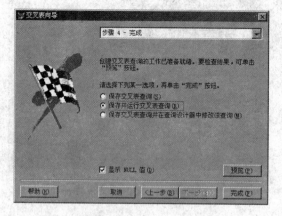

图 5.56　步骤 4-完成

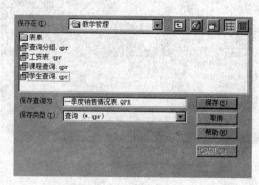

图 5.57　保存查询结果

5.2.7　查询的 SQL 语句

如果要确认查询的定义是否正确，可查看使用查询设计器生成的 SQL 语句，也可添加注释来说明查询的目的，添加的注释将出现在 SQL 窗口里。

1. 显示 SQL 语句

在建立查询时，从"查询"菜单中选择"查看 SQL"命令，或在工具栏中单击"显示 SQL 窗口"按钮，可以查看查询生成的 SQL 语句。

SQL 语句显示在一个只读窗口中，可以复制此窗口中的文本，并将其粘贴到"命令"窗口或加入到程序中。

例如，对于前面建立的计算"应发工资"字段的查询，可用以下方法查看它的 SQL 语句。

① 在查询设计器工具栏中单击"显示 SQL 窗口"按钮，或者选择"查询"菜单中的"查看 SQL"命令。

② 在 SQL 窗口中显示查询的 SQL 语句，如图 5.59 所示。

图 5.58　交叉表运行结果

图 5.59　查看 SQL 语句

2. 在查询中添加注释

如果想以某种方式标识查询，或对它进行一些注释说明，可以在查询中添加备注，这对以后确认查询及其目的很有帮助。

可以用以下方法给查询添加注释。

① 从"查询"菜单中选择"备注"命令。

② 在"加入备注"文本框中输入与查询有关的注释。例如输入这个查询是计算"应发工资"字段。

③ 单击"确定"按钮，输入的注释将出现在 SQL 窗口的顶部，并且前面有一个"*"符号，表明其为注释，如图 5.60 所示。

图 5.60　在 SQL 窗口显示备注

5.3　创建视图

在应用程序中，如果要创建类似于查询的自定义记录集，并且是可更新的数据集合，可以使用视图。

视图兼有表和查询的特点。

与查询相类似的地方是，视图可以用来从一个或多个相关联的表中提取有用信息；与表相类似的地方是，它可以用来更新其中的信息，并将更新结果永久保存在磁盘上。可以用视图使数据暂时从数据库中分离成为自由数据，以便在主系统之外收集和修改数据。

创建视图时，Visual FoxPro 在当前数据库中保存一个视图定义，该定义包括视图中的表名、字段名以及它们的属性设置。

在 Visual FoxPro 中可以创建两种类型的视图：本地视图和远程视图。可以将一个或多个远程视图添加到本地视图中，以便能在同一个视图中同时访问 Visual FoxPro 数据和远程 ODBC 数据源中的数据。

使用视图可以更新数据。使用视图，可以从表中提取记录，改变这些记录的值，并把更新结果送回到源表中。通过打开"发送更新"选项，在更新或更改视图中的一组记录时，由 Visual FoxPro 将这些更新发送到源表中。

视图是数据库中的一个特有功能，只有在包含视图的数据库打开时，才能使用视图。

5.3.1　使用向导创建视图

用户可以使用本地视图向导创建本地视图。如果要在 ODBC 数据源的表上建立可更新的视图，则可以使用远程视图向导。

例如，在"教学管理"项目中，查找某一门课程有哪些学生选修，可以通过以下方法，使用视图向导来创建视图。

① 在"教学管理"项目管理器中，选定"教学管理"数据库。

② 选择"本地视图"选项后，单击"新建"按钮。

③ 单击"视图向导"按钮，打开本地视图向导的"步骤1-字段选取"对话框。

④ 选择"课程"表的"课程代号"和"课程名"字段，选择"成绩"表的"学号"字段，选择"学生"表的"姓名"和"性别"字段，如图5.61所示。

⑤ 单击"下一步"按钮，弹出"步骤2-为表建立关系"对话框。

在此对话框中设置关联关系，如图5.62所示。

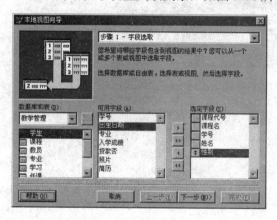

图5.61　步骤1-字段选取　　　　　　　　图5.62　步骤2-为表建立关系

将"课程"表的"课程代号"与"成绩"表的"课程代号"建立关联，将"成绩"表的"学号"与"学生"表的"学号"建立关联。

⑥ 单击"下一步"按钮，弹出"步骤3-筛选记录"对话框。

设置筛选条件为课程.课程代号=20801 或者课程.课程代号=11101，即查找选修了"计算机基础（一）"和"体育"课程的学生，如图5.63所示。

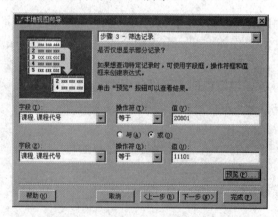

图5.63　步骤3-筛选记录

⑦ 单击"下一步"按钮，弹出"步骤4-排序记录"对话框。

在"可用字段"列表中选择"课程.课程代号"，单击"添加"按钮，选中"升序"单选按钮，表示结果将按"课程代号"的升序排列，如图5.64所示。

⑧ 单击"下一步"按钮，弹出"步骤4a-限制记录"对话框，如图5.65所示。

在"部分类型"选项组中，如果选中"所占记录百分比"单选按钮，则"数量"选项组中的"部分值"选项将决定选取的记录的百分比数；如果选中"记录号"单选按钮，则"数量"选项组中的"部分值"选项将决定选取的记录数。

选中"数量"选项组中的"所有记录"单选按钮，将显示满足前面条件的所有记录。

这里选中"所有记录"单选按钮，如图 5.64 所示。

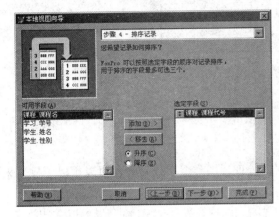 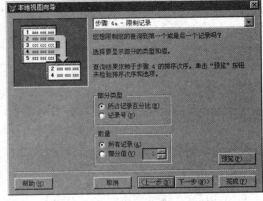

图 5.64　步骤 4-排序记录　　　　　　图 5.65　步骤 4a-限制记录

⑨ 单击"下一步"按钮，弹出"步骤 5-完成"对话框，如图 5.66 所示。

选项说明如下。

a. 保存本地视图：将所设计的视图保存，以后在项目管理器或程序中运行。

b. 保存本地视图并浏览：将所设计的视图保存，并运行该视图。

c. 保存本地视图并在"视图设计器"中修改：将所设计的视图保存，同时打开视图设计器修改该视图。

这里选中"保存本地视图并浏览"单选按钮，将视图保存，并打开表的浏览窗口查看视图的运行效果。

⑩ 单击"完成"按钮，弹出保存视图的"视图名"对话框。

因为视图不是以一个文件存在，所以仅保存视图名，如图 5.67 所示。输入视图名"课程选学"。

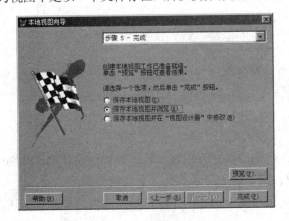 

图 5.66　步骤 5-完成　　　　　　　　图 5.67　保存视图

⑪ 单击"确定"按钮。将打开浏览窗口，如图 5.68 所示，可以看到表中列出了所有选修了"计算机基础（一）"和"体育"课程的学生。

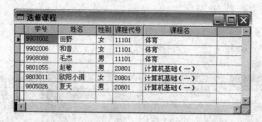

图 5.68 "课程选学"视图浏览窗口

5.3.2 浏览视图

视图建立之后，可以用它来显示和更新数据，处理视图类似于处理表，可以用以下操作来使用视图。

① 使用 USE 命令并指定视图名来打开一个视图。同样，使用 USE 命令也可以关闭视图。

② 在浏览窗口中显示视图内容。

③ 在"数据工作期"窗口中显示打开的视图。

④ 在文本框、表格控件、表单或报表中使用视图作为数据源。

还可以用以下方法通过项目管理器使用视图：先在项目管理器中选择一个数据库，再选择视图名，然后单击"浏览"按钮，在浏览窗口中显示视图，或者使用 USE 命令以编程方式访问视图。

5.3.3 使用视图设计器创建视图

使用视图设计器创建视图时，首先应创建或打开一个数据库，当展开项目管理器中数据库名称旁边的"+"符号时，"数据"选项卡上将显示出数据库中的所有组件。

可以用以下方法创建本地视图。

① 从项目管理器中选定一个数据库，例如选择"教学管理"数据库。

② 单击"数据库"符号旁的"+"按钮。

③ 在"数据库"下选定"本地视图"并单击"新建"按钮。

④ 单击"新建视图"按钮。

⑤ 在"添加表或视图"对话框中选定想使用的表或视图，例如，选择"工资表"，再单击"添加"按钮。

⑥ 选择视图中想要的表和视图后，单击"关闭"按钮，将出现视图设计器，如图 5.69 所示。在视图设计器上方显示选定的表或视图，这里显示的是"工资表"。

⑦ 在"字段"选项卡中选择要在视图结果中显示的字段，单击"全部添加"按钮。

⑧ 分别对各选项卡进行设置。

图 5.69　本地视图设计器

例如，要提取"部门.名称"是"云南大学法律系"的所有人员，选择"筛选"选项卡，在其中输入条件，如图 5.70 所示。

图 5.70　设置筛选条件

⑨ 关闭视图设计器，将视图以视图名"工资视图"保存。

在项目管理器中选择"工资视图"选项，单击"浏览"按钮，则在浏览窗口显示视图结果，如图 5.71 所示。

部门名称	姓名	基本工资	奖金	应扣工资	应发工资
云南大学法律系	王娟	317.88	170.00	12.00	0.00
云南大学法律系	陈本实	412.44	180.00	18.00	0.00
云南大学法律系	周星国	277.65	150.00	4.00	0.00

图 5.71　视图运行结果

也可以在"文件"菜单中选择"新建"命令并选择"视图"选项来创建视图。

使用视图设计器基本上与使用查询设计器一样，但视图设计器多了一个选项卡，即"更新条件"选项卡，它可以控制更新。

下面主要介绍"更新条件"选项卡的详细内容及其示例。

1. 更新数据

可用本地或远程视图更新数据。为了讲述以下的更新操作，先在"教学管理"项目中创建一个基于"学生"表的本地视图。在"字段"选项卡中单击"全部添加"按钮，将所有字段选定。

（1）使表可更新

如果希望在表上所作的修改能回送到源表中，则需要设置"发送 SQL 更新"选项，必须至少设置一个关键字段来使用这个选项。如果选择的表中有一个主关键字段并且已存在于"字段"选项卡中，则视图设计器会自动使用表中的该主关键字段作为视图的关键字段。

如果要使表可更新，则在"更新条件"选项卡中设置"发送 SQL 更新"选项，如图 5.72所示。

设置发送SQL更新

图 5.72 "更新条件"选项卡

（2）设置关键字段

当在视图设计器中首次打开一个表时，"更新条件"选项卡会显示表中哪些字段被定义为关键字段。Visual FoxPro 用这些关键字段来唯一地标识那些已在本地修改过的远程表中的更新记录。

在学生表中，以"学号"作为主关键字建立索引，则在"关键列"(即"钥匙形"列)下面"学号"前有"√"符号。

可用以下方法设置关键字段。

① 在"更新条件"选项卡中，单击字段名旁边的"关键列"（即"钥匙形"列），使之出现小方框。

② 在"更新条件"选项卡中设置关键字段，即使之前面出现"√"。可以通过单击"钥匙形"列来设置或取消关键字段。"钥匙形"列是一个开关。

如果已经改变了关键字段，而又想把它们恢复到源表中的初始设置，则单击"重置关键字"按钮，Visual FoxPro 会检查表并使用这些表中的关键字段。

（3）更新指定字段

用户可以指定任一给定表中仅有某些字段允许更新。如果使表中的任何字段是可更新的，则在表中必须有已定义的关键字段。如果字段未标注为可更新的，则用户可以在表单中或浏览窗口中修改这些字段，但修改的值不会返回到远程表中。

要使字段为可更新的，可以用以下方法。

① 在"更新条件"选项卡中，单击字段名旁边的"可更新列"（笔形列）。

② 在"更新条件"选项卡中使字段可更新，即使之前面出现"√"符号，如图 5.73 所示。

如果想使表中的所有字段为可更新，则将表中的所有字段设置成可更新的。

或者直接在"更新条件"选项卡中选择"全部更新"，使所有字段可更新。

如果要使用"全部更新"，在表中必须有已定义的关键字段。"全部更新"不影响关键字段。

这里设置"全部更新"，所有字段"可更新列"（笔形）前面出现"✓"符号。

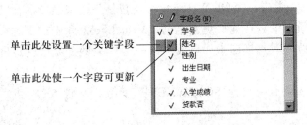

单击此处设置一个关键字段————
单击此处使一个字段可更新————

图 5.73　在"更新条件"选项卡中使字段可更新

③ 单击右键，在弹出的快捷菜单中选择"运行查询"命令。

④ 更改学生李力的专业为"社会学"，结果如图 5.74 所示。关闭浏览窗口，并关闭视图设计器，将视图以"学生视图"保存。

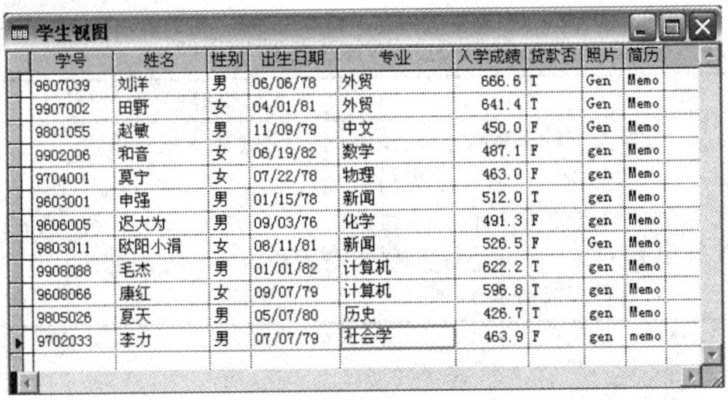

图 5.74　"学生视图"的更新

在"教学管理"项目管理器中的"教学管理"数据库选择"表"选项卡中的"学生"表，单击"浏览"按钮，在浏览窗口中查看结果，如图 5.75 所示。可以看到，表中的记录已被更改。

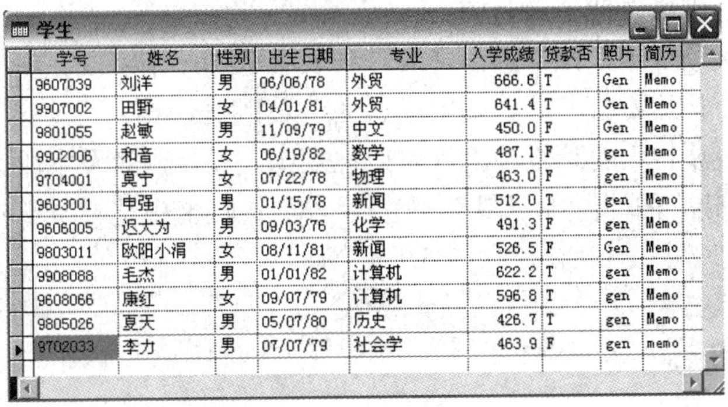

图 5.75　视图更新字段被发送回源表

（4）控制如何检查更新冲突

如果在一个多用户环境中工作，服务器上的数据也可以被别的用户访问，也许别的用户也在试图更新远程服务器上的记录，为了让 Visual FoxPro 检查用视图操作的数据在更新之前是否被别的用户修改过，可使用"更新条件"选项卡上的选项。

在"更新条件"选项卡中，"SQL WHERE 子句包括"选项组可以帮助管理遇到多用户访问同一数据时应如何更新记录。在允许更新之前，Visual FoxPro 先检查远程数据源表中的指定字段，看看它们在记录被提取到视图中后有没有改变，如果数据源中的这些记录被修改，就不允许更新操作。

在"更新条件"选项卡中设置 SQL WHERE 子句，如图 5.76 所示。

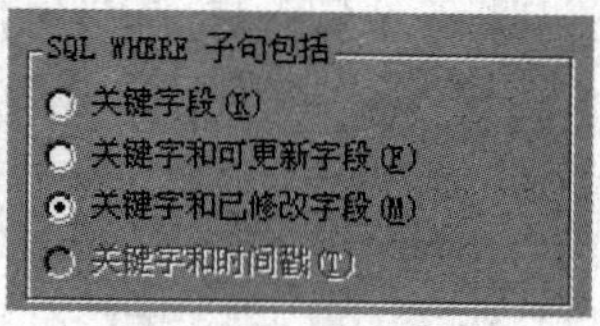

这些选项决定哪些字段包含在 UPDATE 或 DELETE 语句的 WHERE 子句中，Visual FoxPro 正是利用这些语句将在视图中修改或删除的记录发送到远程数据源或源表中，WHERE 子句就是用来

图 5.76　SQL 子句

检查自从提取记录用于视图中后，服务器上的数据是否已改变。SQL WHERE 子句的选项作用如表 5.3 所示。

表 5.3　SQL WHERE 选项说明

SQL WHERE 选项	说明
关键字段	当源表中的关键字段被改变时，使更新失败
关键字和可更新字段	当远程表中任何标记为可更新的字段被改变时，使更新失败
关键字和已修改字段	当在本地改变的任一字段在源表中已被改变时，使更新失败
关键字和时间戳	当远程表上记录的时间戳在首次检索之后被改变时，使更新失败（仅当远程表有时间戳列时有效）

2．定制视图

视图定制包括在视图中包含表达式、设置提示输入值等。

因为视图是数据库的一部分，可使用数据库表中字段的一些相同属性，例如，可分配标题，输入注释，或设置控制数据输入的有效性规则。

可以用以下方法控制字段显示和数据输入。

① 在视图设计器中创建或修改视图。

② 在"字段"选项卡中，从"选定字段"列表中选择一个字段。

③ 单击"属性"按钮，打开"视图字段属性"对话框。

④ 在"视图字段属性"对话框中输入有效性规则、显示内容及字段类型设置。

例如，对于前面建立的"学生视图"，在"字段"选项卡中选择"学号"，单击"属性"按钮，打开"视图字段属性"对话框，如图 5.77 所示。

5.3.4　连接远程数据

使用远程视图时，无需将所有记录下载到本地计算机上即可提取远程 ODBC 服务器上的数据子集。用户可以在本地机上操作这些选定的记录，然后把更改或添加的值返回到远程数据源中。

有两种连接远程数据源的方法，可以直接访问在机器上注册的 ODBC 数据源，也可以用连接设计器设计自定义连接。

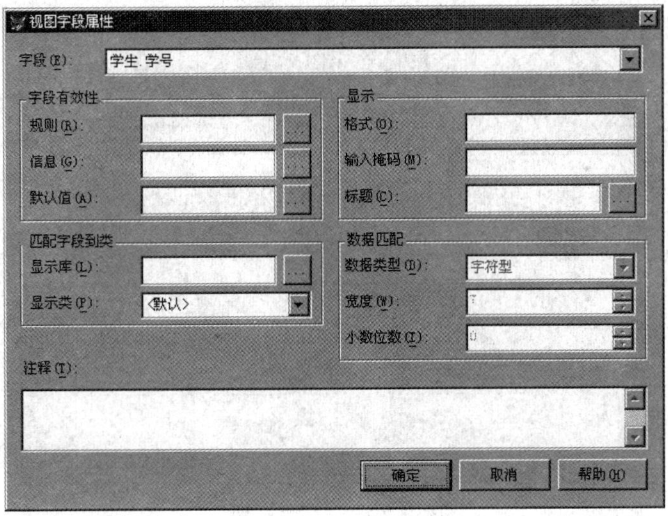

图 5.77 "视图字段属性"对话框

在安装 Visual FoxPro 时，选择 Visual FoxPro 的"完全"或"自定义"安装选项，就可以把 ODBC 安装在系统中。

1. 创建连接

如果想为服务器创建定制的连接，可以使用连接设计器，创建的连接将作为数据库的一部分保存起来，并含有如何访问特定数据源的信息。

可以设置连接选项，命名并存储连接供以后使用。也可能需要同系统管理员商量或查看服务器文档，以便找到"连接"到特定服务器上的正确设置。必须打开数据库才能创建连接。

可以用以下方法创建新的连接。

① 在项目管理器中选定一个数据库。

② 选定"连接"并单击"新建"按钮。

③ 在连接设计器中，根据服务器的需要输入选项。

④ 从"文件"菜单中选择"保存"命令。

⑤ 在"保存"对话框中向"连接名称"文本框中输入连接的名称。

⑥ 单击"确定"按钮。

也可以从"文件"菜单中选择"新建"命令，并选择"连接"选项卡来创建连接。

连接设计器如图 5.78 所示。

2. 创建新的远程视图

在视图中访问远程数据，可使用已有的连接或用新视图创建连接。

可以用以下方法创建新的远程视图。

① 在项目管理器中选择"远程视图"选项。

② 单击"新建"按钮。

③ 在"选择连接或数据源"对话框中，选中"可用的数据源"单选按钮，如图 5.79 所示。

或者如果有一个已定义并保存的连接，则选择"连接"选项，将打开连接设计器，如图 5.78 所示。

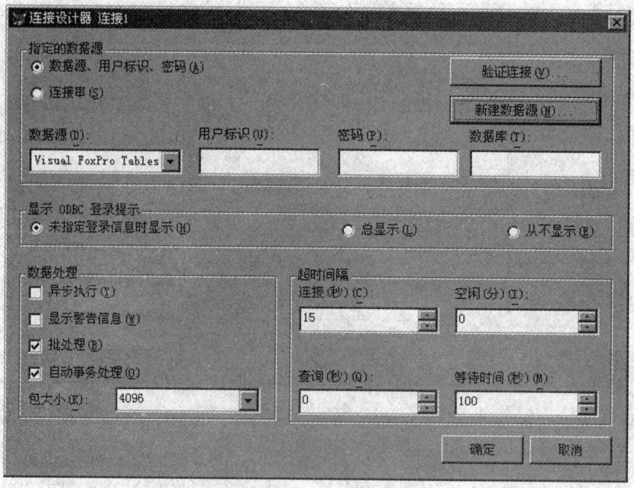

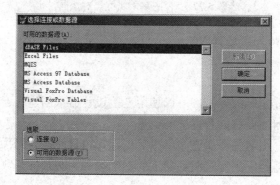

图 5.78　连接设计器

图 5.79　远程连接或数据源

④ 选定一个数据源或连接并单击"确定"按钮。

⑤ 如果需要，在 Microsoft SQL Server 或其他注册对话框中输入注册 ID 和密码。

也可以从"文件"菜单中选择"新建"命令并选中"远程视图"选项，创建新的远程视图。一旦建立了连接，那么"打开"对话框就会显示出来，从中可以选择远程服务器上的表。当用户选择表后，系统将打开视图设计器，在远程视图的视图设计器中，可以创建远程视图。

要创建远程视图，选择输出字段，再像本地视图一样设置筛选条件。使用同样的方法，可用本地或远程视图更新数据，向表发送更新数据。

在视图设计器中，"更新条件"选项卡可以控制把对远程数据的修改（更新、删除、插入）回送到远程数据源中的方式，也可以打开和关闭对表中指定字段的更新，并设置适合服务器的更新方法。

习　题

一、问答题

1. 什么是查询？什么是视图？

2. 查询设计器和视图设计器的主要不同之处是什么？

3. 简述查询设计器中各个选项的含义和功能。

4. 如何向查询设计器添加表和视图？

5. 在查询设计器中怎样向查询结果添加表达式？

6. 怎样将查询结果输出成图形？

7. 查询结果可以有哪些去向？默认的查询去向是什么？

8. 如何查看查询生成的 SQL 语句？

9. 如何在查询中添加注释？

10. 交叉表查询适用于什么时候？如何创建交叉表查询？

11. 在视图设计器中怎样使字段可更新？如何更新数据并将更新发送回源表？

12. 如何连接远程数据？

二、选择题

1. 关于查询的正确描述是（　　）。

    A）不能用自由表建立查询　　　　　　　　B）只能用自由表建立查询

    C）可以用数据库表和自由表建立查询　　　D）只能用数据库表建立查询

2. 使用查询设计器创建查询时，要使查询结果中无重复记录，只需在查询设计器的（　　）中选中"无重复记录"复选框。

    A）"联接"选项卡　　　B）"筛选"选项卡　　　C）"分组依据"选项卡　　　D）"杂项"选项卡

3. 在 SQL 查询时，使用 WHERE 子句的结果是（　　）。

    A）查询结果　　　　　　　　　　　　　　B）查询目标

    C）查询视图　　　　　　　　　　　　　　D）查询条件

4. 如果在屏幕上要直接看到查询结果，"查询去向"应选择（　　）。

    A）浏览或屏幕　　　　　　　　　　　　　B）浏览

    C）临时表或屏幕　　　　　　　　　　　　D）屏幕

5. 使用当前数据库之外的数据源中的表建立的视图是（　　）。

    A）本地视图　　　　B）远程视图　　　　C）外部视图　　　　　　D）内部视图

6. 为了建立远程视图，必须首先（　　）。

    A）建立远程数据库的"连接"　　　　　　B）建立当前数据库的复合索引

    C）建立当前数据库之外的表的索引　　　　D）建立当前数据库中各表的联系

第6章 程序设计基础

Visual FoxPro 中同时提供了结构化程序设计和面向对象程序设计两种设计方式，并成功地将两者有机结合起来。这一点对于大批正由旧的结构化设计思路转向全新的面向对象程序设计思路的开发者来说，是十分有利的。Visual FoxPro 提供了简单易学的语法、品质非凡的开发工具，使创建强大、灵活的应用程序对于许多非专业用户不再是可望而不可即的事。

前面几章介绍了 Visual FoxPro 建立数据库、建立表、创建查询及视图的卓越功能，对于数据库的一切基本处理任务，用户都可以在 Visual FoxPro 中用简单的可视化操作或命令操作来完成。此外，还有实现人机交互、分支、循环和过程等功能的命令。把这些命令按一定顺序组织成程序，这组命令被存放在称为程序文件或命令文件的文本文件中，可以满足各种应用程序的要求。

本章将介绍程序设计方法、结构化程序设计的基本控制结构及模块调用。

6.1 程序设计方法

程序设计是一门技术，需要相应的理论、技术、方法和工具来支持。就程序设计方法和技术的发展而言，主要经过了结构化程序设计和面向对象的程序设计阶段。在程序设计中，通常采取自顶向下、逐步求精的方法，尤其是在详细设计和编码阶段。

简单地说，"自顶向下、逐步求精"就是把一个模块的功能逐步分解，细化为一系列具体的步骤，进而翻译成一系列用某种程序设计语言写成的程序。

6.1.1 程序设计的风格

程序设计风格是本章的重点之一。除了好的程序设计方法和技术之外，程序设计风格也是很重要的。良好的程序设计风格概括起来可以分成 4 部分：源程序文档化、数据说明、语句结构、输入输出方法。

1. 源程序文档化

源程序文档化主要包括标识符的命名、在程序中添加注释以及程序的视觉组织。

（1）标识符的命名

符号名即标识符，包括模块名、变量名、常量名、标号名、子程序名、数据区名以及缓冲区名等。这些名字应能反映它所代表的实际东西，应有一定的实际意义。

名字不是越长越好，应当选择精练的意义明确的名字。必要时可使用缩写名字，但这时要注意缩写规则一致，并且要给每一个名字加注释。同时，在一个程序中，一个变量只应用于一种用途。

（2）程序的注释

程序中的注释是程序员与日后的程序读者之间沟通的重要手段，注释不是可有可无的。在一些正规的程序文本中，注释行的数量占到整个源程序的1/3到1/2，甚至更多。注释分为序言性注释和功能性注释。

① 序言性注释：通常置于每个程序模块的开头部分，它应当给出程序的整体说明，对于理解程序本身具有引导作用。有些软件开发部门对序言性注释做了明确而严格的规定，要求程序编制者逐项列出。

② 功能性注释：功能性注释嵌在源程序体中，用以描述其后的语句或程序段是在做什么工作，或是执行了下面的语句会怎么样，而不要解释下面怎么做。

（3）程序的视觉组织

为了使程序的结构一目了然，可以在程序中利用空格、空行、缩进等技巧使程序层次清晰。

2．数据说明

在设计阶段已经确定了数据结构的组织及其复杂性。编写程序时，则需要注意数据说明的风格。为了使程序中的数据说明更易于理解和维护，必须注意以下几点。

① 数据说明的次序应当规范化。这样可使数据属性容易查找，也有利于测试、排错和维护。原则上，数据说明的次序与语法无关，其次序是任意的；但出于阅读、理解和维护的需要，最好使其规范化，使说明的先后次序固定。

② 说明语句中的变量安排有序化。当多个变量名在一个说明语句中说明时，应当对这些变量按字母的顺序排列。带标号的全程数据（如 FORTRAN 的公用块）也应当按字母的顺序排列。

③ 使用注释说明复杂数据结构。如果设计了一个复杂的数据结构，应当使用注释来说明在程序实现时这个数据结构的固有特点。

3．语句结构

在设计阶段确定了软件的逻辑流结构，但构造单个语句则是编码阶段的任务。语句构造力求简单直接，不能为了片面追求效率而使语句复杂化。语句结构应注意以下几点。

① 在一行内只写一条语句。

② 程序编写首先应当考虑清晰性。

③ 程序要能直截了当地说明程序员的用意。

④ 除非对效率有特殊的要求，程序编写要做到清晰第一，效率第二。

⑤ 首先要保证程序正确，然后才要求提高速度。

⑥ 避免使用临时变量而使可读性下降。

⑦ 让编译程序做简单的优化。

⑧ 尽可能使用库函数。

⑨ 避免不必要的转移。

4．输入输出

输入输出信息是与用户的使用直接相关的。输入输出的方式和格式应当尽可能方便用户的使用，一定要避免因设计不当给用户带来麻烦。因此，在软件需求分析阶段和设计阶段，就应基本确定输入输出的风格。系统能否被用户接受，有时就取决于输入输出的风格。

不论是批处理的输入输出方式，还是交互式的输入输出方式，在设计和编码时都应考虑下列原则。

① 对所有的输入数据都要进行检验，识别错误的输入，以保证每个数据的有效性。

② 检查输入项的各种重要组合的合理性，必要时报告输入状态信息。

③ 使输入的步骤和操作尽可能简单，并保持简单的输入格式。

④ 输入数据时，应允许使用自由格式输入。

⑤ 应允许默认值。

⑥ 输入一批数据时，最好使用输入结束标志，而不要由用户指定输入数据数目。

⑦ 在交互式输入输出时，要在屏幕上使用提示符明确提示交互输入的请求，指明可使用选择项的种类和取值范围。同时，在数据输入的过程中和输入结束时，也要在屏幕上给出状态信息。

⑧ 当程序设计语言对输入输出格式有严格要求时，应保持输入格式与输入语句要求的一致性。

⑨ 给所有的输出加注解，并设计输出报表格式。

6.1.2 结构化程序设计方法

1. 结构化程序设计方法的主要原则

结构化程序设计方法的主要原则可以概括为"自顶向下、逐步求精、模块化、限制使用 goto 语句"。

① 自顶向下：程序设计时，应先考虑总体，后考虑细节；先考虑全局目标，后考虑局部目标。不要一开始就过多地追求众多的细节，先从最上层总目标开始设计，逐步使问题具体化。

② 逐步求精：对复杂的问题，应设计一些子目标作为过渡，逐步细化。

③ 模块化：一个复杂问题肯定是由若干稍简单的问题构成。模块化是把程序要解决的总目标分解为分目标，再进一步分解为具体的小目标，每个小目标成为一个模块。

④ 严格控制 goto 语句。

2. 结构化程序的基本结构与特点

结构化程序设计方法是程序设计的先进方法和工具。采用结构化程序设计方法编写程序，可使程序结构良好、易读、易理解、易维护。具体来说，结构化程序设计的思想包括以下3方面的内容。

① 程序由一些基本结构组成。任何一个大型的程序都由 3 种基本结构组成，由这些基本结构顺序地构成了一个结构化的程序。这 3 种基本结构为顺序结构、选择结构和循环结构。同时，结构化定理还进一步表明，任何一个复杂问题的程序设计都可以用顺序、选择和循环这 3 种基本结构组成，并且它们都具有以下特点：只有一个入口，只有一个出口，结构中无死循环。程序中 3 种基本结构之间形成顺序执行关系。

② 一个大型程序应按功能分割成一些功能模块，并把这些模块按层次关系进行组织。

③ 在程序设计时应采用自顶向下、逐步细化的实施方法。

按结构化程序设计方法设计出的程序的优点是：结构良好、各模块间的关系清晰简单、每一模块内都由基本单元组成。这样设计出的程序清晰易读，可理解性好，容易设计，容易验证其正确性，也容易维护。同时，由于采用了"自顶向下、逐步细化"的实施方法，能有效地组织人们的智力，有利于软件的工程化开发。

6.1.3 面向对象方法的特点

面向对象的设计(Object-Oriented Design，OOD)是根据已建立的系统对象模型，运用面向对象技术，进行系统软件设计。面向对象方法具有以下特点。

① 面向对象方法按照人类的自然思维方式，面对客观世界建立软件系统模型。

② 对象、类、继承、封装、消息等基本概念符合人类的自然思维方式。

③ 有利于对业务领域和系统责任的理解，有利于人员的交流。

④ 面向对象方法对需求变化有较好的适应性。

⑤ 面向对象的封装机制使开发人员可以把最稳定的部分（即对象）作为构筑系统的基本单位，而把容易发生变化的部分（即属性与操作）封装在对象之内。对象之间通过接口联系，使需求变化的影响尽可能地限制在对象的内部。

⑥ 面向对象方法支持软件复用。

⑦ 对象具有封装性和信息隐蔽等特性，容易实现软件复用。

⑧ 对象类可以派生出新类，类可以产生实例对象，从而实现了对象类数据结构和操作代码的软构件复用。

⑨ 面向对象程序设计语言的开发环境一般预定义了系统动态链接库，提供大量公用程序代码，提高了开发效率和质量。

⑩ 面向对象的软件系统可维护性好，系统出错时容易定位和修改，而且不至于牵一发而动全身。

⑪ 系统由对象构成，对象是一个包含属性和操作两方面的独立单元，对象之间通过消息联系。

6.2 程序文件的建立与执行

6.2.1 程序的建立、修改与运行

1. 程序的建立

Visual FoxPro 程序是由若干条语句或指令组成的文本文件，可以通过 Visual FoxPro 的全屏幕编辑命令 MODIFY COMMAND 及其他编辑方式建立和编辑。这里介绍 3 种建立程序的方法。

方法一:

① 在 Command 命令窗口中输入以下命令。

MODIFY COMMAND <程序文件名>

命令功能:调用 Visual FoxPro 的文本编辑程序,用来建立和编辑程序。文件扩展名隐含为 prg。

② 屏幕上将出现一个名为"程序 1"的编辑窗口,如图 6.1 所示。在窗口中依次输入程序指令即可。图 6.1 所示编辑窗口中是一个计算 3～100 之间的素数的程序。

方法二:

① 单击"文件"菜单中的"新建"命令,打开如图 6.2 所示的"新建"对话框。

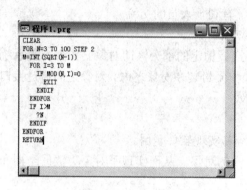

图 6.1　Visual FoxPro 程序编辑窗口

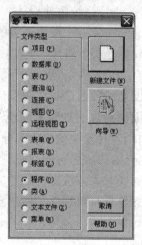

图 6.2　"新建"对话框

② 在"文件类型"选项组选中"程序"单选按钮,再单击"新建文件"按钮,将会打开与图 6.1 相同的编辑窗口。

方法三:

① 打开"项目管理器"对话框。

② 选择"代码"选项卡,从中选择"程序"选项,如图 6.3 所示,单击"新建"按钮完成程序的建立。

若建立新的应用程序之后保存文件,可以单击"文件"菜单中的"保存"命令,打开如图 6.4 所示的对话框,在其中指定合适的路径和文件名即可;也可以单击工具栏中的"保存"按钮来保存文件。

此外,用户在程序编辑窗口创建和编辑程序之后,关闭窗口时 Visual FoxPro 会显示如图 6.5 所示的系统提示框,询问用户是否存盘,这就避免了一些不必要的失误所造成的损失。

2. 编辑程序

当用户想要编辑某个已经存在的程序文件时,可以采用以下几种方法。

方法一:

在"命令"窗口中输入命令来打开并编辑程序文件。

MODIFY COMMAND <程序文件名>

执行该命令后，若程序文件已存在，则调用该文件进入全屏幕编辑，编辑前的文件保存在以 bak 为扩展名的后备文件中。若文件不存在，该命令将建立一个新的程序。文件编辑结束后存盘退出。

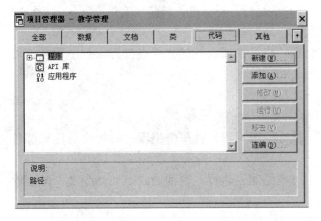

图 6.3 在项目管理器中新建程序

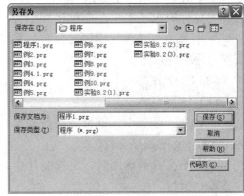

图 6.4 保存程序文件

为了提高文件的可读性，应该在程序中加入注释，Visual FoxPro 提供 NOTE 注释命令。

方法二：

单击"文件"菜单中的"打开"命令，或者单击工具栏上的"打开"按钮，打开如图 6.6 所示的"打开"对话框；在"文件类型"下拉列表框中选择"程序"选项，再从"查找范围"下的列表框中选择一个文件名，单击"确定"按钮将其打开。

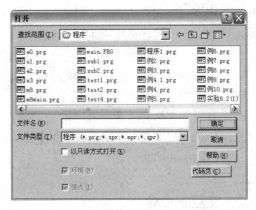

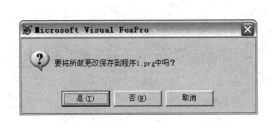

图 6.5 系统提示框

图 6.6 "打开"对话框

方法三：

打开"项目管理器"对话框，选择"代码"选项卡，在"程序"列表框中选择想要编辑的程序文件，然后单击"修改"按钮。

程序文件也是 ASCII 文件，可以通过执行下列命令将指定文件内容以滚动方式显示或打印出来。

TYPE <文件名> [TO PRINT]

3．程序的运行

程序文件建立或编译后就可以运行，在 Visual FoxPro 系统中有以下几种常用的执行方式。

（1）菜单方式

从"程序"菜单中选择"运行"命令，打开"运行"对话框，再从"文件"下拉列表框中选择要运行的程序文件，并单击"运行"按钮。

采用菜单方式运行程序文件时，系统会自动将默认或设置的文件夹打开，列出该文件夹下的程序文件。

（2）命令方式

DO　<程序名>

它作为一条命令，既可以在命令窗口下执行，也可以在程序中出现。系统将运行扩展名为 fxp 或 prg 的程序文件。

当程序文件被调用时，将按文件中语句出现的顺序执行。直到遇到下列命令之一时，程序才停止执行。

① RETURN 命令。

② CANCEL 命令。

③ QUIT 命令。

④ 程序执行到文件末尾。

文件被调用执行完后，将返回到调用程序或主控程序，或命令窗口状态。

（3）过程调用

程序文件可以嵌套调用。在运行程序文件的过程中，当遇到"DO <程序名>"命令时，就要暂时终止该程序文件的执行，转去运行另一个程序（子程序或过程），当另一个程序执行完毕后，再返回程序终止处继续向下执行。

（4）事件驱动

Windows 是事件驱动的，也就是说，运行于该环境下的程序并不都是逐条指令地顺序执行，而是偶尔停下来与用户交互。在 Visual FoxPro 中，对象具有与之相关联的事件和方法程序，程序被写成许多独立的片段，对象的事件被激发时，与之关联的方法程序被调用。例如有一段程序代码与某个按钮的 Click 事件关联，通常只有当用户用鼠标单击该按钮时才发生 Click 事件，否则程序代码不被执行。

6.2.2　交互式命令

在程序设计中，一般都要完成数据输入、数据处理和数据输出 3 个部分的设计。有些数据需要由用户根据需要随机地输入，Visual FoxPro 提供了如下交互式的输入命令。

1．WAIT 命令

格式：WAIT [<提示信息>] [TO <内存变量>] [WINDOW[AT<行>，<列>]]
　　　　[NOWAIT] [CLEAR/NOCLEAR] [TIMEOUT<数字表达式>]

功能：使正在运行的程序暂停，直到用户从键盘输入任意字符或单击鼠标时，继续执行。

若定义了"提示信息"，则命令执行中显示这个提示；否则显示系统默认提示信息"按任意键继续……"。

若选择了"TO <内存变量>"子句，则键盘输入的字符存入这个内存变量中，其类型为字符型。

若选用了 WINDOW 子句，则在主窗口的右上角或用 AT 短语指定的位置上出现一个 WAIT 提示窗口，在其中显示提示信息；否则，在 Visual FoxPro 主窗口或当前用户自定义的窗口中显示提示信息。

若选用了 NOWAIT 子句，系统将不等待用户按键，继续往下执行程序。

若选用了 NOCLEAR 子句，则不关闭提示信息窗口，直到执行下一条 WAIT WINDOW 命令或 WAIT CLEAR 命令。

若选用了 TIMEOUT 子句，则按数字表达式的值设定等待时间（秒数）；一旦超时，系统将不等待用户按键继续往下执行程序。

例 6.1 WAIT 命令的使用示例。

WAIT "是否要打印 ?(Y/N): " TO P

当程序执行时，在主窗口右上角出现提示信息"是否要打印 ?(Y/N): "之后，程序暂停运行，直到用户从键盘输入字符 Y 或 N，或者单击鼠标时，程序继续执行。

例 6.2 WAIT 命令的使用示例。

WAIT "请选择 0~6: " TO K WINDOW TIMEOUT 10

请选择 0~6:

当用户按键选择或等待时间超过 10 秒时，提示窗口关闭，继续往下执行程序。

2．ACCEPT 命令

格式：ACCEPT [<提示信息>] TO <内存变量>

功能：显示提示信息，暂停程序运行，等待用户从键盘输入字符串给"内存变量"。字符串不需要定界符，按 Enter 键结束输入并继续运行中断了的命令文件。"内存变量"最多能接受 254 个字符。

"提示信息"可以是一个字符串，也可以是一个字符表达式。如果是一个字符串，必须用定界符括起来。

例 6.3 从键盘输入表文件名。

ACCEPT "请输入数据表文件名: " TO FILEN

请输入数据表文件名: 学生

USE &FILEN

LIST

程序执行时，屏幕上显示提示信息"请输入数据表文件名:"，当用户输入表文件名（如"学生"）时，程序继续执行并打开"学生"表，并以列表的形式显示表文件的全部记录及字段内容。

3．INPUT 命令

格式：INPUT [<提示信息>] TO <内存变量>

功能：显示提示信息，暂停程序运行，等待用户从键盘输入除备注型、屏幕型以外的任何类型数据，以 Enter 键结束输入。

"内存变量"的类型由输入的值来确定。字符型数据必须用定界符括起来；逻辑型数据必须用圆点定界符括起来；日期型数据要按 CTOD(<MM/DD/YY>)格式或{^YYYY-MM-DD}格式；数值型数据不需要任何定界符。

例 6.4 INPUT 命令的使用示例。

命令窗口输入并执行以下命令：

INPUT "请输入姓名: " TO aa

请输入姓名: 夏天

?aa

夏天

INPUT "请输入出生日期: " TO bb

请输入出生日期: CTOD("09/12/85")

? bb

09/12/85

INPUT "请输入成绩: " TO cc

请输入成绩: 92.5

?cc

92.5

INPUT "是否代培: " TO dd

是否代培: .F.

?dd

.F.

这 3 种命令实质上是为用户提供一种人机对话的机会，它们既有相似之处，又各有特点。即它们都能显示提示信息、暂停程序运行、接受键盘输入数据并把数据赋值给内存变量，其各自的特点如下。

WAIT 用于接受单个字符，且不用按 Enter 键，操作简单。

ACCEPT 只能接受字符型数据，输入字符型数据时不必加定界符，操作比较方便。

INPUT 能接受数值型、字符型、逻辑型数据、日期型及日期时间型，但输入字符串时需加定界符，故多用于输入数值型数据。

6.2.3 辅助命令

1. 注释命令*或&&

为了提高文件的可读性，应该在命令文件中加入注释，这是程序设计的基本要求。

格式: * <文字说明>/<文字说明>&&

功能：把注释放在命令文件中，增加命令文件的可读性。

运行程序时，对注释命令既不执行任何操作，也不显示注释内容。注释命令一般使用在以下情况。

① 程序开头，说明程序名称、用途、编写人和编写日期等。

② 过程（自定义函数）开头，说明过程(自定义函数)的作用、参数的含义、注意事项及返回的数据等。

③ 命令组的开头，说明命令组的作用。

④ 说明一些变量的性质、含义和取值范围。

注释也可以放在可执行语句后面，这时应用&&将语句与说明分开。

2. 文本输出命令 TEXT

格式：TEXT

                    <文本内容>

          ENDTEXT

功能：在屏幕或打印机上按原样输出文本的内容。命令文件中需要显示菜单时，使用本命令十分方便。

例 6.5　TEXT 的使用示例。

TEXT

               教学管理系统

              ============

         1----录入　　　　2----修改

         3----查询　　　　4----删除

         5----打印　　　　0----退出

ENDTEXT

3. 打印走纸命令 EJECT

格式：EJECT

功能：使打印机走纸到下一页的开头，并使 PROW()和 PCOL() 函数的返回值为 0。

该命令常用于编制报表程序中。

执行此命令前，打印机必须处于联机状态，否则系统死锁。对某些打印机，在打印报表之前不走纸。

4. 命令文件终止命令 CANCEL

格式：CANCEL [<任意字符>]

功能：终止命令文件的执行，关闭所有打开的文件，返回 Visual FoxPro 主窗口。"任意字符"可用于书写注释。

5. 命令文件返回命令 RETURN

格式：RETURN [<TO MASTER>]

功能：返回调用命令文件的上一级程序中调用处，若无程序调用则返回圆点提示符。当选择<TO MASTER>选项时，直接返回主程序。

6. 退出 Visual FoxPro 系统命令 QUIT

格式：QUIT

功能：关闭所有打开的文件，退出 Visual FoxPro 系统，将控制交还操作系统。

注意：这是 Visual FoxPro 系统运行期间安全地退出和返回操作系统的方法。如果通过复位、关机或热启动等方式退出 Visual FoxPro 系统，将会导致打开的数据库文件损失或数据丢失。

7. 释放命令 CLEAR

格式：CLEAR [ALL/FIELDS/GEST/MEMORY/PROGRAM/TYPEAHEAD]

功能：按给定的命令格式来清除屏幕或系统的状态信息。

不带选项的 CLEAR 命令将清除整个屏幕，并切断 GET 命令与 READ 命令的联系。

CLEAR ALL 命令释放所有内存变量，关闭当前工作区中打开的数据库文件及与之相关的索引文件、屏幕格式文件和备注文件，恢复第一工作区为当前工作区。

CLEAR FIELDS 命令清除由 SET FIELDS TO 命令建立的字段名表，然后自动执行一条 SET FIELDS OFF 命令。

CLEAR GETS 命令清除所有未执行的 GET 语句所定义的 GET 变量。该命令不释放其他变量。

CLEAR MEMORY 命令释放所有内存变量。

CLEAR PROGRAM 命令清除内存缓冲区中的程序文件。

在用 RUN 命令执行操作系统改变当前目录命令或 PATH 改变路径命令等特定情况下，可能需要用该命令清除内存缓冲区中的程序文件。

在调用编辑命令修改某命令文件后，应先执行该命令清除内存中保留的旧文件，再执行该文件。

CLEAR TYPEAHEAD 命令用于清除键盘缓冲区。

8. 关闭命令 CLOSE

格式: CLOSE [ALL/ALTERNATE/DATABASE/INDEX/PROCEDURE]

CLOSE ALL 命令关闭所有打开的各类文件，对内存变量不产生影响。

CLOSE ALTERNATE 命令关闭所有打开的文本文件。

CLOSE DATABASE 命令关闭所有打开的数据库文件、索引文件和格式文件。

CLOSE INDEX 命令关闭当前工作区中打开的所有索引文件。

CLOSE PROCEDURE 命令关闭当前打开的过程文件。

6.3 程序的 3 种基本结构

程序结构是指程序中命令或语句执行的流程结构。顺序结构、分支结构和循环结构是程序设计的 3 种基本结构，它们有一个共同的特征，即每种结构严格地只有一个入口和一个出口。在程序设计中，只要有了这 3 种形式的控制结构，就足以表示出各式各样的其他形式的结构。

6.3.1 顺序结构

顺序结构是程序中最基本、最常见的结构。在顺序结构程序中，始终按照语句排列的顺序，逐条地依次执行。

例 6.6 建立一个查询程序文件。

OPEN DATABASE 教学管理

USE 学生

ACCEPT "请输入学生姓名： " TO name

LOCATE FOR 姓名=name

DISPLAY

USE

RETU

6.3.2 分支结构

计算机最重要的特点之一就是具有逻辑判断能力，它能根据不同的逻辑条件转向不同的程序方向，这些不同的转向就构成了分支结构。

1. 简单分支语句(IF…ENDIF)

格式：IF <条件表达式>

<语句行序列>

ENDIF

功能："条件表达式"可以是各种表达式的组合，当其值为"真"时，就顺序执行"语句行序列"，然后再执行 ENDIF 后面的语句；当其值为"假"时，直接执行 ENDIF 后面的语句。该语句的执行过程如图 6.7 表示。

例 6.7 在"学生.dbf"表文件中，查询学生入学成绩是否在 600 分以上。

SET TALK OFF

ACCEPT "学号: " TO XH

OPEN DATABASE 教学管理

USE 学生

LOCATE FOR 学号=XH

CJ="入学成绩低于 600 分"

IF 入学成绩>=600

    CJ="入学成绩 600 分以上"

ENDIF

? CJ

USE

SET TALK ON

RETURN

2. 选择分支语句(IF…ELSE…ENDIF)

格式：IF <条件表达式>

<语句行序列 1>

ELSE

<语句行序列 2>

ENDIF

功能：根据"条件表达式"的逻辑值，选择两个语句序列中的一个执行。当其值为"真"时，先执行"语句行序列 1"，然后转去执行 ENDIF 后面的语句；当其值为"假"时，执行"语句行序列 2"，然后转去执行 ENDIF 后面的语句。该语句的执行过程如图 6.8 所示。

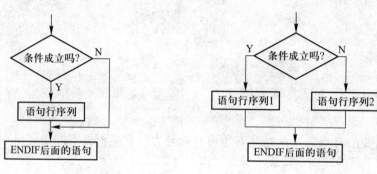

图 6.7　简单分支语句执行过程　　　　　图 6.8　选择分支语句执行过程

例 6.8　用选择分支语句，重新编写上例。

SET TALK OFF

ACCEPT "学号：" TO XH

OPEN DATABASE　教学管理

USE　学生

LOCATE FOR　学号=XH

IF　入学成绩>=600

　　CJ="入学成绩 600 分以上"

ELSE

　　CJ="入学成绩低于 600 分"

ENDIF

? CJ

USE

SET TALK ON

RETURN

3．分支语句嵌套

在解决许多复杂的问题时，需要将多个分支语句相互结合起来使用，这就形成了分支语句的嵌套形式。

在分支语句中 IF 必须和 ENDIF 配对。系统在执行分支语句时，由 IF 语句的最内层开始，逐层将 IF 和 ENDIF 配对。所以在多层分支嵌套时尤应注意配对关系，以免配对错误引起逻辑错误。

例 6.9　求 X、Y、Z 3 个数中的最大值。

```
INPUT "请输入第一个数值: " TO X
INPUT "请输入第二个数值: " TO Y
INPUT "请输入第三个数值: " TO Z
IF X>=Y .AND. X>=Z
    MAX=X
ELSE
    IF Y>=Z
        MAX=Y
    ELSE
        MAX=Z
    ENDIF
ENDIF
? MAX
RETURN
```

4. 结构分支语句(DO…CASE…ENDCASE)

在处理多分支的问题时,虽然可以用分支语句嵌套的办法来解决,但是编写程序时容易出错。而结构分支语句采用缩格的形式编写,将该结构的入口与出口语句写在同一级坐标位置上,使程序的结构层次清晰、简明,从而减少了编写的错误,增加了程序的可读性。

格式: DO CASE

CASE <条件表达式 1>

<语句行序列 1>

CASE <条件表达式 2>

<语句行序列 2>

…

CASE <条件表达式 N>

<语句行序列 N>

[OTHERWISE

<语句行序列 $N+1$>]

ENDCASE

功能: 根据 N 个条件表达式的逻辑值,选择执行 $N+1$ 个语句行序列中的一个。系统执行 DO CASE…ENDCASE 语句时,首先逐个检查每个 CASE 项中的条件表达式,只要遇到某个条件表达式的值为"真"时,就去执行这一 CASE 项下的语句行序列,然后结束整个 DO CASE…ENDCASE 语句,接着执行 ENDCASE 后面的语句。若所有的 CASE 项下的条件表达式都为"假",则执行 OTHERWISE 项下的语句行序列,然后去执行 ENDCASE 后面的语句。

在整个 DO CASE…ENDCASE 语句中,每次最多只有一个语句行序列被执行。在多个 CASE 项的条件表达式都为真时,系统只能执行位置在最前面的 CASE 项下的那个语句行序列。

例 6.10 计算分段函数值。

$$f(x)=\begin{cases} x-1 & (x<0) \\ 2x+5 & (0\leqslant x<3) \\ x+1 & (3\leqslant x<5) \\ 5x-3 & (5\leqslant x<8) \\ 7x+2 & (x\geqslant8) \end{cases}$$

```
CLEAR
INPUT "输入 X 值：" TO X
DO CASE
CASE X<0
    F=X-1
CASE X<3
    F=2*X+5
CASE X<5
    F=X+1
CASE X<8
    F=5*X-3
OTHERWISE
    F=7*X+2
ENDCASE
? 'F(', X, ')=', F
RETURN
```

6.3.3 循环结构

在处理实际问题的过程中，往往需要重复某些相同的步骤，即对一段程序进行重复的操作，实现重复操作的程序称为循环结构程序。循环结构同分支结构一样，是程序设计中不可缺少的语句。Visual FoxPro 提供了两种基本类型的循环：条件循环和计数循环。

1. 条件循环 DO WHILE…ENDDO 语句

格式：DO WHILE <条件表达式>

<语句行序列>

[LOOP]

<语句行序列>　　　循环体

[EXIT]

<语句行序列>

ENDDO

功能：重复判断"条件表达式"的逻辑值，当其值为"真"时，反复执行 DO WHILE 与 ENDDO 之间的语句；当其值为"假"时，退出循环并执行 ENDDO 后面的语句。

循环语句的执行过程如下。

① 当程序执行到 DO WHILE 时，计算条件表达式的值。

② 若条件表达式的值为"假"，则结束循环，执行 ENDDO 后面的语句。

③ 若条件表达式的值为"真"，则执行 DO WHILE 后面的语句。

④ 当遇到 LOOP 或 ENDDO 时，返回到 DO WHILE，重复执行步骤①～③。

⑤ 当遇到 EXIT 时，则结束循环，转移到 ENDDO 后面的语句去执行。

循环语句的执行过程如图 6.9 所示。

例 6.11 计算 1+2+3+…+100。

```
S=0
N=1
DO WHILE .T.
IF N<=100
S=S+N
N=N+1
ELSE
? "1+2+3+…+100=", S
EXIT
ENDIF
ENDDO
```

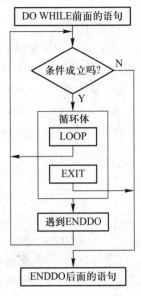

图 6.9 循环语句的执行流程图

在本例中，DO WHILE 语句中使用了逻辑值.T.为条件表达式，构成了一个永远不会自行结束的绝对循环。为了退出循环，必须在循环体内选用 EXIT、RETURN、CANCEL 等语句，这些语句应包含在分支语句中。

例 6.12 编写计算 1+2+3+…+100 的另一种程序代码。

```
S=0
N=1
DO WHILE N<=100
S=S+N
N=N+1
ENDDO
? "1+2+3+…+100=", S
```

例 6.13 显示"学生.dbf"文件中性别为"男"的记录。

```
SET TALK OFF
USE 学生
DO WHILE .NOT.EOF()
IF 性别="女"
SKIP
LOOP
ENDIF
```

DISPLAY

SKIP

ENDDO

USE

SET TALK ON

RETURN

在本例中，DO WHILE 语句中使用了条件表达式.NOT.EOF()，其中 EOF()为文件结束函数，当条件表达式.NOT.EOF() 的逻辑值为假时，结束循环。

2. 条件循环 SCAN…ENDSCAN 语句

格式：SCAN [范围] [FOR <条件 1>] [WHILE <条件 2>]

    <命令序列>

    [LOOP]

    <命令序列>

    [EXIT]

    <命令序列>

   ENDSCAN

功能：在当前数据表中，针对每个符合指定条件的记录，执行指定程序代码。若省略"范围"，则指数据表内的所有记录。

FOR <条件>：只有符合条件的记录才进入循环，执行指定程序代码。

WHILE <条件>：当条件不符合时即停止循环操作，执行 ENDSCAN 后面的语句。

LOOP：当遇到 LOOP 时，返回到 SCAN 进行判断。

EXIT：当遇到 EXIT 时，则结束循环，执行 ENDSCAN 后面的语句。

例 6.14 使用 SCAN…ENDSCAN 循环来显示教员表中职称为"讲师"的所有教师。

SET TALK OFF

OPEN DATABASE 教学管理

USE 教员

CLEAR

SCAN FOR 职称= "讲师"

 DISPLAY

ENDSCAN

CLOSE DATABASES

SET TALK ON

RETURN

3. 计数循环 FOR…NEXT 语句

"计数"循环控制语句将根据循环变量的初值、终值和步长，决定循环体内语句的执行次数。

格式：FOR <控制变量>=<循环起始值> TO <循环终止值> [STEP <步长>]

 <命令序列>

ENDFOR | NEXT

功能：重复执行 FOR…NEXT 之间的<命令序列>N 次。其中 N=INT((终值−初值+1)/步长)，"步长"默认值为 1。

例 6.15 计算 1+2+3+…+100 的和。

S=0

FOR I=1 TO 100

S=S+I

NEXT

? "1+2+3+…+100=", S

例 6.16 计算各阶乘之和 S=1!+2!+3!+…+100!。

首先，计算 N! 的程序代码为

T=1

FOR I=1 TO N

　　T=T*I

ENDFOR

此程序代码段中，循环体重复执行 N 次，I 的值依次取 1，2，…，N，T 的值依次为 1！，2！，…，N！。

在上述程序代码的循环体内，增加一条语句 S=S+T，即把程序执行过程中计算的各个 T 值累加起来，最终得到各阶乘之和。计算各阶乘之和的程序代码为

S=0

T=1

FOR I=1 TO N

　　T=T*I

　　S=S+T

ENDFOR

? "1!+2!+3!+…+100！=", S

4．多重循环（循环嵌套）

如果在一个循环程序的循环体内又包含着另一些循环，就构成多重循环，或称循环嵌套。循环嵌套的层次不限，但内层循环必须完全嵌套在外层循环之中。用多重循环处理复杂问题可使程序的逻辑性更强，结构更简单。

下面给出循环嵌套的一般结构。

DO WHILE <条件表达式 1>

　　<语句行序列 1>

　　DO WHILE <条件表达式 2>

　　　　<语句行序列 2>

　　　　DO WHILE <条件表达式 3>

　　　　　　<语句行序列 3>

　　…

```
        ENDDO
    ENDDO
ENDDO
```
例 6.17 编写显示乘法口诀九九表程序。
```
SET TALK OFF
CLEAR
N=1
DO WHILE N<=9
    M=1
    DO WHILE M<=9
      S=N*M
      ?? SPACE(2)+STR(N, 1)+"*"+STR(M, 1)+"="+STR(S, 2)
      M=M+1
    ENDDO
    N=N+1
    ?
ENDDO
SET TALK ON
RETURN
```
例 6.18 编写在屏幕上显示如下的乘法口诀表的程序。
```
1:   1
2:   2   4
3:   3   6   9
4:   4   8   12   16
5:   5   10   15   20   25
6:   6   12   18   24   30   36
7:   7   14   21   28   35   42   49
8:   8   16   24   32   40   48   56   64
9:   9   18   27   36   45   54   63   72   81
CLEAR
FOR J=1 TO 9
  ?STR(J, 2)+': '
  FOR I=1 TO J
    ??STR(J*I, 6)
  ENDFOR
  ?
ENDFOR
RETURN
```

例 6.19 求出 3～100 之间的所有素数。

判断一个数 n 是否为素数的高效率方法是：用 3 到 INT(SQRT(n)) 的各个整数依次去除 n，如果除不尽，n 就是素数。

```
CLEAR
FOR N=3 TO 100 STEP 2
  M=INT(SQRT(N))
  FOR I=3 TO M
    IF MOD(N，I)=0
      EXIT
    ENDIF
  ENDFOR
  IF I>M
   ?N
  ENDIF
ENDFOR
RETURN
```

循环语句和分支语句一起联用时，同样允许嵌套，但不允许交叉，如图 6.10 和图 6.11 所示。

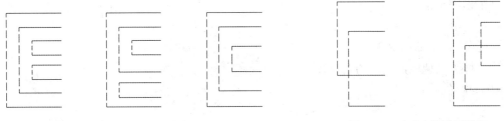

图 6.10　正确的循环嵌套　　　　　　图 6.11　不正确的循环嵌套

6.4　模块与模块调用

数据库应用程序是一个复杂的软件系统。应用程序一般由若干大模块构成，大模块又可以细分为小模块，最低一级功能模块的规模控制在 50 条语句左右，完成一个基本功能。模块之间存在调用关系，这就是结构化程序设计方法，程序的模块化使程序易读、易改及易扩充。

模块是一个相对独立的程序，它可以去调用其他模块，也可以被其他模块调用。通常，将被其他模块调用的模块称为子程序，子程序又称为过程；把调用其他模块而没有被其他模块调用的模块称为主程序。

在 Visual FoxPro 中，模块可以是命令文件，也可以是过程，可以由若干内部过程代码构成一个过程文件。

6.4.1 过程及过程调用

Visual FoxPro 中，一个过程就是一个程序，它的建立、运行与主程序相同，并以同样的文件格式（prg 文件）存放在磁盘上。但是，一个过程中至少要有一条返回语句。

格式：RETURN [TO MASTER]

功能：结束过程运行，返回调用它的程序或最高一级主程序中。

TO MASTER 选项在过程嵌套中使用。无此项时，过程返回到调用它的原程序处，否则回到最高一级主程序。

在某一程序中安排一条 DO 命令来运行一个程序，就是过程调用，又称外部过程调用。被调用的程序中必须有一条 RETURN 语句，以返回调用它的主程序。

过程调用的格式为：

DO <命令文件名>|<过程名>

例 6.20 现有主程序 MAIN.RPG 与被调用的两个过程 SUB1.prg、SUB2.rpg，它们的程序代码分别如下。

```
*  主程序：MAIN.PRG  *
? "主程序开始"
DO SUB1
DO SUB2
? "主程序结束
```

```
* 过程 1：SUB1.PRG *
? "过程 1 被调用，返回值为：X "
RETURN
```

```
*** 过程 2：SUB2.PRG ***
? "过程 2 被调用，返回值为：Y"
RETURN
```

运行主程序 MAIN.PRG：

```
    DO MAIN
```

执行主程序，调用过程的结果为：

主程序开始

过程 1 被调用，返回值为：X

过程 2 被调用，返回值为：Y

主程序结束

上述例子仅仅表示了过程与过程调用的流程，在实际的应用程序中使用过程及过程调用，可以使程序结构变得十分清晰而易于维护。对于比较复杂的应用，可以将各个功能模块作为过程独立出来，如同搭积木一样简便，各种过程模块的不同组合可以构成功能各异的应用系统。因此，过程和过程调用体现了结构化程序设计的特征，充分发挥了结构化程序设计的优点。

6.4.2 过程文件中的过程调用

在外部过程调用中，过程作为一个文件独立存放在磁盘上，因此每调用一次过程，都要打开一个磁盘文件，影响程序运行的速度。从减少磁盘访问时间、提高程序运行速度出发，Visual FoxPro 提供了过程文件。过程文件是一种包含有过程的程序，可以容纳 128 个过程。过程文件被打开以后一次调入内存，在调用过程文件中的过程时，不需要频繁地进行磁盘操作，从而大大地提高了过程的调用速度。过程文件中的过程不能作为一个程序来独立运行，因而称为内部过程。

过程文件的建立及使用方法与程序相同，且都使用相同的扩展名（prg）。但是当一个过程文件较大时，最好不要用 MODIFY COMMAND 命令来建立，以免文件丢失，而需要用其他文字编辑软件来建立和编辑，如记事本、Ultraedit 等。

过程文件由若干各自独立的过程组成，这些过程的名字为 1~8 个字符，没有扩展名，每个过程以 PROCEDURE <过程名>语句起始，以 RETURN 语句终止。过程文件名与内部过程名是两个不同的概念。过程文件的一般形式如下。

PROCEDURE <过程名 1>

<过程 1 的全部语句>

PROCEDURE <过程名 2>

<过程 2 的全部语句>

...

PROCEDURE <过程名 *N*>

<过程 *N* 的全部语句>

Visual FoxPro 规定，在调用内部过程之前，必须先打开过程文件，打开过程文件的语句格式及功能如下。

格式：SET PROCEDURE TO <过程文件名>

功能：打开一个指定的过程文件，并且关闭原已打开的过程文件，然后通过 DO 命令调用内部过程。

在主文件结束之前应关闭过程文件。

格式：CLOSE PROCEDURE

功能：关闭已经打开的过程文件。

例 6.21 下面是用主程序 MAIN_1.prg 调用过程文件 SUB.prg 的示例。

* 主程序：MAIN_1.PRG *

?"主程序开始"

SET PROCEDURE TO SUB   && 打开过程文件 SUB.PRG

DO SUB1

DO SUB2

?"主程序结束"

* 过程文件 SUB.PRG *

PROCEDURE SUB1

* 过程 1：SUB1.PRG *

?"过程 1 被调用，返回值为：X "

RETURN

PROCEDURE SUB2

* * * 过程 2：SUB2.PRG * * *

?"过程 2 被调用，返回值为：Y"

RETURN

执行主程序：

DO　MAIN_1

即可得到和上例相同的结果。

6.4.3　带参数的过程调用

在程序设计中，有时需要将不同的参数分别传递给同一过程，执行同一功能的操作后返回不同的执行结果。这种执行方式可以用带参数传递语句实现。

带参调用过程语句的格式：

DO <过程文件名> WITH <参数表>

参数语句的格式：

PARAMETERS <参数表>

以上两条语句必须配合使用，前一条放在主程序中，后一条放在被调用的过程中。

参数传递的过程为：在调用过程时，将 DO 语句中的参数值传递给 PARAMETERS 语句中的参数；调用终止时，返回对应参数的计算值。通常 PARAMETERS 语句中的参数是内存变量，为形式参数，DO 语句中的参数为实参数。

例 6.22　输入半径值，计算的圆面积。

* 建立计算圆面积功能的程序：M6_1.PRG *

PARAMETERS X，Y

Y=3.1416*X*X

RETURN

* 主程序：M6.PRG *

CLEAR

S=0

INPUT "输入圆的半径：" TO R

DO M6_1 WITH R，S

?"圆面积＝"，S

RETURN

运行主程序 DO M6 后，当输入半径值 5 时，执行结果为：

圆面积=78.54

6.4.4 过程嵌套调用

Visual FoxPro 中允许执行一个过程时，调用第二个过程；执行第二个过程时，调用第三个过程。这样一个接一个地调用下去，称为过程嵌套调用。系统允许这种嵌套最多有 126 层。图 6.12 为一主程序与两个过程之间的嵌套调用。

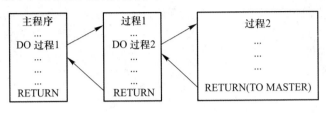

图 6.12　过程的嵌套调用

如果过程 2 中的 RETURN 语句使用了选择项 TO MASTER，则过程 2 运行完毕后直接返回主程序。

<h2 align="center">习　　题</h2>

1．简述结构化程序设计的基本思想及 3 种基本逻辑结构。

2．Visual FoxPro 提供了哪些交互式程序设计语句？叙述它们的语法功能，并举例说明它们在程序设计中的不同作用。

3．LOOP 语句和 EXIT 语句在循环体中各起什么作用？

4．在主程序中，常用的状态设置命令有哪些？

5．如何建立和使用过程文件？

6．怎样使某个内存变量在整个应用系统中起作用？要在主程序或子程序中使用某个同名而不同内容的内存变量，该如何实现？

7．写出下面程序的运行结果。

①
```
CLEAR
STORE 1 TO A，B
DO WHILE A<10
    X=A*B
    ? STR(A，1)+"*"+STR(B，1)+"="
    ?? X
    A=A+1
    B=B+1
ENDDO
RETURN
```

②
```
CLEAR
M=3
```

```
    DO WHILE M<10
        N=2
        DO WHILE N<=M−1
            IF INT(M/N)=M/N
                EXIT
            ENDIF
            IF N=M−1
                ? M
            ENDIF
            N=N+1
        ENDDO
        M=M+1
    ENDDO
    RETURN
③
    SET TALK OFF
    DIMENSION B(6)
    FOR N=1 TO 6
        B(N)=20-3*N
    ENDFOR
    N=1
    DO WHILE N<6
        B(N)=B(N)-B(N+1)
        N=N+1
    ENDDO
    ? B（1），B（3），B（5）
    SET TALK ON
    RETURN
```

8. 有如下一段程序：

```
    SET TALK OFF
    A=1
    B=0
    DO WHILE A＜=100
        IF .NOT. A/2=INT（A/2）
            B=B+A
        ENDIF
        A=A+1
    ENDDO
    ? B
    SET TALK ON
    RETURN
```

该程序的功能是（   ）。

A）求 1～100 之间的累加和　　　　B）求 1～100 之间的累加和除以 2 的商

C）求 1～100 之间的偶数之和　　　D）求 1～100 之间的奇数之和

9. 有如下一段程序

```
SET TALK OFF
AY="Hello World！"
BY="X"
CY=ASC（BY）+1
DY=30
EY=CHR（DY*2+5）+CHR（CY）
EY=&EY
? "&EY．"
SET TALK ON
RETURN
```

执行程序后，屏幕显示的结果为（　　　）。

      A）AY　　　　　　B）BY　　　　　　C）Hello World！　　　　　D）程序出错

10．下列程序的执行结果为（　　　）。

```
SET TALK OFF
A="ABC"
B="ABC"
DO CASE
CASE A=B
    ? "A=B"
CASE A$B
    ? "A$B"
CASE A<>B
    ?"A< >B"
ENDCASE
SET TALK ON
```

第7章 表单设计

Visual FoxPro 为数据库管理提供了灵活方便的界面设计工具,所设计的界面称为表单。

表单为数据库信息的显示、输入和编辑提供了非常简便的方法,简化了数据库的管理工作。用户可以用可视化界面设计工具——表单设计器来创建表单,以此来提供一个人们所熟悉的数据输入环境。利用表单,可以让用户在熟悉的界面下查看数据或将数据输入数据库,使用户尽可能方便和直观地完成信息管理工作。

表单类似于标准窗口或对话框,它可以包含用以显示并编辑数据的控件。例如,常用的"打开"对话框就可以看成是一个表单,其中输入或选择"文件名"文本框就是一个文本框控件,如图 7.1 所示。

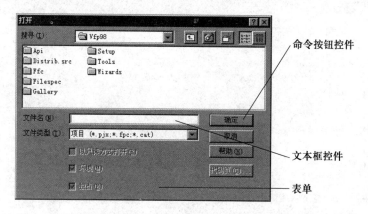

图 7.1 "打开"对话框

下面先介绍表单设计中涉及的面向对象程序设计的一些基本概念和方法。

7.1 面向对象程序设计

Visual FoxPro 的表单设计全面体现了面向对象程序设计的思想和方法。面向对象程序设计是一个全新的概念,其中引入了类、对象、事件、属性、方法等一系列的概念以及前所未有的编程思路。本节将介绍在 Visual FoxPro 中如何进行面向对象的程序设计,要点如下。

① 面向对象的概念。

② 面向对象程序设计基础。

③ Visual FoxPro 中的基类。

④ 创建类。

⑤ 修改类。

⑥ 操作对象。

对于本节的内容，可根据实际需要进行选取。

7.1.1 面向对象的概念

1．对象

广义地说，日常生活中看到的一个个具体物体都是对象。

在面向对象的程序设计中，"对象"是程序的基本单位。对象可以用来表示客观世界中的任何实体，是对问题域中某个实体的抽象。每个对象可用它本身的一组属性和它可以执行的一组操作来定义。相似的对象就像变量和类型的关系一样，归并到一类（Class）中去。对象是类的一个实例，包括了数据和过程。

在 Visual FoxPro 中，表单及控件是应用程序中的对象。用户通过对象的属性、事件和方法程序来处理对象。

2．类

类实质上定义的是一种对象类型，它是对具有相似行为的对象的一种抽象。类描述了属于该类型的所有对象的性质——统一的属性和统一的操作方式。类决定了对象的特征，类是对对象特征的抽象与概括。

例如，一部电话是一个对象，"电话"便是一个类，因为电话具有一个共同的特征——利用电磁波进行通信。

在 Visual FoxPro 中，创建的对象具有属性，这些属性由对象所基于的类决定。

3．属性

属性是指描述对象的一组数据，表现为对象的一些变量。在面向对象的程序设计中，用操作代码或方法来表示对象的行为或所做的工作。属性一般只能通过执行对象的操作来改变。

在 Visual FoxPro 中，创建的对象具有属性，这些属性由对象所基于的类决定。属性值既能在设计时设置，也可在运行时进行设置。

4．容器和控件

Visual FoxPro 的类有两大主要类型，即容器类和控件类，因此 Visual FoxPro 对象根据它们所基于的类的性质也分为两大类型，它们便是容器对象和控件对象。

容器可以作为其他对象的父对象。例如，一个表单作为一个容器，是放在其中的文本框的父对象。

控件可以包含在容器中，但不能作为其他对象的父对象。例如，文本框就不能包含其他任何对象。

控件是放在一个表单上用以显示数据、执行操作的一种图形对象，如文本框、命令按钮。Visual FoxPro 的控件包括复选框、编辑框、标签、线条、图像、形状等。

表单包含用于显示并编辑数据的控件，可以使用表单控件工具栏在表单上绘制控件。

在表单设计器中既可以设计容器，也可以设计控件。

下面给出了 Visual FoxPro 中常用的容器和控件。

（1）标准 Visual FoxPro 控件

复选框、超级链接、列表框、微调控件、组合框、图像、ActiveX 绑定控件、文本框、命令按钮、标签、ActiveX 控件、计时器、编辑框、线条、形状。

（2）Visual FoxPro 基本容器

列、命令按钮组、表单集、表单、表格、选项按钮组、页框、页面。

7.1.2　面向对象的程序设计基础

1．面向对象程序设计的思想

传统的结构化语言（例如 C 语言）都是按面向过程的思路来进行程序设计的。在面向过程的程序中，程序被分为一个主模块和若干个子模块，其中各个子模块分别用于处理各个小问题，再由主模块自顶向下地调用各子模块来解决整个问题。在执行程序时，控制流程从第一行代码开始，顺序向下运行（除了遇到特殊的流程控制语句以外），直到最后一行代码结束。

结构化程序的优点在于时间顺序性强，但是它的缺点也是突出的。其中最主要的缺点是在结构化程序中数据和代码是分离开的，如图 7.2 所示，在修改某段程序时，将会导致整个程序中所有相关部分的不协调，因此可维护性能很差。此外，在 Windows 平台充斥 PC 操作系统市场时，结构化程序显得不够直观，这也是它的弱点之一。因此，用户需要一种更好的方法来解决问题，从而引入了面向对象的程序设计思想。

面向对象程序设计最重要的思想就是将数据（称为数据成员）以及处理这些数据的例程（称为成员函数）全部封装到一个类中去，类的实例称为变量，如图 7.3 所示。在对象中，使用属于该对象的成员函数才能访问（包括读、写）自己的数据成员，而其他的函数将不能存取该对象的数据成员，这样就达到了保护数据的目的。

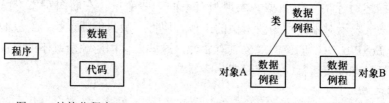

图 7.2　结构化程序　　　　　　　图 7.3　面向对象的程序设计

比较面向过程和面向对象的程序设计，不难得出面向对象程序设计所具有的 3 个优点。

① 程序的可维护性好。用户可以通过操作类或对象的属性或方法，方便地进行程序的修改。

② 提高了代码的可重用性。用户能够根据需要将已经定义好的类和对象添加到自己的应用程序中去。

③ 程序易读性好。用户只需了解类或对象的外部特性，而不必知道它们的内部实现细节。

2．事件与方法程序

对象具有与之相关联的事件和方法程序。

每个对象都可以对一个被称为事件的动作进行识别和响应。

事件是一种预先定义好的特定动作，由用户或系统激活。在多种情况下，事件是通过用户的交互操作产生的。例如，对一部电话来说，当用户提起听筒时，便激发了一个事件，同样，当用户拨号打电话时也激发了若干事件。

在 Visual FoxPro 中，可以激发事件的用户动作包括单击鼠标、移动鼠标和按键。

方法程序是与对象相关联的过程。方法程序紧密地和对象连接在一起，通过过程调用来使用方法程序。

事件可以具有与之相关联的方法程序。例如，为单击鼠标事件编写的方法程序代码将在单击鼠标事件出现时被执行。方法程序也可以独立于事件而单独存在，此类方法程序必须在代码中被调用。

事件集合虽然范围很广，但却是固定的。用户不能创建新的事件，然而方法程序集合却可以无限扩展。

3.3 类基本机制

所有面向对象的语言都会提供 3 类机制：封装、继承和多态。

（1）封装

封装是指把数据和操作这些数据的例程代码封装到一起。这样做主要有两个好处：外部例程不能随意地更改对象中的数据，提高了数据安全性；用户使用对象时，不必了解其中的实现细节，这样就大大减少了程序员的负担。

（2）继承

继承是一个对象获取另一个对象属性和方法的过程。对象可以通过继承其父代通用属性来实现层次分类抽象。

继承是面向对象方法的一个重要特征。继承是指一个类（子类）直接使用另一个类（父类）的所有属性和方法（权限为私有的属性和方法除外）。它可以减少相似的类的重复说明，从而体现出一般性与特殊性的原则，使程序员对一些共同的操作及属性只说明一次，进而使子类扩展和细化这些属性及操作，并且这种继承具有传递性。

例如，"汽车"类作为父类，"自动挡汽车"作为子类继承"汽车"类的全部属性和方法；另外，子类可以扩展出新的属性和方法，如新的属性有自动变速机构，新的操作有加油后自动生成第 1 挡速、第 2 挡速、第 3 挡速等。即"自动挡汽车"类由两部分组成，继承部分和增加部分。

类之间的继承关系的存在，对于在实际系统的开发中迅速建立原型、提高系统的可重用性和可扩充性具有十分重要的意义。

（3）多态

多态可用"一个对外界面，多个内在实现形式"来表示。可以通过方法重载和方法重写来实现多态。

通过方法重载，一个类中可以有多个具有相同名字的方法，由传递给它们不同个数和类型的参数来决定使用哪种方法，这就是多态。通过方法重写，子类可以重新实现父类的某些方法，使其具有自己的特征。例如，对于"汽车"类的加速方法，其子类（如"赛车"类）中可能增加了一些新的部件来改善和提高加速性能，这时可以在"赛车"类中重写父类的加速方法。重写隐藏了父类的方法，使子类拥有自己的具体实现，进一步表明了与父类相比，子类所具有的特殊性。多态性机制不仅增加了面向对象软件系统的灵活性，进一步减少了信息冗余，而且显著地提高了软件的可重用性和可扩充性。

7.1.3　Visual FoxPro 中的类

Visual FoxPro 提供了类和对象的机制，用户能够通过对象的属性、事件和方法来处理对象。下面介绍 Visual FoxPro 中类的有关知识。

1.　Visual FoxPro 中的基类

Visual FoxPro 的基类是系统本身内含的，并不存放在类库中。基类可以用来派生子类或创建对象，它可以分为容器类和控件类两大类型。

容器类中可以包含其他对象，并且用户能够访问这些对象。例如，在开发 Windows 应用程序时，经常会遇到"确定"按钮和"取消"按钮同时存在的现象。针对这样的情况，可以创建一个包含两个命令按钮（"确定"按钮和"取消"按钮）的容器类，然后将该容器类的对象添加到表单中。容器类的另一个特点是用户既可以将该类作为一个整体来进行操作，也可以对其中的某个对象进行单独处理。

控件类与容器类不同，控件类是针对每一类实际控件所创建的。控件可以包含在容器中，但是不能作为其他对象的父对象，并且组成控件对象的组件不能被单独访问。

Visual FoxPro 中各种基类的含义及类型如表 7.1 所示。

表 7.1　Visual FoxPro 中的基类

基类名称	含义	类型
CheckBox	复选框	控件类
ComboBox	组合框	控件类
CommandButton	命令按钮	控件类
CommandGroup	命令按钮组	容器类
Container	容器	容器类
Control	控件	控件类
Custom	自定义	控件类
EditBox	编辑框	控件类
Form	表单	容器类
FormSet	表单集	容器类
Grid	表格	容器类
Image	图像	控件类
Lable	标签	控件类
Line	线条	控件类
ListBox	列表框	控件类
OptionButton	选项按钮	控件类
OptionGroup	选项按钮组	容器类
OLEBoundControl	OLE 绑定型控件	控件类
OLEControl	OLE 控件	控件类
PageFrame	页框	容器类
Separator	分隔符	控件类

基类名称	含义	类型
Shape	形状	控件类
Spinner	微调	控件类
TextBox	文本框	控件类
Timer	定时器	控件类
ToolBar	工具栏	容器类

2. Visual FoxPro 基类的属性和事件

（1）基类包含的通用属性

在 Visual FoxPro 中，所有的基类都具有以下的通用属性。

① Class：用于指定该类属于何种类型，在设计和运行时都是只读属性。

② BaseClass：用于指定该类由何种基类派生，在设计和运行时都是只读属性。

③ ClassLibrary：用于指定该类从属于哪种类库，在设计和运行时都是只读属性。

④ ParentClass：用于指定对象所基于的父类，在设计和运行时都是只读属性。若该类直接由 Visual FoxPro 基类派生而来，则 ParentClass 属性值与 BaseClass 属性值相同。

（2）基类包含的通用事件

在 Visual FoxPro 中，所有的基类都具有以下通用事件。

① Init 事件：在创建对象时激活该事件。

② Destroy 事件：当从内存中删除对象时激活该事件。

③ Error 事件：当类中的事件或方法程序过程中发生错误时激活该事件。

3. 访问对象的属性和方法

（1）访问对象的属性

可以使用下面的点标记法来访问对象的属性：

Parent.Object.Property = Value

其中，Parent 为操作对象的父对象；Object 为当前操作的对象；Property 为对象的指定属性；Value 为想要赋予的属性值。

假如，表单 FrmThis 中有一个命令按钮 CmdCopy，可以使用下面的语句来设置各种属性：

FrmThis.CmdCopy.Caption="Copy"　　　　&&设置命令按钮的标题

FrmThis.CmdCopy.Enabled=.T.　　　　　　&&设置命令按钮的使能属性

FrmThis.CmdCopy.Visible=.T.　　　　　　&&设置命令按钮的可见属性

（2）访问对象的方法

可以使用下面的点标记法来访问对象的方法：

Parent.Object.Method

其中，Parent 为操作对象的父对象；Object 为当前操作的对象；Method 为用户想要调用的方法程序。

假如，表单集 FrmSet1 中包含表单 FrmThis 与 FrmThat，若要隐藏表单 FrmThis，显示表单 FrmThat，并且将当前焦点移到 FrmThat 中的编辑框 EditName，可以使用下面的语句来实现：

FrmSet1.FrmThis.Hide　　　　　　&&隐藏表单 FrmThis

FrmSet1.FrmThat.Show &&显示表单 FrmThat

FrmSet1.FrmThat.EditName.SetFocus &&将当前焦点移动到编辑框 EditName 上

4．相对引用

上例均采用绝对引用的方法来访问对象的属性与方法，也可以使用相对引用的方法来操作对象。Visual FoxPro 中提供了若干种代词来进行相对引用，例如 THIS、THISFORM、THISFORMSET、Parent、ActiveControl、ActiveFrom 等。

（1）THIS 代词

THIS 代词用于提供对当前对象的引用，其语法格式如下：

THIS.PropertyName | ObjectName

其中，PropertyName 为该对象的某个属性；ObjectName 为该类中的某个对象。例如，可以为当前命令按钮设置标题：

THIS.Caption="OK"

（2）THISFORM 代词

THISFORM 代词提供对当前表单的引用，其语法格式如下：

THISFORM.PropertyName | ObjectName

其中，PropertyName 为该表单的某个属性；ObjectName 为该类中的某个对象。例如，可以为当前表单中的命令按钮控件 CmdEdit 设置标题：

THISFORM.CmdEdit.Caption="Edit"

（3）THISFORMSET 代词

THISFORMSET 代词提供对当前表单集的引用，其语法格式如下：

THISFORMSET.PropertyName | ObjectName

其中，PropertyName 为该表单集的某个属性；ObjectName 为该类中的某个对象。

（4）Parent 代词

Parent 代词用于引用一个控件所属的容器，其语法格式如下：

Control.Parent

（5）ActiveControl 代词

ActiveControl 代词用于引用对象上的活动控件，其语法格式如下：

Object.ActiveControl.Property [= Value]

（6）ActiveForm 代词

ActiveForm 代词用于引用表单集中的活动表单，其语法格式如下：

Object.ActiveForm.Property [=Setting]或 Object.ActiveForm.Method

7.2　单表表单

Visual FoxPro 中的表单作为数据界面显示了表和视图中的字段和记录，而且通常包含定位控件，以帮助用户从一个记录移到另一个记录。在使用表单之前，要先创建表单。

在 Visual FoxPro 中，可以用以下任意一种方法生成表单。

方法一：使用表单向导。

方法二：使用表单设计器修改已有的表单或创建新表单。

方法三：在表单设计器中，通过选择"表单"菜单中的"快速表单"命令，可以创建一个通过添加控件来定制的简单表单。

方法四：用 CREATE FORM 命令生成表单。

为了使以下建立的表单便于管理，先在"D:\教学管理"文件夹下建立一个名为"表单"的文件夹，用于存放后面所建立的表单。

7.2.1 使用表单向导创建表单

每当新建一个表单时，都可以用表单向导来开始工作。向导会根据用户对一系列问题的回答来生成一个表单，可以在几种不同的类型选项中进行选择，并在创建之前预览表单。

使用向导创建表单的操作步骤如下。

（1）在"项目管理器"对话框中选择"文档"选项卡，然后选择"表单"选项。

（2）单击项目管理器右边的"新建"按钮。

（3）打开"新建表单"对话框，在"新建表单"对话框中单击"表单向导"按钮，如图 7.4 所示。

（4）在"向导选取"对话框中选择要创建的表单类型，如图 7.5 所示。

图 7.4 新建表单

图 7.5 向导选取

Visual FoxPro 提供了两个不同的表单向导来帮助创建表单：

① 选择"表单向导"选项，将创建基于一个表的基本表单。

② 选择"一对多表单向导"选项，将创建包含了两个表中按一对多关系链接数据的多表表单。

下面基于"教学管理"项目中的"学生"表，创建一个标题为"学生信息"的表单，以初步介绍表单的建立过程。

① 在"向导选取"对话框中选择"表单向导"选项，单击"确定"按钮。

② 显示表单向导的"步骤 1-字段选取"对话框，如图 7.6 所示。

先在"数据库和表"下拉列表框中选择"教学管理"数据库，在下面的列表中选"学生"表，则"学生"表中的字段出现在"可用字段"列表框中。

依次单击"→"按钮，将除"照片"以外的所有字段作为选定字段。

③ 单击"下一步"按钮，弹出表单向导的"步骤2-选择表单样式"对话框，如图7.7所示。

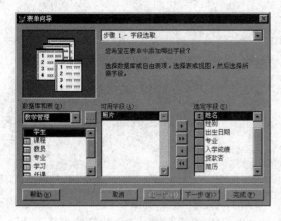

图7.6 步骤1-字段选取

图7.7 步骤2-选择表单样式

此对话框用于指定表单控件的外观样式。单击"样式"列表框中的任一种样式时，向导将在左上角放大镜中显示该样式的例子。

例如，选择"浮雕式"样式，在"按钮类型"选项组选中"文本按钮"单选按钮。

a. 文本按钮：指的是按钮上以文字表示按钮的功能。例如"下一步"就是文本按钮。

b. 图片按钮：指以按钮上的图片形象表示按钮的功能。

c. 无按钮：在表单中不显示按钮。

d. 定制：选中该单选按钮后，又有两种选择，如果在下拉列表框中选择"滚动网格"选项，将以滚动条的形式显示表中的各条记录；如果在下拉列表框中选择"滚动网格（可调）"选项，将以滚动条形式显示表中的各条记录，显示时可以看到下一条记录。

④ 单击"下一步"按钮，弹出表单向导的"步骤3-排序次序"对话框，如图7.8所示。

在此对话框中可按照每组记录的排序顺序选择字段，也可以选择索引标志。

例如，选择"可用的字段或索引标识"列表框中带"*"符号的"学号"，单击"添加"按钮，则"学号"出现在"选定字段"列表中。同时选中"升序"单选按钮。

⑤ 单击"下一步"按钮，弹出"步骤4-完成"对话框，如图7.9所示。

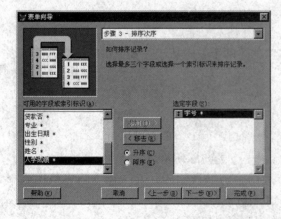

图7.8 步骤3-排序次序

图7.9 步骤4-完成

在"请键入表单标题"文本框中输入表单标题"学生信息"，选中"保存表单以备将来使用"单选按钮。

各选项说明如下。

a. 保存表单以备将来使用：将所建表单保存，不作任何处理。

b. 保存并运行表单：将所建表单保存，然后运行该表单。

c. 保存表单并用表单设计器修改表单：将所建表单保存，同时打开表单设计器，将该表单放到表单设计器中修改。

单击"预览"按钮，预览建立的表单。

在预览中单击"返回向导"按钮可以关闭预览，返回表单向导。

⑥ 单击"完成"按钮，弹出"另存为"对话框，如图 7.10 所示。

在"保存在"下拉列表框中选择文件夹"D:\教学管理\表单"。

在"保存表单为"文本框中输入表单名"学生"，系统默认的扩展名是 scx。

⑦ 单击"保存"按钮。

这样，就建立了一个名为"学生"的表单。

此时，在"项目管理器"对话框中，从"文档"选项卡内可以看到所建立的表单，选中"学生"表单，然后单击"运行"按钮，"学生"表单开始运行，如图 7.11 所示。

图 7.10　保存表单

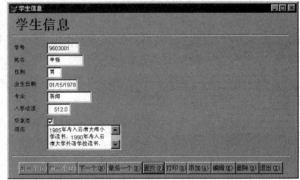

图 7.11　建立"学生信息"表单

分别单击"第一个"、"前一个"、"下一个"等定位按钮，观察表单中显示的记录的变化。单击"退出"按钮，可以关闭该表单。

用表单向导创建的表单含有一组标准的定位按钮，用以在表单中显示不同的记录、编辑记录及搜索记录等。如果创建数据库中的表单，则表单向导可以使用存储在数据库中的输入掩码和格式设置。

通过在"工具"菜单中选择"向导"命令并选中"表单"选项，也可以从菜单上访问表单向导。

7.2.2　使用表单设计器创建表单

如果不想用向导创建表单，还可以使用表单设计器。借助表单设计器，可以把字段和控件添加到表单中，并且通过调整和对齐这些控件来定制表单。

Visual FoxPro 中的"快速表单"命令是为了使创建表单的工作变得更简单。此命令可以启动表单生成器，用它可以把表或视图中选定的字段添加到表单中。

用表单设计器创建一个新的表单的步骤如下。

① 在"项目管理器"对话框中选择"文档"选项卡。

② 选择"表单"选项。

③ 单击"新建"按钮。

④ 单击"新建表单"按钮。

此时会显示"表单设计器"窗口，可以开始创建表单，如图 7.12 所示。

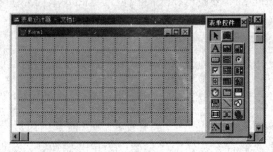

图 7.12 "表单设计器"窗口

通常情况下，向导创建的表单并不符合要求。在项目管理器中选中所创建的表单，然后单击"修改"按钮，也可以打开表单设计器，在表单设计器中增加控件、删除控件、调整控件位置等。

下面先介绍表单设计器界面，以及表单设计器中常用的工具栏。

1. "表单设计器"窗口

"表单设计器"窗口如图 7.12 所示。表单设计将在表单设计器中完成。表单设计器是带有如图 7.13 所示工具栏的表单设计窗口。表单设计器中常用的工具栏有表单设计器工具栏、表单控件工具栏、调色板工具栏和布局工具栏。

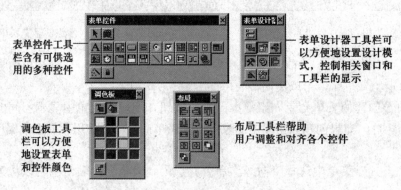

图 7.13 表单设计器中的工具栏

（1）表单设计器工具栏

要打开表单设计器工具栏，需在表单设计器中选择"显示"菜单中的"工具栏"命令，打开"工具栏"对话框，在对话框中选中"表单设计器"选项，单击"确定"按钮。

表单设计器工具栏中的命令按钮如图 7.14 所示。

在表单控件工具栏上列出了其他常用的表单设计工具栏。例如，要打开布局工具栏，可单击"布局工具栏"按钮；要打开调色板工具栏，可单击"调色板工具栏"按钮。同样的，单击"属性窗口"、"代码窗口"、"表单控件工具栏"等按钮，可分别打开属性窗口，代码窗口和表单控件工具栏。

用户也可以通过选择"显示"菜单中的相应的工具栏命令，打开相应的工具栏。

（2）表单控件工具栏

选择"显示"菜单中的"表单控件工具栏"命令，可打开或关闭表单控件工具栏。"表单控件工具栏"上的常用控件，如图 7.15 所示。

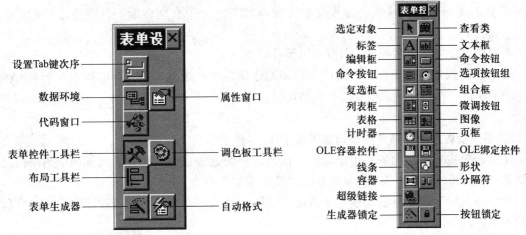

图 7.14　表单设计器工具栏　　　　　　图 7.15　表单控件工具栏

（3）属性窗口

属性窗口显示了添加到表单中的控件所具有的全部属性，如图 7.16 所示。

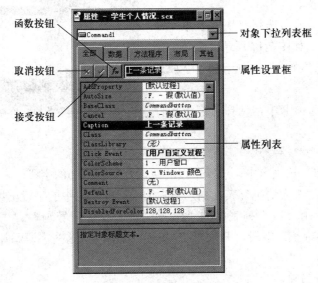

图 7.16　属性窗口界面

要打开属性窗口，可以从"显示"菜单中选择"属性"命令，或者单击表单设计器工具栏上的"属性"窗口按钮。

属性窗口共有以下 5 个选项卡。

① 全部：列出指定对象的全部属性、事件和方法。

② 数据：列出对象如何显示和操作数据的属性。

③ 方法：列出对象的事件和方法。

④ 布局：显示所有布局的属性。

⑤ 其他：显示对象所属类、类库等其他属性及用户自义属性。

其中，属性设置框用于更改属性列表中选定的属性值。如果选定的属性需要预定义的设置值，在右边会出现一个下拉箭头。如果属性设置需要指定一个文件名或一种颜色，右边会出现"…"按钮。

在属性列表中包含两列显示所有可以设计时更改的属性和当前值。

对于具有预定值的属性，在属性列表中双击属性名可以遍历所有可选项。对于具有两个预定值的属性，在属性列表中双击属性名可以在两者间切换。只读的属性、事件和方法以斜体字显示。

2. 用"快速表单"命令向表单中添加字段

使用表单生成器是向表单中添加新字段的一种快速方法。若想把表或视图中的字段迅速放到表单中，可以选择"表单"菜单中的"快速表单"命令。

"快速表单"命令将启动表单生成器，它用选择的字段样式把表或视图中选定的字段添加到表单中。

例如，用表单生成器生成"学生个人情况"表单，方法如下。

① 在"项目管理器"对话框中新建或打开表单，打开表单设计器。

② 在"表单"菜单中选择"快速表单"命令，打开表单生成器，如图 7.17 所示。表单生成器有两个选项卡，即"样式"选项卡和"字段选取"选项卡。

③ 在"样式"选项卡中，选择所需新控件的样式。

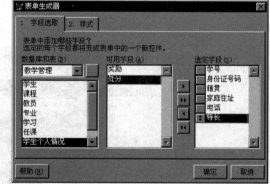

图 7.17　表单生成器

例如，选择样式为"浮雕式"。

④ 在"字段选取"选项卡中，选择字段的源以及想要添加的字段。

例如，选取"学生个人情况"表，则"学生个人情况"表中的字段出现在"可用字段"列表中，分别选择"可用字段"列表中的"学号"、"身份证号码"、"籍贯"、"家庭住址"、"电话"和"特长"字段，分别单击"→"按钮，将这些字段添加到"选定字段"列表中。

⑤ 单击"确定"按钮。

表单生成器创建的表单没有定位控件，因此可以加入用户自己的定位控件。可以利用控件生成器向表单中添加定位控件，或者在 Visual FoxPro 提供的预定义定位控件库中选取。

3. 向表单中添加定位按钮

现在紧接上面的例子，在表单设计器中设计一个简单的数据管理界面。

表单本身也可以设置属性。在表单上单击鼠标右键，在弹出的快捷菜单中选择"属性"命令，打开属性窗口。将表单的 Caption 属性由 Form1 改为"学生个人情况"。

添加定位按钮的方法如下。

① 单击表单控件工具栏上的"命令按钮"控件。

在"表单设计器"窗口中，在表单的下面要放置命令按钮控件的地方拖动鼠标创建一个矩形框。新的控件 Command1 就出现在设定的位置上，然后可以在表单中把它移动到最终位置，也可以根据需要调整它的大小。

② 打开属性窗口，设置 Caption 属性为"上一条记录"。关闭属性窗口。

③ 双击"上一条记录"按钮，打开代码窗口。

④ 在代码窗口中输入代码，如图 7.18 所示。然后单击右上角的"关闭"按钮，关闭代码窗口。

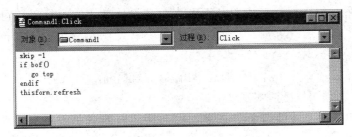

图 7.18 在代码窗口中输入代码

⑤ 按照同样的方法，添加命令按钮"下一条记录"，并在代码窗口输入代码：

SKIP

IF EOF()

  GO BOTTOM

ENDIF

THISFORM.Refresh

然后单击右上角的"关闭"按钮，关闭代码窗口。

⑥ 最后添加命令按钮"退出"，并在代码窗口输入代码：

Release THISFORM

该命令可释放表单，表示单击"退出"按钮将关闭表单，如图 7.19 所示。

图 7.19 "学生个人情况"表单

⑦ 单击鼠标右键，在弹出的快捷菜单中选择"执行表单"命令，或者选择"表单"菜单中的"执行表单"命令。

执行表单后，分别单击"上一条记录"和"下一条记录"按钮，观察表单上所显示的记录。

⑧ 单击表单上的"退出"按钮，返回表单设计器。

4. 保存表单

完成表单的设计工作后，可以将表单保存起来供以后使用。

可以用以下方法保存表单。

① 在表单设计器中选择"文件"菜单中的"保存"命令，或者单击鼠标右键，在弹出的快捷菜单中选择"保存"命令。

② 打开"保存"对话框，在"文件名"文本框中输入表单名称"学生个人情况"。

表单保存为具有 scx 扩展名的文件。例如，创建的表单以文件名"学生个人情况"保存在"D:\教学管理\表单"下。

5. 运行表单

设计好表单后，可以运行该表单，查看表单的设计效果。运行表单可以采用以下几种方法。

（1）交互地运行表单

方法一：如果在表单设计器中可通过单击鼠标右键，在弹出的快捷菜单中选择"运行"命令，那么在设计时便可以随时测试表单。

如果想在表单设计器中重新打开表单，则关闭运行的表单或在工具栏中单击"修改表单"按钮。

方法二：在"项目管理器"对话框中，从"文档"选项卡中选择表单名，然后单击"运行"按钮。

方法三：选择"表单"菜单中的"执行表单"命令。

方法四：在常用工具栏上单击"运行"按钮。

方法五：在命令窗口中，使用 DO FORM 命令运行表单。

方法六：从"程序"菜单中选择"运行"命令来运行表单，在"文件类型"下拉列表框中选择"表单"选项，选定一个表单再单击"运行"按钮。

运行表单时，可以单击常用工具栏上的"修改表单"按钮，快速切换到设计模式。

（2）以编程方式运行表单

表单也可以从程序中运行。若想在程序中运行表单，需要在与事件相关联的代码、方法程序代码或在程序过程中包含 DO FORM 命令。

6. 关闭活动的表单

若要释放活动表单，在属性窗口中将表单的 Closable 属性设置为真(.T.)，或者使用 Release 命令均可。

7. 向表单中添加控件

除了用"快速表单"命令向表单中添加字段外，可以用生成器向表单中添加新控件，也可以从表单控件工具栏中选择所需的控件，并把它放在表单中。

设计表单的过程就是向表单中添加控件、设置控件属性的过程。

（1）用表单控件工具栏添加控件

通过在表单控件工具栏上选择控件可以添加新的控件，并把它们放在"表单设计器"窗口中。例如，在表单上为字段添加新的标签，以及添加诸如按钮、编辑框、列表框等新控件，或者添加图片、线条和形状来美化表单的外观。

下面向"学生个人情况"表单中添加控件。

首先，添加一个"标签"控件作为表单的标题。

① 在"项目管理器"对话框中，选择"文档"选项卡。

② 选择"学生个人情况"表单。

③ 单击"修改"按钮，打开表单设计器。

按住 Shift 键分别单击表单上的各个控件，以选中所有控件，将鼠标指向这些控件向下拖动，调整控件的位置。

④ 在表单控件工具栏上单击"标签"控件。

⑤ 在"表单设计器"窗口中，在表单上方拖动鼠标创建一个矩形框。

⑥ 打开属性窗口，设置 Caption 属性为"学生个人情况"，如图 7.20 所示。

选择"格式"|"大小"|"恰好容纳"命令。

用同样的方法在表单中创建"奖励"和"处分"两个标签。

⑦ 在表单控件工具栏上单击"文本框"控件。

⑧ 在"表单设计器"窗口中，在表单中的"奖励"标签后面拖动鼠标创建一个矩形框，出现"文本框"控件，如图 7.20 所示。

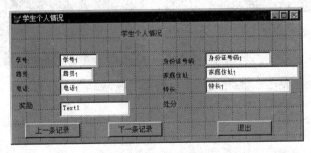

图 7.20　添加标签和文本框控件

这样，就向表单添加了 3 个标签控件和一个文本框控件。

如果在添加控件时需要帮助，可以使用生成器添加控件并使它们与表单协同工作。

（2）用控件生成器向表单中添加控件

正如向导可以用来快速构造表单一样，生成器可以用来把控件添加到表单上。对于要添加到表单上的控件，生成器会询问一系列问题，并设置合适的属性，以使这些控件按照用户所希望的那样工作。

例如，如果想在表单上添加一个新的"文本框"，文本框生成器会询问用户喜欢哪种样式的文本框以及它显示哪个表的字段。

可以用两种方法访问生成器。

使用表单设计器中的快捷菜单；或者当向表单中添加控件时，激活表单控件工具栏上的"生成器锁定"按钮。

例如，用生成器添加"文本框"控件的操作步骤如下。

① 在表单控件工具栏上单击"生成器锁定"按钮。

② 从表单控件工具栏上选择所需的"文本框"控件，并把它放在表单上。例如，将文本框放在"处分"标签的后面。

③ 自动打开文本框生成器，在生成器内的选项卡中填写有关信息。

"格式"选项卡：设计文本框的数据类型及格式，如图 7.21 所示。

在这个选项卡中，"数据类型"下拉列表框用于设置文本框显示的数据类型，通常字符型用文本框显示。

在"输入掩码"下拉列表框中可以为字段设置输入格式，例如，如果是"电话"字段，则掩码为"9999-9999999"，只能显示数字字符，并且前 4 位和后 7 位用"-"分开。

"2. 样式"选项卡：设置文本框的样式。

在这里，选择系统默认值，如图 7.22 所示。

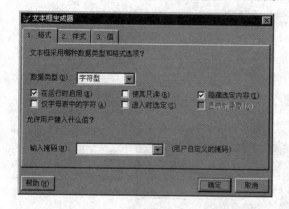

图 7.21　文本框生成器的"1. 格式"选项卡　　　　图 7.22　文本框生成器的"2. 样式"选项卡

"3. 值"选项卡：如图 7.23 所示，在"字段名"下拉列表框中选择"学生个人情况.处分"。

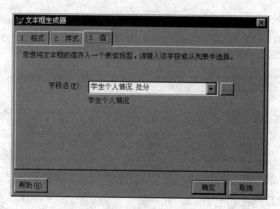

图 7.23　文本框生成器的"3. 值"选项卡

进行相应设置后，单击"确定"按钮。在表单设计器中单击右键，在弹出的快捷菜单中选择"执行表单"命令，运行结果如图 7.24 所示。

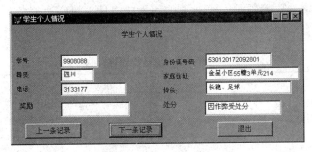

图 7.24　表单运行结果

（3）对所有控件使用生成器

Visual FoxPro 中可以对所有控件使用生成器，只需要打开生成器锁定。要打开生成器锁定，可以在表单控件工具栏中单击"生成器锁定"按钮。

设置好表单控件工具栏上的"生成器锁定"按钮后，每次向表单中添加控件时都将自动使用控件生成器。

再次单击"生成器锁定"按钮，可关闭生成器锁定。

如果要用属性窗口设置控件属性，先确认"生成器锁定"的状态为关闭。

（4）使用属性窗口向表单中添加字段

可以用属性窗口中的 ControlSource 属性把添加到表单中的控件与指定字段关联起来，这些字段来自数据环境设计器中的表或视图。

例如，对前面所建的"学生个人情况"表单，先在表单设计器中打开该表单，然后在属性窗口向表单中添加新字段，其步骤如下。

① 在表单控件工具栏中选择一个文本框控件，并把它拖动到表单窗口中，以创建该控件。例如，前面已创建的"奖励"文本框控件。

② 右键单击该"文本框"控件，在弹出的快捷菜单中选择"属性"命令，打开属性窗口。

③ 在属性窗口中选择"数据"选项卡，并选取 ControlSource 属性。

输入字段名，或者从"可用字段"列表中选择一个字段。例如，在"可用字段"列表中选择"学生个人情况.奖励"字段。关闭属性窗口，返回表单设计器。运行该表单，结果如图 7.25 所示。关闭表单设计器，将结果保存。

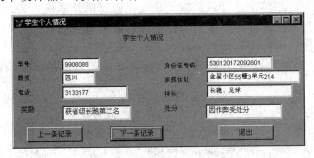

图 7.25　用属性添加字段

（5）在设计时设置属性

打开属性窗口会显示选定对象的属性或事件。如果选择了多个对象，这些对象共有的属性将显示在属性窗口中。要编辑另一个对象的属性或事件，可在"对象"下拉列表框中选择这个对象，或者直接从表单中选择这个控件。表 7.2 列出了复选框可能有的属性。

表 7.2　复选框属性

属性	说明
Caption	复选框旁边的说明性文字
Enabled	复选框能否被用户选择
ForeColor	标题文本的颜色
Left	复选框左边的位置
MousePointer	在复选框内鼠标指针的形状
Top	复选框顶边的位置
Visible	指定复选框是否可见

属性窗口如图 7.16 所示。可以用以下方法设置属性：

① 在属性窗口中，从属性和事件列表中选择一个属性。

② 在属性设置框中，为选中的属性输入或选择需要的设置。

如果要选择值，则选择属性后单击设置框右边的下箭头，打开下拉列表，从列表中选择。

对于在设计时为只读的属性，在属性窗口的属性和事件列表框中以斜体显示。

如果属性要求输入字符值，不必用引号将这个值括起来。例如，要将一个表单的标题设为学生管理，只需在属性设置框中输入"学生管理"；若想让表单的标题是"学生管理"，即想让引号也出现在窗口的标题上，则应在属性设置框中输入"学生管理"。

通过属性窗口，可以将属性设置为表达式或函数。

用表达式设置属性，可以用以下方法。

在属性窗口中，单击"函数"按钮打开表达式生成器。

或者在属性设置框中输入"="符号，并在后面输入表达式。

例如，如果想设置表单的 Caption 属性，使它在运行表单时能够指示当前的活动表，可在属性设置框中输入"=ALIAS( )"。

（6）事件代码与代码窗口

事件是用户的行为，如单击鼠标或鼠标的移动；也可以是系统行为，如系统时钟的进程。方法程序是和对象相联系的过程，只能通过程序以特定的方式激活。

可以用以下方法编辑事件或方法程序代码。

① 从"显示"菜单中选择"代码"命令，或者从快捷菜单中选择"代码"命令，将打开代码窗口。

② 在代码窗口的"过程"下拉列表框中选择事件或方法程序。

③ 在编辑窗口中输入代码，在触发事件或激活方法程序时将执行这些代码。

例如，如果在表单上已有一个标题为"退出"的命令按钮，则在这个按钮的 Click 事件中可包括代码 Release Thisform。

当用户单击这个命令按钮时，表单被从屏幕和内存中释放，如图 7.26 所示。

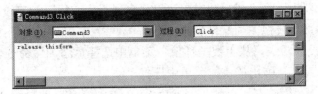

图 7.26　代码窗口：为 Click 事件编写的代码

7.2.3　设置、添加数据环境

每一表单都包括一个数据环境。数据环境包含与表单相互作用的表或视图，以及表单所要求的表间的关系。可以在数据环境设计器中设置数据环境，并与表单一起保存。

在表单运行时，数据环境可自动打开、关闭表和视图。而且通过设置属性窗口中 ControlSource 属性设置框，在这个属性框中列出数据环境的所有字段，将帮助用户直观地设置控件的 ControlSource 属性。

1. 设置数据环境

通过把与表单相关的表或视图放进表单的数据环境中，可以容易地把新控件与表或视图中的字段关联在一起。

完成数据环境的设置后，ControlSource 属性就会显示数据环境设计器中可用的字段，可以从中选择与控件相关联的字段。

如果正编辑一个用向导创建的表单，则将发现表单的数据环境中已经包含了用表单向导生成表单时用到的表或视图。

2. 数据环境设计器

用以下方法打开数据环境设计器。

在表单设计器中，从"显示"菜单中选择"数据环境"命令。或者在表单设计器中，单击鼠标右键，在弹出的快捷菜单中选择"数据环境"命令。

（1）"数据环境设计器"界面

例如，打开前面由向导创建的"学生信息"表单，单击鼠标右键，在弹出的快捷菜单中选择"数据环境"命令，打开数据环境设计器，如图 7.27 所示。

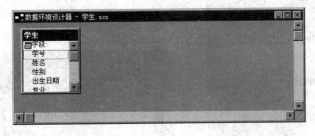

图 7.27　"数据环境设计器-学生"界面

（2）向数据环境设计器中添加表或视图

向数据环境设计器中添加表或视图时，可以看到属于表或视图的字段和索引。

向数据环境中添加表或视图的操作步骤如下。

① 在数据环境设计器中，从"数据环境"菜单中选择"添加"命令。或者在数据环境设计器中，单击鼠标右键，从弹出的快捷菜单中选择"添加"命令。

打开数据环境设计器时，如果数据环境为空，则系统会自动显示"添加表或视图"对话框。

② 在"添加表或视图"对话框中，选择"表"或"视图"选项，从列表中选择一个表或视图。如果没有打开的数据库或项目，则单击"其他"按钮来选择表。也可以将表或视图从打开的项目或数据库设计器拖放到数据环境设计器中。

当数据环境设计器处于活动状态时，属性窗口会显示与数据环境相关联的对象及属性。

③ 选择所需的表或视图。例如选择"学生个人情况"表，如图7.28所示。

④ 单击"添加"按钮，则"学生个人情况"表被加到数据环境中。

若要向数据环境设计器中添加视图，必须先打开数据库。

（3）从数据环境设计器中移去表

当表从数据环境中移去时，与这个表有关的所有关系也随之移去。

将表或视图从数据环境设计器中移去的操作步骤如下。

① 在数据环境设计器中单击要移去的表或视图。

② 从"数据环境"菜单中选择"移去"命令。

（4）在数据环境设计器中设置关系

如果添加进数据环境设计器的表具有在数据库中设置的永久关系，这些关系将自动地加到数据环境中。如果表中没有永久的关系，可以在数据环境设计器中设置这些关系。

在数据环境设计器中设置关系时，可以将字段从主表拖动到相关表中的相匹配的索引标识上，也可以将字段从主表拖动到相关表中的字段上。如果和主表中的字段对应的相关表中没有索引标识，系统将提示用户是否创建索引标识。

（5）在数据环境设计器中编辑关系

在数据环境设计器中设置了一个关系后，在表之间将有一条连线指出这个关系，如图7.29所示。

图7.28 "添加表或视图"对话框

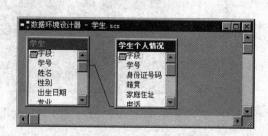

图7.29 在数据环境设计器中设置关系

可以用以下方法编辑关系的属性。

在属性窗口中，从"对象"下拉列表框中选择要编辑的关系。

或者单击表示关系的线条，然后单击右键，在弹出的快捷菜单中选"属性"命令，打开属性窗口，如图 7.30 所示。

RelationalExpr 属性的默认设置为主表中主关键字字段的名称。如果相关表是以表达式作为索引的，就必须将 RelationalExpr 属性设置为这个表达式。

例如，如果相关表以"学号"作为索引，就必须将 RelationalExpr 属性设置为"学号"。

如果关系不是一对多关系，必须将 OneToMany 属性设置为假(.F.)。

将关系的 OneToMany 属性设置为真(.T.)，则当浏览父表时，在记录指针浏览完子表中所有的相关记录之前，记录指针一直停留在同一父记录上。

如果在表单或表单集中想设置一对多关系，必须将 OneToMany 属性设置为真(.T.)，甚至在数据库中已经建立了永久一对多关系时也必须如此。

3. 利用数据环境设计器快速创建单个控件

利用数据环境设计器可以快速创建单个控件。单击数据环境设计器中的任意字段，并将其拖动至一个表单上。

控件的创建是根据"选项"对话框中"字段映象"选项卡上指定的字段类型映象来实现的。

例如，分别将"学生个人情况"表中的"身份证号码"、"家庭住址"、"电话"及"特长"这 4 个字段拖动到"学生信息"表单中。按照"字段映象"选项卡和表设计器中"显示类"列表框的设置，生成相应的控件，运行表单，结果如图 7.31 所示。

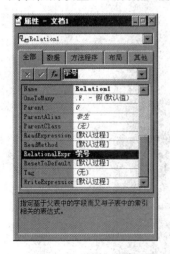

图 7.30　编辑关系

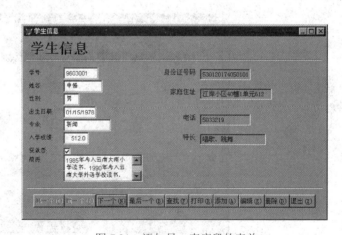

图 7.31　添加另一表字段的表单

7.2.4　添加控件的技巧

1. 同时添加多个控件

单击表单控件工具栏上的"按钮锁定"按钮时，可同时添加多个同类型控件，而无需在工具栏上多次单击控件按钮。例如，如果想向表单中添加 5 个文本框，确认已单击"按钮锁定"按钮，然后在表单控件工具栏上的"文本框控件"按钮上单击，在表单中分别绘制 5 个文本框，就可以把 5 个文本框加到表单中。

如果在表单控件工具栏上双击控件按钮，按钮锁定功能会自动生效。为关闭按钮锁定，可再次单击"按钮锁定"按钮或者单击表单控件工具栏上的"选定对象"按钮。

2. 快速添加控件

总结以上所述，可以快速创建一个或多个控件，方法是单击字段或表，然后直接将其拖至表单中。可以从下列任何数据源中拖动字段或表，然后将其放置到正在设计的表单中。

第 1 种：数据环境设计器。

第 2 种：数据库设计器(单个表、单个本地视图、单个远程视图、单个字段或多个字段)。

第 3 种：项目管理器（单个表、单个本地视图、单个远程视图、单个字段）。

当将字段或表拖至表单时，Visual FoxPro 根据设置的选项决定要创建的控件类型。

7.2.5 设置"字段映象"选项卡

当将字段或表拖至表单时，可指定控件的类型。可以根据"选项"对话框中"字段映象"选项卡上指定的字段类型映象来快速创建单个控件。例如，在任何时候将字符字段拖至表单，都可创建文本框控件。

可以用以下方法建立字段类型映象。

① 从"工具"菜单中选择"选项"命令。

② 选择"字段映象"选项卡，如图 7.32 所示。

图 7.32 "字段映象"选项卡

③ 若要改变字段类型映象，在"将字段类型映象到类中"列表框中选择一行，再单击"修改"命令。

④ 在"字段类型映象"对话框中，从"字段类型"列表中选择一个字段类型。

⑤ 若要设置拖动表或多个字段时创建的类，需从"字段类型"列表中选择"多用途型"

选项。

⑥ 若要选择将与选定字段类型关联的控件所在的类库（扩展名为 vcx 的文件），需选择"浏览"选项。

⑦ 从"文件类型"列表中选择一个类名，当选定类型的字段被拖至表单时，系统将创建在此指定的类。

⑧ 单击"确定"按钮，接受映象。

还可以在表设计器的"字段"选项卡的"显示类"框中指定拖放的类。表设计器中的设置将覆盖此处的设置。

7.2.6 修改表单

如果用向导或生成器创建的表单不完全符合要求，则可以用表单设计器进行修改。利用表单设计器，很容易地就能移动和调整控件的大小，或者复制或删除控件、对齐控件以及修改 Tab 键次序。

例如，要修改一个已生成的表单，可以用以下方法。

① 在"项目管理器"对话框中选择"文档"选项卡。

② 选择"表单"选项和表单的名称。

③ 单击"修改"按钮打开表单设计器。

1．选择、移动和缩放控件

创建表单之后，在表单设计器中，可能需要调整表单上控件的位置和大小。

例如，要移动一个备注字段、调整标题的位置、加长一个文本框等。修改控件之前，要先选择控件。

（1）选择一个控件

单击控件上的任意位置，控件周围出现 8 个黑色控点。

（2）选择相邻的多个控件

① 在表单控件工具栏中单击"选定对象"按钮。

② 拖动指针，在需要选定的控件周围画一个框。

（3）移动控件

① 选定要移动的一个或多个控件。

② 在表单窗口中将该控件拖动到新的位置。

或者选定控件后用方向键重新调整其大小。

（4）调整控件的大小

① 选定控件。

② 拖动尺寸控点，以增加该控件的长度、宽度或整体尺寸。

（5）复制和删除表单控件

当设计或修改表单时，可能需要复制一个已在表单上的控件。可以复制已有的控件并把它粘贴到表单上。

复制控件的操作步骤如下。

① 用指针选择一个控件。

② 从"编辑"菜单中选择"复制"命令。

③ 从"编辑"菜单中选择"粘贴"命令。

④ 使用指针把该控件重新拖动到所需的位置上。

如果创建了一个控件，后来又不需要了，或不想使用某个用向导创建的控件，则可以将其删除。

删除控件的方法是：选定控件，并从"编辑"菜单中选择"剪切"命令。

（6）对齐控件

利用布局工具栏上的按钮，很容易精确排列表单上的控件，布局工具栏如图 7.33 所示。

例如，使一组控件水平对齐或垂直对齐，或使一组相关控件具有相同的宽度或高度。

要对齐控件，可先选定一组控件，然后在布局工作栏上单击一个布局按钮。

（7）调整控件的位置

如果想在屏幕上精确地定位控件，可以使用"显示"菜单中的"显示位置"命令。如果选择

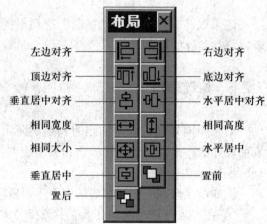

图 7.33 布局工具栏

该命令，则在"表设计器"窗口底部的状态栏上会显示选定控件的坐标和度量单位。

状态栏中显示的控件坐标和度量单位如图 7.34 所示。

（8）控件网格显示

网格显示可以帮助用户在表单上对齐控件。用"格式"菜单中的"设置网格刻度"命令可以调整表格的尺寸，如图7.35所示，通过"选项"对话框"表单"选项卡中的"表格线"复选框可以打开或关闭表格显示。

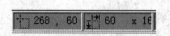

图 7.34 控件坐标

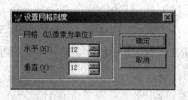

图 7.35 "设置网格刻度"对话框

还可以用"格式"菜单中的"对齐格线"命令，调整控件相对于表格的大小或位置。当选择"格式"菜单中的"对齐格线"命令时，放置在表单上的控件将自动与网格的表格线对齐。

用以下方法可以取消表格的作用：清除"格式"菜单中"对齐格线"选项旁边的选中标记。默认情况下，该命令被选中。

（9）用方向键来对齐控件

在单击控件之前按 Ctrl 键，并在将对象拖动到另一个位置的过程中按住 Ctrl 键不放，可以

对齐控件。

或者在布局工具栏或"格式"菜单中选择对齐选项。

2. 设置控件的 Tab 键次序

运行表单时，按 Tab 键可以在表单上的控件之间移动。当按住 Tab 键在表单上移动时，表单的 Tab 键次序决定了选定控件的顺序。

可以用两种不同的方法设置 Tab 键次序：交互方式，按照使用表单时选取控件的顺序单击控件；或在对话框中重排列表。

选择设置 Tab 键次序的操作步骤如下。

① 从"工具"菜单中选择"选项"命令。

② 在"选项"对话框中选择"表单"选项卡。

③ 在"Tab 键次序"下拉列表框中选择"交互"或"按列表"选项，如图 7.36 所示。

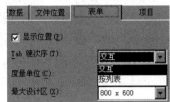

图 7.36 设置 Tab 键次序

例如，要设置"学生个人情况"表单的 Tab 键次序，需先在表单设计器中打开"学生个人情况"表单。

（1）以交互方式设置 Tab 键次序

在交互方式中，通过用指针单击控件可以设置 Tab 键次序，单击的顺序即为表单中选定控件时的顺序。

交互地改变 Tab 键次序的操作步骤如下。

① 从"显示"菜单中选择"Tab 键次序"命令，则表单成为如图 7.37 所示的界面。

② 若想使某个控件成为 Tab 键次序中的第一个，则单击该控件旁的 Tab 键次序框。

③ 单击其他控件的选项卡顺序框。

④ 单击表单的任何一处，以保存所做的更改，并退出"Tab 键次序"方式；或者按 Esc 键退出"Tab 键次序"方式，但不保存所做的更改。

（2）用列表设置 Tab 键次序

在列表方式中，可以通过在"Tab 键次序"对话框中重新排列控件的名字来设置 Tab 键次序。可以按行（在表单中由上向下）或按列（在表单中由左向右）设置 Tab 键次序。

用列表设置 Tab 键次序的操作步骤如下。

① 在"显示"菜单中选择"Tab 键次序"命令，打开"Tab 键次序"对话框，如图 7.38 所示。通过重排列表中的控件来设置 Tab 键次序。

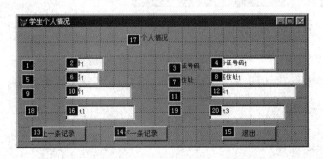

图 7.37 设置 Tab 键次序：交互方式

图 7.38 设置 Tab 键次序：列表方式

② 单击"按行"或"按列"按钮。

③ 在"Tab 键次序"对话框中，用指针重新排列表。

④ 单击"确定"按钮。

7.2.7 定制表单

表单设计好后，可以进一步美化表单，使之看起来更有趣且更易于使用。例如，可以画一个方框把一组相似的控件框在一起，或者用图形使表单看起来更生动。

使用表单设计器可以定制表单以下项目。

① 改变文本的字体和大小。

② 向表单中添加形状和线条。

③ 向表单中添加图形。

④ 设置表单的前景色和背景色。

1. 改变文本的字体和大小

使用属性窗口中的字体属性，可以更改表单控件上显示文字的样式和大小。可以从系统所支持的可用字体样式和大小中进行选择。

改变字体属性，例如 FontName、FontSize 和 FontBold，这些属性均列在属性窗口中。

改变表单中的文本，可以采用以下方法。

① 在表单设计器中选择要更改的控件。例如，选择标题"学生个人情况"。

② 在属性窗口中，在属性列表中选择想更改的对象。

例如选择"FontSize"，在"属性"下拉列表框中输入"18"，表示将字号设置成 18 号字。再选择"FontName"，在"属性"下拉列表中找到要更改的字体属性，选择"楷体"。

③ 单击"确定"按钮，关闭属性窗口。

运行表单，结果如图 7.39 所示。

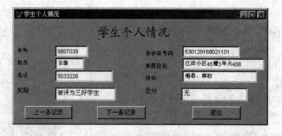

图 7.39　设置标签的字体和大小的运行结果

2. 向表单中添加形状和线条

定制表单时，还可以向表单中添加形状和线条。例如，把几组控件用分隔线分离开，或为隔离它们而把框中的一组相关控件包围起来。

（1）向表单中添加线条

① 在表单控件工具栏上单击"线条"按钮。

② 在表单中拖动鼠标生成线条。

可以像处理其他控件一样移动线条或调整它的大小，也可以用属性窗口中的 LineSlant 属性改变线条的倾斜度。

（2）向表单中添加形状

① 在表单控件工具栏上单击"形状"按钮。

② 在表单中拖动鼠标生成形状。

用属性窗口中的 Curvature 属性，可以改变所画的形状。

3. 向表单中添加图形

可以把图形添加到表单的背景中，或把图片添加到表单内的方框中。

要改变表单的背景，需选定该表单。或者要向表单中添加图片，需从表单控件工具栏中单击"图像"按钮并把它放在表单上。

向表单中添加图形的操作步骤如下。

① 在属性窗口中选择"Picture"属性。

② 单击对话框按钮，显示"打开"对话框。

③ 找到所需的位图文件或其他文件。

④ 单击"确定"按钮。图 7.40 所示为添加背景的表单。

4. 设置表单颜色

用户可以控制表单的颜色，方法是根据存在的配色方案，使用 ControlSource 属性，还可以使用调色板工具栏改变表单和其中控件的前景或背景颜色。

（1）用 ColorSource 属性设置表单颜色

在属性窗口的"布局"选项卡中，选择"ColorSource"属性，然后选择一个值。

（2） 设置表单或控件的前景色或背景色

① 从"显示"菜单中选择"工具栏"命令，并选择"调色板"选项，打开调色板工具栏。

② 单击"前景色"按钮或"背景色"按钮，如图 7.41 所示。

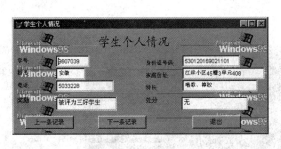

图 7.40　添加背景的表单

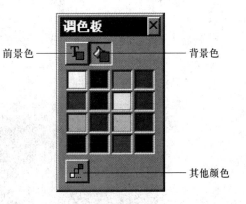

图 7.41　调色板工具栏

③ 选定想改变的控件或表单。

④ 在调色板工具栏中选择想使用的颜色。

如果希望有更多的颜色可供选择，单击"其他颜色"按钮。

（3）创建自定义颜色

① 在调色板工具栏时单击"其他颜色"按钮。

② 在"颜色"对话框中，单击"规定自定义颜色"按钮，显示自定义颜色选择器。

③ 选择一个"自定义颜色"框，然后在自定义颜色选择器中单击需要自定义的颜色，如图 7.42 所示。

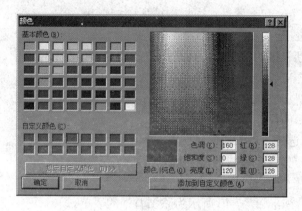

图 7.42　自定义颜色

④ 单击"添加到自定义颜色"按钮，把新颜色添加到调色板中。

⑤ 单击"确定"按钮，Visual FoxPro 的当前选项即可应用自定义颜色。

为表单和控件设置了背景色、图案后，可以做出非常美观漂亮的表单，但在选取背景和图形时，应选取淡雅的色彩，否则会冲淡表单应有的功能。

5. 设置最大的表单设计区域

设定表单的设计区域可定制表单，确保其在特定的分辨率下能正确显示。例如，如果知道用户使用的是 640×480 的分辨率来运行所设计的表单，则不能选择 1 024×768 作为最大设计区域。

设置最大的表单设计区域的操作步骤如下。

① 从"工具"菜单中选择"选项"命令。

② 在"表单"选项卡中选择"最大设计区"的值，如图 7.43 所示。

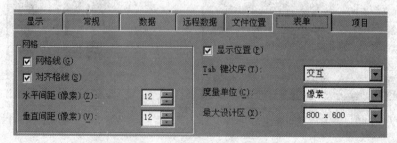

图 7.43　"表单"选项卡中设置最大设计区域

如果选择"无"选项，则表单设计器将不限制表单的设计大小。

7.3 一对多表单

7.3.1 使用表单向导创建一对多表单

每当新建一个表单时，都可以用表单向导来开始工作。同样的，创建一对多的多表表单，也可以用一对多表单向导来完成。

可用以下方法，由向导来创建表单。

① 在"项目管理器"对话框中选择"文档"选项卡，然后选择"表单"选项。

② 单击"新建"按钮。

③ 单击"表单向导"按钮。

④ 选择"一对多表单向导"选项。

这时，将创建包含了两个表中按一对多关系链接的数据的多表表单。

下面以创建一个名为"专业信息"的表单为例，介绍一对多表单的创建过程。

① 选择"一对多表单向导"选项，单击"确定"按钮，弹出一对多表单向导的"步骤 1-从父表中选定字段"对话框，如图 7.44 所示。

选择父表"专业"，在可用字段列表中出现可用字段。

② 单击双箭头按钮，所有可用字段将出现在"选定字段"列表框中。

单击"下一步"按钮，弹出一对多表单向导的"步骤 2-从子表中选定字段"对话框，如图 7.45 所示，左上角上红色箭头所指的蓝色区域是父表数据显示的区域。

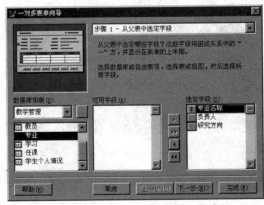
图 7.44 步骤 1-从父表中选定字段

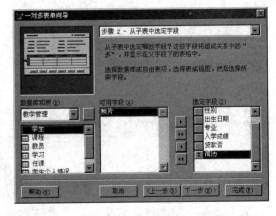
图 7.45 步骤 2-从子表中选定字段

选择父表"专业"的子表"学生"表，单击双箭头按钮，选定所有子表字段。

③ 单击"下一步"按钮，弹出一对多表单向导的"步骤 3-建立表之间的关系"对话框。

决定父表和子表的一对多关系的字段是"专业"，通过字段"专业名称"和"专业"，子表中的多个记录与父表中的一个记录相对应，如图 7.46 所示。

④ 单击"下一步"按钮，弹出一对多表单向导的"步骤 4-选择表单样式"对话框。选择样式为"浮雕式"，按钮类型为"文本按钮"，如图 7.47 所示。

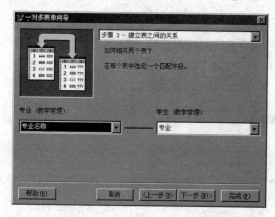

图 7.46　步骤 3-建立表之间的关系

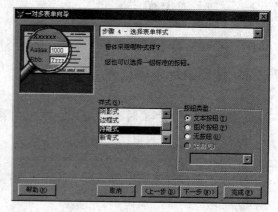

图 7.47　步骤 4-选择表单样式

⑤ 单击"下一步"按钮，弹出一对多表单向导的"步骤 5-排序次序"对话框。

在"可用的字段或索引标识"列表框中选择"专业名称"索引，单击"添加"按钮，如图 7.48 所示。

同时，选中"升序"单选按钮，父表中的记录将按照"专业名称"排序。

⑥ 单击"下一步"按钮，弹出一对多表单向导的"步骤 6-完成"对话框，如图 7.49 所示。

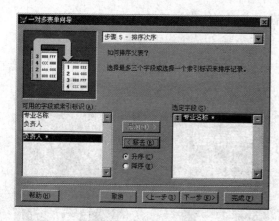

图 7.48　步骤 5-排序次序

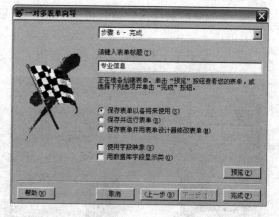

图 7.49　步骤 6-完成

在"请键入表单标题"文本框中，输入表单标题"专业信息"。

选中"保存表单以备将来使用"单选按钮，单击"预览"按钮，预览建立的表单。单击"返回向导"按钮，返回"完成"对话框。

⑦ 单击"完成"按钮，弹出"另存为"对话框，如图 7.50 所示。

在"保存在"框中选择文件夹"D:\教学管理\表单"。

在"保存表单为"文本框中输入表单名"专业信息"。系统默认的扩展名是 scx。

⑧ 单击"保存"按钮。这样，就建立了一个名为"专业信息"的表单。

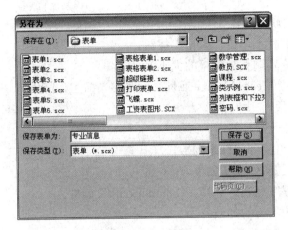

图 7.50 "另存为"对话框

此时,在"项目管理器"对话框中,从"文档"选项卡内可以看到所建立的表单,选择表单名"专业信息",然后单击"运行"按钮,表单开始运行。分别单击表单上的定位按钮,观察表单的运行情况。父表中一条记录的变化对应子表中多条记录的变化,如图 7.51 所示。

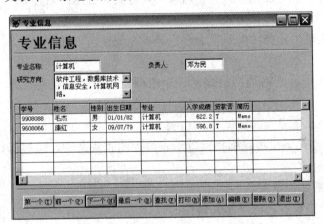

图 7.51 "专业信息"表单的运行情况

单击"关闭"按钮,可以关闭该表单。

7.3.2 使用表单设计器创建一对多表单

在向导中创建的一对多表单实际上是用表格来实现的。下面先介绍 Visual FoxPro 的表格对象,Visual FoxPro 利用表格来显示和操作多行数据。

1. 使用表格

表格是一个容器对象,表格能包含列。这些列除了包含表头和控件外,每一个列还拥有自己的一组属性、事件和方法程序,从而为表格单元提供了大量的控件。

表格对象能在表单或页面中显示并操作行和列中的数据。使用表格控件的一个非常有用的应用程序是创建一对多表单,例如将要创建的"学生管理"表单。

（1）将表格控件添加到表单

① 在表单控件工具栏上单击"表格"按钮。

② 在表单窗口中将其调整为期望的大小。

如果没有指定表格的 RecordSource 属性，同时在当前工作区中有一个打开的表，那么表格将显示这个表的所有字段。

（2）设置表格列数

首先需要设置的表格控件属性是列数。

设置表格中的列数的操作步骤如下。

① 在属性和方法程序列表中选择"ColumnCount"属性。

② 在属性框中输入需要的列数。

如果 ColumnCount 属性设置为-1（默认值），则在运行时，表格将包含与其链接的表中字段同样数量的列。

（3）在设计时人工调整表格的显示效果

在表格中加入列后可以改变列的宽度和行的高度。可以在属性窗口中人工设置列和行对象的高度和宽度属性，也可以在设计表格时以可视方式设置这些属性。

用以下方法切换到表格设计方式。

从表格的快捷菜单中选择"编辑"命令，或者在属性窗口的"对象"下拉列表框中，选择表格的一列。

在表格设计方式下，表格周围将显示一个粗框。若要退出表格设计方式，只需选择表单或其他控件即可。

用以下方法调整表格中列的宽度。

① 在表格设计方式下，将鼠标指针置于表格列的表头之间，这时指针变为带有左右两个方向箭头的竖条。

② 将列拖动到需要的宽度。

或者在属性窗口中设置列的 Width 属性。

用以下方法调整表格中行的高度。

① 在表格设计方式下，将鼠标指针置于表格控件左侧的第一个按钮和第二个按钮之间，这时指针将变成带有向上和向下箭头的横条。

② 将行拖动到需要的高度。

或者在属性窗口中设置列的 Height 属性。

另外，将 AllowRowSizing 设置为假(.F.)，可以防止用户在运行时改变表格行的高度。

（4）设置表格中显示的数据源

用户可以为整个表格设置数据源，也可以为每个列单独设置数据源。

为整个表格设置数据源的操作步骤如下。

① 选择表格。

② 选择属性窗口的"RecordSourceType"属性。

如果让 Visual FoxPro 打开表，则将 RecordSourceType 属性设置为"0-表"；如果在表格中放入打开表的字段，则将 RecordSourceType 属性设置为"1-别名"。

③ 选择属性窗口中的"RecordSource"属性。

④ 输入作为表格数据源的别名或表名。

如果想在特定的列中显示一个特定字段，也可以为列设置数据源。

设置列的数据源的操作步骤如下。

① 选择列。

② 选择属性窗口的"ControlSource"属性。

③ 输入作为列的数据源的别名、表名或字段名。

（5）向表格添加记录

将表格的 AllowAddNew 属性设置为真(.T.)，可以允许用户向表格中显示的表中添加新的记录。如果将 AllowAddNew 属性设置为真，当用户选中了最后一个记录，并且按 DOWN ARROW 键时，就向表中添加了新记录。

如果还想进一步控制用户什么时候向表中添加新记录，可以将 AllowAddNew 属性设置为默认的假(.F.)，并使用 APPEND BLANK 或 INSERT 命令添加新记录。

2. 使用表格控件创建一对多表单

表格最常见的用途之一是，当文本框显示父记录数据时，表格显示表的子记录；当用户在父表中浏览记录时，表格将显示相应的子记录。

如果表单的数据环境包含两表之间的一对多关系，那么要在表单中显示这个一对多关系非常容易。

（1）设置父表格与子表格形式的一对多表单

首先，在项目管理器中，新建一个新的表单，打开表单设计器。

① 将需要的字段从数据环境中的父表拖动到表单中。

例如，在新建的表单中单击右键，在弹出的快捷菜单中选择"数据环境"命令，打开数据环境设计器。向数据环境设计器中加入"专业"表和"学生"表。

拖动"专业"表到表单中。将专业表作为父表。

② 从数据环境中将相关的子表拖动到表单中。这里，拖动"学生"表。

③ 按照前面所讲的方法，调整表格的大小和位置。

这样就创建了一个一对多的表单，运行结果如图 7.52 所示。运行中单击不同的专业名称，在子表中将出现不同的记录。

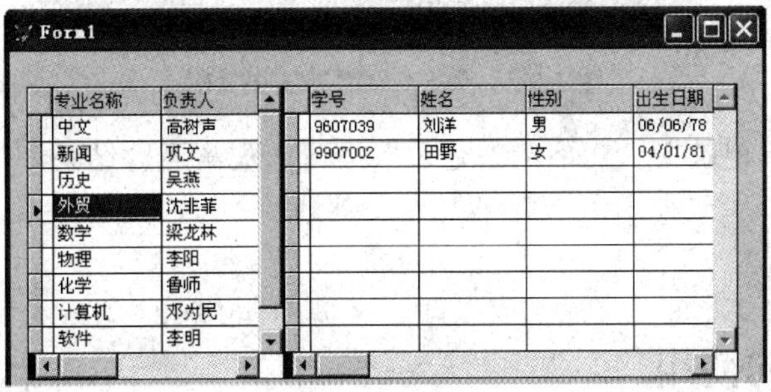

图 7.52　多表表单运行结果（a）

运行该表单，分别单击父表中的不同记录，观察子表记录的变化。在大多数情况下，都要为表单或表单集创建一个数据环境，但是即使不用数据环境，创建一对多表单也并不复杂。

（2）设置文本框与子表格形式的一对多表单

例如，打开表单设计器，创建一个名为"所学专业"的新表单，创建过程如下。

① 添加一个标签"所学专业"。将文本框添加到表单中，用于显示主表中的字段。

② 设置文本框的 ControlSource 属性为主表，例如设置为"专业.专业名称"。

③ 在表单中添加一个表格。

④ 将表格的 RecordSource 属性设置为相关表的名称，例如设置为"学生"。

⑤ 设置表格的 LinkMaster 属性为主表名称，例如设置为"专业"。

⑥ 设置表格的 ChildOrder 属性为相关表中索引标识的名称，索引标识和主表中的关系表达式相对应。这里，子表通过"专业"字段与父表关联，ChildOrder 属性设置为"专业"。

⑦ 将表格的 RelationalExpr 属性设置为联接相关表和主表的表达式。例如，如果ChildOrder标识以"专业"建立的索引，应将 RelationalExpr 也设置为相同的父表的表达式。这里将 RelationalExpr 属性设置为"专业名称"。

无论用哪种方法建立一对多表单，都可以添加定位控件，浏览父表并刷新表单对象。例如，仿照前面的方法，添加 3 个命令按钮，分别是"上一条记录"、"下一条记录"和"退出"。在"上一条记录"命令按钮的 Click 事件中可包含下面的代码：

```
SELECT 专业        &&选取父表
SKIP –1
IF BOF()
    GO TOP
ENDIF
THISFORM.Refresh
```

同样地添加"下一条记录"和"退出"按钮的代码，运行结果如图 7.53 所示。

图 7.53　多表表单运行结果（b）

分别单击"上一条记录"、"下一条记录"按钮，观察运行结果。单击"退出"按钮，关闭表单。

7.4 常用控件的使用

在表单中可以有两类控件：与表中数据绑定的控件和不与数据绑定的控件。当用户使用绑定型控件时，所输入或选择的值将保存在数据源中（数据源可以是表的字段、临时表的字段或变量）。要想把控件和数据绑在一起，可以设置控件的 ControlSource 属性。如果绑定表格和数据，则需要设置表格的 RecordSource 属性。

如果没有设置控件的 ControlSource 属性，用户在控件中输入或选择的值只作为属性设置保存。在控件生存期之后，这个值并不保存在磁盘上，也不保存到内存变量中。

某些控件（例如"标签"、"形状"、"线条"）并不显示表或视图中的数据，也不执行操作，但其他大部分控件则不是。因此，需要告诉 Visual FoxPro 用这些控件显示哪个字段，或者想让它们执行什么操作。例如，让一个文本框显示字段的值，或者用一个按钮执行一个命令。

要使新控件在表单中正确运行，需将其与要显示的表和字段连接或数据绑定在一起。将控件链接到要显示的数据，或链接到要输入并存储数据的字段，其方法是在属性窗口中设置 ControlSource 属性。

例如，如果往表单中添加一个新文本框，应该设置 ControlSource 属性来指向表或视图中的字段，告诉 Visual FoxPro 从何处得到该文本框的值。此后可设置其他属性来控制该控件的外观。

7.4.1　根据任务选择合适的控件

Visual FoxPro 的控件具有良好的灵活性和通用性，虽然可以用多种控件来完成某个特定的任务，但最好保持控件使用方法的一致性。这样，当用户一看到所提供的界面，就知道自己能做什么。例如，标签和命令按钮都具有 Click 事件，但熟悉图形界面的用户更习惯单击命令按钮来执行指令。

表单中控件的绝大部分功能可以归为下列几种。

第一种：为用户提供一组预先设定的选择。

确保数据库数据有效性的最直接方法之一就是为用户提供一组预先设定的选项。控制用户的选择，可以保证在数据库中不存储无效数据。可以使用选项按钮组、列表框、下拉列表框和复选框，为用户提供一组预先设定的选择。

第二种：接受不能预先设定的用户输入。

这可以使用文本框、编辑框和组合框。

第三种：在给定范围内接受用户输入。

这可以使用微调按钮。

第四种：允许用户执行特定的命令。

这可以使用命令按钮和命令按钮组。

第五种：在给定的时间间隔内执行特定的命令。

这可以使用计时器。

第六种：显示信息。

这可以使用图像、标签、形状和线条以及文本框、编辑框。

以下为了说明各个控件的功能，先建立一个输入表单，基于表"学生"，然后逐步完善该表单。

① 在"教学管理"项目管理器中选择"表单"选项，单击"新建"按钮，单击"新建表单"按钮，打开表单设计器。

② 单击右键，在弹出的快捷菜单中选择"数据环境"命令，打开数据环境设计器。在"添加表和视图"对话框中，选择"学生"，单击"添加"按钮。

③ 将"学生"表中的字段拖动到表单中，按照前面所讲的方法，调整各控件的位置，得到如图 7.54 所示的表单。

④ 添加两个命令按钮，设置 Caption 属性为"录入"和"退出"。

⑤ 打开"录入"按钮的代码窗口，输入代码如下：

```
APPEND BLANK
GO BOTTOM
THISFORM.Refresh
```

⑥ "退出"按钮的代码如下：

```
DELETE ALL FOR 学号="        "
pack
Release THISFORM
```

单击"录入"按钮，输入如图 7.55 所示的记录。单击"退出"按钮关闭表单，将该表单以文件名"输入示例"为名保存在"D:\教学管理\表单"下。

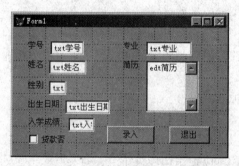

图 7.54　输入示例

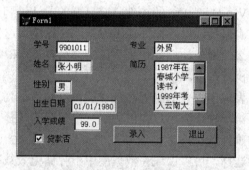

图 7.55　运行输入示例表单

7.4.2　使用选项按钮组

选项按钮组是包含选项按钮的容器。通常，选项按钮允许用户指定对话框中几个操作选项中的一个，而不是输入数据。例如，选项按钮可以指定是向文件或打印机输出结果,还是进行打印预览。

1. 设置选项按钮组中的选项按钮数目

在表单中创建一个选项按钮组时，它默认包含两个选项按钮，改变 ButtonCount 属性可以设置选项按钮组中的选项按钮数目。

设置选项按钮数目的操作步骤如下。

① 打开属性窗口，设置 ButtonCount 属性。

② 输入所需的选项按钮数目。例如，要想使一个选项按钮组包含 6 个选项按钮，可将这个选项按钮组的 ButtonCount 属性设置为 6。

2．设置选项按钮的属性

在表单设计器中，人工调整选项按钮组或命令按钮组的单个组件，可从这个组的快捷菜单中选择"编辑"命令。

可以在属性窗口中设置单个按钮的属性。也可以在运行时通过指定选项按钮的名称和属性值来设置这些属性。

3．判断当前选定的按钮

根据选项按钮的 Value 属性可以判断用户选定了哪个按钮。假设按钮的控件源为数值型，且组中有 5 个按钮，如果选定了第 3 个按钮，则选项按钮组的 Value 属性值为 3。如果没有选定选项按钮，选项按钮组的 Value 属性为 0。

如果选项按钮组的 ControlSource 属性是一个字符型字段，或者如果在运行表单之前将 Value 属性设置为一个字符值，则组的 Value 属性就是被选中的选项按钮的标题。

4．将一个选项按钮的 Caption 属性保存到表中

① 将选项按钮组的 Value 属性设置为空字符串。

② 将按钮组的 ControlSource 属性设置为表中的一个字符型字段。

例如，组中选项按钮的标题分别为 A、B、C 和 D，并且选项按钮组的 ControlSource 属性设置为一个字符型字段，那么当用户选择标题为 B 的按钮时，B 将被保存在字段中。

例如，在上面所建的"输入示例"表单中，在输入时，"性别"可以通过选项按钮来选择。可以通过以下方法修改表单，将"性别"做成选项按钮。

① 在"教学管理"项目管理器中，选择"学生"表，单击"修改"按钮，打开表设计器，单击"性别"字段，在"匹配字段类型到类"选项组的"显示类"下拉列表框中选择"OptionGroup"选项，表示将"性别"字段映射成选项按钮组。

② 单击"确定"按钮，关闭表设计器，将所做修改保存。

③ 在"教学管理"项目管理器中选择"输入示例"表单，单击"修改"按钮，在表单设计器中打开"输入示例"表单。

④ 选中"性别"标签和"性别"文本框，将这两个控件删除并调整其他控件的位置。

⑤ 单击右键，在弹出的快捷菜单中选择"数据环境"命令，打开数据环境设计器。在数据环境设计器中将"学生"表中的"性别"字段拖到表单中，得到如图 7.56 所示的结果。

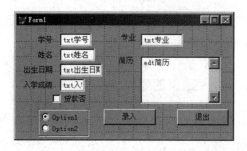

图 7.56　建立"性别"选项按钮组

⑥ 右键单击选项按钮组，在弹出的快捷菜单中选择"编辑"命令，则选项按钮组的周围出现粗边。单击"Option1"，打开属性窗口，将 Caption 属性设置为"男"，同样地将"Option2"的 Caption 属性设置为"女"。

⑦ 关闭表单设计器，将所作修改保存。

⑧ 运行该表单，结果如图 7.57 所示，并输入如图 7.57 所示的记录。

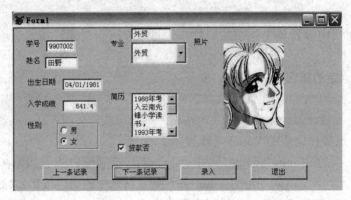

图 7.57　使用"性别"选项按钮

7.4.3　使用列表框和下拉列表框

列表框和下拉列表框（即 Style 属性为 2 的组合框控件——下拉列表）为用户提供了包含一些选项和信息的可滚动列表。

在列表框中，任何时候都能看到多个项；而在下拉列表中，只能看到一个项，可单击向下按钮来显示可滚动的下拉列表框。

具有相同 RowSource 属性设置的列表框和下拉列表框如图 7.58 所示。

图 7.58　列表框和下拉列表框

如果表单上有足够的空间，并且想强调可以选择的项，则使用列表框；如果要想节省空间，并且想强调当前选定的项，则使用下拉列表框。

1. 常用的列表框属性

① ColumnCount 属性：指明列表框的列数。

② ControlSource 属性：指明从列表中选择的值保存在何处。

③ RowSource 属性：指明列表中显示的值的来源。

④ RowSourceType 属性：确定 RowSource 是哪种类型，即一个值、表、SQL 语句、查询、

数组、文件列表或字段列表。

列表框的 RowSourceType 属性设置如表 7.3 所示。

表 7.3　列表框 RowSourceType 属性设置

RowSourceType	列表项的源
0	无，由程序向列表中添加项
1	值
2	别名
3	SQL 语句
4	查询（qpr）
5	数组
6	字段
7	文件
8	结构
9	弹出式菜单

2. 填充列表框或组合框

通过设置 RowSourceType 和 RowSource 属性，可以用不同数据源中的项填充列表框。

RowSourceType 属性决定列表框或组合框的数据源类型，如数组或表。

设置好 RowSourceType 后，设置 RowSource 属性可指定列表项的数据源。

下面将详细介绍 RowSourceType 的不同设置。

①“无”：如果将 RowSourceType 属性设置为 0（默认值），则不能自动填充列表项。可以用 AddItem 方法程序添加列表项，RemoveItem 方法程序从列表中移去列表项。

②“值”：如果将 RowSourceType 属性设置为 1，可用 RowSource 属性指定多个要在列表中显示的值。如果在属性窗口中设置 RowSource 属性，则用逗号分隔列表项。

③“别名”：如果将 RowSourceType 属性设置为 2，可以在列表中包含打开表的一个或多个字段的值。

如果将 ColumnCount 属性设置为 0 或 1，列表将显示表中第一个字段的值；如果将属性设置为 3，列表将显示表中最前面的 3 个字段值；如果不想按字段在表中的保存顺序显示字段，可将 RowSourceType 属性设置为“3-SQL 语句”或“6-字段”。

如果将 RowSourceType 设置为“2-别名”或“6-字段”，当在列表中选择新值时，表的记录指针将移动到用户所选择项的记录上。

④“SQL 语句”：如果将 RowSourceType 属性设置为“3-SQL 语句”，则在 RowSource 属性中包含一个 SQL SELECT 语句。

⑤“查询”：如果将 RowSourceType 属性设置为 4，则可以用查询的结果填充列表框，查询是在查询设计器中设计的。当 RowSourceType 设置为 4 时，将 RowSource 属性设置为 qpr 文件。

⑥“数组”：如果将 RowSourceType 属性设置为 5，则可以用数组中的项填充列表。

⑦“字段”：如果将 RowSourceType 属性设置为 6，则可以指定一个字段或用逗号分隔的一系列字段值来填充列表，例如姓名、性别、年龄等。

如果 RowSourceType 属性为"6-字段"，可以在 RowSource 属性中包括下列信息。

字段；

别名.字段；

别名.字段,字段,字段,…；

如果想在列表中包括多个表的字段，需将 RowSourceType 属性设置为"3-SQL 语句"。

与 RowSourceType 值为"2-别名"不同，RowSourceType 值为"6-字段"时允许不按字段在表中的实际位置来显示字段。

⑧ "文件"：如果将 RowSourceType 属性设置为 7，将用当前目录下的文件来填充列表，而且，列表中的选项允许选择不同的驱动器和目录，并在列表中显示其中的文件名。

可将 RowSource 属性设置为列表中显示的文件类型。例如，要在列表中显示 Visual FoxPro 表，可将 RowSource 属性设置为"*.dbf"，如图 7.59 所示，左边是属性设置，右边是用文件名填充的列表。

图 7.59　用目录中文件名填充的列表

3. 允许用户从列表向表中输入数据

如果列表的 ControlSource 属性设置为字段，那么用户在列表中选择的项将会写到表中。这是保持表中数据完整性的一个简单方法。因为这样做用户可能输入错误数据，但不可能输入非法值。

例如，用户如果在列表中选择专业，就不能输入无效的专业名称。

在"输入示例"表单中，将"专业"字段做成下拉列表框，让用户从专业列表中选择专业。

① 在"教学管理"项目管理器中，选择"输入示例"表单，单击"修改"按钮，打开表单设计器。

② 将"专业"文本框删除，调整"专业"标签及其他控件的位置。

③ 单击表单控件工具栏上的"组合框"按钮，在表单中"专业"标签的旁边画出一个"组合框"控件。

右键单击组合框控件，在弹出的快捷菜单中选择"属性"命令，在属性下拉列表框中设置"组合框"控件的 Style 属性为"2-下拉列表框"。

④ 设置组合框的 RowSourceType 为"字段"，RowSource 为"学生.专业"。

⑤ 保存表单，运行该表单，并输入如图 7.60 所示的记录。单击"退出"按钮，关闭表单。

图 7.60　用下拉列表框输入专业

7.4.4　使用复选框

可以使用复选框让用户指定一个布尔状态："真"、"假"；"开"、"关"；"是"、"否"。例如，前面表单中使用的"贷款否"就是一个复选框。

复选框的 Value 属性反映最近一次指定的数据类型。如果将该属性设置为真(.T.) 或假(.F.)，则类型为逻辑型，直到属性重新设置为数值型值。

如果将复选框的 ControlSource 属性设置为表中的一个逻辑字段，那么当前的记录值为真(.T.) 时，复选框显示为选中；如果当前记录值为假(.F.)，则复选框显示为未选中；如果当前记录为 NULL 值(.NULL.)，则复选框变为灰色。例如，复选框选中时，表示"贷款否"的值为T，未选中时，表示"贷款否"的值为 F。

7.4.5　使用文本框

文本框是一类基本控件，它接收不能预先确定的用户输入，它允许用户添加或编辑保存在表中非备注字段中的数据。

如果设置了文本框的 ControlSource 属性，则显示在文本框中的值将保存在文本框的 Value 属性中，同时保存在 ControlSource 属性指定的变量或字段中。

1. 对文本框中的文本进行格式编排

文本框的 InputMask 属性决定在文本框中可以输入的值，而 Format 属性则决定文本框中值的显示方式。

InputMask 属性决定了输入到文本框中字符的特性。例如，将 InputMask 属性设置为"999 999.99"可限制用户只能输入具有两位小数并小于 1 000 000 的数值。在用户输入任何值之前，逗号和句号就显示在文本框中。如果用户按一个字符键，则这个字符不能显示在文本框中。

如果有逻辑字段，并且想让用户能输入 Y 或 N，而不是 T 或 F，应将 InputMask 属性设置为 Y。

2. 在文本框中接收用户密码

在应用程序中，经常需要获得某些安全信息，如密码，这时可以用文本框来接收这一信息，而在屏幕上并不显示。

将文本框的 PasswordChar 属性设置为"*"或其他的一般字符。

如果属性设置为除空字符串外的任何字符，文本框的 Value 和 Text 属性将保存用户的实际输入值，而对于用户所按的每一个键都用一般的字符来显示。

例如，设计一个用户界面，接收密码正确后，调用"输入示例"表单。

① 在"教学管理"项目管理器中，选择"表单"选项，单击"新建"按钮，然后单击"新建表单"按钮，打开表单设计器。

② 建立一标签控件，设置 Caption 属性为"请输入密码："。

③ 在标签控件后面，建立一文本框控件，设置 PasswordChar 属性为"*"。这样，输入的密码就以"*"号显示。

④ 建立两个命令按钮，Caption 属性分别为"确定"和"退出"。

⑤ 双击"确定"按钮，打开代码窗口。在代码窗口中输入如图 7.61 所示的代码。

在这个代码窗口中，先判断输入的密码是否为"123456"，如果是，则运行"输入示例"表单；如果不是，则显示一个出错信息消息框。

⑥ 双击"退出"按钮，打开代码窗口。在代码窗口中输入如下代码：

  Release thisform

⑦ 将表单以文件名"密码"保存在"D:\教学管理\表单"下。

⑧ 运行"密码"表单，如图 7.62 所示，输入所设置的密码，当密码输入正确后，调用"输入示例"表单；当输入密码不正确时，提示重新输入正确密码。

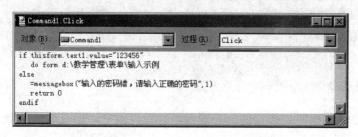
图 7.61 "确定"按钮代码

图 7.62 输入密码运行界面

7.4.6 使用编辑框

在编辑框中允许用户编辑长字段或备注字段文本，允许自动换行并能用方向键、PgUp 和 PgDn 键以及滚动条来浏览文本。

如果用户想在编辑框中编辑备注字段，只需将编辑框的 ControlSource 属性设置为该备注字段。例如，如果在名为"学生"的表中有一个"简历"备注字段，可以将编辑框的 ControlSource 属性设置为"学生.简历"，这样用户就能在编辑框中编辑这个备注字段。

在设计时，编辑框的 ReadOnly 属性确定用户能否修改编辑框中的文本；Scrollbars 属性确定是否具有垂直滚动条。

7.4.7 使用组合框

组合框兼有列表框和文本框的功能。有两种形式的组合框，即下拉组合框和下拉列表框，通过更改控件的 Style 属性可选择想要的形式。下拉列表框已在 7.4.3 节中讨论过。

用户可以单击下拉组合框上的按钮以查看选择项的列表，也可以直接在按钮旁边的框中直接输入一个新项。组合框的 Style 属性默认为 "0-下拉组合框"。

要将新的用户值添加到下拉组合框中，可在与组合框的 Valid 事件相关的方法程序中使用下面一行代码：

THIS.AddItem(THIS.Text)

表 7.4 列出了在设计时刻使用的组合框属性。

表 7.4　组合框属性

属性	说明
ControlSource	指定用于保存用户选择或输入值的表字段
DisplayCount	指定在列表中允许显示的最大数目
InputMask	对于下拉组合框，指定允许输入的数值类型
IncrementalSearch	指定在用户输入每一个字母时，控件是否和列表中的项匹配
RowSource	指定组合框中项的来源
RowSourceType	指定组合框中数据源类型。组合框 RowSourceType 属性和列表框一样
Style	指定组合框是下拉组合框还是下拉列表

7.4.8　使用微调控件

接受给定范围的数值输入时，可以使用微调控件。

设置 InputMask 属性，并在 Valid 事件写入有关代码，虽然能确保输入到文本框中的数值在给定范围内，但检查输入值范围更简单的方法是使用微调控件。

微调控件可以让用户通过微调值来选择，或直接在微调框中输入值。

1. 设置用户输入值的范围

① KeyboardHighValue 和 SpinnerHighValue 属性：设置可在微调控件中输入的最大值。

② KeyboardLowValue 和 SpinnerLowValue 属性：设置可在微调控件中输入的最小值。

通常，单击向上按钮将增加微调值。要想单击向上按钮时减少微调值，可将 Increment 属性设置为-1。微调控件值一般为数值型。

2. 常用的微调属性

表 7.5 列出了在设计时刻常用的微调控件属性的设置。

表 7.5　微调控件属性

属性	说明
Interval	用户每次单击向上或向下按钮时增加和减少的值
KeyboardHighValue	用户能输入到微调文本框中的最高值
KeyboardLowValue	用户能输入到微调文本框中的最低值
SpinnerHighValue	用户单击向上按钮时，微调控件能显示的最高值
SpinnerLowValue	用户单击向下按钮时，微调控件能显示的最低值

例如，前面所建的"工资表"，如果在输入奖金时，奖金的最大值是 300，最小值是 0，则可以按以下方法添加微调控件。

① 在"教学管理"项目管理器中新建表单，打开表单设计器。在数据环境设计器中添加"工资表"，关闭数据环境设计器。

② 在表单设计器中，单击表单控件工具栏上的"微调控件"按钮，在表单中拖动到合适的大小，如图 7.63 所示。

③ 在微调控件的前面添加标签"奖金"。

④ 设置微调控件的 ControlSource 属性为"工资表.奖金"。

⑤ 设置微调控件的 KeyboardHighValue 属性为 300，SpinnerHighValue 属性为 300，KeyboardLowValue 属性为 0，SpinnerLowValue 属性为 0。

⑥ 运行表单，结果如图 7.64 所示。单击微调控件中的向上按钮和向下按钮，可以看到微调控件的变化。

图 7.63　添加微调控件　　　　　　　图 7.64　运行结果

因为设置了微调控件的 ControlSource 属性为"工资表.奖金"，所以，当在这个表单中微调控件的值被改变时，将反映到"工资表"中。

7.4.9　使用命令按钮和命令按钮组

在表单设计中，经常想完成一些和操作值无关的特定动作。例如，让用户关闭一个表单，打开另一个表单，在表中浏览、保存或取消编辑，运行报表或查询，跳至 Internet 或 Intranet 上的目标地址以及任何其他的操作。前面的定位按钮、"退出"按钮、"确定"按钮等都是命令按钮。

特定操作代码通常放置在命令按钮的 Click 事件中。

将命令按钮的 Default 属性设置为真(.T.)，可使该命令按钮成为默认选择。默认选择的按钮比其他命令按钮多一个粗的边框。如果一个命令按钮是默认选择，那么按 Enter 键后，将执行这个命令按钮的 Click 事件。

在设计时，命令按钮的 Caption 属性指明在按钮上显示的文本。

还可以将命令按钮组成一组，这样可以单独操作，也可将它们作为一个组来统一操作。

在设计时，命令按钮组的 ButtonCount 属性指明组中命令按钮的数目。

7.4.10　使用"超级链接"对象

可以使用"超级链接"对象跳转到 Internet 或 Intranet 的一个目标地址上。使用"超级链接"对象可启动一个链接的应用程序（一般是 Internet 浏览器，例如 Microsoft Internet Explorer），然后打开地址中指定的页面。此超级链接的 NavigateTo( )方法程序允许用户指定跳转目标的地址。

例如，要从表单定位到互联网上的某个 Microsoft Internet 站点，首先应将超级链接控件添加到表单上，然后再添加一个命令按钮，随后为此命令按钮的 Click 事件添加以下代码：

THISFORM.Hyperlink1.Navigateto('www.microsoft.com')

当表单运行时，单击命令按钮即可跳转到 Microsoft Web 站点上。

例如，在表单中使用一个跳转按钮，指示当单击该按钮时转到"云南大学网站"，操作步骤如下。

① 在"教学管理"项目管理器中，创建新表单，打开表单设计器。

② 在表单设计器中，单击表单控件工具栏上的"超级链接"按钮，在表单中放到适合的位置。

③ 添加命令按钮，设置 Caption 属性为"单击此处，跳到云大校园网站"，如图 7.65 所示。

④ 双击命令按钮，打开代码窗口，在命令按钮 Click 事件代码窗口中输入 THISFORM.Hyperlink1.Navigateto('www.ynu.edu.cn')。

⑤ 运行该表单，结果如图 7.66 所示。

图 7.65　添加超级链接控件　　　　图 7.66　运行时看不到超级链接控件

在运行时刻看不到超级链级，只看到命令按钮。单击该命令按钮，将打开云南大学网站。

7.4.11　计时器控件

计时器控件允许在指定的时间间隔执行操作和检查数值。

计时器控件与用户的操作独立。它对时间做出反应，可以让计时器以一定的间隔重复地执行某种操作。计时器通常用来检查系统时钟，确定是否到了应该执行某一任务的时间。对于其他一些后台处理，计时器也很有用。

每个计时器都有一个 Interval 属性，它指定了一个计时器事件和下一个计时器事件之间的毫秒数。如果计时器有效，它将以近似等间隔的时间接收一个事件（命名为 Timer 事件）。

Timer 事件是周期性的。Interval 属性不能决定事件已进行了多长时间，而是决定事件发生的频率。

1. 将计时器控件放置在表单中

将计时器控件放置在表单中就像放在其他控件中一样，只需在表单控件工具栏中选择计时器工具并把它拖动到表单中即可。

设计时，计时器在表单中是可见的，这样便于选择属性、查看属性和为它编写事件过程。而运行时，计时器不可见，它的位置和大小都无关紧要。

2. 计时器控件

计时器控件有两个主要属性，如表 7.6 所示。

表 7.6　计时器控件属性

属性	设置
Enabled	若想让计时器在表单加载时就开始工作，应将这个属性设置为真(.T.)，否则将这个属性设置为假(.F.)。也可以选择一个外部事件（如命令按钮的 Click 事件）启动计时器操作
Interval	Timer 事件之间的毫秒数

3. 对计时器事件的响应

当一个计时器的时间间隔过去后，Visual FoxPro 将产生一个 Timer 事件。可以通过检查一些普通的条件（如系统时钟）来对这个事件做出响应。

数字时钟是使用计时器控件的一个简单但非常有用的应用程序。一旦弄清这个应用程序的工作原理，就可以将它改进为闹钟、跑表或其他计时工具。下面制作一个数字时钟。

① 新建一个表单，打开表单设计器。

② 在表单上建立一个标签控件，设置 Caption 属性为"数字时钟"。

③ 在"数字时钟"后面建立一个标签控件，设置 Name 属性为 lblTime。

④ 在表单中建立计时器控件，位置和大小任意,如图 7.67 所示。

图 7.67 计时器控件

⑤ 双击计时器控件，在 Timer 事件过程中输入如图 7.68 所示的代码。

⑥ 关闭代码窗口，打开属性窗口，设置计时器控件的属性，如表 7.7 所示。

表 7.7 计时器控件属性

控件	属性	设置
Timer1	Interval	300（毫秒）
Timer1	Enabled	True

这个应用程序唯一的过程是 Timer 事件过程，如图 7.68 所示。其中的代码在改变标题之前进行测试，看标签中显示的时间是否和现在的时间不同。

⑦ 运行该表单，如图 7.69 所示，即建立了一个数字时钟。数字时钟随系统时间而走动，且在运行时刻看不见计时器。

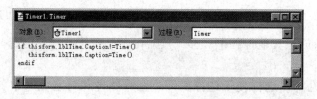

图 7.68 Timer 事件过程代码

图 7.69 数字时钟

7.4.12 显示信息

完美的设计原则就是使信息可视，且操作直观。可以用下面的控件来显示用户需要的信息：图像、标签、文本框、编辑框、形状。

1. 使用图像

图像控件允许在表单中添加图片（jpg 文件）。图像控件在前面讲述过，图像控件的 Picture 属性指明要显示的图片（jpg 文件）。除标题外，命令按钮、复选框和选项按钮也能显示图片。这些控件都具有在控件上显示图片的属性。

如果只显示图片而不显示标题，可在属性窗口的属性编辑框中删除默认标题，将 Caption 属性设置为空字符串。

2. 使用标签

与文本框相比，标签没有数据源，不能直接编辑，也不能用 Tab 键选择。

标签常用于向表单添加说明性文字，制作标题等。标签的 Caption 属性指明了标签显示的文本。

在程序中可以改变标签的 Caption 和 Visible 属性，便于使标签显示不同的内容。

3. 使用文本框和编辑框

文本框和编辑框可以用于显示文本。设置文本框和编辑框的 ReadOnly 属性为真(.T.)，可以显示那些只能查看而不能修改的信息。如果编辑框无效，用户就不能滚动文本。

4. 使用形状和线条

形状和线条有助于通过可视方式将表单中的组件归成组。实践表明，将相关项联系起来有助于用户学习和了解界面，更易于使用应用程序。例如，在"学生个人情况"表单中，利用线条将相关项放在一起，做出立体效果的表单，如图 7.70 所示。

图 7.70 使用线条的表单

7.4.13 表格

表格是一个容器对象，和表单集包含表单一样，表格也能包含列。这些列除了包含表头和控件外，每一个列还拥有自己的一组属性、事件和方法程序，从而为表格单元提供了大量的控件。

1. 在表格列中显示控件

除了在表格中显示字段数据，还可以在表格的列中嵌入控件，这样就为用户提供嵌入的文本框、复选框、下拉列表框、微调按钮和其他控件。例如，如果表中有一个逻辑字段，当运行该表单时，通过辨认复选框可以判定哪个记录值是真(.T.) 和哪个记录值是假(.F.)。修改这些值只需设置或取消选中复选框即可。

可以在表单设计器中交互地向表格列中添加控件，也可以通过编写代码在运行时刻添加控件。

向表格列中添加控件的操作步骤如下。

① 在表单中添加一个表格。

② 在属性窗口中，将表格的 ColumnCount 属性设置为需要的列数。

例如，如果需要一个两列的表格则输入"2"。

③ 在属性窗口的"对象"下拉列表框中为控件选择父列。

例如，要选择 Column1 来添加控件，当选择这一列时，表格的边框发生变化，表明正在编辑一个包含其中的对象。

④ 在表单控件工具栏中选择所要的控件，然后单击父列。

⑤ 在表单设计器中，新控件不在表格列中显示，但在运行时会显示出来。

⑥ 在属性窗口中，要确保该控件缩进显示在"对象"框中父列下面。

在表单设计器中移去表格列中的控件，可以用以下方法。

① 在属性窗口的"对象"下拉列表框中选择要移去的控件。

② 激活表单设计器。

③ 如果属性窗口可见，控件的名称将显示在"对象"框中。

④ 按 Delete 键。

2. 常用的表格属性

表 7.8 列出了设计时常用的表格属性。

表 7.8 表 格 属 性

属性	说明
ChildOrder	和父表的主关键字相联接的子表中的外部关键字
ColumnCount	列的数目。如果 ColumnCount 设置为-1，表格将具有和表格数据源中字段数一样多的列
LinkMaster	显示在表格中的子记录的父表
RecordSource	表格中要显示的数据
RecordSourceType	表格中显示数据来源于何处：表、别名、查询或用户根据提示选定的表

7.4.14 使控件易于使用

应让用户尽可能容易地了解和使用控件，使用访问键、Tab 键次序、工具提示文本都能设计出易于使用的应用程序。

1. 设置访问键

访问键能在表单中的任何地方通过按 Alt 和访问键来选择一个控件。

可以在控件的 Caption 属性中，在想作为访问键的字母前输入一个反斜杠和一个小于符号(\<)，为控件指定访问键。

例如，对命令按钮的 Caption 属性的设置，将 O 作为它的访问键："确定\<Ok"，用户能在表单中任何地方按 Alt+O 键选择这个命令按钮。

2. 设置工具提示文本

每个控件都有一个 ToolTipText 属性，当用户的鼠标指针在控件上停留时，将显示这个属性指定的文本。提示对于带有图标而没有文本的按钮特别有用。

例如，为"输入示例"表单指定"录入"按钮的工具提示文本，操作步骤如下。

① 在属性窗口中选择 ToolTipText 属性。

② 输入需要的文本，例如输入"单击该按钮，输入记录到表中"。 设置表单的 ShowTips 属性为"T"，显示工具提示文本。

当鼠标停留在"录入"按钮上时显示提示文本，如图 7.71 所示。

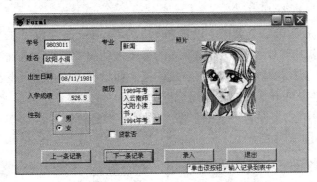

图 7.71　显示工具提示文本

7.4.15　扩展表单

页框能扩展表单的表面面积，ActiveX 控件则能扩展表单的功能。

1. 使用页框

页框是包含页面的容器对象，页面又可包含控件。可以在页框、页面或控件级上设置属性。

可以把页框想象为有多层页面的三维容器，只有最上层页面（或在页框的顶部）中的控件才是可见的、活动的。

（1）表单上一个页框可有多个页面

页框定义了页面的位置和页面的数目，页面的左上角固定在页框的左上角。控件能放置在超出页框尺寸的页面上。这些控件是活动的，但如果不从程序中改变页框的 Height 和 Width 属性，那么这些控件将不可见。

（2）在应用程序中使用页面

使用页框和页面，可以创建带选项卡的表单或对话框，如同经常使用的"项目管理器"界面一样。

此外，用页框还能在表单中定义一个区域，在这个区域中可以方便地将控件换入换出。例如，在向导中，表单的大部分内容是保持不变的，但有一个区域在每一步都要更改。此时不必为向导的不同步骤创建 5 个表单，而只需创建一个带有页框的表单，页框中有 5 个页面即可。

（3）将页框添加到表单中

表单中可以包含一个或多个页框。例如，创建一个新的表单，在表单中添加页框。

用以下方法可以将页框添加到表单中。

① 在表单控件工具栏中，单击"页框"按钮并在表单窗口拖动到想要的尺寸。

② 设置 PageCount 属性，指定页框中包含的页面数。例如，创建有两个页面的页框。

从页框的快捷菜单中选择"编辑"命令，将页框激活为容器，页框的边框变宽，表示它处于活动状态。

③ 单击 Page1，激活第一个页框，设置 Page1 的 Caption 属性为"学生信息"。

打开数据环境设计器，添加"学生"表和"学生个人情况"表，将"学生"表中的字段依次拖动到"学生信息"页面中。

④ 单击 Page2，激活第二个页框，设置 Page2 的 Caption 属性为"学生个人情况"。

将数据环境设计器中"学生个人情况"表的字段拖动到"学生个人情况"页面中。

按照前面所讲的方法，调整控件的大小及位置，并添加定位按钮及退出按钮。

⑤ 在表单设计器中单击其他地方退出页框。

⑥ 将所设计的表单以文件名"页框示例"保存在"D:\教学管理\表单"下。

结果如图 7.72 和图 7.73 所示。

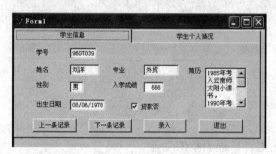

图 7.72 "学生信息"页面

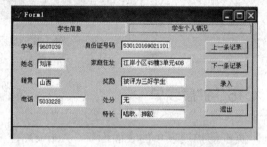

图 7.73 "学生个人情况"页面

和其他容器控件一样，必须用右键单击页框，从弹出的快捷菜单中选择"编辑"命令，或在属性窗口的"对象"下拉列表框中选择容器。这样，才能先选择这个容器（具有宽边），再向正在设计的页面中添加控件。在添加控件前，如果没有将页框作为容器激活，控件将添加到表单中而不是页面中，即使看上去好像是在页面中。

（4）在页框中选择一个不同的页面

① 单击鼠标右键，将页框作为容器激活，然后选择"编辑"命令。

② 选择要使用的页面选项卡。

或者在属性窗口的"对象"列表框中选择这一页面。也可以在表单设计器底部的"页"列表框中选择这一页面。

（5）将控件添加到页面上

如果将控件添加到页面上，它们只有在页面活动时才可见。

可用以下方法将控件添加到页面上。

① 在属性窗口的"对象"列表框中选择页面，页框的周围出现边框，表明可以操作其中包含的对象。

② 在表单控件工具栏中单击想要的控件按钮，并在页面中调整到想要的大小。

（6）管理"页面"选项卡上的长标题

如果选项卡上的标题太长，不能在给定页框宽度和页面数的选项卡上显示出来，可以有下面两种选择。

① 将 TabStretch 属性设置为"1-单行"，这样只显示能放入选项卡中的标题字符，"单行"是默认设置。

② 将 TabStretch 属性设置为"0-多重行"，这样选项卡将层叠起来，以便使所有选项卡中的整个标题都能显示出来。

2. 使用 ActiveX 绑定控件

单击"ActiveX 绑定控件"按钮，并在表单窗口中拖至期望的大小，可以在表单中创建一个绑定型 OLE 控件对象。在创建这个对象后，可以将它和表中的通用字段链接，然后可以用这个对象显示字段中的内容。

例如，如果将 Word 文件保存在通用字段中，就可以在表单中使用一个绑定型 OLE 对象来显示这些文件的内容。

可以用以下方法创建一个绑定型 OLE 对象。

① 创建或打开表单。

② 在表单控件工具栏中单击"ActiveX 绑定控件"按钮，并在表单中将它拖至期望的大小。

③ 设置对象的 ControlSource 属性，将这个 OLE 对象和通用字段链接。

如果在表中通用字段已经放入图形对象，可以直接拖动到表单中，显示通用字段的内容。例如，在"学生"表中，在通用字段中放入 OLE 图片，然后在表单中显示这个字段。

① 在 Word 中或者用扫描仪扫描到照片编辑器中制作图片。

② 将图片放到"学生"表的通用字段中。

③ 创建一个表单，将"学生"表的相应字段从数据环境中拖动到表单中，调整表单中控件的位置。

④ 添加定位按钮"上一条记录"、"下一条记录"和"退出"，按照前面所讲的方法输入代码。

⑤ 运行表单，结果如图 7.74 所示。

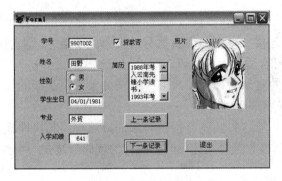

图 7.74　显示通用字段的内容

7.5　优化表单设计

Visual FoxPro 使用面向对象的程序设计方法，为了更好地简化程序设计过程，引入了类的概念。通过精心的规划，用户可以有效地决定应该设计哪些类，以及在类中应该包含哪些功能，使类和任务匹配，优化表单设计工作。

7.5.1 类的概念

Visual FoxPro 中可为使用过的每个控件和每个表单创建一个类，但显然这不是设计应用程序最有效的方法，这样做的后果是使很多类做同样的事情，却必须分别维护它们。

1. 使用类的原因

（1）封装通用功能

为通用的功能创建控件类。例如，允许用户在表中移动记录指针的命令按钮、关闭表单的按钮以及帮助按钮等，都可以保存为类，并可以在需要表单具有这些功能时，把它们添加到表单中。这样，就不必为每个移动记录指针的命令按钮或关闭表单的按钮设置相同属性、编写相同代码。

应该了解所设计的类的属性和方法程序，这样就可以在表单或表单集的特定数据环境中使用它们。

（2）赋予应用程序统一的外观和风格

创建外观独特的表单集类、表单类和控件类，可以使应用程序的所有组件具有相同的风格。例如，可以在一个表单类中添加图像和特殊颜色的图案，并且把它作为所有被创建表单的模板；也可以创建具有独特外观（如带阴影效果）的文本框类，并在应用程序中所有需要文本框的地方使用这个类。

2. 类的特征

在定义类时，所有对象的属性、事件和方法程序都被指定。此外，类还有封装、子类和继承性的特征，这些特征提高了代码的可重用性和易维护性。

（1）封装

当在办公室内安装一部电话的时候，人们并不关心这部电话在内部如何接收呼叫，怎样启动或终止与交换台的连接，以及如何将拨号转换为电子信号。人们所要知道的全部信息就是，可以拿起听筒，拨打合适的电话号码，然后与所要找的人讲话。

在这里，建立连接的复杂性被隐藏起来。所谓抽象性便是指能够忽略对象的内部细节，使人们集中精力来使用对象的特性。

封装使抽象性成为可能。封装就是指将对象的方法程序和属性代码包装在一起。例如可以把确定列表框选项的属性和选择某选项时所执行的代码封装在一个控件里，然后把该控件加到表单中。

（2）父类与子类

类有一个很重要的属性，能够根据先前的类生成一个新类，即子类。一个子类可以拥有其父类的全部功能，在此基础上，可添加其他控件或功能。派生子类的类就是父类。

例如，现有一个表示基本电话的类，用户可以定义其子类，该子类可拥有这个基本电话类的全部功能，用户还可添加上自己需要的其他功能，从而充分利用现有类的功能。

定义子类是减少代码的一条途径。子类可以重复使用代码，先找到与自己所需最相似的对象，然后对它进行定制。

（3）继承性

继承性的概念是使在一个类上所做的改动反映到它的所有子类中。这种自动更新节省了时间和精力。例如，电话制造商想以按键电话代替以前的拨号电话，若只改变主设计框架，并且基于此框架生产出的电话机能自动继承这种新特点，而不是逐部电话去改造，从而可以会节省大量的时间和开销。

继承性减少了维护代码的难度。继承性只体现在软件中，而不可能在硬件中实现。若发现类中有一个小错误，不必逐一修改子类的代码，只需要在类中改动一处，然后这个变动将体现在全部子类中。

7.5.2　在表单中使用新创建类

基类是 Visual FoxPro 中内部定义的类，用户可以使用它们创建自定义类。Visual FoxPro 的基类参见表 7.1。

例如，Visual FoxPro 表单和所有控件就是基类，可以在此基础上创建新类，增添自己所需的功能。基类可分成容器类和控件类。控件类显示在表单控件工具栏上，可以直接使用。

可以用如下方法创建一个新类。

方法一：在项目管理器中选择"类"选项卡，并单击"新建"按钮。

方法二：从"文件"菜单中选择"新建"命令，再选择"类"选项，然后单击"新建文件"按钮。

方法三：使用 CREATE CLASS 命令。

在"新建类"对话框中，可以指定新类的名称、新类基于的类以及保存新类的类库。

1. 类设计器

可以在类设计器中创建 Visual FoxPro 大部分基类的子类。类设计器的用户界面与表单设计器相同，在属性窗口中可以查看和编辑类的属性，在代码编辑窗口中可以编写各种事件和方法程序的代码。

可以在控件类或容器类中添加对象。如果新类基于控件类或容器类，则可以向它添加控件。和向表单设计器中添加控件一样，在表单控件工具栏中选择所要添加控件的按钮，将它拖动到类设计器中，再调整它的大小。

不论新类是基于什么类，都可以设置属性和编写方法程序的代码，也可以为该类创建新的属性和方法程序。

2. 创建一个控件类

可以在 Visual FoxPro 基类的基础上创建具有封装功能的控件。例如，需要一个按钮，在单击该按钮时释放表单，可以在 Visual FoxPro 命令按钮类的基础上创建一个类，将它的标题属性设置为"退出"，并在 Click 事件中包括下面的命令：

THISFORM.Release。

可以将这个新按钮添加到应用程序的任何表单中。

3. 创建有多个组件的控件类

例如，在 Visual FoxPro 中创建包含 4 个用于在表中定位记录的命令按钮类，操作步骤如下。

① 在"教学管理"项目管理器中，选择"类"选项卡，并单击"新建"按钮。

打开"新建类"对话框，在对话框中按图中所示输入类名"定位按钮"、派生于"CommandGroup"基类、存储于"自定义类"类库，如图 7.75 所示。

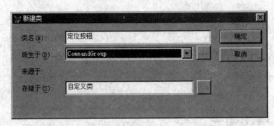

图 7.75 "新建类"对话框

② 单击"确定"按钮，打开类设计器。

修改"定位按钮"类的 Button Count 属性为 4，表示设置 4 个命令按钮。

按照在表单设计器中相同的方法，修改这 4 个命令按钮的 Caption 属性分别为"上一条记录"、"下一条记录"、"第一条记录"和"最后一条记录"，如图 7.76 所示。

图 7.76 类设计器

③ 按照在表单设计器中相同的方法，对每一个命令按钮分别打开代码窗口，输入代码如表 7.9 所示。

表 7.9 输 入 代 码

按钮	上一条记录	下一条记录	第一条记录	最后一条记录
代码	SKIP –1	SKIP	GO TOP	GO BOTTOM
	IF BOF()	IF EOF()	THISFORM.Refresh	THISFORM.Refresh
	GO TOP	GO BOTTOM		
	ENDIF	ENDIF		
	THISFORM.Refresh	THISFORM.Refresh		

④ 关闭类设计器，将结果保存。

4. 在表单设计中使用所定义的类

要使用"定位按钮"类，可以用以下方法。

① 在"教学管理"项目管理器中，选择"表单"选项，然后单击"新建"按钮，打开表单设计器。

② 打开数据环境设计器，添加"学生"表。将"学生"表中的字段拖动到表单设计器中，并调整控件的位置。

③ 单击表单控件工具栏上的"查看类"按钮，选择"添加"按钮，如图 7.77 所示。

④ 打开"打开"对话框，如图 7.78 所示。在"打开"对话框中，选择所定义的类"自定义类"，单击"打开"按钮。此时，表单控件工具栏变成如图 7.79 所示的工具栏，创建的"定位按钮"类已在工具栏上。

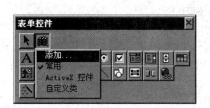

图 7.77 添加自定义类　　　　　　　图 7.78 "打开"对话框

⑤ 按照添加普通控件的方法，将定位按钮添加到表单中，结果如图 7.80 所示。单击表单的定位按钮，观察表单的变化。

图 7.79 工具栏　　　　　　　　图 7.80 添加定位按钮

⑥ 单击"查看类"按钮，选择"常用"选项，又可以使表单控件工具栏恢复成标准控件。

在创建类之后，还可以修改它，对类的修改将影响所有的子类和基于这个类的所有对象。也可以增加类的功能或修改类的错误，所有子类和基于这个类的所有对象都将继承修改。

可以用以下方法修改类。

① 在项目管理器中选择要修改的类。

② 单击"修改"按钮。

③ 打开类设计器，在类设计器中进行修改。

也可以用 MODIFY CLASS 命令修改一个可视类定义。

如果类已经被任何一个其他应用程序组件使用，就不应该修改类的 Name 属性；否则，Visual FoxPro 在需要时会找不到这个类。

7.5.3 在容器分层结构中引用对象

类的层次结构和容器的层次结构是 Visual FoxPro 中两个独立的范畴。Visual FoxPro 在类层次结构中逐层向上地查找事件代码，而对象在容器层次结构中被引用。

如果要处理一个对象，需要知道它相对于容器分层结构的关系。

例如，如果要在表单集中处理一个表单的控件，则需要引用表单集、表单和控件。

在容器层次中引用对象恰似给 Visual FoxPro 提供这个对象地址。

例如，当人们给一个外地人讲述一幢房子的位置时，需要根据其距离远近，指明这幢房子所在的国家（地区）、省份（州）、城市、街道，甚至这幢房子的门牌号码，否则将会引起混淆。

在容器层次中引用对象时（例如表单集中，在表单上命令按钮的 Click 事件里），可以通过快捷方式指明所要处理的对象。表 7.10 列出了一些属性和关键字，这些属性和关键字允许更方便地从对象层次中引用对象。

表 7.10 从对象层次中引用对象

属性或关键字	引用
Parent	该对象的直接容器
THIS	该对象
THISFORM	包含该对象的表单
THISFORMSET	包含该对象的表单集

只能在方法程序或事件代码中使用 THIS、THISFORM 和 THISFORMSET。

表 7.11 提供了使用 THISFORMSET、THISFORM、THIS 和 Parent 设置对象属性的示例。

表 7.11 设置对象属性示例

命令	包含命令的地方
THISFORMSET.frm1.cmd1.Caption="确定"	在此表单集的任意表单的任意控件其事件或方法程序代码中
THISFORM.cmd1.Caption="确定"	在 Cmd1 所在的同一表单的任意控件其事件或方法程序代码中
THIS.Caption="确定"	在需要改变其标题的控件的事件或方法程序代码中
THIS.Parent.BackColor=RGB(192,0,0)	在表单的一个控件的事件或方法程序代码中，此例的命令设置表单的背景色为暗红色

习　题

一、问答题

1. 什么是对象？什么是类？什么是对象的事件和方法程序？

2. 什么是容器？什么是控件？容器和控件的关系如何？

3. Visual FoxPro 中常用的控件有哪些？常用的容器有哪些？

4. 创建表单有哪些方法？

5. 用表单向导创建的表单中有一组标准定位按钮，分别有些什么功能？

6. 如何使用表单设计器创建表单？

7. 表单设计器中常用的工具栏有哪些？

8. 表单设计器工具栏中有哪些工具按钮？这些工具按钮分别有些什么功能？

9. 表单控件工具栏中有哪些按钮？它们的功能是什么？

10. 怎样打开代码窗口？以命令按钮的 Click 事件为例，说明 Click 事件代码窗口中代码的运行情况。

11. 数据环境含义是什么？如何打开数据环境设计器？

12. 怎样向数据环境设计器中添加表或视图？怎样从数据环境设计器中移去表或视图？

13. 怎样在数据环境设计器中设置、编辑关系？

14. 怎样利用数据环境设计器向表单中添加控件？

15. "字段映象"选项卡有什么作用？除了在"字段映象"选项卡以外，还可以在什么地方作相应设置？

16. 在表单中如何选择控件？如何移动、删除和复制控件？

17. 如何使用布局工具栏对齐控件？布局工具栏有哪些对齐按钮？各有什么功能？

18. Tab 键次序是指什么？怎样设置控件的 Tab 键次序？

19. 怎样向表单中添加图形？怎样向表单中添加形状和线条？

20. 选项按钮组和选项按钮的作用是什么？

21. 如何使用列表框和下拉列表框？列表框和下拉列表框有何区别？

22. 计时器控件的作用是什么？

23. Visual FoxPro 中的类有哪些特征？

24. 如何在 Visual FoxPro 创建一个新类？以创建定位按钮类为例说明类的定义方法及类的使用。

25. 在 Visual FoxPro 中创建的对象具有属性，属性既能在设计时刻在属性窗口设置，是否也能在运行时刻由代码设置？

26. 在 Visual FoxPro 中，只能创建单表表单或具有一对多关系的两个表的多表表单，是否也能创建具有两个以上表的表单。

二、选择题

1. 以下所列的（ ）方法，不能在 Visual FoxPro 中生成表单。

    A）使用表单向导　　　　　　　　　　B）使用"表单设计器"

    C）使用 CREATE FORM 命令　　　　　D）使用"表达式生成器"

2. 在表单向导"步骤 2-选择表单样式"中，在"按钮类型"中选择（ ），将在生成的表单中，以按钮上的图片形象地表示按钮的功能。

    A）文本按钮　　　　B）图片按钮　　　　C）无按钮　　　　D）定制

3. 若想把表或视图中的字段迅速放到表单中，可以选择"表单"菜单中的"快速表单"命令，此时将启动（ ），可以把选定的字段添加到表单中。

    A）表单设计器　　　B）快速表单　　　C）表单生成器　　　D）表达式生成器

4. 如果想用一幅图片来作为表单的背景，可以通过设置表单的（ ）来实现。

    A）Caption 属性　　B）Picture 属性　　C）Name 属性　　D）FontSize 属性

5. 要在代码中调用表单，可以使用（ ）代码来运行表单。

    A）"RUN FORM 表单名称"　　　　　　B）"DO 表单名称"

    C）"RUN 表单名称"　　　　　　　　　D）"DO FORM 表单名称"

6. 如果要在代码中释放当前表单，应该使用（ ）。

A）RELEASE 命令   B）REFRESH 命令

C）SKIP 命令   D）THISFORM 命令

7. 向表单中添加定位按钮时，语句"SKIP–1"的含义是（   ）。

    A）将当前表中的记录指针向前拨 1   B）将当前表中的记录指针向后拨 1

    C）关闭当前表单   D）判断当前表中的记录是否已到文件头

8. 每一个表单都可以包含一个数据环境，数据环境可以在（   ）中设置。

    A）数据环境设计器   B）表单设计器   C）数据环境生成器   D）数据设计器

9. 在创建表单时，如果要同时添加多个同类型控件，单击表单控件工具栏上的（   ）按钮，就可同时添加多个控件。

    A）"生成器锁定"   B）"数据环境"   C）"按钮锁定"   D）"文本框生成器"

10. 当将字段拖动到表单时，可以设置"选项"对话框中"字段映象"选项卡来指定控件的类型，也可用（   ）中的"字段"选项卡"显示类"框来指定拖放的类。

    A）"数据环境"   B）"表设计器"

    C）"表单设计器"   D）"数据环境设计器"

11. 设计表单时，如果要改变标签文本的字体，可使用属性窗口的（   ）属性来设置。

    A）FontName   B）FontSize   C）FontBold   D）FontColor

12. 要编辑事件或方法程序代码，应在（   ）中输入代码。

    A）代码窗口   B）属性窗口

    C）表单设计器窗口   D）数据环境设计器窗口

13. 在 Visual FoxPro 中，表单是指（   ）。

    A）一个表中各个记录的清单   B）窗口界面

    C）数据库中各个表中的清单   D）数据库查询的列表

14. 不论索引是否生效，定位到相同记录的命令是（   ）。

    A）GO TOP   B）GO 5   C）GO BOTTOM   D）SKIP

15. 在表单设计器环境下，要选定表单中某选项组里的某个选项按钮，可以（   ）。

    A）单击选项按钮

    B）双击选项按钮

    C）先单击选项组，并选择"编辑"命令，然后再单击选取项按钮

    D）以上 B）和 C）都对

16. 假设某个表单中有一个命令按钮 cmdClose，为了实现当用户单击此按钮时能够关闭该表单的功能，应在该按钮的 Click 事件中写入语句（   ）。

    A）THISFORM.Close   B）THISFORM.Erase

    C）THISFORM.Release   D）THISFORM.Return

第 8 章　建立报表与标签

报表是各种数据最常用的输出形式，它为打印并统计数据提供了灵活的途径。Visual FoxPro 报表设计中，借助于报表设计器不仅可以打印出数据，还综合了统计计算、自动布局等功能，使打印复杂的报表也成为简单的事情。报表设计是数据库程序设计的一个重要组成部分。本章将介绍报表与标签的创建和设计方法。

8.1　报表和标签设计技术

Visual FoxPro 报表主要包括两个部分：数据源和布局。

数据源是报表的数据来源，通常是数据库中的表或自由表，也可是视图、查询或临时表。通常用视图或查询来筛选、排序、分组数据库中的数据，在定义了表、视图或查询之后，便可以创建表报。

报表布局定义了报表的打印格式。Visual FoxPro 中设计报表的很大一部分工作便是设计报表的布局，并将布局保存到报表布局文件中。报表布局文件的文件扩展名为 frx，它存储了报表的详细说明。每个报表文件还有一个扩展名为 frt 的相关文件。报表文件不保存数据源中每个数据字段的值，只保存它们的位置和格式信息。

8.1.1　设计报表的步骤

在 Visual FoxPro 中，报表设计主要包括以下 4 个步骤。
① 决定要创建的报表类型。
② 创建报表布局文件。
③ 设置和修改报表布局。
④ 预览和打印报表。

8.1.2　报表常规布局

创建报表之前，首先应确定所需报表的类型，然后建立报表的布局文件。人们在工作中总结出了多种实用的报表布局格式，主要有下列几种。

| 列报表 | 行报表 | 一对多报表 | 多栏报表 | 标签 |

为帮助用户选择布局，这里给出常规布局的一些说明，以及它们的一般用途及示例，如表 8.1 所示。

表 8.1 报表常规布局

布局类型	说明	示例
列布局	每行一条记录,每条记录的所有字段在页面上按水平方向放置	分组/总计报表 学生情况表
行布局	每条记录的所有字段垂直排放成一列	列表
一对多布局	显示一对多关系的数据	发票 教师开课通知单
多列布局	每条记录的所有字段垂直排放在一列,但一个页面上有多列记录	电话号码簿
标签布局	与多列报表类似,每个记录的所有字段垂直排放在一列,一个页面上有多列记录,但打印在特殊纸上	邮件标签 名字标签

确定满足需求的常规报表布局后，便可以用报表设计器创建报表布局文件。

8.1.3 创建报表布局的方法

在 Visual FoxPro 中，可通过以下 3 种方法来创建报表。
① 用报表向导创建简单的单表或多表报表。
② 用快速报表从单表中创建简单规范的报表。
③ 用报表设计器创建自定义的报表。
以上每种方法创建的报表布局文件都可以用报表设计器进行修改。

8.2 利用向导建报表

为方便用户建立报表，Visual FoxPro 提供了报表向导，使用户能快速、方便地生成不同类型的报表。报表向导会提示用户回答有关报表生成的一些问题，然后基于用户的回答生成报表。在实际应用中，可以先利用报表向导快速建一个初步的报表，然后再用报表设计器对这个报表做进一步的加工、修改，这样可以使创建报表的过程方便快捷。

8.2.1 创建单表报表

现在用报表向导创建一个如图 8.1 所示的"教师一览表"。在此报表中用到的数据源是"教员"表，并按"职称"分组。
① 在项目管理器的"文档"选项卡中选择"报表"选项，如图 8.2 所示。
② 单击"新建"按钮，弹出如图 8.3 所示的"新建报表"对话框。

图 8.1　教师一览表

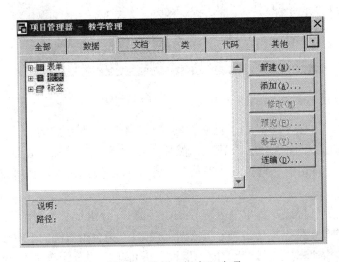

图 8.2　选择"报表"选项

③ 单击"报表向导"按钮，弹出"向导选取"对话框，如图 8.4 所示。"向导选取"对话框中提供了两个选项。

图 8.3　"新建报表"对话框

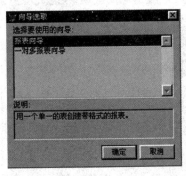

图 8.4　"向导选取"对话框

a. 报表向导：用一个单一的表创建报表。

b. 一对多报表向导：创建一个报表，其内容包含一组父表的记录与相关子表的记录。

④ 选择"报表向导"选项，单击"确定"按钮，弹出报表向导的"步骤 1-字段选取"对话框，如图 8.5 所示。

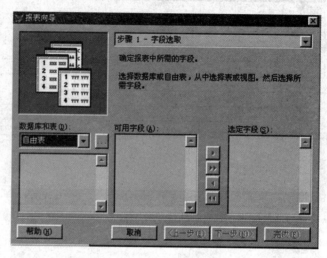

图 8.5　步骤 1-字段选取

⑤ 单击"数据库和表"下拉列表框右侧的"…"按钮，弹出"打开"对话框，在"D:\教学管理"目录中选择数据库"教学管理"，然后单击"确定"按钮，返回到如图 8.5 所示的"步骤 1-字段选取"对话框。选择表"教员"，单击双箭头按钮，选择所有的字段，如图 8.6 所示。

⑥ 单击"下一步"按钮，弹出单表向导的"步骤 2-分组记录"对话框，如图 8.7 所示。可以设置多达 3 级的分组依据。单击"分组依据"栏"1"组合框右侧的下拉按钮，选择"职称"作为分组依据。如果需要对分组记录做进一步说明，可单击"分组选项"按钮。在系统弹出的"分组间隔"对话框中进行所需设置。如果需要计算，则可单击"总结选项"按钮，在弹出的"总结选项"对话框中进行所需设置。

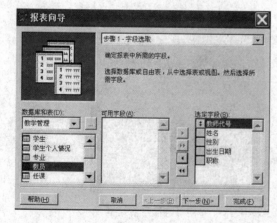

图 8.6　选择表"教员"的所有字段

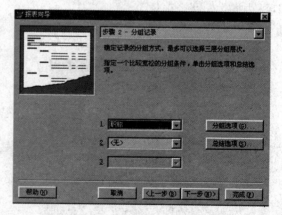

图 8.7　步骤 2-分组记录

⑦ 单击"下一步"按钮，弹出"步骤 3-选择报表样式"对话框，如图 8.8 所示。对话框中提供的 5 个选项：经营式、账务式、简报式、带区式和随意式，它们所代表的外观可以通过左上角的放大镜看到。

⑧ 选择"账务式"选项，单击"下一步"按钮，弹出"步骤 4-定义报表布局"对话框，如图 8.9 所示。

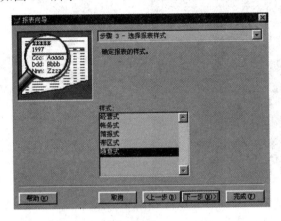

图 8.8　步骤 3-选择报表样式　　　　　　图 8.9　步骤 4-定义报表布局

a. 列数：确定报表打印几列。

b. 方向：确定打印纸张的方向是横向或纵向。

c. 字段布局：确定字段的排列形式是横排（列）还是竖排（行）。

选择"列数"为"1 列"，"方向"为"纵向"，"字段布局"为"列"。

⑨ 单击"下一步"按钮，弹出"步骤 5-排序记录"对话框，选择如何对报表结果进行排序，如图 8.10 所示。选择字段"教师代号"，单击"添加"按钮，将"教师代号"字段添加到右边的"选定字段"列表框中。选中"升序"单选按钮，这样在将要打印的报表中记录将按"教师代号"的升序方式打印。

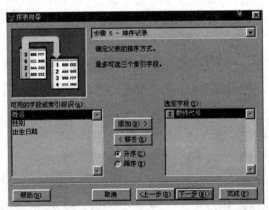

图 8.10　步骤 5-排序记录

⑩ 单击"下一步"按钮，弹出报表向导的"步骤 6-完成"对话框，如图 8.11 所示。在

"报表标题"文本框中输入标题"教师一览表"。选中"对不能容纳的字段进行折行处理"复选框，这样如果选定的字段不能放置在报表中单行指定的宽度内，字段将换到下一行；否则，超出的信息将不被显示出来。单击"预览"按钮，将可以在屏幕上看到如图 8.1 所示的报表，如有错误，可单击"上一步"按钮进行修改。

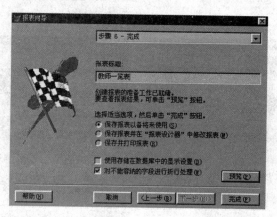

图 8.11　步骤 6-完成

⑪ 选中"保存报表以备将来使用"单选按钮，单击"完成"按钮，弹出"另存为"窗口，在此窗口中指定保存位置为"D:\教学管理\报表"，报表名为"教师一览表"。

8.2.2　创建一对多报表

一对多报表同时操作两个表或视图，并自动确定它们之间的连接关系。现在利用"专业"和"学生"两个表建一个如图8.12所示的"专业一览表"。这两个表的关系在数据库中已经明确，"专业"表与"学生"表间是一对多的关系，"专业"是父表，"学生"表是子表。

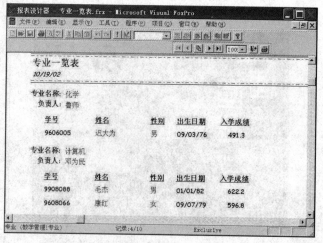

图 8.12　专业一览表

① 在项目管理器的"文档"选项卡中选择"报表"选项。

② 单击"新建"按钮，弹出"新建报表"对话框。

③ 单击"报表向导"按钮，弹出"向导选取"对话框，如图 8.13 所示。

④ 选择"一对多报表"选项，单击"确定"按钮，弹出"一对多报表向导"的"步骤 1-从父表选择字段"对话框，如图 8.14 所示。

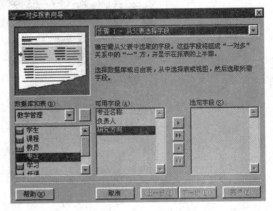

图 8.13 "向导选取"对话框 　　　　　图 8.14 步骤 1-从父表选择字段

⑤ 在图 8.14 所示的"数据库和表"选项组的列表框中，选择父表"专业"，利用单箭头按钮，把"专业"、"负责人"两个字段设为选定字段。

⑥ 单击"下一步"按钮，弹出一对多报表向导的"步骤 2-从子表选择字段"对话框，如图 8.15 所示。

⑦ 在图 8.15 所示的对话框的"数据库和表"列表框中选择子表"学生"，并把"学号"、"姓名"、"性别"、"出生日期"、"入学成绩"等字段设置为选定字段。

⑧ 单击"下一步"按钮，弹出一对多报表向导的"步骤 3-为表建立关系"对话框，确定两表之间的关联字段。"专业"和"学生"这两个表之间是通过"专业"表中的"专业名称"字段与"学生"表中的"专业"字段建立关联的，所以"专业"表中的关联字段是"专业名称"，"学生"表中的关联字段是"专业"，如图 8.16 所示。

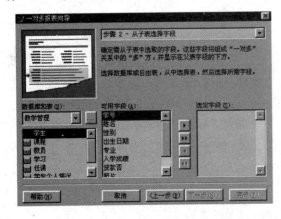
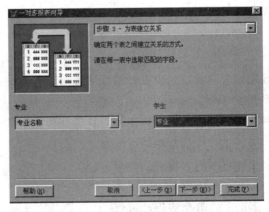

图 8.15 步骤 2-从子表选择字段 　　　　　图 8.16 步骤 3-为表建立关系

⑨ 单击"下一步"按钮，弹出一对多报表向导的"步骤 4-排序记录"对话框，选择父表的排序字段，这里选择"专业名称*"为排序字段，并选中"升序"单选按钮，如图 8.17 所示。

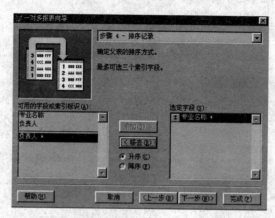

图 8.17　步骤 4-排序记录

⑩ 单击"下一步"按钮，弹出一对多报表向导的"步骤 5-选择报表样式"对话框，选择"样式"为"随意式"，"方向"为"横向"。

⑪ 单击"下一步"按钮，弹出一对多报表向导的"步骤 6-完成"对话框。在报表标题文本框中输入标题"学生情况表"，单击"预览"按钮，将可以在屏幕上看到如图 8.12 所示的报表，如有错误可单击"上一步"按钮进行修改。

⑫ 选中"保存报表以备将来使用"单选按钮，单击"完成"按钮，弹出"另存为"对话框，在此对话框中指定保存位置为"D:\教学管理\报表"，报表名为"专业一览表"。

8.3　使用报表设计器

8.3.1　利用报表设计器新建报表

利用报表设计器可以创建单表报表、分组报表、一对多报表和多表报表，并且还可以修改用报表向导、报表设计器或快速报表等不同的方法建立的报表。用报表设计器来建报表主要有两大步骤，一是设置报表数据源；二是创建报表的布局。通常情况下，报表的数据均来自用户已建立的各种表或视图，而且这些数据可能来自一个表或视图，也可能来自多个表或视图。此外，报表中的数据还可能是某些数据的运算结果。现在，仍然利用"专业"、"学生"两个表来建立一对多报表。

1. 设置报表数据源

（1）打开报表设计器

① 在项目管理器的"文档"选项卡中选择"报表"选项。

② 单击"新建"按钮，弹出"新建报表"对话框。

③ 单击"新建报表"按钮，弹出"报表设计器"窗口，如图 8.18 所示。

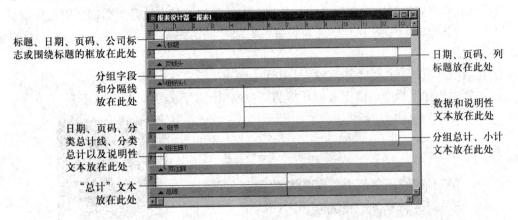

图 8.18 "报表设计器"窗口

（2）向数据环境中添加表或视图

① 在报表设计器中，从"显示"菜单中选择"数据环境"命令。或者在报表设计器的空白处单击鼠标右键，然后在弹出的报表设计器快捷菜单中选择"数据环境"命令。或者单击报表设计器工具栏中的"数据环境"按钮。这时弹出一个"数据环境设计器"窗口，如图 8.19 所示。

② 从"数据环境"菜单中选择"添加"命令，或者在"数据环境设计器"窗口中单击右键，弹出如图 8.20 所示的快捷菜单，选择"添加"命令，弹出"添加表或视图"对话框，如图 8.21 所示。

图 8.19 "数据环境设计器"窗口

图 8.20 快捷菜单

图 8.21 "添加表或视图"对话框

③ 在"添加表或视图"对话框中，选择"专业"表，然后单击"添加"按钮。重复这一步骤，添加表"学生"，然后单击"关闭"按钮。已添加的表及表间的关系都显示在数据环境

设计器中，如图 8.22 所示。

（3）为数据环境设置索引

当数据源设置好后，可规定记录出现在报表中的顺序，其方法是为数据环境设置索引。

如果创建的是一对多报表，则还要设置临时表之间的关系，以及为数据环境、临时子表和临时父表设置属性。

① 在数据环境的空白处单击右键，打开快捷菜单。

② 选择"属性"命令，弹出数据环境的属性窗口，设置索引如图 8.23 所示。

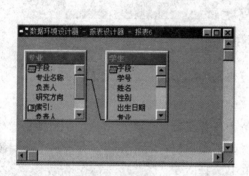

图 8.22　添加了表的"数据环境设计器"窗口

图 8.23　数据环境的属性窗口

③ 在属性窗口的"对象"下拉列表框中选择"Relation1"选项，并在"数据"选项卡中设置 OneToMany 属性为真，即设置所建报表为一对多报表。

④ 在"对象"下拉列表框中选择"Cusor1"选项，在"数据"选项卡中选择"Order"属性，并从下拉列表中选择一个索引字段以设置父表的排序索引，在此，不为父表选择排序依据。

⑤ 在"对象"下拉列表框中选择"Cusor2"项，并在"数据"选项卡中选择"Order"属性，从下拉列表中选择字段"学号"为"学生"表的排序依据。

2. 创建报表布局

（1）报表设计器中的布局

打开报表设计器后，可以看到各种不同类型的带区，如图 8.18 所示，报表带区是指报表中的一块区域，每个带区中都可以放置一些报表控件，如数据环境中表的字段、说明文字、计算值、用户定义的函数、线条、边框和图片等。报表执行时，不同带区中的控件出现在报表中不同的地方，如表 8.2 所示，一个报表不一定需要所有的栏，可根据用户的要求选定所需的栏。

在报表设计器中，可以修改每个带区的大小和特征。

使用左侧标尺作为指导，将带区栏拖动到适当高度。标尺量度仅指带区高度，不包含页边距。

注意： 不能使带区高度小于布局中控件的高度。可以把控件移进带区内，然后减少其高度。

表 8.2 报表各带区情况说明

带区名称	打印结果	带区的创建方法
标题	在报表开始处打印一次	从"报表"菜单中选择"标题/总结"命令
页标头	每页开始处打印一次	默认可用
列标头	每列开始处打印一次	从"文件"菜单中选择"页面设置"命令，设置"列数">1
组标头	每组开始处打印一次	从"报表"菜单中选择"数据分组"命令
细节	每记录打印一次	默认可用
组注脚	每组之后打印一次	从"报表"菜单中选择"数据分组"命令
列注脚	每列之后打印一次	从"文件"菜单中选择"页面设置"命令，设置"列数">1
页注脚	每页面之后打印一次	默认可用
总结	每报表之后打印一次	从"报表"菜单中选择"标题/总结"命令

（2）向报表添加控件

报表控件实际上是一些在报表设计器中设计报表布局时表示将来在报表上显示或打印的一些项目。下面将介绍一些常用的报表控件，并学习设置它们的特性。表 8.3 列出了一些常用报表控件。

表 8.3 控 件 类 型

控件类型	功能
域控件	在报表中显示表的字段、变量、表达式
标签	用于保存不希望用户改动的文本，如标题等
线条	用于在报表上画各种直线
矩形	用于在报表上画矩形，如框或边界
圆角矩形	用于在报表上画圆、椭圆、圆角矩形
图片/ActiveX 绑定型控件	在报表中显示图片或通用数据字段内容

报表中可以包含域控件，它们表示表的字段、变量和计算结果。添加域控件一般有以下两种方法。

方法一：操作步骤如下。

① 打开报表的数据环境设计器。

② 选择表或视图。

③ 拖放字段到布局上。

方法二：操作步骤如下。

① 在"报表表达式"对话框中，选择"表达式"文本框后的对话按钮。

② 在"字段"列表框中双击所需的字段名。

③ 表名和字段名将出现在"报表字段的表达式"文本框内。如果"字段"列表框为空，则应该向数据环境添加表或视图。

④ 单击"确定"按钮。

⑤ 在"报表表达式"对话框中单击"确定"按钮。

例如，将表"专业"中的"专业名称"字段及表"学生"中的"学号"、"姓名"、"性别"、"入学成绩"字段加入到报表中的细节带区，操作步骤如下。

① 在报表设计器中，从"显示"菜单中选择"报表控件工具栏"命令，弹出如图 8.24 所示的报表控件工具栏。"按钮锁定"按钮的功能是：当添加多个同类型控件时，不必多次重复选择同一按钮。

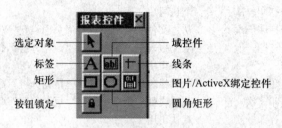

图 8.24　报表控件工具栏

② 在报表控件工具栏中单击"域控件"按钮，在"细节"带区拖出一个方框，松开左键，即弹出"报表表达式"对话框，如图 8.25 所示。

③ 单击对话框中"表达式"文本框右侧的"…"按钮，弹出"表达式生成器"对话框。

④ 在"字段"列表中双击"专业.专业名称"，这一字段即出现在"报表字段的表达式"文本框中，如图 8.26 所示。

图 8.25　"报表表达式"对话框

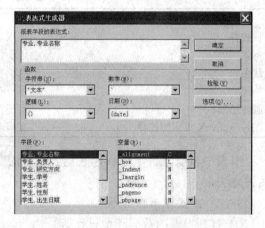

图 8.26　"表达式生成器"对话框

⑤ 单击"确定"按钮，返回"报表表达式"对话框，这时"表达式"文本框中出现了表达式"专业.专业名称"，单击"确定"按钮，返回报表设计器，这时在"细节"带区中字段控件"专业名称"就建立起来了。

⑥ 用相同的方法将"学生"表中的"学号"、"姓名"、"性别"、"入学成绩"等控件加入到报表的"细节"带区。

若要添加标签控件，可按以下方法操作。

① 在报表控件工具栏中单击"标签"按钮。

② 在报表设计器中需要添加标签处单击。

③ 输入该标签的字符。

若要编辑标签控件，可按以下方法操作。

① 在报表控件工具栏中单击"标签"按钮，然后在报表设计器中单击所需编辑的标签。

② 输入修改内容。

例如，在页标头添加标签"专业"、"学号"、"姓名"、"性别"、"入学成绩"，操作步骤如下。

① 在报表控件工具栏中单击"标签"按钮，将光标移至"细节"带区中字段控件"专业"上方的"页标头"带区并单击。

② 输入"专业名称"，即建立起标签"专业名称"。用类似的方法建立标签"学号"、"姓名"、"性别"、"入学成绩"，建好标签后的报表设计器如图 8.27 所示。

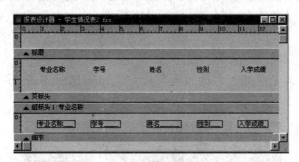

图 8.27 建立了标签的"报表设计器"窗口

添加控件后，可以更改它们的格式、大小、颜色、位置和打印选项，也可仅出于参考目的而为每个控件添加注释，注释的内容在打印报表时不会被打印出来。

8.3.2 预览、保存与打印报表

报表在设计过程中可以预览，查看报表的运行结果是否满足要求，在设计好后，可以将报表的结果送到打印机输出。

1. 预览结果

通过预览报表，不用打印就能看到它的最后结果。用它可以检查数据列的对齐和间隔，或者看报表是否返回希望的数据。

① 从报表设计器的"显示"菜单中选择"预览"命令。

② 在打印预览工具栏中单击"前一页"按钮或"下一页"按钮来切换页面。

③ 若要更改报表的大小，则应单击"缩放"按钮。

④ 要打印报表，则应单击"打印报表"按钮。

⑤ 若要返回到设计状态，则应单击"关闭预览"按钮。

不难看出，在报表设计器中设计报表时，在"页标头"带区添加的控件在每一页只显示了一次，而在"细节"带区添加的控件则为每一个记录显示了一次。而且，在"页标头"带区中添加的标签控件直接显示在报表中，而在"细节"带区中添加的域控件在报表中显示的是每个记录对应的字段值。

2. 保存报表

保存报表的步骤如下。

① 选择"文件"菜单中的"保存"命令，弹出"另存为"对话框。

② 指定存放报表的路径及文件名为"D:\教学管理\报表\学生情况表2"。

③ 单击"保存"按钮。

3．定义报表页面

制作报表是想最后得到一份精美的报表打印文档，因此常常需要设置报表的页面，如文档的页边距、纸张类型和想要的布局。在此将讨论如何设置页边距、页面方向、纸张大小和方向，并为多列报表设置列宽和列间距。在此情况下，"列"指的是页面横向上打印的记录的数目，并不是单条记录的字段数目。报表设计器没有显示这种设置。它仅显示了页边距以内的区域。因此，如果报表设计器中有多列，当更改左边距时，列宽将自动更改来调节出新边距。

如果改变了纸张大小和方向设置，需确认该方向适用于所选的纸张大小。例如，如果纸张定为"信封"，则方向应该设置为"横向"。

① 从"文件"菜单中选择"页面设置"命令，弹出如图 8.28 所示的"页面设置"对话框。

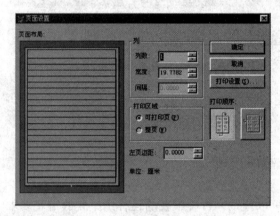

图 8.28 "页面设置"对话框

② 在"左页边距"文本框中输入一个边距数值，以此设置报表页面的左边距。

③ 若要选择纸张大小，则单击"打印设置"按钮，弹出"打印设置"对话框。

④ 在"打印设置"对话框中，从"大小"列表框中选定纸张大小。

⑤ 在"打印设置"对话框中，从"方向"列表框中选择一种方向，再单击"确定"按钮。

⑥ 在"页面设置"对话框中，单击"确定"按钮。

4．打印报表

报表设计好后，可以在任何时候打印报表。实际上，报表只是一个外壳，它只说明了从什么地方取数据，以及数据按什么格式和布局打印出来。因此，每次打印报表时，如果报表的数据源中的数据发生了变化，则报表的打印结果也不一样。这样可以保证用户每次打印报表时，不用对报表做任何修改便可以获得数据源中的最新信息。打印报表的步骤如下。

① 从"文件"菜单中选择"打印"命令。

② 单击"确定"按钮。

8.3.3 报表分组

设计报表的布局时，可以根据一定的条件对记录分组，这样可以使报表更易于阅读。可以添加一个或多个分组依据，分组之后，报表布局就有了"组标头"和"组注脚"带区，可以向其中添加控件。一般地，"组标头"带区中包含分组所用字段的域控件，可以添加线条、矩形、圆角矩形或希望出现在组内第一条记录之前的任何标签。"组注脚"带区通常包含组总计和其他组的总结性信息。

如果数据源是表，记录的顺序可能不适合于分组。因为报表布局实际上并不排序数据，只是按它们在数据源中存在的顺序处理数据。排序必须使用除视图、索引或布局外的其他形式的数据操作来完成。例如，如果一个组以"职称"字段分隔，每次报表处理一个不同的"职称"值，它将产生一个组。它不会在表中从头到尾以"职称"字段为依据对组中的记录进行排序。可通过为表设置索引，或者在数据环境中使用视图，或者使用查询作为数据源，把数据适当排序来分组显示记录。必要时还以显示对一组中所有记录所做的统计与计算结果。

例如：在"学生情况表 2"报表中，同一个专业的学生分在同一组，并在每一组开始时，添加当前组的说明文字"专业名称：******"。

1. 添加分组数据

按专业对报表"学生情况表 2"进行分组。

注意：数据源必须已按"专业"字段排序。

① 在"报表设计器"窗口中，选择"报表"菜单中的"数据分组"命令。或从报表的快捷菜单中选择"数据分组"命令，弹出如图 8.29 所示的对话框。

② 在第一个"分组表达式"文本框内输入第一个分组的表达式"学生.专业"。或者单击"···"按钮，在"表达式生成器"对话框中创建表达式。

③ 在"组属性"选项组选择所需的属性。

④ 如果还有其他分组依据，则在下一栏的"分组表达式"文本框内输入分组字段，并在"组属性"选项组中选择所需的属性。

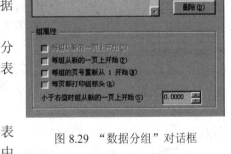

图 8.29 "数据分组"对话框

⑤ 单击"确定"按钮。

添加表达式后，可以在带区内放置任意需要的控件。通常，把分组所用的域控件从"细节"带区移动到"组标头"带区；把组标题从"页标头"带区移动到"组标头"带区。

2. 更改分组次序

在报表中定义了多个分组依据之后，可以更改它们的次序。当组重新排序时，在组带区中定义的所有控件都将移动到新的位置。重新排序组并不更改以前定义的控件。如果框或线条以前是相对于组带区的上部或底部定位的，那么它们仍将固定在组带区的原位置。

① 在"报表"菜单中选择"数据分组"命令。

② 选择想移动的组左侧的移动按钮，并把它拖动到新位置。

3．更改组带区

更改分组的表达式和分组选项的操作步骤如下。

① 从"报表"菜单中选择"数据分组"命令。

② 在"数据分组"对话框中选定要更改的分组表达式。

③ 输入新的表达式并在"组属性"对话框中修改分组选项。或者单击"…"按钮，在"表达式生成器"对话框中更改表达式。

④ 单击"确定"按钮。

4．删除组带区

如果不需要报表布局上某个分组，则可以删除它，操作步骤如下。

① 从"报表"菜单中选择"数据分组"命令。

② 选择要删除的组。

③ 单击"删除"按钮。

该组带区及其所包含的控件将同时被删去。

8.3.4 修改报表

当用以上所讲的几种方法设计出一个初步的报表后，就可利用报表设计器来修改、优化报表。

1．定义页面标头和注脚

设置在"页标头"和"页注脚"带区内的控件，将在报表的每个页面出现一次。有很多页的报表应在页标头或页注脚中包含报表名称、页码、日期和标签。

例如，把"学生情况表"标签添加到"页标头"带区，这样每一页的开始处都会出现页标题"学生情况表"这几个字。

2．设置"标题"和"总结"带区

"标题"带区包含有在报表开始时要打印的信息，"总结"带区包含有报表要结束时要打印的信息。它们可以单独占用一页，也可以和其他内容打印在同一页上。带有总计表达式的域控件放置在总结带区后，将对表达式涉及的所有数据求总。

如果要添加"标题"或"总结"带区，可按以下步骤操作。

① 从"报表"菜单中选择"标题/总结"命令，弹出"标题/总结"对话框，如图 8.30 所示。

② 选择想要的带区，如选中"标题带区"复选框。

③ 如果希望这样的带区单独作为一页，则选中"新页"复选项。

图 8.30 "标题/总结"对话框

④ 单击"确定"按钮，报表设计器将显示一个新带区。

⑤ 单击报表控件工具栏中的"标签"按钮。

⑥ 单击"标题"带区中的中部。

⑦ 选择"格式"菜单中的"字体"命令，弹出"字体"对话框。

⑧ 选择所需的"字体"、"字体样式"及"大小"。

⑨ 单击"确定"按钮。

⑩ 输入标题，将鼠标指针移到标题上，按住左键将其拖动至"标题"带区中心位置上。

3. 添加线条、矩形和圆

在报表中添加一些线条、矩形和圆等控件可以增加报表布局的视觉效果。现在添加一些表格线，使每一列的列名与其下的内容处在同样的表格线中。

① 单击报表控件工具栏中的"矩形"按钮。

② 在"组标头"带区中拖出一个矩形，将"组标头"中的全部控制围于其中，并使其左右边缘与下面的"细节"带区中的矩形左右边界对齐。

③ 选择上一步中建立的方框，在"格式"菜单中的"绘图笔"子菜单中选择"2 磅"命令，这样方框边线的宽度就成为 2 磅。

④ 单击"线条"按钮，然后再单击"锁定"按钮，这样当连续添加线条控件时就不必每次添加前都要选择"线条"按钮。在"组标头"带区的相应位置拖出如图 8.31 所示的线条。在拖动控件移到指定位置的过程中，往往难以准确定位，这主要是由于控件以半个网格为单位移动。通过选择"格式"菜单中的"设置网格刻度"命令及"显示"菜单中的"网格线"命令，调整网格大小及显示网格线，控件即可准确定位。

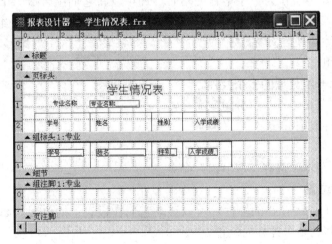

图 8.31 添加线条的"报表设计器"窗口

⑤ 使鼠标指针处于报表设计器中，单击鼠标右键，从弹出的快捷菜单中选择"预览"命令，弹出"预览"窗口，如图 8.32 所示，这就是所要建立的报表。

⑥ 单击"关闭预览"按钮，则返回到报表设计器中。

4. 选择控件

在报表设计过程中可以修改控件的位置和其他一些属性。修改时，需要选择要修改的控件。一次可以选择一个控件，也可以选择多个控件。当选择了多个控件时，可以同时移动它们的位置，按一定方式对齐、调整它们的大小，使相互之间大小相同，还可以一起复制、删除它们。

（1）选择单个控件

用鼠标在带区中单击所需选择的控件。

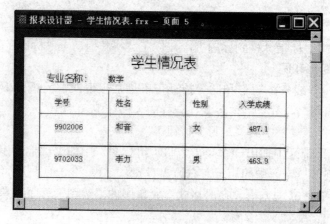

图 8.32　预览报表

（2）选择多个控件

拖动鼠标左键在带区中画出一个选择框，在选择框内的控件都将被选中。或者按住 Shift 键，再单击所要选择的控件。

当一组控件需要多次作为一个整体使用时，还可以将它们组合成一个组。例如，标签控件可以和与之相对应的域控件彼此连接在一起。之后，只要不取消这个分组，这个组中的所有控件将作为一个控件处理。

（3）将控件分组

① 选择想作为一组处理的多个控件。

② 从"格式"菜单中选择"分组"命令。

（4）对一组控件取消分组

① 选择该组控件。

② 从"格式"菜单中选择"取消组"命令。

5. 移动控件的位置

对于报表布局上已经存在的控件，可以移动它们在报表上的位置。如果一次选择了多个控件，则可以同时移动多个控件的位置。

（1）移动控件的位置

用鼠标将选中的控件拖到新的位置。

（2）准确移动控件的位置

① 打开"显示"菜单，选择"显示位置"命令。

② 选择一个控件，然后根据状态栏中显示的位置信息将该控件移动到指定位置上。

控件在布局内移动位置的增量并不一定是连续的。增量取决于网格的设置，若要忽略网格的作用，拖动控件时应按住 Ctrl 键，也可以关掉网格对齐。

（3）关掉网格对齐

从"格式"菜单中取消选中"对齐格线"选项。

（4）更改网格的度量单位

当设置了网格对齐时，网格的大小也可以改变。

① 从"格式"菜单中选择"设置网格刻度"命令。

② 在网格框内，输入网格每一方块水平宽度和垂直高度的像素数目。

（5）显示网格线

从"显示"菜单中选择"网格线"命令，此时，网格将出现于报表带区。

6. 复制或删除控件

当需要复制或删除多个控件时，可以分别复制或删除每个控件，也可以一次复制或删除多个控件。

（1）复制控件

① 选择要复制的一个或多个控件。

② 从"编辑"菜单中选择复制命令，然后选择"粘贴"命令，这时，控件的副本将出现在原始控件下面。

③ 将副本拖动到报表中所需的位置。

（2）删除控件

① 选择要删除的一个或多个控件。

② 从"编辑"菜单中选择"剪切"命令或按 Delete 键。

7. 改变控件大小

报表布局中的控件的大小是可调整的。对于布局上的多个控件，可以分别修改它们的大小，也可以一次选定多个控件，同时调整它们的大小，使它们有相同的高度和宽度。一起调整多个控件的大小时，不能使用前面的分组方法。因为一旦使用上述方法将多个控件合并成为一个组，这些控件便只能作为一个控件处理。另外标签的大小不能使用上述方法调整，标签的大小由文本、字体及磅值决定。

（1）调整控件的大小

选择要调整大小的控件，移动鼠标指针到边框控点处，然后拖动到需要的大小。

（2）使多个控件的大小匹配

① 选择想使其具有同样大小的多个控件。

② 从"格式"菜单中选择"大小"命令。

选择适当选项设置控件的宽度、高度和大小。控件大小将按照设计进行自动调整。

8. 对齐控件

为了报表布局美观，常常需要将多个控件按一定方式对齐。

① 选择想要对齐的控件。

② 从"格式"菜单中选择"对齐"命令。

③ 从子菜单中选择对齐方式。

9. 修改控件颜色

可以更改域控件、标签、线条和矩形的颜色。

① 选择要修改颜色的控件。

② 在调色板工具栏上单击"前景色"或"背景色"按钮。

③ 选定希望的颜色。

10. 设置域控件的输出格式

插入域控件后，可以更改该控件的数据类型和打印格式，此更改仅适用于报表控件，并不更改表中字段的数据类。例如，可以把数据类型更改成字符型、数值型或日期型；也可以使用格式输出，把所有的字母输出转换成大写，在数值型输出中插入逗号或小数点，用货币格式显示数值型输出，或者将一种格式的日期型数据转换成另外一种格式。

（1）定义域控件的输出格式

① 右键单击需要设置格式的域控件，打开快捷菜单。

② 选择"属性"命令，弹出"报表表达式"对话框。

③ 在"报表表达式"对话框中，单击"格式"文本框后面的"…"按钮。

④ 在弹出的"格式"对话框中选择域控件的数据类型，如图 8.33 所示。

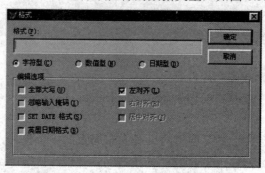

图 8.33 "格式"对话框

⑤ 从"编辑选项"区域中选择格式选项。

（2）设置域控件中文本的位置

在域控件中显示表达式的值时，可以设置值在控件中的显示位置。例如，如果设置为左对齐显示方式，那么，字段的值尽可能显示在域控件指定位置的左端。

① 选定想要更改的控件。

② 从"格式"菜单中选择"文本对齐方式"命令。

③ 从子菜单中选择需要的命令。

11. 给控件添加注释

给控件添加的注释不打印到报表中，只作为控件的说明文字。

① 双击该控件。

② 在弹出的对话框中的"备注"框内输入注释。

③ 单击"确定"按钮。

12. 添加通用字段或图片

在报表中插入包含 OLE 对象的通用型字段，可按如下步骤操作。

① 在报表控件工具栏中单击"图片/ActiveX 绑定控件"按钮。然后在报表设计器中需要添加通用字段的带区拖出一个方框，松开左键，即弹出"报表图片"对话框。

② 在"图片来源"选项组选择"字段"，在"字段"文本框中输入要添加的通用字段名。或者选择"图片"，在"图片"文本框中输入要添加的图片文件名。

③ 设置对象位置及图片大小。

④ 单击“确定”按钮。

通用字段的占位符将出现在定义的图文框内。默认情况下，图片保持其原始大小。

8.3.5 报表设计技巧

1. 快速建立多表报表

现在利用报表设计器，把 8.3 节中用报表设计器建立的“学生情况表”修改成如图 8.34 所示的样式。

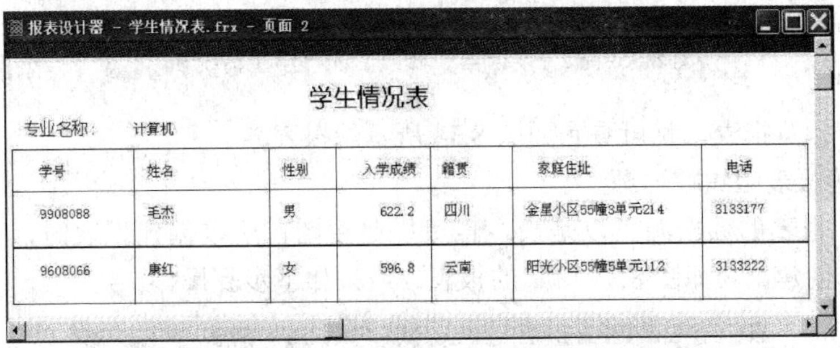

图 8.34 多表报表

（1）添加表到数据环境中

在原来设计的“学生情况表 2”报表中，只用到“专业”、“学生”两个表，要想在报表中列出学生的“籍贯”、“家庭地址”、“电话”等字段，就得将“学生个人情况”表添加到“学生情况表 2”报表的数据环境中。

① 在项目管理器中选择“学生情况表”报表。

② 单击项目管理器中的“修改”按钮，弹出“报表设计器”窗口。

③ 在报表设计器中，从“显示”菜单中选择“数据环境”命令，弹出“数据环境设计器”窗口。

④ 在“数据环境设计器”窗口中单击右键，从弹出的快捷菜单中选择“添加”命令，弹出“添加表或视图”对话框。

⑤ 在“数据库中的表”列表框中选择“学生个人情况”表，单击“添加”按钮，将“学生个人情况”表添加到“数据环境设计器”窗口中，单击“关闭”按钮，返回报表的“数据环境设计器”窗口。

（2）定制报表

① 在“数据环境设计器”窗口中，单击“籍贯”字段，按住鼠标左键将它拖动至“报表设计器”窗口中的“细节”带区。

② 用同样的方法，将“家庭地址”、“电话”字段添加到“报表设计器”窗口中的“细节”带区。

③ 在“组标头”带区中添加相应的标签控件。

然后，用 8.3.4 节中所讲的修改报表的方法修改报表布局，修改后的报表设计器如图 8.35 所示。

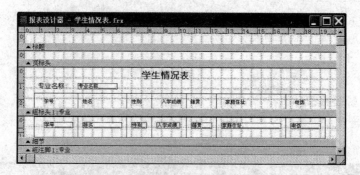

图 8.35　报表设计器中修改后的"学生情况表"

用预览命令预览报表，就可看到如图 8.34 所示的报表。

2. 用视图为报表组织数据源

前面讲过，报表的数据源可以是表，也可以是视图，所以创建报表时，可以用视图为报表组织数据源。创建一个如图 8.36 所示的报表，应按如下步骤操作。

学生成绩表

学号	姓名	专业	课程名	总评成绩
9603001	申强	新闻	传播心理学	70.0
9603001	申强	新闻	当代新闻史	71.0
9606005	迟大为	化学	色谱学	84.1
9606005	迟大为	化学	配位化学	67.4
9607039	刘洋	外贸	国际投资学	85.0
9607039	刘洋	外贸	国际商法	65.1
9608066	康红	计算机	编译技术	81.8

图 8.36　学生成绩表

① 以"学生"、"课程"、"成绩" 3 个表为基础创建一个如图 8.37 所示的视图，取名为"学生成绩视图"。

② 在项目管理器的"文档"选项卡中选择"报表"选项，单击"新建"按钮，弹出"新建报表"对话框。

③ 单击"新建报表"按钮，弹出"报表设计器"窗口。

④ 在报表设计器中，从"显示"菜单中选择"数据环境"命令。

⑤ 在"数据环境设计器"窗口中单击右键，从弹出的快捷菜单中选择"添加"命令，弹出"添加表或视图"对话框，选择"视图"选项，添加"学生成绩视图"，结果如图 8.38

所示。

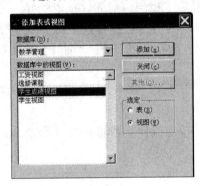

图 8.37 学生成绩视图

⑥ 用前面讲过的方法为报表添加控件，并添加一个"总评成绩"标签，与之对应的域控件的表达式为"学生成绩表视图.平时*20%+学生成绩表视图.期中*30%+学生成绩表视图.期末*50%"，建好后的报表设计器如图 8.39 所示。

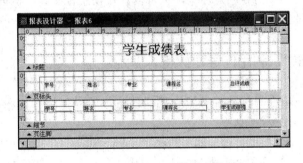

图 8.38 "添加表或视图"对话框   图 8.39 报表设计器中的学生成绩表

⑦ 用"预览"命令预览报表，就可看到如图 8.36 所示的报表。当然，可用前面讲过的方法对报表进行修改，使之界面更美观，最后保存报表到"D:\教学管理\报表\学生成绩表"下。

3. 使用快速报表创建报表

快速报表是一项省时的功能，它自动创建简单报表布局。选择基本的报表组件，然后 Visual FoxPro 将根据选择创建布局。

如果要创建一个"快速报表"，可按以下步骤操作。

① 在"项目管理器"对话框中，选择"报表"选项。

② 单击"新建"按钮，弹出"新建报表"对话框。

③ 单击"新建报表"按钮，弹出"报表设计器"窗口。

④ 在"报表"菜单中选择"快速报表"命令，弹出"打开"对话框。

⑤ 选择要使用的表，然后单击"确定"按钮，弹出如图 8.40 所示的"快速报表"对话框。

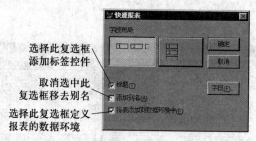

选择此复选框
添加标签控件

取消选中此
复选框移去别名

选择此复选框定义
报表的数据环境

图 8.40　"快速报表"对话框

⑥ 选择所需的字段布局、标题和别名选项。

⑦ 若要为报表选择字段，则单击"字段"按钮，然后在"字段选择器"对话框中选择所需字段。

⑧ 单击"确定"按钮。

选中的选项反映在报表布局中，这时便可以原样保存、预览和打印报表。

8.4　标签文件的建立

标签是一种特殊的报表，它的创建、修改方法与报表基本相同。和创建报表一样，可以使用标签向导创建标签，也可以直接使用标签设计器创建标签。它们的不同点在于，无论使用哪种方法来创建标签，均必须指明使用的标签类型，它确定了标签设计器中"细节"的尺寸。

8.4.1　利用向导建标签

用向导创建好标签文件后，可以原样使用标签布局，也可以用标签设计器对标签布局作适当修改。

① 在项目管理器中选择"文档"选项卡中的"标签"选项。

② 单击"新建"按钮，弹出"新建标签"对话框。

③ 单击"标签向导"按钮，弹出"标签向导"的"步骤 1-选择表"对话框，如图 8.41 所示。

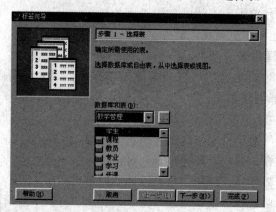

图 8.41　步骤 1-选择表

④ 选择一个要使用的表。

⑤ 单击"下一步"按钮，弹出"步骤2-选择标签类型"对话框，如图8.42所示。

⑥ 单击"下一步"按钮，定制标签布局，选择在标签中使用的字段及各字段间的分隔符（分隔符可使用"."、","、"-"、":"、空格或换行），如图8.43所示。

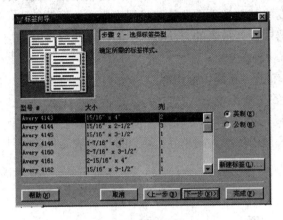
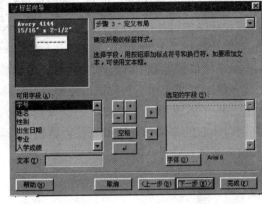

图 8.42　步骤2-选择标签类型　　　　　图 8.43　步骤3-定义布局

图中各按钮的意义如下。

a. 向右按钮：字段到右边。

b. 向左按钮：字段到左边。

c. 标点按钮：将符号加入到右边区域。

d. "空格"按钮：加入空格符号。

e. Enter按钮：换行。

通过这些按钮可以设定字段的打印位置。

⑦ 单击"下一步"按钮，选择排序字段。

⑧ 单击"预览"按钮，将会看到标签预览效果，图8.44是用"学生"表中的几个字段制作的标签。

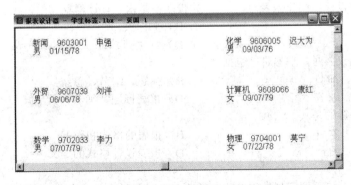

图 8.44　预览"学生标签"

⑨ 保存标签到指定位置。

8.4.2 标签设计器

如果不想使用向导来建立标签，则可以使用标签设计器来创建布局。标签设计器是报表设计器的一部分，它们使用相同的菜单和工具栏。两种设计器使用的默认页面和纸张不同，报表设计使用标准纸张的整个页面，而标签设计器将其默认页面和纸张设置成标准的标签纸张。在标签设计器中设计标签的方法与在报表设计器中设计报表的方法基本相同，在此只对怎样启动标签设计器作简单的介绍。

① 在项目管理器中，选择"标签"选项，单击"新建"按钮。

② 单击"新建标签"按钮，弹出"新建标签"对话框。

③ 从"新建标签"对话框中选择标签布局，然后单击"确定"按钮，弹出"标签设计器"窗口，它的窗体布局与报表设计器相似，其使用方法大同小异，可以参照报表文件的设计和修改方法进行操作。

习　题

一、选择题

1．报表的数据源可以是（　　　）。

　　A）表、查询、视图　　　　　　　　　　B）数据库表、自由表、查询

　　C）自由表或其他报表　　　　　　　　　D）数据库表、自由表、视图

2．在"报表设计器"中使用的控件是（　　　）。

　　A）数据源和布局　　　　　　　　　　　B）标签、域控件和列表框

　　C）标签、域控件和线条　　　　　　　　D）标签、文本框和列表框

3．在利用报表设计器创建报表时，（　　　）用于在报表中显示表的字段、变量和表达式（如页码、制表日期等）。

　　A）标签　　　　　　　　　　　　　　　B）线条

　　C）图片/ActiveX 绑定控件　　　　　　　D）域控件

4．在利用报表设计器创建报表时，（　　　）带区不是报表设计器默认的带区。

　　A）标题　　　　　　　　　　　　　　　B）页标头

　　C）细节　　　　　　　　　　　　　　　D）页注脚

5．在创建快速报表时，基本带区包括（　　　）。

　　A）页标头、细节、页注脚　　　　　　　B）标题、细节、总结

　　C）组标头、细节、组注脚　　　　　　　D）报表标题、细节、页注脚

6．报表文件保存的是（　　　）。

　　A）打印报表本身　　　　　　　　　　　B）报表的格式和数据

　　C）打印报表的预览格式　　　　　　　　D）报表设计格式的定义

二、判断题

1．报表设计器不仅是按行列打印出数据源的内容，它还综合了统计、计算等功能。（　　　）

2．报表中可以对数据进行分组，而在视图或查询中则不行。（　　　）

三、简答题

1．设计报表包括哪两个基本部分？报表的数据源来源于什么？

2. 报表的常规布局有哪些？

3. 在创建快速报表时有哪些基本带区？对报表进行数据分组后增加哪些带区？

4. 创建报表有哪几种方法？各种方法的特点是什么？

5. 创建一个报表后，系统将生成哪些相关的文件？

6. 报表有哪些带区？哪些是默认带区？简述各带区的创建及使用方法。

7. "图片/ActiveX 绑定控件"按钮用于显示哪些内容？如何向报表添加图片？

8. 如何为域控件设置输出格式？

9. 如何预览、保存报表？

10. 创建标签与创建报表有什么异同？

第9章　菜单与工具栏设计

在数据库应用程序中，用户最先接触到的就是应用程序中的菜单系统，菜单系统设计的好坏不但反映了应用程序的功能模块组织水平，同时也反映了应用程序的用户友善性。尽管菜单系统的设计在应用程序中往往不是技术难点，但在实际应用中却经常被忽略，因此，Visual FoxPro 提供了菜单设计器来帮助用户建立高质量的菜单系统。

此外，用户在开发应用程序时，如果某些功能在应用软件中经常被使用，此时最好为用户提供一工具栏。因此，本章还将介绍了如何设计自定义工具栏，以及将其加入到用户程序的方法。

9.1　设计菜单

在 Visual FoxPro 中，不管应用程序的规模多大，打算使用的菜单多么复杂，创建菜单系统都需以下步骤。

① 规划与设计系统。设计一个完整的菜单系统，确定需要哪些菜单、各菜单出现在屏幕的什么位置以及哪些菜单要有子菜单等。

② 创建菜单和子菜单。使用菜单设计器可以定义菜单标题、菜单项和子菜单。

③ 按实际要求为菜单系统指定任务。指定菜单所要执行的任务，例如显示表单或对话框等。另外，如果需要，还可以包含初始化代码和清理代码。初始化代码在定义菜单系统之前执行，其中包含的代码用于打开文件、声明变量，或将菜单系统保存到堆栈中，以便以后可以进行恢复。清理代码中包含的代码在菜单定义代码之后执行，用于选择菜单和菜单项可用或不可用。

④ 生成菜单程序。菜单制作好后将生成一个以 mnx 为扩展名的菜单文件，并可将此菜单文件生成一个以 mpr 为扩展名的程序文件。

⑤ 运行生成的程序，以测试菜单系统。

9.1.1　规划菜单系统

菜单系统的质量直接关系到应用程序系统的质量。规划合理的菜单可使用户易于接受应用程序，同时对应用程序很有帮助。

在设计菜单系统时，应遵循下列准则。

① 按照用户所要执行的任务组织菜单系统，避免应用程序的层次影响菜单系统的设计。应用程序最终是要面向用户的，用户的思考习惯及完成任务的方法将直接决定用户对应用程序的认同程度。用户通过查看菜单和菜单项，可以对应用程序的组织方法有一个感性认识。因

此，规划合理的菜单系统，应该与用户执行的任务是一致的。

② 给每个菜单一个有意义的、言简意赅的菜单标题，此标题对菜单任务能够做简单明了的说明。

③ 参照预计菜单项的使用频率、逻辑顺序或字母顺序，合理组织菜单项。当菜单中包含有 8 个以上的菜单项时，按字母顺序特别有效。太多的菜单项需要用户花费一定的时间才能浏览一遍，而按字母顺序则便于查看菜单项。

④ 在菜单项的逻辑组之间放置分隔线。

⑤ 将菜单上菜单项的项目限制在一个屏幕之内。如果菜单项的数目超过一屏，则应为其中的一些菜单创建子菜单。

⑥ 为菜单和菜单项设置访问键或快捷键。

根据以上几点准则，对"教学管理"系统的菜单进行了初步规划。

"教学管理"系统的菜单至少应包括以下几个部分。

1. 信息输入

此菜单的主要功能是对各个表的原始数据进行输入工作，第 3 章为"教学管理"系统设计了 7 个表，因此，在"信息输入"菜单中设置了如下几个子菜单。

① 学生基本情况输入（完成"学生"表及"学生个人情况"表的输入）。

② 成绩信息输入（完成"成绩"表的输入）。

③ 教师信息输入（完成"教员"表的输入）。

④ 任课信息输入（完成"任课"表的输入）。

⑤ 专业信息输入（完成"专业"表的输入）。

⑥ 课程信息输入（完成"课程"表的输入）。

2. 数据维护

此菜单的主要功能是对各个表进行数据修改、记录删除，本菜单中设置了如下几个子菜单。

① 学生信息修改（完成"学生"表及"学生个人情况"表的修改）。

② 成绩信息修改（完成"学习"表的修改）。

③ 教师信息修改（完成"教员"表的修改）。

④ 任课信息修改（完成"任课"表的修改）。

⑤ 专业信息修改（完成"专业"表的修改）。

⑥ 课程信息修改（完成"课程"表的修改）。

3. 信息查询

此菜单的主要功能是从用户的角度出发，对所需的信息进行查询、统计、计算，本菜单中设置了如下几个子菜单。

① 学生综合情况查询。

② 成绩查询。

③ 教师综合情况查询。

④ 专业情况查询。

⑤ 课程情况查询。

⑥ 统计与计算。

4. 打印

此菜单的主要功能是根据用户的需要，对一些需要保留存档的信息进行打印，本菜单中应有如下几个子菜单。

① 打印学生情况表。

② 打印学生成绩表。

③ 打印教师一览表。

④ 打印教师任课表。

⑤ 打印专业一览表。

5. 退出

本菜单下设置了如下两个子菜单。

① 退出教学管理系统（退出"教学管理"系统，返回到 Visual FoxPro 系统）。

② 退出 VFP 系统（退出"教学管理"系统，并且退出 Visual FoxPro 系统）。

9.1.2　用菜单设计器建立菜单系统

当一个菜单系统规划好后，就可利用菜单设计器来创建它。典型的菜单系统是一个下拉式菜单，它由一个条形菜单和一组弹出式菜单组成。其中条形菜单为主菜单，弹出式菜单为子菜单。

菜单设计器的主要功能是：为应用程序设计下拉式菜单；通过定制 Visual FoxPro 系统菜单，建立应用程序的下拉式菜单。因此，在利用菜单设计器设计菜单时，各菜单项及其功能既可以由用户自己定义，也可以采用 Visual FoxPro 系统的标准菜单项及其功能。

用菜单设计器创建菜单系统的基本过程如下。

① 调用菜单设计器。

② 定义各级菜单项及任务。

③ 生成菜单程序。

④ 运行菜单程序。

下面建立一个如图 9.1 所示的"教学管理"菜单。

1. 创建菜单

① 在项目管理器中的"其他"选项卡中，选择"菜单"选项，然后单击"新建"按钮，弹出"新建菜单"对话框，如图 9.2 所示。这时，可创建两种形式的菜单，一种是下拉式菜单，一种是快捷菜单。

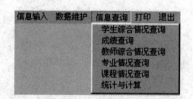

图 9.1　"教学管理"菜单

图 9.2　"新建菜单"窗口

② 单击"菜单"按钮，弹出"菜单设计器"对话框，如图9.3所示。

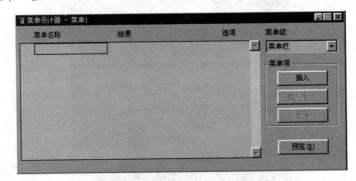

图9.3 "菜单设计器"对话框

"菜单设计器"对话框主要由以下几部分组成。

a．菜单名称。在这里输入菜单的提示字符串。如果用户想为菜单项添加热键，那么可在要设定为热键的字母前面加上一反斜杠和小于符号（\<）。如果用户没有给出这个符号，那么菜单提示字符串的第一个字母就被自动当作热键的定义。

此外，每个提示文本框的前面有一个小方块按钮，当鼠标移动到它的上面时，形状会变成上下双箭头的样子。这个按钮是标准的移动指示器（Mover），用鼠标拖动它可上下改变当前菜单项在菜单列表中的位置。

b．结果。从这里选择菜单项具有何种功能，它的下拉列表有以下几个选项。

子菜单：如果用户所定义的当前菜单项还有子菜单，就应选择这一项。当选中这一项后，在其右侧将出现一个"编辑"按钮，单击"编辑"按钮后可设计子菜单。

命令：如果当菜单项的功能是执行某种动作，应选择这一项。当选中这一项后，在其右侧出现一文本框，可在这个文本框中输入要执行的命令。这个选项仅对应于执行一条命令或调用其他程序的情况。如果所要执行的动作需要多条命令完成，而又无相应的程序可用，那么在这里应该选择"过程"。

主菜单名/菜单项#：主菜单名出现在定义主菜单时，菜单项出现在定义子菜单项时。当选中这一项时，在其右侧出现一文本框，用户可在此文本框中输入一个名字。选择这一项主要是为了在程序中引用它。例如，利用它来设计动态菜单。其实，如果用户不选择这一项，系统也会为各个主菜单和子菜单项指定一个名称，只是用户不知道而已。

过程：用于定义一个与菜单项关联的过程，当用户选择了该菜单项后，将执行这个过程。如果选择了这项，在其右侧将出现一"创建"按钮，单击该按钮将调出编辑窗口供用户输入过程代码。

c．选项。单击这个按钮将弹出"提示选项"对话框，如图9.4所示。

使用该对话框可设置用户定义的菜单系统中的各菜单项的属性。该对话框主要有以下几个选项。

快捷方式：该选项组用于指定菜单或菜单项的快捷键（Ctrl 键和其他键的组合，Ctrl+J 除外）。其中，"键标签"文本框用于显示键组合；"键说明"文本框用于显示需要出现在菜单项旁边的文本。例如："键标签"文本框被指定为"Ctrl+S"，而"键说明"文本框可被修改为"^S"。

图 9.4 "提示选项"对话框

位置：在该选项组可指定当用户在应用程序中编辑一个 OLE 对象时菜单项的位置。其中各选项的意义如下。

无：不把菜单标题放置在菜单栏上，这相当于不选择任何选项。

左：把菜单标题放置在菜单栏上，且在菜单标题组的左边。

中：把菜单标题放置在菜单栏上，且在菜单标题组的中间。

右：把菜单标题放置在菜单栏上，且在菜单标题组的右边。

跳过：定义菜单项的跳过条件。单击这个文本框右侧的"…"按钮，将弹出"表达式生成器"对话框，用户可以在表达式生成器中输入允许/禁止菜单项的条件表达式。如果表达式的值为真，则菜单项以灰色显示，表示不能用。

信息：定义菜单项的说明信息。单击这个编辑框右侧的"…"按钮，将弹出"表达式生成器"对话框，在表达式生成器的"输入"文本框中输入一个字符串或字符表达式，这些信息在用户选择了这一菜单项后将出现在 Visual FoxPro 的系统状态条上。

主菜单名：允许指定可选的菜单标题，用户可以在程序中通过该标题引用菜单项。

备注：在这里输入对菜单项的注释。不过这里的注释不会影响到生成菜单程序代码，在运行菜单程序时，Visual FoxPro 将忽略所有的注释。

d. 菜单级。这个列表框显示出当前所处的菜单级别。当菜单的层次较多时，利用这一项可知当前的位置。从子菜单返回上面任意一级菜单时，也要使用这一项。

e. 预览。使用这个按钮可观察所设计的菜单的形象。可在所显示的菜单中进行选择，检查菜单的层次关系及提示符是否正确，只是这种选择不会执行各菜单的相应动作。

f. 插入。在当前菜单项的前面插入一项新的菜单项。利用每一项左侧的 Mover 也可完成与"插入"按钮相同的功能。

g. 删除。删除当前的菜单项。

③ 在"菜单设计器"对话框中的"菜单名称"栏中输入菜单的名称，并在"结果"栏中选择菜单项的类型，如图 9.5 所示。

拖动"菜单名称"栏左边的双箭头可以改变菜单栏上各菜单的位置。

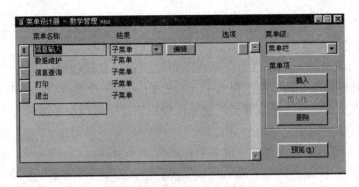

图 9.5　输入一级菜单后的菜单设计器

2．创建菜单项

菜单创建好后，可以在菜单上设置菜单项。每个菜单项都表示了一个设计者希望用户执行的 Visual FoxPro 命令或过程，菜单项也可以包含用于提供其他菜单项的子菜单。

① 在"菜单名称"栏中，选择要添加菜单项的菜单。

② 在"结果"下拉列表框中选择"子菜单"选项，此时，"创建"按钮会出现在列表的右侧。如果已经有了子菜单，则此处出现的是"编辑"按钮。

③ 单击"创建"或"编辑"按钮。

④ 在"菜单名称"栏中输入新建的各菜单项的名称。

3．菜单项分组

为增强可读性，可使用分割线将内容相关的菜单项分隔成组，例如，在"教学管理"系统的"数据维护"菜单中，就有两条分隔线，将"成绩信息修改"与"教师信息修改"分隔开、"任课信息修改"与"专业信息修改"分隔开，如图 9.6 所示。

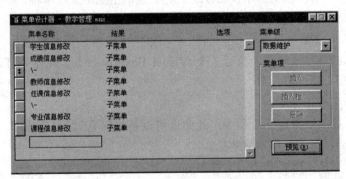

图 9.6　插入分隔线的菜单设计器

① 在"菜单名称"栏中，输入"\-"，便可以创建一条分隔线。

② 拖动"\-"提示符左侧的双箭头按钮，将分隔线拖动到正确的位置。

4．为菜单项指定访问键

设计良好的菜单都应该具有访问键，从而使用户可以通过键盘快速地访问菜单。在菜单标题或菜单项的界面上，访问键用带有下划线的字母表示。例如，要在"信息输入"菜单标题上使用 S 作为访问键，可在如图 9.5 所示对话框中将"菜单名称"栏中的"信息输入"替换为

"信息输入(\<S)"，这样，在使用菜单的过程中，按 Alt+S 键就可以访问"信息输入"菜单。

5. 为菜单指定快捷键

除了指定访问键以外，还可以为菜单或菜单项指定键盘快捷键。与使用访问键一样，使用快捷键需要同时按键盘某两个键的组合（Ctrl 或 Alt 与另一个键组合，Ctrl+J 除外），以直接选择菜单或菜单项。访问键与快捷键的区别是：使用快捷键可以在不显示菜单的情况下显示此菜单中的一个菜单项。

① 在"菜单名称"栏中选择相应的菜单标题或菜单项。

② 单击"选项"按钮，弹出"提示选项"对话框，如图 9.4 所示。

③ 在"键标签"文本框中按组合键，可创建快捷键。

④ 如果一个菜单项设置有快捷键，将在"键标签"文本框中将显示"（按下要定义的键）"。

⑤ 在"键说明"文本框中添加希望在菜单项旁边出现的文本。

6. 启用和禁用菜单项

设计者可以根据逻辑条件启用或禁用菜单及菜单项。

① 在"菜单名称"栏中，选择相应的菜单标题或菜单项。

② 单击"选项"按钮，弹出"提示选项"对话框。

③ 在"跳过"栏中直接输入逻辑表达式或单击"表达式生成器"按钮，弹出"表达式生成器"窗口。

注意：在"跳过"文本框中输入的表达式将用于确定是启用菜单或菜单项，还是禁用菜单或菜单项。如果此表达式的值为假(.F.)，则启用菜单和菜单项；如果此表达式的值为真(.T.)，则禁止用菜单或菜单项。

除此之外，还可以使用 SET SKIP OF 命令启用或禁用菜单及菜单项。

7. 为菜单或菜单项指定任务

选择一个菜单和菜单项将执行相应的任务，如显示表单、工具栏或另一个菜单系统等。要执行任务，菜单或菜单项就必须执行一个 Visual FoxPro 命令。此命令可以是一条语句，也可以是一个过程调用。

（1）使用命令完成任务

可以为菜单或菜单项指定一个命令，此命令可以是任何有效的 Visual FoxPro 命令。

调用表单的命令是：DO FORM <表单名>

调用查询的命令是：DO   <查询文件名.qpr>

调用报表的命令是：REPORT FORM <报表文件名> <范围> FOR <条件表达式>

调用菜单的命令是：DO   <菜单文件名.mpr>

调用过程的命令是：DO   <过程名>

例如：现在为"退出"菜单中的"退出教学管理系统"及"退出 VFP 系统"子菜单指定任务。

① 在"菜单名称"栏中，选择"退出教学管理系统"菜单项。

② 在"结果"下拉列表框中选择"命令"选项。

③ 在"结果"下拉列表框右侧的文本框中输入命令：

SET SYSMENU TO DEFAULT

恢复使用系统的默认菜单，在这里系统的默认菜单就是 Visual FoxPro 系统菜单。

④ 用相同的方法在"退出 VFP 系统"的"结果"下拉列表框右侧的文本框中，输入命令：

QUIT

该命令的功能是退出 Visual FoxPro 系统，结果如图 9.7 所示。

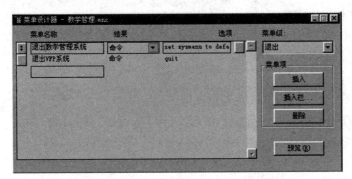

图 9.7 为"退出"菜单指定了任务的"菜单设计器"窗口

（2）调用表单完成任务

例如，为"信息查询"菜单中的"学生信息查询"菜单项指定任务。

① 在"菜单名称"栏中选择"学生信息查询"菜单项。

② 在"结果"下拉列表框中选择"命令"选项。

③ 在"结果"下拉列表框右侧的框中输入命令：

DO FORM D:\教学管理\表单\学生综合信息管理

该命令的功能是执行"学生综合信息管理"表单。

提示：要创建一个菜单或菜单项，用它显示表单或对话框，可在标题的后面放置 3 个点，表示需要用户进一步输入信息。

（3）调用报表完成任务

例如，为"打印"菜单中的"打印教师一览表"菜单项指定任务。

① 在项目管理器中选择"表单"选项，单击"新建"按钮，弹出"新建表单"对话框。

② 单击"新建表单"按钮，弹出表单设计器。

③ 将表单调整到如图 9.8 所示的大小。

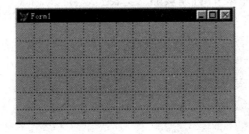

图 9.8 调整表单大小

④ 在表单中建立标签"请准备好打印机，就绪单击确定。"。

⑤ 建立"确定"命令按钮，双击"确定"按钮，在过程"Click"代码窗口中输入代码：

REPORT FORM D:\教学管理\报表\教师一览表 NOEJECT NOCONSOLE TO PRINT PROMPT

此语句可以打印名为"教师一览表"的报表文件。它的命令格式为

REPORT FROM<文件名><范围>FOR<条件表达式>

[NO EJECT]

[NO CONSOLE]

TO PRINT [PROMPT]

下面列出各参数的含义。

NO EJECT：打印前不换行。

NO CONSOLE：使打印的报表不显示在屏幕上。

TO PRINT：打印报表，如果命令中有 PROMPT 关键字，则启动一个对话框，用来设定打印机状态。

⑥ 建立一个命令按钮"退出"，双击"退出"按钮，在过程"Click"代码窗口中输入代码：

CLOSE ALL

THISFORM.Release

建好的表单如图 9.9 所示。

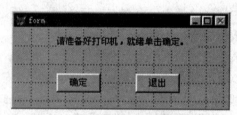

图 9.9　打印"教师一览表"的表单

⑦ 保存表单到"D:\教学管理\表单\打印教师一览表"下。建好表单后，就可以用上面所讲的方法调用表单了。

⑧ 在"菜单名称"栏中选择"打印教师一览表"菜单项。

⑨ 在"结果"下拉列表框中选择"命令"选项。

⑩ 在"结果"下拉列表框右侧的文本框中输入命令：

DO FORM D:\教学管理\表单\打印教师一览表

（4）使用过程完成任务

可以为菜单或菜单项指定一个过程，指定过程的方式取决于菜单或菜单项是否有子菜单。

① 在"菜单名称"栏中选择相应的菜单标题或菜单项。

② 在"结果"下拉列表框中选择"命令"选项。

③ 单击"创建"或"编辑"按钮。

④ 在窗口中输入正确的代码。

提示：由于 Visual FoxPro 自动生成 PROCEDURE 命令，因而不必在"过程编辑器"窗口

中输入此关键词。

8．生成菜单程序

当用户通过菜单设计器完成菜单设计后，如果用户不生成菜单程序文件(mpr)，那么系统将只能生成菜单文件(mnx)，而 mnx 文件是不能直接运行的，它是存储与菜单系统有关信息的一个表。要生成菜单程序，需从"菜单"菜单中选择"生成"命令，或者在项目管理器中选择"连编"或"运行"命令，系统将自动生成菜单程序。

9.1.3　快速建立菜单

若要从已有的 Visual FoxPro 菜单系统开始创建菜单，则可以使用快速菜单功能。

若要用"快速菜单"创建菜单系统 ，需按以下步骤操作。

① 从项目管理器的"其他"选项卡中选择"菜单"选项，然后单击"新建"按钮。

② 系统弹出"新建菜单"对话框，单击"菜单"按钮，弹出"菜单设计器"窗口。

③ 从"菜单"菜单中选择"快速菜单"命令，弹出图 9.10 所示的"菜单设计器"对话框，此时，菜单设计器中包含了关于 Visual FoxPro 主菜单的信息。

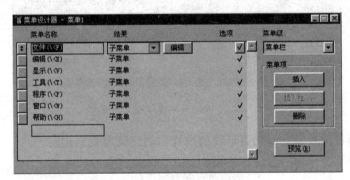

图 9.10　用"快速菜单"命令建立菜单

④ 通过添加或更改菜单项定制菜单系统。

例如，如果要把"窗口"菜单删除，则先选择"窗口"菜单，然后单击"删除"按钮；如要在"帮助"菜单前插入"我的菜单"，则可以选择"帮助"菜单，再单击"插入"按钮，然后在"菜单名称"栏中输入"我的菜单"，其结果如图 9.11 所示。

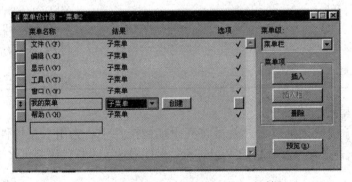

图 9.11　修改后的"菜单设计器"对话框

9.1.4 创建快捷菜单

在控件或对象上单击右键时，就会显示快捷菜单。快捷菜单通常列出与处理当前对象有关的一些功能命令。利用快捷菜单设计器可以方便地定义与设计快捷菜单，并将这些菜单附加在控件中。例如，可创建包含"剪切"、"复制"和"粘贴"命令的快捷菜单，当用户在表格控件所包含的数据上单击右键时，将出现快捷菜单。

1. 创建快捷菜单

若要创建快捷菜单，需按以下步骤操作。

① 在项目管理器的"其他"选项卡中选择"菜单"选项，然后单击"新建"按钮。

② 在弹出的"新建菜单"对话框中单击"快捷菜单"按钮。

③ 出现快捷菜单设计器，如图 9.12 所示。

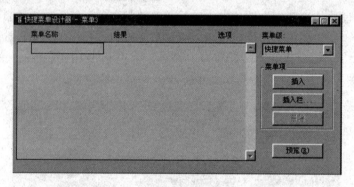

图 9.12 "快捷菜单设计器"对话框

进入快捷菜单设计器后，添加菜单项的过程与创建菜单完全相同。

快捷菜单常用部分选项的名称和结果如表 9.1 所示。

表 9.1 选项的名称和结果

选项名称	内部命令
撤销	_MED_UNDO
重做	_MED_REDO
剪切	_MED_CUT
复制	_MED_COPY
粘贴	_MED_PASTE
清除	_MED_CLEAR
全部选定	_MED_SLCTA
查找	_MED_FIND
替换	_MED_REPL

2. 将快捷菜单附加到控件中

创建并生成了快捷菜单以后，就可将其附加到控件中。当用户在控件上单击鼠标右键时，显示典型的快捷菜单。在控件的 RightClick 事件中输入少量代码即可将快捷菜单附加到特定的控件中。

① 选择要附加快捷菜单的控件，如命令按钮、文本框、组合框等。

② 在属性窗口中，选择"方法程序"选项卡并双击"RightClick"属性，打开控件的代码窗口。

③ 在代码窗口中添加调用快捷菜单程序的命令：

DO menu.mpr

其中 menu 是快捷菜单的文件名。

注意：引用快捷菜单时，必须使用 mpr 作为扩展名。

9.2 设计工具栏

当应用程序中有一些用户频繁执行的重复任务时，如果还是通过菜单系统来选择执行，显然是不合适的。但是，由于 Visual FoxPro 中的工具栏允许用户对它进行处理，从而可以将这些高频率的重复任务给它们在工具栏中增添一个按钮，从此来简化和加速任务的选择执行。下面就来讨论工具栏的使用方法。

9.2.1 定制 Visual FoxPro 工具栏

用户可以定制 Visual FoxPro 提供的工具栏，也可以创建由其他工具栏上的按钮组成的自己的工具栏。

定制 Visual FoxPro 工具栏的步骤如下。

① 从"显示"菜单中选择"工具栏"命令，将弹出"工具栏"对话框，如图 9.13 所示。选择要定制的工具栏，然后单击"定制"按钮，此时系统将显示要定制的工具栏和"定制工具栏"对话框。例如，选择定制报表设计器工具栏，则在选定该工具栏，并单击"定置"按钮后，将弹出如图 9.14 所示的画面。

图 9.13 "工具栏"对话框

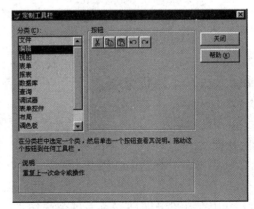

图 9.14 "定制工具栏"对话框

② 选择"定制工具栏"对话框中的分类，然后将选定按钮拖动到定制工具栏上。例如，

将编辑工具栏中的"撤销"和"恢复"工具拖动到报表设计器工具栏上，其结果如图9.15所示。

③ 单击"定制工具栏"对话框中的"关闭"按钮，关闭工具栏窗口，完成工具栏定制。

注意：如果更改了 Visual FoxPro 工具栏，可以选择"工具栏"对话框中的工具栏，然后单击"重置"按钮，将工具栏还原到原始的按钮配置。

若要创建自己的工具栏，可遵循如下步骤操作。

① 从"显示"菜单中选择"工具栏"命令，打开"工具栏"对话框。

② 单击"新建"按钮，将弹出"新工具栏"对话框，如图9.16所示。

图9.15　添加了"撤销"和"恢复"按钮的报表设计器工具栏　　　　图9.16　"新工具栏"对话框

③ 在"新工具栏"对话框中为工具栏命名，然后单击"确定"按钮，弹出"定制工具栏"对话框。

④ 选择"定制工具栏"对话框中的一个分类，然后拖动需要的按钮到工具栏上，将按钮添加到工具栏中。

⑤ 如果必要的话，拖动工具栏上的按钮，对它们进行重新排序。

⑥ 单击"定制工具栏"对话框中的"关闭"按钮，关闭"定制工具栏"对话框，完成工具栏的创建。

注意：用户不能重置创建的工具栏按钮。

若要删除创建的工具栏，可遵循如下步骤操作。

① 从"显示"菜单中选择"工具栏"命令，打开"工具栏"对话框。

② 选择要删除的工具栏。

③ 单击"删除"按钮。

④ 单击"确定"按钮以确定删除。

注意：不能删除 Visual FoxPro 提供的工具栏。

9.2.2　定义工具栏类的方法

要创建自定义工具栏，必须首先为它定义一个类。Visual FoxPro 提供了一个工具栏基类，在此基础上，可以创建所需的类。定义一个自定义工具栏类的步骤如下。

① 从项目管理器中选择"类库"选项，然后单击"新建"按钮。

② 在"类名"文本框中输入新类的名称。

③ 从"派生于"下拉列表框中选择"Toolbar"选项，以使用工具栏基类。此时，"新建类"对话框如图9.17所示。

④ 在"存储于"文本框中输入类库名，保存创建的新类。

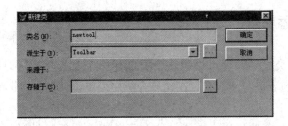

图 9.17 "新建类"对话框

⑤ 单击"确定"按钮,弹出"类设计器"窗口,如图 9.18 所示。

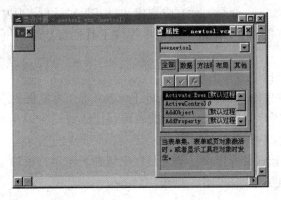

图 9.18 "类设计器"窗口

⑥ 在该工具栏中添加 3 个控件,即标签、文本框和命令按钮,然后通过属性窗口修改其提示信息,通过布局工具栏将它们调整至等宽和等高(即首先选择所有控件,然后单击布局工具栏中的"相同大小"按钮)。最后通过属性窗口为控件对象设置属性和代码,其最终的设计结果如图 9.19 所示。

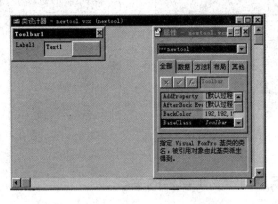

图 9.19 设计好工具栏后的类设计库

注意: 因为添加或移去控件时,工具栏的大小会动态调整,所以,如果在工具栏的 Destroy 方法中添加以下代码,则可以更快地关闭工具栏。

THIS.Visible=.F.

⑦ 最后保存所设计的类。

9.2.3 在表单集中添加自定义工具栏

在定义一个工具栏类之后，便可以用这个类创建一个工具栏，可以用表单设计器或者用编写代码的方法将工具栏与表单对应起来。在此只介绍用表单设计器来协调工具栏和表单的方法。

用户可以在表单集中添加工具栏，让工具栏与表单集中的各个表一起打开，但不能直接在某个表单中添加工具栏。若要使用表单设计器在表单集中添加工具栏，可按照如下步骤进行。

① 首先注册并选定包含工具栏类的类库。

② 打开要使用上述工具栏类的表单集，再从表单控件工具栏单击"查看类"按钮，然后从其快捷菜单中选择"添加"命令。此时将弹出"打开"对话框，从中选择包含自定义工具栏的可视类库文件并单击"打开"按钮，则表单控件工具栏将被选定可视类库文件的类图标所代替。

③ 从表单控件工具栏中选择工具栏类。

④ 在表单设计器中单击此工具栏，Visual FoxPro 将在表单集上添加工具栏，如果表单集尚未创建，系统将提示用户创建一个。此时的表单设计器如图 9.20 所示。

⑤ 最后按工具栏及其按钮定义操作。

选择运行表单，可看到前面所设计的工具栏出现在表单运行窗口中，如图 9.21 所示。当关闭表单后，该工具栏也同时被关闭。

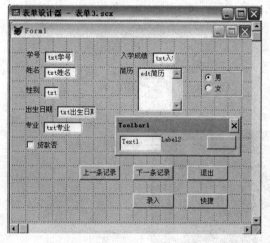

图 9.20　添加工具栏后的表单设计器

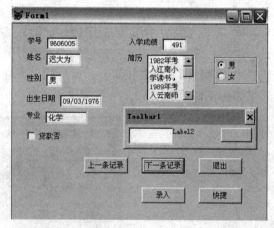

图 9.21　设计的工具栏出现在表单运行窗口中

9.2.4 协调菜单和用户自定义工具栏的关系

在创建包含菜单和工具栏的应用程序时，某些工具栏按钮与菜单项可能功能相同。工具栏可使用户快速实现某功能，菜单则可以提供键盘快捷键、易读的文字标题。

在设计应用程序时应做到以下几点。

① 不论用户使用工具栏按钮，还是使用与按钮相关联的菜单项，都执行同样的操作。

② 相关的工具栏按钮与菜单项具有相同的可用或不可用属性。

③ 创建工具栏，添加命令按钮，并将要执行的代码包括在对应于此命令按钮的 Click 事件的方法中。

④ 创建与之协调的菜单。

⑤ 添加协调的工具栏和菜单到一个表单集中。

习　题

1. 设计一个下拉菜单，如图 9.22 所示。

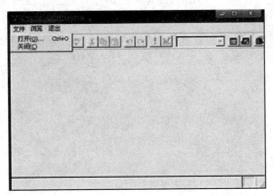

图 9.22　设计下拉菜单

各菜单选项的功能如下。

① "打开"选项用的是标准的系统菜单命令，可以调出"打开"对话框，打开一个文件。

② "关闭"选项用于关闭当前工作区中打开的表。

③ "浏览"选项在当前工作区有表打开时有效，它用 BROWSE 命令浏览当前表的内容。

④ "退出"选项的功能是恢复标准的系统菜单。

2. 为表单中的一个组合框设计一个快捷菜单，如图 9.23 所示。

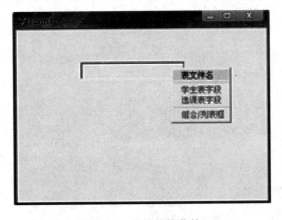

图 9.23　设计快捷菜单

各菜单选项的具体功能如下。

① 选择"表文件名"选项时,组合框内显示表文件名列表。

② 选择"学生表字段"和"选课表字段"选项时,组合框内分别显示学生表字段名列表和选课表字段名列表。

③ 选择"组合/列表框"选项时,组合框在下拉列表框和下拉组合框之间切换。

3.将第 1 题中设计的下拉菜单添加到一个顶层表单中。

4.依据 9.1.1 节的规划,创建一个菜单系统,并把它保存于"D:\教学管理\菜单"下,命名为"教学管理"。

5.把"信息输入"菜单下的菜单项分为 3 组:学生基本情况输入与成绩信息输入为一组;教师信息输入与任课信息输入为一组;专业信息输入与课程信息输入为一组。

6.为菜单项指定访问键,其中"信息输入"指定为 Alt+S 组合键;"数据维护"为 Alt+W 组合键;"信息查询"为 Alt+C 组合键;"打印"为 Alt+P 组合键;"退出"为 Alt+Q 组合键。

7.为"退出"菜单中的"退出教学管理"及"退出 VFP 系统"菜单项指定任务。

8.为"教学管理"菜单中的其余各菜单项指定任务。

第 10 章　数据库应用程序开发

学习 Visual FoxPro 的最终目的是开发一个数据库应用系统。本章将结合一个"工资管理"系统开发实例介绍开发数据库应用程序的方法、步骤，以及如何将设计好的数据库应用系统组件在项目管理器中连编成一个完整的可执行应用程序文件。

10.1　Visual FoxPro 程序设计的特点

10.1.1　面向对象程序设计

面向对象的程序设计方法与传统的面向过程的程序设计方法不同，在面向对象的程序设计中，程序由若干个对象组成，每个对象都具有属性及方法。对象的属性描述了对象的状态，使用对象的方法可以改变对象的状态。

在 Visual FoxPro 中，对象是由系统事先定义好的，Windows 中常见的控件（如按钮、文本框、列表框等）都是对象。窗体也是对象，它一般是由包括窗体本身在内的标签、按钮等对象组成的。对象的属性及方法均由系统事先定义。

用户可以通过改变对象的属性及方法来控制对象。例如，通过改变标签对象的"前景色"属性来决定文本框中显示什么颜色的字，改变标签对象的"字号"属性来决定文本框中显示字体的大小，使用按钮对象的 Click 方法使鼠标单击按钮时标签中显示特定的信息等。

10.1.2　可视化设计

一个 Windows 应用程序界面上包含若干个控件，例如菜单、按钮、滚动条、对话框、列表框等。在可视化设计工具出现以前，程序员编写一个应用程序时，很大一部分精力放在如何在窗口中定义以及放置这些控件的琐碎工作上。而使用 Visual FoxPro 开发程序时，可以将工具箱中的控件直接放在窗口中，并通过设置控件的属性来控制它的外观及运行时的特性。在本书中，可领略到可视化设计的魅力，它将琐碎的工作变得轻松而富有乐趣。同时，Visual FoxPro 的可视化设计工具将 Windows 编程的复杂性隐蔽起来，使开发者可以将主要精力放在应用程序本身，从而大大提高了应用软件的开发效率。

10.1.3　事件驱动的编程

Visual FoxPro 采用的是一种事件驱动的程序概念。所谓事件就是窗体（Form）或控件（Control）等对象可以识别的行为。例如，在按钮对象上单击一下鼠标按键，就产生一个针对该按钮对象的 Click 事件。在 Visual FoxPro 中，每个窗体和控件都有一套预定义的事件集合（系统事先已经为对象的每一种事件定义好事件处理过程的框架，程序设计只需要将对事件作具体处理的代码写入即可），如果发生了其中的某个事件，Visual FoxPro 会执行与该事件相关过程中的代码。

用 Visual FoxPro 编程，可以不必考虑整个程序的流程，也不必考虑哪段代码放在何处。只需要了解什么动作产生何种事件，以及如何处理事件即可。由于事件驱动程序对每个事件的处理目的明确，因此也十分简练并易于维护。

Visual FoxPro 除了具有简单易学的特点外，还是一种易于扩充的开放系统。一方面，目前有大量的控件开发商提供了多种 Visual FoxPro 下使用的控件，可供编程人员使用；另一方面，开发者也可以使用 VB、VC 编辑自己的控件，在 Visual FoxPro 中使用。

10.2 应用程序开发过程

数据库应用系统是在数据库管理系统支持下运行的一类计算机应用系统。对大多数用户来说，数据库管理系统可以使用市场上出售的现成软件，不必自己设计。所以开发一个数据库应用系统，实际上包含了数据库的设计和相应的应用程序设计及实现两方面工作。

本书前几章介绍了用 Visual FoxPro 命令建立数据库文件的方法和面向对象的编程技术，利用这些知识，用户可以编制一些简单的程序。但是，若开发一个具有一定规模的程序，或者需要和其他开发人员一起开发一个程序，那么一个完整的开发过程将是必需的。本章将从系统开发的角度进一步阐述数据库应用程序的设计方法，包括指导这些设计的基本原则，如关系规范化理论和软件工程开发技术等，同时给出一个应用系统的开发实例，以供初学者参考。

一般来说，一个应用软件的开发过程要经历 6 个阶段：可行性研究、需求分析、系统设计、编程、测试和运行维护阶段。每个阶段都有明确的任务，并产生一定的文档送给下一阶段，下一阶段再在前一阶段所提供文档的基础上继续工作，这 6 个阶段相互衔接。下面以"工资管理"为例，具体介绍以上 6 个阶段的过程。

10.2.1 可行性研究阶段

当系统开发人员接受开发任务后，首先要研究开发任务，判断是否有简单明确的解决办法。事实上，许多问题不可能在一定的系统规模之内解决，如果问题没有可行的解决办法，那么花费在这项开发工程上的任何时间、资源、经费都是无谓的浪费。

可行性研究的目的就是用最小的代价在尽可能短的时间内确定问题是否能够解决。必须记住，可行性研究的目的不是解决问题，而是确定问题是否值得去解决。怎样达到这个目的呢？当然不能靠主观猜想，只能靠客观分析，需分析几种主要的可能解法的利弊。一般来说，至少应该从下述 3 个方面研究每种解法的可行性。

① 技术可行性：利用现有的技术能否实现这个系统。

② 经济可行性：这个系统的经济效益能否超过它的开发成本。

③ 操作可行性：系统的操作方式在这个用户组织内是否行得通。

分析员应该为每个可行的解法制定一个粗略的实现进度。

当然，可行性研究最根本的任务是对以后的行动方针提出建议。如果问题不可行，那么分析员应该建议停止这项开发工程，以避免时间、资源、人力和金钱的浪费；如果问题可行，分析员应该推荐一个较好的解决方案，并且为工程制定一个初步的计划。

可行性研究需要的时间长短取决于工程的规模，一般来说，可行性研究的成本只是预期工程总成本的 5%～10%。

10.2.2 需求分析阶段

当可行性分析作出结论，系统可以进行开发后，开发人员必须首先明确用户的要求，即充分理解用户对软件系统最终能完成的功能及系统可靠性、处理时间、应用范围、简易程度等具体指标要求，并将用户的要求以书面形式表达出来。因此，明确用户的要求是分析阶段的基本任务。用户和软件设计人员双方都要有代表参加这一阶段的工作，详细地进行分析，经双方充分地讨论和酝酿后达成协议并产生系统说明书。

1. 了解用户的环境和要求

了解用户环境就是了解用户的业务活动，了解人工管理系统是如何进行工作的，为什么要这样做。在工作过程中，要了解用户的环境和要求，即需要哪些数据、如何发送、数据的格式是什么、需要保留哪些数据、数据量及数据的增长率有多少等。绘制现行人工管理系统的工作流程图和数据流程图，并描述出各项工作的功能、数据的传送格式、类型、长度及时间性和完整性的要求，从而对人工管理系统的优缺点作出正确的评价。

在了解用户环境的同时，还要了解用户对计算机进行管理的要求和设想。在准备建立计算机管理系统时，各级管理人员将会提出各种要求和今后的发展设想，软件人员必须认真听取他们的意见，要尽量让用户多提要求，使各方面的要求尽量齐全，在这里可以暂时不考虑计算机能否实现。

用户在提要求时，除了考虑当前人工管理系统的各项要求外，还应考虑今后的发展要求，所提出的要求应该尽量详细、全面。

现在举一个简略实例——"工资管理"系统。

某公司决定建立一个以数据库为基础的管理信息系统，以取代单一的人工管理。目标系统取名为"工资管理"。通过用户调查，初步整理出以下结果。

（1）当前系统工作状况

调查获悉，该公司工资管理共使用 3 种源数据表和两种主要目的数据报表，现分述如下。

① 3 种数据表，如表 10.1、表 10.2、表 10.3 所示。

表 10.1 为该公司的"人员基本情况表"，根据表中的"学历"、"职称"及"受聘日期"决定"工资表"中的"基本工资"和"岗位津贴"的具体数值。

表 10.2 为公司"扣款表"，每月由各部门上报，根据"扣款表"的内容决定"工资表"中"扣款"项的金额。

表 10.3 为"效益工资表"，每月由各部门根据当月效益及员工的表现申报，由财务部门审批。

表 10.1　人员基本情况表

人员基本情况表							
姓名	性别	年龄	学历	受聘日期	部门	职称	婚否

表 10.2　扣　款　表

扣款表			
姓名	水电费	煤气费	其他扣款

表 10.3　效益工资表

效益工资表	
姓名	效益工资

② 两种主要目的数据报表如表 10.4 和表 10.5 所示。其中表 10.4 为每月的"工资表",表 10.5 为每月的"部门工资表"。

表 10.4　工　资　表

工资表						
姓名	部门	基本工资	岗位津贴	效益工资	扣款	应发工资

表 10.5　部门工资表

部门工资表	
部门名称	部门工资汇总

除了上述两种报表外,该公司还使用若干种查询统计表,为了简化所讨论问题,这里不再细述。

(2) 对目标系统的总体需求

通过对当前系统的调查和与用户的共同讨论,对将要开发的目标系统提出以下总体需求。

① 用数据文件代替现有的全部账表。

② 具有对各种数据的录入和维护功能。

③ 能根据"人员的基本情况表"、"扣款表"和"效益工资表"自动计算"工资表"各项内容。

④ 能够灵活修改工资项目。

⑤ 按月打印公司工资条及工资汇总表。

⑥ 有多种查询和统计功能。

为简化讨论,以上各项具体需求细节从略。

2. 数据分析

数据分析是数据库开发中一项十分重要的内容,其主要任务是确定目标系统中使用的全部数据,并为它们取名和定义。分析中要为每一数据编写一个数据条目,然后将所有条目合编为数据字典。这样,在随后进行的系统设计中不论有多少人参加,大家都可以把数据字典作为统一的依据，不必担心因数据不一致而出现矛盾和混乱。

在数据字典中，每一个数据占一个字典条目，可以记入卡片，称为条目卡片。图 10.1 显示了条目卡片的两个实例。

数据流名：工资表 组成：基本工资+岗位津贴+效益工资+扣款+应发工资 备注：	数据项名：应发工资 含义：职员当月应发工资 取值：基本工资+岗位津贴+效益工资−扣款 备注：货币型值
(a) 数据流条目卡片	(b) 数据项条目卡片

图 10.1 数据字典条目卡片实例

在小型应用系统中，数据条目有时也用简易的方法表示，以简化文档，减少开发工作量。用简易方法表示数据条目的两个例子为：

工资表=基本工资+岗位津贴+效益工资+扣款+实发工资

实发工资=基本工资+岗位津贴+效益工资−扣款

扣款=水电费+煤气费+其他扣款

下面是数据分析的步骤。

① 确定各单项数据在目标系统中的名称。为数据取名字时应注意：第一，同一数据不要使用不同的名称，例如“职员姓名”和“姓名”可统称为“姓名”；第二，在容易识别的前提下尽量简化名称，以方便输入/输出操作。

② 定义数据项的含义与取值。将上一步得到的全部数据项综合起来，加上含义与取值，便可得到整个目标系统的数据项条目，这些数据项条目实际上将构成定义其应用系统字段变量和内存变量的依据。

③ 定义目标系统的数据流。系统的输入数据和输出的打印数据一般可转换为目标系统的输入和输出数据流。

3．功能分析

在了解用户需求的基础上，下一步工作就是确定新系统的功能，即根据用户需求，确定计算机究竟应该做哪些工作。在确定系统功能时，开发人员和用户双方都必须十分谨慎，要全面考虑并进行多次分析和讨论，一旦系统功能确定之后，一般情况下不能再改动，以免影响后期工作。

对“工资管理”系统简例提出的功能需求可以归纳为以下几个方面。

（1）数据录入模块

数据录入模块用于把各种单据报表中的数据及时登记到数据库中，包括人员情况录入、扣款表录入及效益工资录入 3 个小模块。

（2）工资计算模块

由录入的数据，根据事先决定的条件计算“工资表”的各项内容。

（3）工资表项目修改模块

分为两个小模块——按所选工资项目整体修改工资表内容模块以及按任意条件和所选工资项目部分修改工资表内容模块。

（4）查询统计模块

按任意条件查询"工资表"内容，并统计所需汇总数据，具体功能从略。

（5）报表打印模块

分为打印工资条及工资汇总打印两个模块。

分析阶段产生的文档为系统说明书，它明确地描述了用户的要求，主要有以下 3 个作用。

① 作为用户和软件人员之间的合同，为双方相互了解提供基础。

② 反映出问题的结构，可作为软件人员进行设计和编程的基础。

③ 作为选取测试用例和进行验收的依据。

系统说明书是软件生命周期中一份极为重要的文档，在分析阶段必须及时建立并保证其质量。在建立系统说明书之后，还应对它进行反复检查，争取尽早发现潜在的错误并及时纠正。在分析阶段纠正系统说明书上的某个错误可能只需花一个小时，但到开发后续阶段再纠正就可能花成百上千小时的代价。因此，系统说明书应该完整、一致、精确、无二义，并且简单易懂、容易维护。

10.2.3 系统设计阶段

在明确了系统"做什么"之后，接下来就要考虑"怎样做"，设计阶段就是要解决这个问题。这个阶段的基本任务就是在系统说明书的基础上建立软件系统的结构，包括数据结构和模块结构，并说明每个模块的输入、输出以及应完成的功能。数据结构说明书给出程序所用到的数据结构。

设计阶段通常分以下几个步骤。

1. 数据库设计

数据库设计，就是设计程序所需的数据的类型、格式、长度和组织方式。因为数据库应用系统主要是处理大量的数据，所以数据库的设计也上升为一项独立的开发活动，成为数据库应用系统中最受关注的中心问题。数据库设计性能的优劣将直接影响整个数据库应用中数据的一致性、系统的性能和执行效率。

数据库的设计过程如图 10.2 所示。

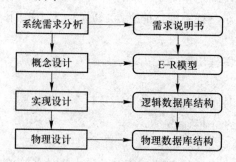

图 10.2　数据库的设计过程和每步产生的文档

（1）系统需求分析

这一步的主要任务是从数据库的所有用户那里收集对数据的需求和对数据处理的需求，并把这些需求写成用户和设计人员都能接受的需求说明书。

（2）概念设计

概念设计的目的是将需求说明书中有关数据的需求综合为一个统一的概念模型。为此，可先根据单个应用的需求，画出能够反映每一应用需求的局部 E-R 图；然后把这些 E-R 图合并起来，消除冗余和可能存在的矛盾，得出系统的总体 E-R 模型。

实体-联系方法（Entity-Relationship Approach，E-R 方法）是使用 E-R 图来表现现实世界中数据之间联系的有效方法。这种方法在数据库设计中被广泛应用，现已成为概念设计阶段描述数据库概念模型的主要工具。

E-R 图包含实体、联系与属性 3 种基本成分。

① 实体：既现实世界中存在的"人"或"物"，例如公司、职员、产品、工资单等。在数据库中，实体常用来表示某类数据的集合，其范围可大可小。

② 联系：表示实体之间存在的关系。例如，"人员基本情况表"、"扣款表"和"效益工资表"中的信息经过工资项目计算可以得到"工资表"，这里的"工资项目计算"就代表实体之间的联系。通常，联系又可区分为一对一（1:1）、一对多（1:M）和多对多（M:N）3 种类型。

③ 属性：表示实体和联系的某种特征。例如，员工有"姓名"、"性别"、"年龄"、"职称"等属性。

在 E-R 图中，实体、联系与属性分别用矩形框、菱形框和椭圆框（或圆框）来表示。

在建立概念模型图时，首先应该先确定 E-R 模型所含的实体；依次建立对应于系统单项应用的局部 E-R 模型；然后再将局部 E-R 模型综合为系统的总体 E-R 模型；最后要改进总体 E-R 模型，确保其具有最小的数据冗余度。

图 10.3 给出了"工资管理"系统的 E-R 图，图中的"人员基本情况表"、"扣款表"、"效益工资表"、"工资表"等都属于实体，用矩形框表示；它们各自都有许多属性，用椭圆框表示；"人员基本情况表"、"扣款表"、"效益工资表"实体的内容通过"工资项目计算"来决定"工资表"项目内容，"工资项目计算"为"人员基本情况表"、"扣款表"、"效益工资表"实体与"工资表"实体的联系，用菱形框来表示。

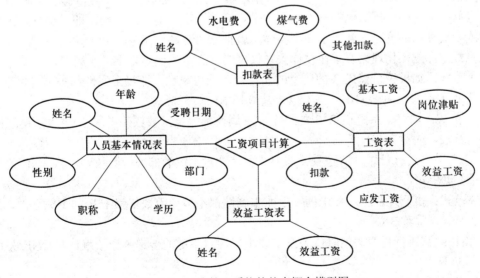

图 10.3　工资管理系统的基本概念模型图

（3）实现设计

实现设计的目的是将前一步得出的 E-R 模型转换为某一种特定的 DBMS 能够接受的逻辑模式。在这一步中，首先要选择一种适当的数据模型，然后按照相应的转换规则，将 E-R 模型转换为所选定 DBMS 可以接受的数据库逻辑结构。

注意，Visual FoxPro 只支持关系型数据模型。

① E-R 模型向关系模式的转换。从 E-R 模型转换为关系模式就是将 E-R 图中的所有实体和联系都改用关系来表示。下面仍以"工资管理"系统为例，说明实现这种转换的具体步骤。

首先分析实体的属性集，从中找出关系的主键。

其次用关系来表示实体。关系的主键能够决定其他属性的值，或者说，其他属性对主键存在依赖的关系。对于员工来说，"性别"、"年龄"、"学历"、"职称"等属性都依赖于员工的"姓名"，也就是说，一旦"姓名"确定下来，"性别"、"年龄"、"学历"、"职称"等属性也应该唯一确定。但是，对于同一个公司来说，可能会有重名的员工存在，所以，"姓名"不宜作为主键，一般应增设"员工号"属性作为主键，每一个员工的编号都是不同的。例如，图 10.3 中的 4 个实体可分别转换为下列的 4 个关系。在这些关系表达式中，有下划线的属性表示主键。从主键出发的箭头，表示主键将决定其他属性的值。

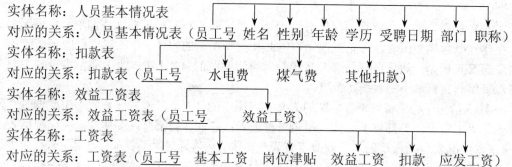

实体名称：人员基本情况表

对应的关系：人员基本情况表（<u>员工号</u> 姓名 性别 年龄 学历 受聘日期 部门 职称）

实体名称：扣款表

对应的关系：扣款表（<u>员工号</u> 水电费 煤气费 其他扣款）

实体名称：效益工资表

对应的关系：效益工资表（<u>员工号</u> 效益工资）

实体名称：工资表

对应的关系：工资表（<u>员工号</u> 基本工资 岗位津贴 效益工资 扣款 应发工资）

② 关系数据库规范化理论。该理论是数据库逻辑设计的理论依据，其基本思想是：每个关系都应该满足一定的规范，才能使关系数据库设计合理，达到减少数据冗余、消除操作异常、提高查询效率的目的。规范化的基本原则就是遵循"一事一地"的原则，即一个关系只描述一个实体或者实体间的联系。若多于一个实体，就把它"分离"出来。

关系数据库规范化理论要求在设计关系模型时，至少应满足以下 3 个范式。

第 1 范式：如果关系模式 R 的所有的属性均为简单属性，即每个属性都是不可再分割的，称 R 属于第 1 范式，简称 1NF。第 1 范式是最基本的规范形式。

第 2 范式：如果关系模式 R 中的每个非主属性都完全函数依赖于 R 的主关系键，则称 R 属于第 2 范式，简称 2NF。

对 1NF 关系进行投影，消除原关系中非主属性对主键的部分函数依赖，将 1NF 关系转换成若干个 2NF。

第 3 范式：如果关系模式 R 中的每个非主属性都不传递函数依赖于 R 的主关系键，则称 R 属于第 3 范式，简称 3NF。

对 2NF 关系进行投影，消除原关系中非主属性对主键的传递函数依赖，将 2NF 关系转换成若干个 3NF。

在工资项目计算例子中所建立起来的 4 个关系表中的每一属性均函数性地依赖于主键，且表中的每个非主属性都不传递函数依赖于主键，4 个关系表均符合 3 个范式的要求，所以不需要再做改动。

（4）物理设计

物理设计的目的在于确定数据库的存储结构，具体包括确定数据库文件的数据库组成、数据、表、数据表之间的联系、数据字段类型与长度、主键、索引等。

对于"工资管理"系统，设计步骤如下。

① 确定所有字段的名称、类型与宽度，如表 10.6 所示。

表 10.6 "工资管理"系统中所有字段的名称、类型与宽度

字段名	类型	宽度	字段名	类型	宽度
员工号	字符型	5	效益工资	货币型	8
姓名	字符型	10	基本工资	货币型	8
性别	字符型	2	岗位津贴	货币型	8
年龄	数值型	3	实发工资	货币型	8
受聘日期	日期型	8	扣款	货币型	8
职称	字符型	12	水电费	货币型	8
学历	字符型	10	煤气费	货币型	8
部门	字符型	12	其他扣款	货币型	8

设计时应注意，去掉在不同关系中重复出现的属性名；字段名既要便于识别，又要尽量简化；字段宽度应考虑到最大限度的取值。

② 确定数据库文件及其表的名称和组成，如表 10.7 所示。

表 10.7 数据表组成

关系名	表名	组成字段
人员基本情况表	人员基本情况表	员工号、姓名、性别、年龄、学历、受聘日期、部门、职称
扣款表	扣款表	员工号、水电费、煤气费、其他扣款
效益工资表	效益工资表	员工号、效益工资
工资表	工资表	员工号、部门、基本工资、岗位津贴、效益工资、扣款、应发工资

③ 为每个表确定主关键字段和索引字段。

主关键字段即为每个表的主键，表中的每个字段应该由主键来唯一确定，表 10.7 中的 4 个表主键均为"员工号"。另外，如果需要频繁按照某个字段值来查询数据表中的内容，则需按此字段建立索引，这样可以加快查询速度，例如，对"人员基本情况表"可按"姓名"、"职称"建立索引。

④ 按选定的语言建立上述的数据库文件。

以下显示的是用 Visual FoxPro 建立的数据表结构。

"工资表"结构

表结构：　　　　　　　　　D:\工资\工资表.dbf

数据记录数：　　　　　　　10

最近更新时间：　　　　　　10/20/99

代码页：936

字段	字段名	类型	宽度	小数位	索引
1	员工号	字符型	5		升序
2	部门	字符型	12		
3	基本工资	货币型	8	2	
4	岗位津贴	货币型	8	2	
5	效益工资	货币型	8	2	
6	扣款	货币型	8	2	
7	实发工资	货币型	8	2	
** 总计 **			58		

"效益工资表"结构

表结构：　　　　　　　D:\工资\效益工资.dbf

数据记录数：　　　　　10

最近更新时间：　　　　10/20/99

代码页：　　　　　　　936

字段	字段名	类型	宽度	小数位	索引
1	员工号	字符型	5		升序
2	效益工资	货币型	8	4	
** 总计 **			14		

"扣款表"结构

表结构：　　　　　　　D:\工资\扣款表.dbf

数据记录数：　　　　　10

最近更新时间：　　　　10/20/99

代码页：　　　　　　　936

字段	字段名	类型	宽度	小数位	索引
1	员工号	字符型	5		升序
2	水电费	货币型	8		
3	煤气费	货币型	8		
4	其他扣款	货币型	8		
** 总计 **			30		

"人员基本情况表"结构

表结构：　　　　　　　D:\工资\人员基本情况表.dbf

数据记录数：　　　　　10

最近更新时间：　　　　10/20/99

代码页：　　　　　　　936

字段	字段名	类型	宽度	小数位	索引
1	员工号	字符型	5		升序
2	姓名	字符型	10		

3	性别	字符型	2
4	年龄	数值型	3
5	受聘日期	日期型	8
6	学历	字符型	10
7	职称	字符型	12
** 总计 **			51

2. 总体设计

数据库设计完成后，就可以设计应用程序了。按照传统的软件开发方法，开发一个应用程序应该遵循"分析—设计—编码—测试"的步骤。分析的任务是弄清让程序"做什么"，即明确程序的需求；设计是为了实现"怎样做"，它可以分为两步：第一步称为概要设计，用以确定程序的总体结构；第二步称为详细设计，目的是决定每个模块的内部逻辑过程。编码阶段的任务是使设计的内容能够通过某种计算机语言在机器上实现。最后是测试，以保证程序的质量。下面简述设计阶段的具体内容。

（1）概要设计

通常，一个应用系统的程序可以划分为若干个子系统，每个子系统又可划分为若干个程序模块。概要设计的任务就是根据功能分析所得到的系统需求，自顶向下地对整个系统进行功能分解，以便分层确定应用程序的结构。概要设计的主要设计技术是结构化设计方法，该方法的基本思想是将系统设计成一个由多个相对独立、单一功能的模块组成的结构。其实现方法是自顶向下、逐步分解，将系统设计成一个层次型的模块结构。

例如，对以上的"工资管理"系统，根据需求分析可将系统分解成如图 10.4 所示的模块结构。

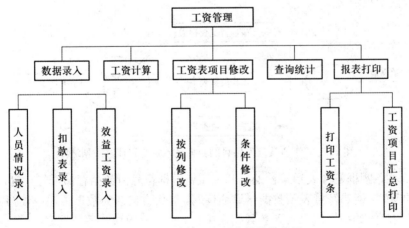

图 10.4 "工资管理"系统模块结构图

在图 10.4 的模块划分过程中，就体现了自顶向下、逐步分解的方法，这正是结构化设计的基本思想。模块间的连接采用了 Windows 中菜单逐层调用的形式来实现。

在划分模块的同时，除了要考虑模块间的功能联系之外，还要考虑模块的独立性。如果各模块是相对独立的，则每个模块可单独地被理解、编程、测试、修改，从而使复杂的工作得以简化，程序中即使有错，也会被限制在一个模块内。衡量模块独立性的指标有两个：块间联系与块内联系。所谓块间联系是指系统中各模块间的相互联系，主要是指模块间的数据传送，它是对模块独立性的直接衡量。模块间的联系越小，即数据传送越少，意味着模块间的独立性越高。所谓块内联系是指一个模块内部各部分之间的联系。若块内联系大了，则模块间的相对独立性也就提高了。结构化设计的目标就是使模块间的联系最小，模块内联系最大，以此来提高系统模块的相对独立性，也即通常所说的高内聚、低耦合。

在一个实际系统中，由于处理的需要，各模块之间并非完全独立，它们之间会有一些数据交换。这时应该考虑一种"折中"方案，既要求各模块间有一定的独立性，又能实现一些数据传送，以满足处理的需要。

（2）详细设计

数据库应用系统的详细设计主要是指模块级的设计，一般可包括确定模块基本功能和画出模块数据流图两个步骤。

总体结构确定后，首先要对结构图中所有的模块逐个确定其基本功能。基本功能应用简洁的语言来表达，一般应包括模块的输入、输出和主要处理功能。然后，可以用数据流图（Data Flow Diagram，DFD）画出每个模块从接收输入数据起，逐步地通过加工和处理，生成所需要的数据的全部流程。最后给出模块说明书，它描述了各模块的功能和要加工的数据，为后续的编程做好准备。

下面简要介绍数据流图的功能和用法。

数据流图是传统的软件开发所常用的工具之一。它通过描述数据从输入到输出所经历的加工和处理，勾画出应用程序的逻辑模型。与流程图等工具相似，它表达的范围可大可小，内容也可粗可细。从系统的整个应用程序到单独的模块，都可以用这种图来描述。在数据库应用系统开发中，它主要用来分析模块，建立模块的逻辑模型。图 10.5 为"工资管理"项目的数据录入及工资计算的数据流图。

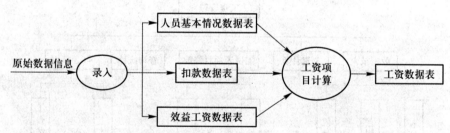

图 10.5 "工资管理"项目的数据录入及工资计算数据流图

在图 10.5 中，圆框符号表示某种处理和加工；方框符号为数据存储符号，包括数据库文件和其他形式的文件；箭头符号表示数据传递或读写，箭头方向即为数据传递或读写方向。图 10.5表明，录入模块将原始报表信息录入各数据表中，工资计算模块从各数据表中读出所需的数据，进行工资项目计算，并将所得数据写入工资数据表中。

10.2.4 实现阶段

实现阶段的任务是将前一阶段的需求和构想用 Windows 下具体的程序来实现，它又可具体分为以下几个步骤。

1. 菜单设计

菜单设计的大量工作在菜单设计器中完成，在那里可创建实际的菜单、子菜单和菜单选项，如图 10.6 所示。

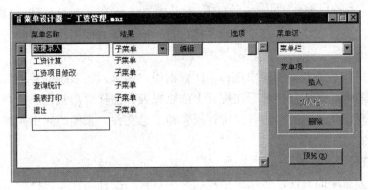

图 10.6 "工资管理"菜单项的设计

创建一个菜单系统的步骤如下。

① 规划与设计菜单系统，确定需要哪些菜单及哪几个菜单要有子菜单等。"工资管理"系统的菜单系统设计来自图 10.4 所示"工资管理系统"模块结构图。

② 创建菜单和子菜单。使用菜单设计器来定义菜单标题、菜单项和子菜单。

③ 为菜单指定执行的任务。例如，显示表单或对话框等。必要时，还应该包括初始化代码和清理代码。初始化代码是在定义菜单系统之前执行的代码，通常的初始化操作包括打开文件、声明变量或将菜单系统保存到堆栈中用以恢复菜单层次等；清理代码是在菜单的定义代码之后执行的代码，决定菜单和菜单项可用或不可用等。

④ 生成菜单程序。

⑤ 运行生成的程序，测试菜单系统。

图 10.7 所示为"数据录入"子菜单。

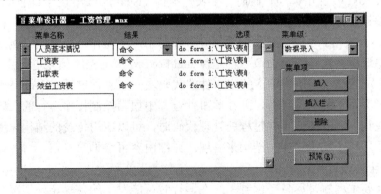

图 10.7 "数据录入"子菜单

2. 界面设计

界面设计即设计用户和系统的输入输出接口，其主要工作是确定用户需要向系统输入或输出哪些数据，及以什么方式和格式输入或输出。在一般的微机管理系统中，输入是通过键盘进行的。在设计输入接口时，应注意以下两点：一是良好的输入格式，设计一个清晰直观的输入格式，给用户创造一个良好的工作环境，以减少输入的差错率，提高输入的速度；二是减少数据的重复输入，一个良好的输入法接口可使一个数据只需输入一次。这样既可提高输入的效率，又可避免数据的二义性。总之，在设计输入接口时，应该从方便用户使用和方便系统处理这两个角度来综合考虑。

输出设计是设计系统数据的输出接口，即根据用户要求，将系统的各种处理结果设计成各种能被用户接受的格式，如直接显示在屏幕上或以报表、文件等形式输出。在一般的事务处理系统中，往往需要定期或随机输出各种统计报表和汇总文件。系统的输出接口必须设计得灵活多样，这样才能满足用户的需要。

3．控件属性设计

这一步将设置对象的属性，包括表单和表单中包含的控件属性。每种类型的控件（命令按钮、文本框、标签、单选按钮等）都拥有自己的属性列表，通过对属性的操作，可以控制和改变窗体或控件运行时的外观和功能。属性设定不仅可以改变一些明显的特征（如窗体的背景色、按钮的标题、标签所使用的字体等），也可以修改程序的行为以及和用户的交互质量。例如，通过设置对象属性，可以轻松地实现以下目的。

① 命令按钮将要回应的键盘快捷键。

② 列表框中项目的排列方式。

③ 重复按 Tab 键时，给定的控件接收到焦点（Focus）的顺序。

④ 在程序运行的某个时刻，控件的激活或无效，可见或不可见。

在其他语言中，需要许多大量的编程才能提供的功能，在 Visual FoxPro 中，只需要几个简单的属性设置选项便可实现，属性设计在 Visual FoxPro 程序开发中上升到了一个非常重要的地位，同时这个步骤也是非常细致和繁琐的。

4．添加程序代码

编写 Visual FoxPro 应用程序代码时，必须先理解 Visual FoxPro 的事件驱动（Event Driver）编程模型下的编程方法。在设计一个 Visual FoxPro 程序时，注意力应该集中在程序运行时所发生的事件上。Visual FoxPro 控件对象的大部分事件与用户的操作一一对应。例如，用户单击命令按钮，选中单选框、选择菜单命令等都是 Visual FoxPro 应用程序预先定义并可识别的事件。相应地，程序中就应该包含用来响应特定事件的代码块——事件过程（Event Procedure）。找出操作相应对象时所发生的事件过程，并在此事件过程中填写控制程序运行的代码，就是这一步的具体任务。在具体编制某一事件过程的处理代码时，可以应用传统的结构化编程技术，采用顺序、选择、循环和子程序这 4 种结构来实现。详细内容可参见第 6 章。

5．系统安全性设计

安全性设计要求程序员尽量考虑到系统在运行时可能发生的各种意外情况，包括非法数据的录入、操作错误的发生等，在程序中设置各种错误陷阱捕获错误信息，并采取相应措施、确保程序安全性，避免程序运行时发生跳出、死机等现象。

6．调试程序

编程阶段的工作结果应该是不含有语法错误的程序。为了排除程序的语法错误，当一个程序编写完毕后，应该对它进行测试，即进行编译或运行，以发现程序的语法错误。在程序的编写过程中，"设计—编程—调试—修改—调试"的过程可能会多次反复。

最后，还要强调的是，编程人员必须克制急于编程的欲望，也就是说，在完成系统分析和系统设计之前，不能直接开始编程。必须严格按软件开发的基本过程，从分析到设计，从设计到编程，一步步地进行。因为前一阶段的工作结果都是后一阶段的工作基础，前面有改动，后面便跟着出现一连串的连锁反应。由于编程的工作量很大，前面两个阶段的内容稍有变化，就会给后面的程序带来很大的修改，其工作量是十分庞大的。因此，必须在完成前一阶段的工作并确认无误之后，才能开始编程。

7. "工资表"表单设计实例

（1）建立"工资表"及设置表单的数据环境

① 在项目管理器中选择"文档"选项卡，然后选择"表单"选项。

② 单击"表单向导"按钮，就会出现"向导选取"对话框。

③ 选择"表单向导"选项，然后单击"确定"按钮。弹出表单向导的"步骤1"对话框，按照步骤建立"工资表"表单。

④ 在项目管理器中选择"工资表"表单，然后单击"修改"按钮进入表单设计器。

⑤ 在表单设计器工具栏中单击"数据环境"按钮，打开数据环境设计器。

⑥ 单击鼠标右键，在弹出的快捷菜单中选择"添加"命令，向数据环境中添加 3 个表，即"效益工资表"、"扣款表"和"人员情况表"，如图 10.8 所示。

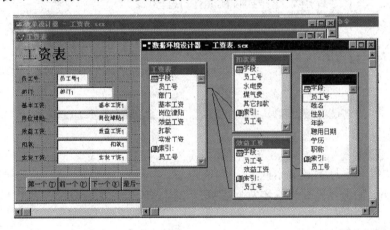

图 10.8　在表单中设置数据环境

每一个表单或表单集都包括一个数据环境。数据环境是一个对象，它包含了与表单相互作用的表或视图，以及表单所要求的表之间的关系。可以在数据环境设计器中直观地设置数据环境，并与表单一起保存。

用户界面设计好以后，接下来就应该实现它。在 Visual FoxPro 集成环境中，选择 Windows 下能够实现相应功能的控件，通过工具栏将各种选定的控件加到表单上。

（2）编辑表单的事件程序和方法程序代码

事件可以是用户行为，如单击鼠标或移动鼠标。方法程序是和对象相联系的过程，只能通过程序以特殊的方式激活。例如，在"工资表"表单中的"扣款"和"实发工资"对象中加入代码，完成"扣款"和"实发工资"的计算。

添加"扣款"计算代码的步骤如下。

① 在表单设计器中双击"扣款"文本框。

② 在打开的代码窗口中输入代码，如图 10.9 所示，然后关闭代码窗口。

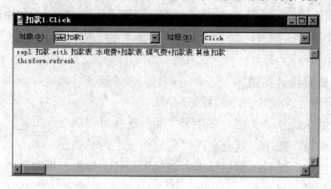

图 10.9　扣款代码

③ 用同样的步骤添加"实发工资"计算代码，如图 10.10 所示。

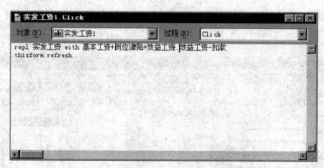

图 10.10　实发工资代码

（3）添加"姓名"标签及文本框

在表格控件上加上"姓名"标签及文本框，使用户输入员工号后，在表单上自动显示员工姓名。

操作步骤如下。

① 单击表单控件中的"标签"按钮，建立名为 Label1 的标签。

② 单击表单控件中的"文本框"按钮，建立名为 Text1 的文本框。

③ 在标签属性窗口中选择"Caption"属性，将"Label1"改为"姓名"。

④ 在文本框属性窗口中选择"ControlSource"属性，将"Text1"改为"人员情况.姓名"，如图 10.11 所示。

"工资表"表单设计完成后，在运行时可实现对"工资表"数据的计算、添加、修改、查询和报表打印（对已设计的报表）等操作。

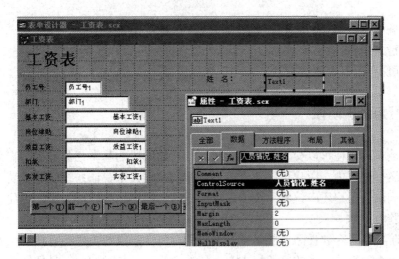

图 10.11　添加"姓名"标签及文本框

10.2.5　测试阶段

测试阶段的主要任务是验证编写的程序是否满足系统的要求，同时发现程序中存在的各种错误并排除这些错误。因此，测试的过程也是查找错误和排除错误的过程。测试分为模块测试和联合测试两个阶段，也分别称为单元测试和集成测试。

1. 模块测试

所谓模块测试就是独立地测试系统中各个子系统和子程序是否实现了模块说明书中所规定的要求。模块测试是联合测试的基础，它有利于测试工作，使错误的查找局限在某一个模块。模块测试可以使测试并行运行。

在进行模块测试时，测试的关键是如何设计测试用例，即测试程序时所用的例子。它应该由输入数据和预期的输出结果这两部分组成。当程序对一组输入数据进行加工后得出的结果与预期的结果不一致时，就说明程序有错；如果两者结果相一致，也不能说明程序已经正确，还需要应用另一个例子来测试。一般来说，对一个程序进行彻底地测试是不可能的，只能使用有限个测试例子，来尽可能多地发现一些错误。只能使程序正确运行的例子是没有意义的，而能够发现错误的例子才是成功的例子。

2. 联合测试

一个管理系统往往由多个子系统构成，各子系统之间存在许多数据交换，很可能某个子系统的输出结果是另一个子系统的输入内容。虽然对这个子系统而言，其输出结果是符合预定要求的，但作为另一个子系统的输入却可能发生错误。因此在完成了模块测试之后，还要进行联合测试。此时，要用模拟的或实际的数据对整个系统进行测试。经过系统运行，对输出的结果加以验证，看其是否符合预期要求。

为了提高测试工作的质量，在测试过程中应该注意以下几点。

① 测试工作最好由程序员以外的其他人员来进行，这样会获得更好的测试效果。

② 不仅要选择合理的输入数据作为测试用例，还要选用不合理的输入数据作为测试用例，

也应注意边界条件的测试。

③ 除检查程序是否做了应该做的工作以外，还应该检查程序是否做了它不该做的事情。

④ 要长期保存所有的测试用例，直到系统被废弃不用为止。

10.2.6 运行与维护阶段

系统经过测试后，便可以交付用户进行试运行。该阶段的基本任务是由用户来检验软件系统功能。在试运行过程中，用户可以输入一些实际的数据，来验证系统的各个功能是否已达到预期的要求。同时，用户还应该将系统中存在的一些问题反馈给软件人员，以便修改，直到最后完成系统的验收工作。

以上 6 个阶段是一个软件系统的基本开发过程，每一阶段的工作都直接影响着整个系统的质量。衡量一个系统性能优劣的重要标志是系统的可靠性、易维护性、易理解性和运行效率。可靠性是指系统在意料的情况下能够正常工作，在发生意外情况（比如硬件发生故障或者输入数据不合理）时，能够作出适当的处理而不至于导致严重的损失；易维护性是指系统在运行过程中出现的某些错误能够及时被发现并排除，当用户提出一些新的要求后，能够对原有的系统功能进行扩充，易理解性是指系统的内部结构清晰，易于软件人员阅读理解，系统运行界面简单明了，易于用户使用；运行效率是指系统能否有效地使用计算机的资源，如时间和空间等，能否满足用户对系统的要求。在一个软件的开发过程中，为了提高系统的质量，必须时刻注意这 4 个因素。

10.3 编译应用程序

使用 Visual FoxPro 创建面向对象的事件驱动应用程序时，可以每次只建立一部分模块。这种模块化构造应用程序的方法可以使用户在每完成一个组件后，就对其进行检验。在完成所有的功能组件之后，就可以进行应用程序的编译了。

为快速建立一个应用程序及其项目，即一个具有完整"应用程序框架"的项目，可以使用应用程序向导。在项目建立之后，新增加的应用程序生成器将被打开，用户可以使用它添加数据库、表、报表和表单。

本节将介绍如何建立一个典型的 Visual FoxPro 应用程序。一般来讲，应用程序的建立需要以下步骤。

① 构造应用程序框架。

② 将文件添加到项目中。

③ 连编应用程序。

10.3.1 构造应用程序框架

一个典型的数据库应用程序由数据结构、用户界面、查询选项和报表等组成。在设计应用程序时，应仔细考虑每个组件将提供的功能以及与其他组件之间的关系。

一个经过良好组织的 Visual FoxPro 应用程序一般需要为用户提供菜单；提供一个或多个表单，供数据输入并显示。同时，还需要添加某些事件响应代码，提供特定的功能，保证数据的完整性和安全性。此外，还需要提供查询和报表，允许用户从数据库中选取信息。一个典型 Visual FoxPro 应用程序的结构如图 10.12 所示。

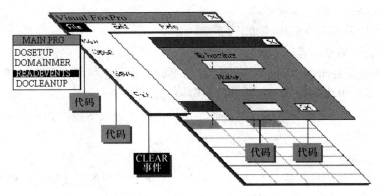

图 10.12 Visual FoxPro 应用程序的结构

在建立应用程序时，需要考虑如下任务。

① 设置应用程序的起始点。

② 初始化环境。

③ 显示初始的用户界面。

④ 控制事件循环。

⑤ 退出应用程序时，恢复初始的开发环境。

下面将具体讨论这些任务：使用应用程序向导来编译应用程序；建立一个应用程序对象；使用程序作为主文件，为应用程序设置一个起始点。

1. 设置起始点

将各个组件链接在一起，然后使用主文件为应用程序设置一个起始点。主文件作为应用程序执行的起始点，可以包含一个程序或者表单。当用户运行应用程序时，Visual FoxPro 将为应用程序启动主文件，然后主文件再依次调用所需要的应用程序及其他组件。所有应用程序必须包含一个主文件。一般来讲，最好的方法是为应用程序建立一个主程序。但是，使用一个表单作为主程序，可以将主程序的功能和初始的用户界面集成在一起。

如果使用应用程序向导建立应用程序，可借助向导建立一个主文件程序。

设置应用程序的起始点的方法为：在项目管理器中，选择要设置为主文件的文件，从"项目"菜单中选择"设置主文件"命令。

注意：应用程序的主文件自动设置为"包含"。这样，在编译完应用程序之后，该文件被作为只读文件处理。

项目中仅有一个文件可以被设置为主文件。主文件用 main 符号来表示。

2. 初始化环境

主文件或主应用程序对象必须做的第一件事情就是对应用程序的环境进行初始化。在打开

Visual FoxPro 时，默认的 Visual FoxPro 开发环境将建立 SET 命令和系统变量的值。但是，对应用程序来说，这些值并非是最合适的。

提示：如果要查看 Visual FoxPro 开发环境的默认值，可在没有配置文件的情况下输入"VFP-C"命令启动 Visual FoxPro，再执行 DISPLAY STATUS 命令。

对于用户的应用程序来说，初始化环境的理想方法是将初始的环境设置保存起来，在启动代码中为程序建立特定的环境设置。

从当前环境中截取命令的步骤如下。

① 从"工具"菜单中选择"选项"命令。

② 按住 Shift 键并单击"确定"按钮，在命令窗口中显示环境设置的 SET 命令。

③ 从命令窗口中将命令复制和粘贴到程序中。

在一个应用程序特定的环境下，可能需要使用代码执行以下操作。

① 初始化变量。

② 建立一个默认的路径。

③ 打开任一需要的数据库、自由表及索引。如果应用程序需要访问远程数据，则初始的例行程序也可以提示用户提供所需的注册信息。

④ 添加外部库和过程文件。

例如，如果要测试 SET TALK 命令的默认值，同时保存该值，并将应用程序的 TALK 设为 OFF，可以在启动过程中包含如下代码：

```
IF SET('TALK') = "ON"
    SET TALK OFF
    cTalkVal = "ON"
ELSE
    cTalkVal = "OFF"
ENDIF
```

如果要在应用程序退出时恢复默认的设置值，一个好的方法是把这些值保存在公有变量中，在用户自定义类或者应用程序对象的属性中设置代码：

```
SET TALK & cTalkVal
```

3．显示初始用户界面

初始用户界面可以是菜单，也可以是一个表单或其他的用户组件。通常，在显示已打开的菜单或表单之前，应用程序会出现一个启动屏幕或注册对话框。

在主程序中，可以使用 DO 命令运行一个菜单，或者使用 DO FORM 命令运行一个表单，以初始化用户界面。

4．控制事件循环

应用程序的环境建立之后，将显示出初始用户界面，这时，需要建立一个事件循环来等待用户的交互动作。

若要控制事件循环，则执行 READ EVENTS 命令，该命令使 Visual FoxPro 开始处理用户事件，如鼠标单击等。

从执行 READ EVENTS 命令开始，到相应的 CLEAR EVENTS 命令执行期间，由于主文件中所有的处理过程全部挂起，因此将 READ EVENTS 命令正确地放在主文件中十分重要。例如，在一个初始过程中，可以将 READ EVENTS 作为最后一个命令，在初始化环境并显示了用户界面后执行。如果在初始过程中没有 READ EVENTS 命令，应用程序运行后将返回到操作系统中。

在启动了事件循环之后，应用程序将处在所有最后显示的用户界面元素控制之下。例如，如果在主文件中执行下面的两个命令，应用程序将显示表单 Startup.scx。

DO FORM STARTUP.SCX

READ EVENTS

如果在主文件中没有包含 READ EVENTS 或等价的命令，则在开发环境的命令窗口中可以正确地运行应用程序。但是，如果要在菜单或者主屏幕中运行应用程序，程序将显示片刻，然后退出。

应用程序必须提供一种方法来结束事件循环。若要结束事件循环，则执行 CLEAR EVENTS 命令。通常情况下，可以使用一个菜单项或表单上的按钮来执行 CLEAR EVENTS 命令。CLEAR EVENTS 命令将挂起 Visual FoxPro 的事件处理过程，同时将控制权返回给执行 READ EVENTS 命令并开始事件循环的程序。

注意：在启动事件循环之前，需要建立一个方法来退出事件循环。必须确认在界面中存在一个可执行 CLEAR EVENTS 命令的机制（例如一个"退出"按钮或者菜单命令）。

5. 恢复初始的开发环境

如要恢复储存的变量的初始值，可以将它们的宏替换为原始的 SET 命令。例如，要恢复在公有变量 cTalkVal 中保存的 SET TALK 设置，则执行下面的命令：

SET TALK & cTalkval

注意：用宏替换时使用的变量名不要以 "m." 作为前缀，因为句号会被理解为变量连接，并产生一个语法错误。

如果初始化时使用的程序和恢复时使用的程序不同（例如，如果调用了一个过程进行初始化，而调用另外一个过程恢复环境），就应确保可以对存储的值进行访问。例如，在公有变量、用户自定义类或应用程序对象的属性中保存值，以便恢复环境时使用。

6. 组织一个主程序文件

如果在应用程序中使用一个程序文件（prg）作为主文件，必须保证该程序中包含一些必要的命令，这些命令可控制与应用程序的主要任务相关的任务。在主文件中，没有必要直接包含执行所有任务的命令，常用的一些方法是调用过程或者函数来控制某些任务，如环境初始化和清除等。

下面是建立一个简单的主程序的操作步骤。

① 打开数据库、变量声明等初始化环境。

② 调用一个菜单或表单来建立初始的用户界面。

③ 执行 READ EVENTS 命令来建立事件循环。

④ 从一个菜单（如"退出"）中执行 CLEAR EVENTS 命令，或者单击一个表单的"退出"命令。

⑤ 应用程序退出时，恢复环境设置。

例如，用户的主程序如下：

代码   注释

DO SETUP.PRG   调用程序建立环境设置（在公有变量中保存值）

DO MAINMENU.MPR   将菜单作为初始的用户界面显示

READ EVENTS   建立事件循环。另外一个程序（如 Mainmenu.mpr）

                                           必须执行一个 CLEAR EVENTS 命令

DO CLEANUP.PRG   在退出之前，恢复环境设置

"工资管理"应用系统的主程序 Main.prg 如下：

```
SET SYSMENU OFF

SET DEFAULT TO D:\工资

SET CENTURY ON

CLEAR WINDOWS

CLEAR ALL

OPEN DATABASE 工资管理 EXCLUSIVE

DO FORM 表单\工资管理.scx

READ EVENTS
```

"工资管理.scx"为系统主页表单，其主要功能是当用户输入密码"123456"后，可调用"工资管理"系统的主菜单，使用户进入"工资管理"数据库应用系统。

"进入系统"按钮的代码如下：

```
IF THISFORM.TEXT1.VALUE="123456"

    _SCREEN.Caption="工资管理信息系统"

    SET SYSMENU ON

        DO D:\工资\工资管理.mpr

    Release THISFORM

ELSE

    =MESSAGEBOX("输入密码错误！请输入正确的密码。",1)

    RETURN 0

ENDIF
```

注意：应用程序退出前，应在"退出应用系统"子菜单中，用"DO D:\工资\CLEANUP"命令执行恢复环境设置程序 CLEANUP.prg。程序 CLEANUP.prg 代码如下：

```
SET SYSMENU TO DEFA

SET TALK ON

SET SAFETY ON

CLOSE ALL

CLEAR ALL

CANCEL

CLEAR EVENTS
```

如果使用了应用程序向导，同时已让它建立了程序 Main.prg，那么就没有必要再建立一个新程序，只需对该程序做些修改即可。该向导使用了一个特殊的类为该应用程序定义一个对象，

主程序中包括对对象进行示例和对象配置的部分。

10.3.2　将文件加入到项目中

1．向一个项目添加文件

一个 Visual FoxPro 项目包含若干独立的组件，这些组件作为单独的文件保存。例如，一个简单的项目可以包括表单（scx 文件）、报表（frx 文件）和程序（prg 和 fxp 文件）。除此之外，一个项目经常包含一个或者多个数据库（dbc 文件）、表（保存在 dbf 和 fpt 文件中）及索引（cdx 和 idx 文件）。一个文件若要被包含在一个应用程序中，必须添加到项目中。这样，在编译应用程序时，Visual FoxPro 会在最终的产品中将该文件作为组件被包含进来。

利用下面的几种方法，可以很方便地向一个项目添加文件。

① 使用应用程序向导，建立项目和添加文件。

② 如果要自动向一个项目添加新的文件，先打开该项目，然后在项目管理器中新建文件。

③ 要向一个项目添加已有的文件，则打开项目，使用项目管理器来添加已有文件。

如果使用应用程序向导或者项目管理器新建文件，可以省去许多的工作：文件会自动添加到项目中。但是有一个例外，如果应用程序中包含将被用户修改的文件，必须将该文件标为"排除"，因为"包含"文件是只读的。

④ 如果某个现有文件不是项目的一部分，可以人工进行添加。方法为：在项目管理器中单击"添加"按钮，在"添加"对话框中选择要添加的文件即可。

⑤ 如果在一个程序或者表单中引用了某些文件，Visual FoxPro 会将它们添加到项目中。例如，在一个项目中，如果某程序包含了如下的命令：

　　DO FORM　查询.scx

那么 Visual FoxPro 会将"查询.scx"文件添加到项目中。

但是，使用这种方法引用一个文件时，该文件不会马上被包含在项目中。当连编此项目时，Visual FoxPro 将分析对所有文件的引用，并自动把所有的隐式文件包含在项目中。此外，在一个新的文件中，如果通过用户自定义的代码引用任何一个其他文件，项目连编也会分析所有被包含及被引用的文件。在下一次查看该项目时，被引用的文件会出现在项目管理器中。

注意：项目管理器可能解决不了对图片（bmp 或 msk）文件的引用（这取决于在代码中如何使用图片文件），可能需要将这些文件手工添加到项目中。另外，Visual FoxPro 也不能自动包含那些用宏替换进行引用的文件，因为在应用程序运行之前不知道该文件的名字。如果应用程序要引用宏替换的文件，则需手工"包含"这些引用文件。

2．引用可修改的文件

当将一个项目编译成一个应用程序时，所有项目包含的文件将被组合成一个单一的应用程序文件。在项目连编之后，那些在项目中标记为"包含"的文件变为只读。

作为项目一部分的文件可能经常需要修改，在这种情况下，应该将这些文件添加到项目中，并将文件标为"排除"。排除文件仍然是应用程序的一部分，因此 Visual FoxPro 仍可跟踪，将它们看成项目的一部分。但是这些文件没有在应用程序的文件中编译，所以用户可以更新它们（Visual FoxPro 假设表在应用程序中可以被修改，所以默认表为"排除"）。

作为通用的准则，包含可执行程序（如表单、报表、查询、菜单和程序）的文件应该在应用程序文件中标记为"包含"，而数据文件则为"排除"。但是，可以根据应用程序的需要包含或排除文件。例如，一个文件如果包含敏感的系统信息或只用来查询的信息，那么该文件可以在应用程序文件中设为"包含"，以免用户无意中将其更改。反过来，如果应用程序允许用户动态更改一个报表，那么可将该报表设为"排除"。

如果将一个文件设为"排除"，必须保证 Visual FoxPro 在运行应用程序时能够找到该文件。例如，当一个表单引用了一个可视的类库时，表单会存储此类库的相对路径。如果在项目中包含该库，则该库将成为项目的一部分，而且表单总能找到该库。如果在项目中将该库排除，表单会使用相对路径或者 Visual FoxPro 的搜索路径（使用 SET PATH 命令来设置的路径）查找该库。如果此库不在期望的位置（例如在建立表单之后把类库移动了），Visual FoxPro 会显示一个对话框来询问用户指定库的位置。因此，为安全起见，可以将所有不需要用户更新的文件设为"包含"。

注意：应用程序文件（app）不能设为"包含"，类库文件（ocx、fll 和 dll）可以有选择地设为"排除"。

将可修改文件标记为"排除"，方法为在项目管理器中选择可修改文件，从"项目"菜单中选择"排除"命令。如果已经排除了该文件，则"排除"命令将不可用，"包含"命令将取而代之。被排除的文件在其文件名左边有"排除"符号，标记为主文件的文件不能被排除。

10.3.3　连编应用程序

为一个项目创建应用程序的最后一步是连编应用程序，此过程的最终结果是将所有在项目中引用的文件（除了那些标记为排除的文件）合并成为一个应用程序文件。可以将应用程序文件和数据文件（以及其他排除的项目文件）一起发布给用户，用户可运行该应用程序。

从项目建立应用程序的步骤如下。

① 将项目连编为一个应用程序文件。

② 测试项目。

1. 将项目连编为一个应用程序文件

要从应用程序建立一个最终的文件，应将它连编为一个应用程序文件，该文件带有 app 扩展名。运行该应用程序时，用户需首先启动 Visual FoxPro，然后加载 app 文件。

在一个项目中，可以建立应用程序文件（app）及可执行文件（exe）。如果用户有一个完整的 Visual FoxPro 副本，则可以运行一个 app 文件。在项目中建立的可执行文件需要和两个 Visual FoxPro 动态链接库（Vfp6r.dll 和 Vfp6enu.dll）连接，这两个库和应用程序一起构成了 Visual FoxPro 所需的完整的运行环境。Vfpxxx.dll 指定用于应用程序开发的地区版本。

连编一个应用程序文件的方法如下。

① 在项目管理器中单击"连编"按钮。

② 在"连编选项"对话框中，可选择"连编应用程序"选项来生成 app 文件，也可选择"连编可执行文件"选项来建立一个 exe 文件。

③ 选择所需的其他选项，单击"确定"按钮。

也可使用 BUILD APP 或 BUILD EXE 命令连编应用程序或创建可执行文件。

例如，若要从项目文件"工资管理.pjx"连编得到一个应用程序 Myapp.app，则在"命令"窗口中输入：

BUILD APP MYAPP FROM 工资管理

如果要从名为"工资管理.pjx"的项目文件中建立一个可执行的应用程序 Myapp.exe，则在命令窗口中输入：

BUILD EXE MYAPP FROM 工资管理

注意：使用"连编"对话框可以从用户的 Visual FoxPro 应用程序中建立一个自动服务程序。

连编成功之后，用户即可运行该应用程序文件，方法为：从"程序"菜单中选择"运行"命令，然后选择"Myapp.app"应用程序，或者在"命令"窗口中输入 DO 和应用程序文件名。

例如，要运行应用程序 MYAPP，可输入命令：

DO MYAPP.app

如果从应用程序中建立了一个 exe 文件，则可以使用如下几种方法运行该文件。

① 在 Visual FoxPro 中，从"程序"菜单中选择"运行"命令，然后选择一个应用程序文件。

② 在命令窗口中使用 DO 命令，该命令带有所要运行的应用程序的名字。

例如，要运行一个名为 Myapp.exe 的文件，应在命令窗口中输入：

DO MYAPP.exe

③ 在 Windows 中，双击该 exe 文件的图标。

如果使用安装向导为应用程序创建了安装盘，则该盘中带有所有应用程序所需的文件。

2. 测试项目

为了对程序中的引用进行校验，同时检查所有的程序组件是否可用，可以对项目进行测试。测试项目需要重新连编项目， Visual FoxPro 将分析文件的引用，然后重新编译过期的文件。

测试一个项目的步骤如下。

① 在项目管理器中单击"连编"按钮。

② 在"连编选项"对话框中选择"重新连编项目"选项。

③ 选择任意所需的其他选项，单击"确定"按钮。

也可使用 BUILD PROJECT 命令重新连编项目。

例如，连编一个名为"工资管理.pjx"的项目，在命令窗口中输入以下命令：

BUILD PROJECT 工资管理

如果在连编过程中发生错误，那么这些错误将集中收集在当前目录的一个文件中，文件名和项目名相同，扩展名为 err。同时，在状态栏中显示编译错误的数量。可选择"显示错误"框立刻显示错误文件。成功地连编项目之后，在建立应用程序之前应该试着运行该项目。

运行应用程序的方法为：在项目管理器中选中主程序，然后单击"运行"按钮；也可在命令窗口中执行带有主程序名字的一个 DO 命令。

DO MAIN.prg

如果程序运行正确，则开始连编成一个应用程序文件，该文件将包括项目中所有的包含文件。当向项目中添加组件时，应该重复项目的连编和运行。如果没有在"连编选项"对话框中选择"重新编译全部文件"选项，那么只重新编译上次连编后修改过的文件。

习 题

1. 把一个项目编译成一个应用程序时，下面叙述正确的是（   ）。
   A）所有的项目文件将组合为一个单一的应用程序文件
   B）所有项目的包含文件将组成为一个单一的应用程序文件
   C）所有项目排除的文件将组合为一个单一的应用程序文件
   D）由用户选定的项目文件将组合为一个单一的应用程序文件
2. 连编应用程序不能生成的文件是（   ）。
   A）APP 文件   B）EXE 文件
   C）COM DLL 文件   D）PRG 文件
3. 作为整个应用程序入口点的主程序至少应该具有的功能是（   ）。
   A）初始化环境
   B）初始化环境、显示用户界面
   C）初始化环境、显示用户界面、控制事件循环
   D）初始化环境、显示用户界面、控制事件循环、退出时恢复环境
4. 解释面向对象编程的几个基本概念
   （1）类、对象、属性、事件、方法。
   （2）封装、继承、多态。
5. 叙述应用程序开发过程的 6 个阶段。
6. 设计一个教学管理数据库 manage。
   目的：让学生综合利用所学的数据库知识，设计一个具有一定实用价值的教学管理数据库。
   内容：根据数据库设计的要求，做好需求分析、概念设计、逻辑设计、物理设计，在 VFP 上正确实现设计方案。录入一定数量的样本数据，进行严格的测试。
   要求：
   ① 使用 E-R 图进行概念设计，并按照转换规则的要求，实现从概念设计到逻辑设计的转换（如果从关系数据库为例，则实现概念模型到关系数据模型的转换）。
   ② 必须使用规范化理论对数据库进行分析，要求数据模式至少满足第 3 范式的要求。
   ③ 定义相关视图，保证不同用户访问不同的数据。
   ④ 对数据模型必须考虑实体完整性、参数完整性和用户自定义完整性约束。

附　　录

附录一　Visual FoxPro 6.0 常用命令

1. 操作数据库

CREATE DATABASE

功能：建立新的数据库文件

语法：CREATE DATABASE <数据库名>

OPEN DATABASE

功能：打开一个已经存在的数据库文件

语法：OPEN DATABASE <数据库名>

DISPLAY DATABASE

功能：显示数据库

语法：DISPLAY DATABASE <数据库名>

SET DATABASE TO

功能：设定当前数据库

语法：SET DATABASE TO <数据库名>

CLOSE DATABASE

功能：关闭当前打开的数据库

语法：CLOSE DATABASE

DELETE DATABASE

功能：删除数据库

语法：DELETE DATABASE <数据库名>

2. 操作数据表

CREATE TABLE

功能：建立一个新的数据库表文件

语法：CREATE TABLE <表名>

CREATE FROM

功能：根据结构文件建立新的数据库文件

语法：CREATE <数据库文件名> FROM <数据库文件名>

ADD TABLE

功能：在数据库中加入独立数据库表

语法：ADD TABLE <表名>

USE

功能：打开数据库表文件

语法：USE <表名>

USE

功能：关闭数据库表文件

语法：USE

REMOVE TABLE

功能：移去或删除数据库表文件

语法：REMOVE TABLE <表名>[DELETE]

DELETE FILE

功能：删除指定文件

语法：DELETE FILE <文件名>

JOIN

功能：联接两个数据库表，产生一个新数据库表

语法：JOIN WITH <别名> TO <数据库表名> FOR <条件> [FIELDS <字段表>]

COPY FILE

功能：复制各种类型的文件

语法：COPY FILE <源文件名> TO <目标文件名>

3. 操作数据表结构

DISPLAY STRUCTURE

功能：显示数据库表的结构

语法：DISPLAY STRUCTURE

MODIFY STRUCTURE

功能：打开"数据库表设计器"窗口，显示目前的数据库表结构，并可直接修改其结构

语法：MODIFY STRUCTURE

COPY STRUCTURE

功能：复制表结构

语法：COPY STRUCTURE TO <新表名> [FIELDS <字段名表>]

4. 处理数据表记录

APPEND

功能：新增一个空白记录

语法：APPEND BLANK

APPEND FROM

功能：追加表记录

语法：APPEND FROM <源表名> [FOR<条件>]

APPEND MEMO

功能：将文件内容添加到指定的备注文件中

语法：APPEND MEMO <备注字段> FROM <文件名> [OVERWRITE]

INSERT

功能：插入一条记录

语法：INSERT [BEFORE][BLANK]

SKIP

功能：移动记录指针

语法：SKIP [数值表达式]

EDIT

功能：打开编辑窗口，以修改数据表的记录

语法：EDIT

BROWSE

功能：打开数据表浏览窗口，以浏览或修改表中的记录

语法：BROWSE [FIELDS<字段表>][FORMAT][LAST]
[NOAPPEND][NOCLEAR]

REPLACE WITH

功能：修改数据记录

语法：REPLACE [范围] <字段名> WITH <表达式>[,<字段名> WITH <表达式>]
[FOR | WHILE<条件表达式>]

LIST

功能：列出数据库表中的记录

语法：LIST [范围] FIELDS <字段名表> [FOR | WHILE<条件表达式>][TO PRINT]

DELETE

功能：将记录标上删除记号

语法：DELETE [<范围>][FOR | WHILE<条件表达式>]

RECALL

功能：去掉记录的删除标记

语法：RECALL [<范围>][FOR | WHILE <条件表达式>]

PACK

功能：将当前数据库表中有删除标记的记录删除

语法：PACK

ZAP

功能：删除数据库表中的所有记录

语法：ZAP

5．工作区

USE IN

功能：在工作区中打开数据库表

语法：USE <表名> IN <工作区名>

SELECT

功能：选择工作区为当前工作区，以便对其进行操作

语法：SELECT <工作区号> | <别名>

GO | GOTO

功能：将记录指针移动到指定位置上

语法：GO | GOTO <记录号> | BOTTOM | TOP

LOCATE

功能：从第 1 个记录开始寻找符合条件的记录，并移动记录指针到该位置上

语法：LOCATE FOR <表达式> [范围] [WHILE<条件>]

6. 索引数据库

INDEX

功能：建立索引文件，确定数据表中记录的排列顺序

语法：INDEX ON <关键字表达式> TO <索引文件名> [FOR <条件>]

SET ORDER TO

功能：在索引文件表中指定主索引文件

语法：SET ORDER TO [数值表达式]

DELETE TAG

功能：删除索引关键字

语法：DELETE TAG <关键字名>

REINDEX

功能：更新所有打开文件的索引文件，以更新因记录改变所产生的索引变化

语法：REINDEX

7. 排序

SORT TO

功能：物理排序

语法：SORT TO <新表文件名> ON <关键字表达式> [FOR <条件>]

8. 数据过滤

SET FILTER TO

功能：设定筛选记录的条件

语法：SET FILTER TO [<条件表达式>]

SET FIELDS TO

功能：设定要显示的字段

语法：SET FIELDS TO [<字段名表>|ALL]

9. 设定环境命令

SET ALTERNATE

功能：输出一个文本文件到屏幕或打印机上

语法：SET ALTERNATE ON |OFF

SET ANSI

功能：确定 SQL 字符串比较方法

语法：SET ANSI ON |OFF

SET AUTOSAVE

功能：设置 READ 命令的结果是否及时存盘

语法：SET AUTOSAVE ON | OFF

SET BELL

功能：设置是否响铃及铃声属性

语法：SET BELL ON | OFF

SET BLANK

功能：设置字符是闪烁还是高亮显示

语法：SET BLANK ON | OFF

SET BRSTATUS

功能：打开浏览窗口时是否显示状态

语法：SET BRSTATUS ON | OFF

SET CLEAR

功能：执行 SET FORMAT 和 QUIT 命令后，是否清理 Visual FoxPro 6.0 主窗口

语法：SET CLEAR ON | OFF

SET CLOCK

功能：设置是否显示系统时钟

语法：SET CLOCK ON | OFF

SET CURSOR

功能：在 Visual FoxPro 6.0 等待输入时，确定是否显示插入点

语法：SET CURSOR ON | OFF

SET DEBUG

功能：设置是否打开调试窗口和跟踪窗口

语法：SET DEBUG ON | OFF

SET DEFAULT

功能：设置默认的启动器和目录

语法：SET DEFAULT TO [路径名]

SET DELETED

功能：设置是否处理有删除标记的记录

语法：SET DELETED ON | OFF

SET DEVICE

功能：将@…SAY 的输出结果送到屏幕、打印机或文件中

语法：SET DEVICE TO SCREEN | TO PRINTER [PROMPT]| TO 文件名

SET DISPLAY

功能：设置显示器模式

语法：SET DISPLAY TO CGA | COLOR | EGA25 | EGA43 | MONO | VGA25 | VGA50

SET ECHO

功能：设置是否打开程序调试的跟踪窗口

语法：SET ECHO ON | OFF

SET ESCAPE

功能：设置是否通过按 Esc 键中断程序或命令的执行

语法：SET ESCAPE ON | OFF

SET EXACT

功能：设置不同长度字符串的比较规则

语法：SET EXACT ON | OFF

SET EXCLUSIVE

功能：设置是否以独占方式打开表文件

语法：SET EXCLUSIVE ON | OFF

SET FIELDS

功能：决定表中哪一个字段可以被访问

语法：SET FIELDS ON | OFF | LOCAL | GLOBAL

SET FILTER

功能：设置当前表中记录的过滤条件

语法：SET FILTER TO [表达式]

SET HEADINGS

功能：设置用 TYPE 显示文件内容时，是否显示字段的列标题

语法：SET HEADINGS ON | OFF

SET HELP

功能：激活或废止联机帮助或指定的帮助文件

语法：SET HELP ON | OFF

或　　　SET HELP TO [文件名]

SET HOURS

功能：设置系统时间为 12 小时制或 24 小时制

语法：SET HOURS TO [12|24]

SET LOCK

功能：设置是否给文件加锁

语法：SET LOCK ON | OFF

SET MESSAGE

功能：显示一条信息

语法：SET MESSAGE TO [信息内容]

SET MOUSE

功能：设置鼠标是否可用

语法：SET MOUSE ON | OFF

SET PALETTE

功能：设置是否使用 Visual FoxPro 6.0 默认的调色板

语法：SET PALETTE ON | OFF

SET PATH

功能：设置查找文件的路径

语法：SET PATH TO [路径名]

SET PRINTER

功能：打开或关闭打印机的输出

语法：SET PRINTER ON [PROMPT] | OFF

SET REFRESH

功能：当另一个用户修改了记录时，浏览窗口是否更新

语法：SET REFRESH TO <数值表达式 1> [,<数值表达式 2>]

SET SAFETY

功能：设置重写文件之前是否显示警告

语法：SET SAFETY ON | OFF

SET SPACE

功能：使用"？"或"？？"命令时，各表达式之间是否显示空格

语法：SET SPACE ON | OFF

SET STATUS

功能：是否显示状态栏

语法：SET STATUS ON | OFF

SET SYSMENU

功能：使 Visual FoxPro 6.0 的系统菜单在程序执行中启用或废止，并可以重新进行配置

语法：SET SYSMENU ON | OFF | TO [DEFAULT] | SAVE | NOSAVE

SET TALK

功能：是否显示命令结果

语法：SET TALK ON | OFF | WINDOW [窗口名] | NOWINDOW

SET UNIQUE

功能：索引中是否包含相同的关键字记录

语法：SET UNIQUE ON | OFF

SET VIEW

功能：打开或关闭查看窗口

语法：SET VIEW ON | OFF

10. 报表与标签

CREATE REPORT

功能：建立报表文件

语法：CREATE REPORT <报表文件名>

CREATE LABEL

功能：建立标签文件

语法：CREATE LABEL <标签文件名>

REPORT FORM

功能：根据报表格式输出报表

语法：REPORT FORM <报表文件名> | ? [范围] [FOR | WHILE<条件表达式>]

[PLAIN | HEADING <字符表达式>]
                          [NOEJECT] [NOCONSOLE]
                          [TO PRINT | TO FILE <文件名>]
                          [SUMMARY]

LABEL FORM
　　功能：根据标签格式输出标签
　　语法：LABEL FORM <标签文件名> | ? [范围] [FOR | WHILE 条件表达式]
                          [SAMPLE] [TO PRINT | TO FILE <文件名>]

MODIFY REPORT
　　功能：编辑报表格式文件
　　语法：MODIFY REPORT <报表文件名>

MODIFY LABEL
　　功能：编辑标签格式文件
　　语法：MODIFY LABEL <标签文件名>

11．其他

? | ??
　　功能：计算表达式，并在下一行（?）或当前行（??）中输出结果
　　语法：? | ?? <表达式>

@ …GET
　　功能：按设定格式输入数据
　　语法：@ <列>, <行> GET <变量> [PICTURE <格式>]

@…SAY
　　功能：按设定格式输出数据
　　语法：@ <列>, <行> SAY <表达式> [PICTURE <格式>]

ACCEPT
　　功能：从键盘给内存变量赋值
　　语法：ACCEPT [提示信息] TO <内存变量>

CANCEL
　　功能：终止程序的执行
　　语法：CANCEL

CLOSE
　　功能：关闭所有打开的文件
　　语法：CLOSE ALL

COMPILE
　　功能：把源文件编译为可执行的目标文件
　　语法：COMPILE <源文件名> | [<目标文件名>]

CONTINUE
　　功能：查找满足 LOCATE 条件的下一条记录

语法：CONTINUE

COUNT

功能：统计记录个数

语法：COUNT [<范围>] [TO <内存变量>]

CREATE VIEW

功能：建立视图文件

语法：CREATE VIEW <视图文件名>

DISPLAY MEMORY

功能：输出内存变量的状态信息

语法：DISPLAY MEMORY [[LIKE] <文件名>] [TO PRINT]

DISPLAY STATUS

功能：输出当前工作环境的状态

语法：DISPLAY STATUS [TO PRINT]

DO

功能：执行程序文件或过程，并传递参数

语法：DO <文件名> [WITH <参数表>]

DO CASE

功能：多重判断语句

语法：DO CASE [CASE <条件>

　　　<命令>]

　　　…

　　　[OTHERWISE]

　　　…

　　　ENDCASE

DO WHILE

功能：当指定条件为真时，重复执行 DO WHILE 和 ENDDO 之间的命令

语法：DO WHILE <条件>…[LOOP]…[EXIT]…ENDDO

EJECT

功能：使打印机换页

语法：EJECT

FIND

功能：查找索引关键字与指定值匹配的第 1 条记录

语法：FIND <关键值>

FLUSH

功能：在没有关闭文件的情况下，把数据缓冲区中的内容存盘

语法：FLUSH

FOR

功能：FOR 循环语句

语法：FOR <条件>…ENDFOR

HELP

功能：激活一个内部的帮助系统

语法：HELP [IN <窗口名> | IN SCREEN][<命令名>]

IF

功能：条件语句

语法：IF <条件>…[ELSE]…ENDIF

INPUT

功能：从键盘给内存变量赋值

语法：INPUT [提示信息] TO <内存变量>

QUIT

功能：关闭所有文件，退出 Visual FoxPro 6.0

语法：QUIT

RETURN

功能：将程序的控制权返回给高层的调用程序

语法：RETURN [TO MASTER | TO <过程名>]

RUN

功能：执行一个外部的程序

语法：RUN <文件名>

SEEK

功能：查找索引关键字与指定值匹配的第 1 条记录

语法：SEEK <表达式>

STORE

功能：为内存变量赋值

语法：STORE <表达式> TO <内存变量>

SUM

功能：求和命令

语法：SUM [<数值字段表>] [范围] [TO <内存变量>]

附录二　Visual FoxPro 6.0 常用函数

函数	功能
ABS( )	求自变量的绝对值
ACOPY( )	将一个数组的元素复制到另一个数组中
ACOS( )	求自变量的反余弦值
ADEL( )	从数组中删除元素
AFONT( )	取可用的窗口字模信息

函数	功能
AINS( )	在数组中加入元素
ALEN( )	返回数组元素的个数、行数和列数
ALLTRIM( )	返回一个删除前后空格的字符串
ASC( )	返回字符串首字符的 ASCII 码值
ASIN( )	求自变量的反正弦值
ASORT( )	把数组元素排序
AT( )	求字符串中子字符串的起始位置
ATAN( )	求自变量的反正切值
BETWEEN( )	确定指定的表达式值是否介于两个相同类型的表达式值之间
BOF( )	记录指针是否在文件头
CAPSLOCK( )	测试大小写开关键 Caps Lock 的状态
CDOW( )	用英文表示星期几
CDX( )	返回当前工作区复合索引文件的文件名
CEILING( )	返回不小于某值的最小整数
CHR( )	把 ASCII 码转换成相应字符
CHRSAW( )	键盘缓冲区中是否有字符
CHRTRAN( )	用给定的子串替换字符表达式中指定的子字符串
CMONTH( )	用英文表示月份
COL( )	返回当前光标所在的列位置
COS( )	求自变量的余弦值
CTOD( )	日期字符串转换为日期型
CURDIR( )	返回当前路径
DATE( )	返回系统日期
DBF( )	返回当前工作区中的数据库文件名
DELETED( )	测试当前记录是否有删除标记
DISKSPACE( )	返回磁盘的可用空间
DMY( )	从指定的日期表达式中返回日月年格式的字符串
DOW( )	从指定的日期表达式中返回一个表示星期几的数值
DTOC( )	日期型转换成字符型
DTOR( )	角度转换为弧度
EMPTY( )	测试表达式是否为空
EOF( )	记录指针是否在文件尾
ERROR( )	返回出错类型
EVALUATE( )	求表达式的值
EXP( )	求以 e 为底的指数值
FCOUNT( )	求指定数据库文件的字段数
FEOF( )	记录指针是否在文件尾
FERROR( )	执行文件的出错信息
FGETS( )	取文件内容
FIELD( )	返回一个表中指定字段的字段名
FILE( )	指定的文件是否存在
FILTER( )	SET FILTER 中设置的过滤器

函数	功能
FOUND( )	最近一次搜索是否成功
FPUTS( )	向文件中写内容
FREAD( )	读文件内容
FSEEK( )	移动文件指针
FSIZE( )	返回指定字段的字节数
FWRITE( )	向文件写内容
GOMONTH( )	返回某个指定日期之前或之后若干个月的日期
INKEY( )	返回所按键的 ASCII 码
INSMODE( )	测试 Insert 键的状态
INT( )	返回数值表达式的整数部分
ISALPHA( )	测试字符串是否以字母开头
ISCOLOR( )	测试当前的计算机是否在彩色方式下运行
ISDIGIT( )	测试字符串是否以数字开头
ISLOWER( )	测试字符串是否以小写字母开头
ISUPPER( )	测试字符串是否以大写字母开头
KEY( )	返回索引标记或索引文件的索引关键字表达式
LASTKEY( )	返回最后一次的按键值
LEFT( )	从指定字符串的最左边字符开始，返回规定数量的字符
LEN( )	求字符串的字符个数
LIKE( )	确定一个字符表达式是否与另一个字符表达式匹配
LINENO( )	返回程序中当前正在执行的命令行的行号，这个行号是相对于主程序的第 1 行开始编排的
LOCFILE( )	查找文件，并返回文件名及路径
LOCK( )	对当前记录加锁
LOG( )	求自然对数
LOG10( )	求常用自然对数
LOWER( )	将指定字符串中所有的大写字母转换为小写字母
LTRIM( )	返回删除前导空格的字符串
LUPDATE( )	返回最后一次修改数据库文件的日期
MAX( )	返回给定表达式值中的最大数
MCOL( )	返回鼠标指针的列号
MDOWN( )	测试鼠标左键的状态
MDY( )	将给定的日期表达式转换成月日年的格式
MEMORY( )	返回内存空间的大小
MENU( )	返回菜单项名
MIN( )	返回给定表达式值中的最小数
MLINE( )	以字符串形式返回备注型字段内容
MOD( )	返回被除数除以除数所得的余数
MONTH( )	返回指定日期的月份
MROW( )	返回鼠标指针的行号
MWINDOW( )	返回鼠标所在的窗口
NDX( )	返回当前表或指定表中打开的索引文件的文件名

函数	功能
NUMLOCKS( )	返回 Num Lock 键的状态
OCCURS( )	返回一个字符表达式在另一个字符表达式中出现的次数
ORDER( )	返回主索引文件名
PADC( )	在数据两边加字符
PADR( )	在数据右边加字符
PADL( )	在数据左边加字符
PAYMENT( )	分期付款函数
PCOL( )	返回打印机列坐标
POPUP( )	返回活动菜单名
PROGRAM( )	返回当前执行程序的程序名
PROPER( )	将指定字符串的首字母大写，其余字母小写
PROW( )	返回打印机行坐标
RAND( )	返回 0～1 之间的一个随机数
RAT( )	从指定字符串的右端开始搜索子串的位置
READKEY( )	返回退出编辑所用键的值
RECCOUNT( )	求记录个数
RECNO( )	返回当前记录号
RECSIZE( )	返回当前工作区中数据库文件的记录长度
RELATION( )	返回数据库文件的关联表达式
REPLICATE( )	返回字符串重复指定的次数
RIGHT( )	从字符串的最右边开始截取一个子串
RLOCK( )	记录加锁
ROUND( )	返回数值表达式四舍五入后的值
ROW( )	返回光标行号
RTOD( )	弧度转换为角度
RTRIM( )	删除字符串的尾部空格
SCOLS( )	返回 Visual FoxPro 主窗口中可用的列数
SEEK( )	测试记录搜索是否成功
SELECT( )	返回当前工作区号
SET( )	返回指定 SET 命令的状态
SIGN( )	返回数值的正负号
SIN( )	求自变量的正弦值
SPACE( )	产生空格字符串
SQRT( )	求自变量的平方根
SROWS( )	返回 Visual FoxPro 主窗口中可用的行数
STR( )	整型转换成字符型
STRTRAN( )	同 CHRTRAN，但 3 个字符串表达式均可以使用备注字段
STUFF( )	用给定的子串替换字符表达式中的子串
SUBSTR( )	求字符串的子串
SYS( )	返回系统信息
TAN( )	求自变量的正切值
TIME( )	返回当前的系统时间

函数	功能
TRIM( )	去掉字符串的尾部空格
TXTWIDTH( )	返回字符表达式的长度
TYPE( )	返回字符表达式值的数据类型
UPDATED( )	检测最近的 READ 命令是否修改数据
UPPER( )	将指定字符串中所有的小写字母转换为大写字母
USED( )	测试一个表是否在指定的工作区中打开
VAL( )	将字符串转换为数值型
VERSION( )	返回 FoxPro 的版本号
WCOLS( )	返回活动窗口或指定窗口的列数
WEXIST( )	测试指定的窗口是否存在
WLAST( )	返回当前窗口之前的活动窗口名称，或确定指定的窗口是否在当前窗口之前被激活
WLCOL( )	返回窗口列数
WMAXIMUM( )	测试指定窗口是否最大化
WMINIMUM( )	测试指定窗口是否最小化
WONTOP( )	测试指定窗口是否在所有活动窗口的最前面
WOUTPUT( )	测试显示内容是否输出到活动窗口或指定窗口中
WROWS( )	返回活动窗口或指定窗口的行数
WVISIBLE( )	确定指定窗口是否被激活
YEAR( )	从指定的日期型数据中返回年份

附录三　Visual FoxPro 的文件类型

扩展名	文件类型	扩展名	文件类型
act	文档化向导视图	fpt	表的备注文件
app	生成的应用程序	frt	报表的备注
bak	备份文件	frx	报表文件
cdx	复合索引文件	fxd	FoxDoc 支撑文件
dbc	数据库	fxp	编译后的 Visual FoxPro 程序文件
dbf	表	h	头文件
dct	数据库备注文件	hlp	图形帮助文件
dcx	数据库的索引文件	idx	标准索引及压缩索引文件
dll	窗口动态链接库	lbt	标签的备注文件
doc	FoxDoc 报告	lbx	标签文件
err	编译错误信息文件	lst	文档化向导列表
esl	Visual FoxPro 支持库	mem	内存变量存储文件
exe	可执行文件	mnt	菜单的备注文件
fky	宏文件	mnx	菜单文件
fll	Visual FoxPro 动态链接库	mpr	生成的菜单程序
fmt	格式文件	mpx	编译后的菜单程序

扩展名	文件类型	扩展名	文件类型
msg	FoxCod 信息文件	scx	表单文件
lcx	OLE 控件	spr	生成的表单程序
pjt	项目的备注文件	spx	编译后的表单程序
pjx	项目文件	tbk	备注文件的备份
plb	库文件	tmp	临时文件
prg	程序文件	txt	文本文件
prx	编译后的程序文件	vct	可视类库备注文件
qpr	生成的查询程序	vcx	可视类库文件
qpx	编译后的查询程序	vue	FoxPro 2.x 视图文件
sct	表单的备注文件	win	窗口文件

参 考 文 献

[1] 希望图书创作室. Visual FoxPro 6.0 教程[M]. 北京：希望电子出版社，1998.

[2] 朱欣娟，等. Visual FoxPro 6.0 入门与实践[M]. 西安：西安电子科技大学出版社，1998.

[3] 张治文，等. Visual FoxPro 6.0 开发实例[M]. 北京：清华大学出版社，1999.

[4] 康博创作室. Visual FoxPro 6.0 实用教程[M]. 北京：机械工业出版社，1999.

[5] 王珊，萨师煊. 数据库系统概论[M]. 4 版. 北京：高等教育出版社，2006.

[6] 周永恒. Visual FoxPro 基础教程[M]. 3 版. 北京：高等教育出版社，2006.